多 元 系 相 图

贯成珂　著

北　京
冶 金 工 业 出 版 社
2011

内 容 提 要

本书是以四元系相图为起点，论述到 n 元系相图的几何法则和形式规律，较详尽绘图论述了多元系多维空间一级截剖降维到三维、二维图的形式和变化规律。

本书分上下两篇。上篇详尽介绍了四元系相图理论及其应用；下篇对五元系的共晶型相图作了较详尽的解剖和论述，对六元系共晶型相图也进行了一些解剖分析。在此基础上，总结了多元系相图的一些规律和对多元系相图取解剖图的一些基本法则。尤其是总结了共晶型多元系相图从单固相到几个固相各类相图纵剖面图的形式规律，这对于研究该类多元系在一定成分变化限制条件下的物态变化规律具有重要意义。本书除了对合金型（连续及有限固溶体型）相图和化合物型（简单共晶及具有中间化合物）的多元系相图进行了论述外，还对四元系和六元系非同离子偶对盐溶液的等温蒸发结晶变化相图进行了一些分析。

本书可作为高等院校相关专业的师生、有关专业的科技人员，以及从事各种材料生产的科技人员的参考书。

图书在版编目（CIP）数据

多元系相图/贾成珂著．—北京：冶金工业出版社，2011.1
ISBN 978-7-5024-5428-9

Ⅰ.①多…　Ⅱ.①贾…　Ⅲ.①多元—相图　Ⅳ.①TG113.14

中国版本图书馆 CIP 数据核字（2010）第 259657 号

出 版 人　曹胜利
地　　址　北京北河沿大街嵩祝院北巷 39 号，邮编 100009
电　　话　(010)64027926　电子信箱　yjcbs@cnmip.com.cn
责任编辑　王之光　美术编辑　李　新　版式设计　孙跃红
责任校对　王永欣　责任印制　牛晓波
ISBN 978-7-5024-5428-9
北京兴华印刷厂印刷；冶金工业出版社发行；各地新华书店经销
2011 年 1 月第 1 版，2011 年 1 月第 1 次印刷
787mm×1092mm　1/16；18.5 印张；444 千字；282 页
58.00 元
冶金工业出版社发行部　电话：(010)64044283　传真：(010)64027893
冶金书店　地址：北京东四西大街 46 号(100010)　电话：(010)65289081(兼传真)
(本书如有印装质量问题，本社发行部负责退换)

前　言

相图是物系相律的几何表达形式，它和其他科学一样，是在长期生产实践中总结出来的一门科学。一旦成为一门科学，反过来它又是指导科研和生产的基础理论。多年来，人们对合金研究、硅酸盐研究、地质矿物（如火成岩）研究以及无机化学盐的生产研究等许多方面，作为表达物系的状态变化规律，相图是最重要的一种工具。根据相图，不但能直接告诉人们选择材料的合理成分，提高材料性能以满足生产需要，而且能根据相图制定对材料生产和加工的合理工艺规程。

相图的实际应用，目前只发现应用到四元系。二元系最广，三元系较差，四元系稀少。对相图的论述程度也相应不同。在国内的这方面著作，只论述到三元系。在国外的著作只发现论述到四元系，但也不如二元系和三元系那样详尽。实际上，随着科学技术的不断发展，物质材料的需求日益复杂，多元物系的利用和研究也日益增多。拿合金材料来说，多组元合金钢、有色合金有的已达五六元和更多元以上，多元系相图的研究也必须相应跟上。

相图的特点是随着物系组元数的增多而增加表达相图形式的几何域（空间维数）。二元系相图，带温度坐标是一个平面图；三元系是立体图（三维体图）；四元系相图，单是表达成分就需要立体图，加温度坐标便是四维体图；五元系相图，单是组元成分就需要四维体图表示；六元系的成分表示则需要五维体图，以此类推。但随着空间维数的增多，相图形式的复杂性和抽象性增加，这是研究多元系相图的根本困难，也是多元系相图研究和应用受到限制的根本原因。

有见如此，著者编写这本书，对四元系相图尽量作了详尽论述，对五元系的共晶型各类相图和更复杂的含有中间相的五元系相图作了较详尽的解剖和论述，对六元系共晶型相图也进行了一些解剖分析。在这一基础上，总结了多元系相图的一些基本规律和对多元系相图取解剖图的一些基本法则。尤其是总结了共晶型多元系相图从单固相到 n 个固相各类相图纵剖面图的形式规律，这对于研究该类多元系在一定成分变化限制条件下的物态变化规律具有重要意义。

著者认为，研究多元系相图，其实际意义不在于用多元系多维空间来表达问题，而是在于对多元系多维体图的解剖，由多维体图变为低维体图，特别是二维纵剖面图。也就是说在符合成分要求条件下，用最低维数空间图表示物系的状态变化规律，尽量减少抽象性，为更多的人容易接受和应用，才是最有意义的。这也是著者总结多元系相图成分剖面图和纵剖面图形式规律的目的所在。

本书除了对合金型（连续及有限固溶体型）和化合物型（简单共晶及具有中间化合物）的多元系相图进行了论述外，还对四元系和六元系非同离子偶对盐溶液的等温蒸发结晶变化相图进行了一些分析讨论，希望对化工生产科技人员有一定参考价值。

随着组元数的增多，相图的基本形式类型也随之增多和复杂化，无论组元数增多到多少和相图形式复杂化到多大程度，物系的物理意义和几何形式总是遵循相律法则的。本书的内容仅仅是多元系相图的九牛一毫，更多种类型的相图及其规律性则有待于进一步研究和总结。但愿本书在多元系相图的研究和应用方面起到抛砖引玉的作用。

由于著者学识有限，书中难免有不妥之处，望广大读者批评指正。

作　者

有关说明

多元系相图是在低元系相图基础上建立起来的。由于多元系相图的多维空间性，许多术语名词，也必须相应地从低元低维空间概念的名词引申为多维空间概念名词。例如，对相图的解剖，在三元系立体图上截取纵剖面图，是对三元系成分变化给予限制条件。在四元系成分四面体图上取第一级剖面是对于成分变化的第一级限制，加温度条件便是成分—温度立体图。再进一步给成分变化以限制条件，在立体图上取成分—温度纵剖面图，这样的概念容易理解。但是给五元系成分四维体图以成分变化限制条件，第一级取的就不是剖面图，而是“剖体图”或称“三维剖体图”，这是新的概念；对六元系成分体图——五维成分体图进行第一级剖取的，便是“四维剖体图”，依此类推。

已知低元系相图中的某些几何要素，例如从二元系到四元系表达其状态变化的“共晶点”、“共晶线”、“共晶面”、“液相线”、“液相面”、“饱和线”、“饱和面”等概念，在多元系多维体相图内便相应地有“共晶三维体”、“共晶四维体”、“共晶五维体”、“液相三维体”、“液相四维体”、“饱和三维体”、“饱和四维体”等和更多维体的新名词、新概念。相区间的交界也是如此。在低元系低维空间相图内的“相区界限”、“相区界面”（或简称“相界线”、“相界面”）的概念比较熟悉，但在多元系多维空间相图内就会出现“相界三维体”、“相界四维体”、“相界五维体”和相区交界的更多维体新名词和新概念。

本书内的三维体和多维体图都用透明体图表示。其不能直接看到的几何线（被面和体挡住的）都用虚线表示（--------），能直接看到的几何线都用实线表示。液相产生非等温凝固，为表明其成分随温度下降而变化的轨迹，在剖体图、剖面图内多用密箭头线表示。在原图内只有其最多的非等温凝固（例如共晶）线用密箭头曲线表示。

在成分—温度立体图上（剖取的），其成分剖面上的截点与立体图上各点在温度方向的垂直对应指引线以及四元共晶、共析、包共晶和包晶点与各单固相的连线都用点划线（—-—-—）表示；五元共晶点与各单固相的连线用双点划线（—--—--—）表示；六元系的六元共晶点与单固相的连线形式是—---—---—。

随着组元数的增多，相图的基本形式类型也随之增多。根据相律，以其最多共存相数等温相变反应形式为基准，在定压下，等温反应类型相当于其组元数。例如二元系只有两种基本类型，即 $p_1 \rightleftharpoons p_2 + p_3$ 和 $p_1 + p_2 \rightleftharpoons p_3$，决定相图的两种基本形式。又如，六元系的六种基本类型是：

$$p_1 \rightleftharpoons p_2 + p_3 + p_4 + p_5 + p_6 + p_7$$

$$p_1 + p_2 \rightleftharpoons p_3 + p_4 + p_5 + p_6 + p_7$$

$$p_1 + p_2 + p_3 \rightleftharpoons p_4 + p_5 + p_6 + p_7$$

$$p_1 + p_2 + p_3 + p_4 \rightleftharpoons p_5 + p_6 + p_7$$

$$p_1 + p_2 + p_3 + p_4 + p_5 \rightleftharpoons p_6 + p_7$$

$$p_1 + p_2 + p_3 + p_4 + p_5 + p_6 \rightleftharpoons p_7$$

所以六元系必然有六种不同形式的等温反应型相图。但是有限固溶体型和固态互不相容的（或化合物型的）相图形式还有一定的区别（尽管等温反应类型相同）。

本书在五元系相图部分，详尽地论述了共晶型相图（属于 $p_1 \rightleftharpoons p_2 + p_3 + p_4 + p_5 + p_6$ 型），其中包括从二元、三元、四元非等温共晶到五元的等温共晶的各种类型和形式的相图；此外也论述了形式更为复杂的五元包共晶型相图（属于 $p_1 + p_2 \rightleftharpoons p_3 + p_4 + p_5 + p_6$ 型）。所以还有好多种类型的相图没有涉及到。对六元系的相图只能解剖和讨论共晶型的，还有更多的类型没有讨论。总之，对多元系相图的研究是无穷无尽的，目前仅是一个开端。就以五元系和六元系来说，还有许多种类型有待于今后解决。

目　录

上篇　四元系相图

下篇　五元系及更多元系相图

上篇　四元系相图

1　概　　论

1.1　四元系相图的成分表示法则

四元系相图是在三元系相图基础上建立起来的。众所周知，三元系相图的成分表示，惯用正三角形面，面内任一点代表3个组元的某一成分。四元系相图，由于比三元系增加了一个组元，就不能在面上表示它的成分，而是在一个正四面体内表示它的成分。图1-1所示为四元系A－B－C－D的成分四面体图。它的4个顶点A、B、C、D，分别表示组元A、B、C、D的所在位置。六条线AB、AC、AD、BC、BD和CD分别代表二元系A－B、A－C、A－D、B－C、B－D和C－D的成分线。4个正三角形面ABC、ABD、BCD和ACD分别代表4个三元系A－B－C、A－B－D、B－C－D和A－C－D的成分三角形面。所以说，一个四元系成分体是由六条二元系成分线、4个三角形成分面所组成。也就是说，一个四元系相图，是由6个二元系相图和4个三元系相图所组成。

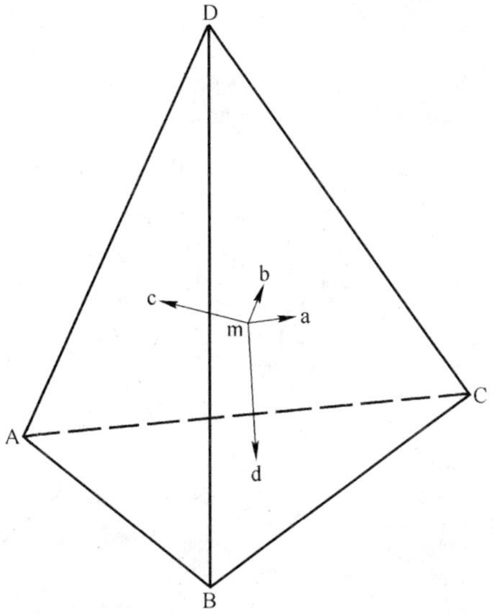

图1-1　四元系A－B－C－D的成分四面体图

如果已知四元系 A－B－C－D 成分体内的某一点 m，欲确定 4 个组元 A、B、C、D 的百分数，如图 1-1 所示，可以采用自 m 点向各组元顶点的对边三角形面引垂直线的方法来确定各组元在 m 点成分中的百分数（一般多用质量分数表示）。各垂直线 ma、mb、mc 和 md，分别表示组元 A、B、C 和 D 的百分数。自任一顶点 D，向其对边三角形面 ABC 上引垂直线段作为 100 单位，该垂直线的长度等于 ma＋mb＋mc＋md。所以它和三元系成分面内任一点，分别向三个组元对边引垂直线段，线段的长度代表各组元在该成分点上的百分数的方法是相似的。

反之，如果已知四元系的成分，如何在成分四面体内确定其成分点，可采用如图 1-2 所示的取各组元百分数的相应线段平行二元成分线逐段连接法。它是自任一组元顶点 D 为出发点，以 D 与各组元的二元成分线 DA、DB、DC 各作为 100 单位。例如先在 D－A 线上（100 单位）定出相当于组元 A 百分数的线段 Da，然后再以 DB 线为 100 单位取相当于组元 B 百分数的线段 ab，自 a 点平行 DB 线向三角形面 ABD 内引入，再以 DC 线为 100 单位取相当于组元 C 百分数的线段 bm 自 b 点平行 DC 向四面体内引入，于是 m 点便是该已知四元系的成分点。

如果四元系的成分变化在一定限制条件下，便可用成分剖面和再在剖面上取截线表示。

如果组元 D 为一常量的四元系，可以用平行三角形 ABC 的剖面表示其成分。如图 1-3 所示，在成分四面体上平行 ABC 取剖面 abc，则该剖面上的任一点组元 D 都是常量。组元 A、B 和 C 的成分可以互变。剖面位置愈靠近 D 点，剖面上常量 D 所占的百分数愈高。

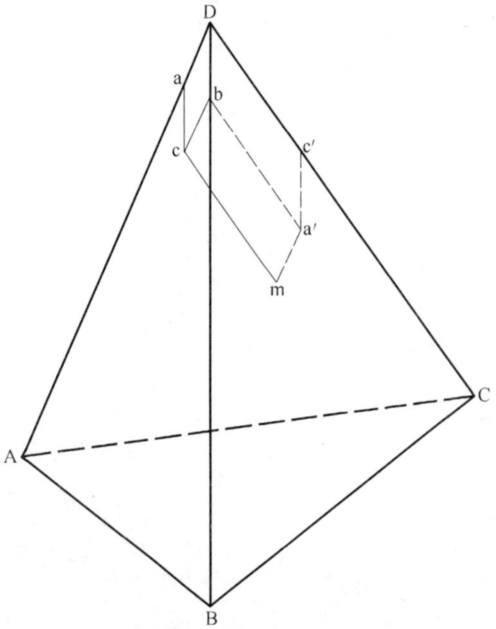

图 1-2 如何在成分四面体内确定其成分点 m 的相图

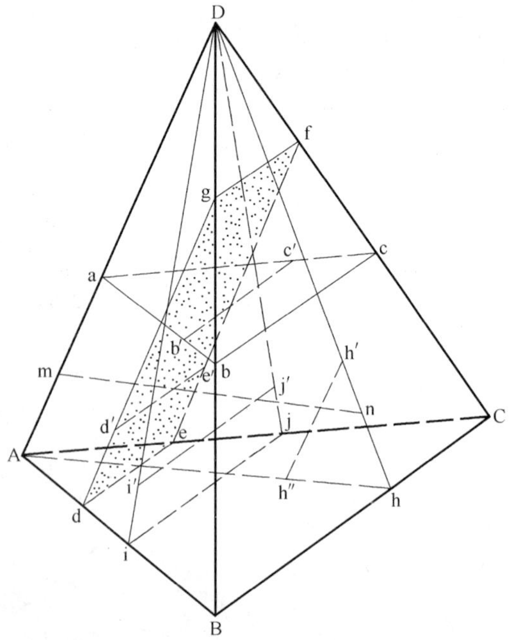

图 1-3 用平行三角形 ABC 的剖面表示其成分体图

如果在剖面 abc 上平行 bc 取线段 c′b′，则 c′b′上的四元系成分变化更进一步受到限制，不但 D 是常量不变，而且组元 A 也是保持常量不变，只是 B 与 C 的成分互变。c′b′愈靠近 a 点，组元 A 所占的百分数愈高。

假如在剖面 abc 上的组元 D 的百分数为 45%，则 (A + B + C)% = 55%。若 c′b′线的 A 在 (A + B + C)% 中占 30%，则 A 在四元系的总量内占的百分数为 55% × 30% = 16.5%。

经过 4 个三角形面，平行 AD 和 BC 取长方形（或方形）剖面 defg，在该剖面上的成分限制条件是组元 A 与 D 的和为一常量，或 B 与 C 的和是一常量。

在 defg 面上平行 de 取截线 d′e′，该截线上的成分又进一步限制为 A、D 都是常量，只是 B、C 二组元成分互变 B + C = 常数。d′e′愈靠近 de 边，D 所占的百分数愈低。

若取 DAh 剖面，在该剖面上的成分限制条件是 B 与 C 的比值是一常数。该剖面愈靠近 C 点，$\frac{B}{C}$的值愈小。

平行 DA 边在剖面上取截线 h′h″，则在该线上的成分限制条件是 B、C 都是常量，只 A、D 成分可以互变。若平行 Ah 边取截线 mn，则 A 与固定比值的 B、C 之和数量互变。

四元系的成分表示，用非正四面体也是可以的。如图 1-4 所示，在四元系 A－B－C－D 成分非正四面体内任一点 m，欲确定它所含各组元的百分数，比较理想的方法是自任意 3 个组元 B、C、D，使其各与 m 点相连并引伸，分别与它们的对边三角形面 ACD、ABD、ABC 相交于 b、c、d，则：

$$B\% = \frac{mb}{Bb} \times 100\%$$

$$C\% = \frac{mc}{Cc} \times 100\%$$

$$D\% = \frac{md}{Dd} \times 100\%$$

已知组元 B、C、D 的百分数，组元 A 的百分数也就确定出来了。

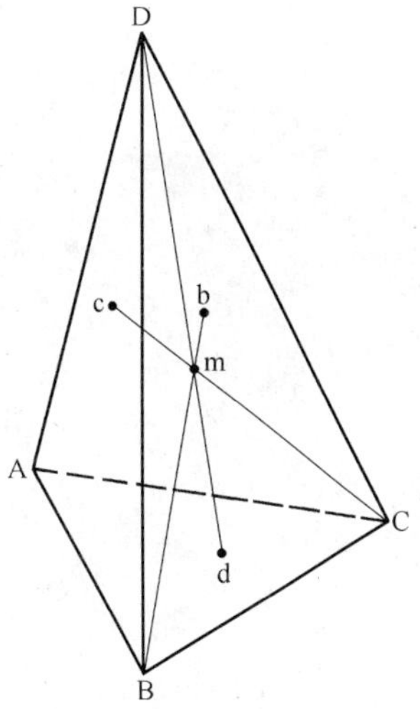

图 1-4　非正四面体图的成分表示

这种方法对正四面体也适用，是四元系的“重心定理”。

在已知四元系成分情况下，在成分非正四面体内确定其成分点，也可采用图 1-2 中的方法。

1.2　四元系的相平衡

相平衡是物系在一定条件下（在定压、定温情况下）出现稳定的状态，在稳定状态下其共存相数是多少，各共存相在相图内存在的空间域（或称几何域）是什么；根据相律，不同组元数的物系其最多共存相数是多少；如果在温度变化时，对物系状态产生新的影响，导致物系内各相的共存关系和各相存在空间域的变化情况如何等，这些问题就是物系的相平衡问题。

根据相律 $f = C - p + 1$（定压情况），物系各共存相的自由度（指存在的空间维数）为零时，是该物系处于最多共存相数状态。自由度为零，说明各共存相的存在空间域的维数是零，各相只存在于相图内的一点上。在定压下，四元系的最多共存相数是 $p = 4 + 1 = 5$。

1.2.1 单相状态

四元系在单相状态时（全液相或全固相），其自由度数是 4，就是说在有温度变化情况下，四元系单相在四维空间内存在。若温度不变，其自由度数是 3，便是在三维空间内存在。也就是在成分四面体图内存在。

1.2.2 双相平衡

四元系的双相平衡，各平衡相的存在空间域是三维体。温度固定便是二维面。

如图 1-5 所示，在等温下四面体图内有 α 和 β 两相共存的相区 bckk′。kk′若为两相的饱和临界线，则曲面 bkk′和 ckk′分别为 α 和 β 的存在域，两相曲面之间对应平衡。例如，aa′线上的 α 相成分与 dd′线上的 β 成分对应平衡。nn′线上的 α 相成分与 mm′线上的 β 相成分对应平衡。两平衡相间的关系，以对应平衡的两相成分点间的连线表示。

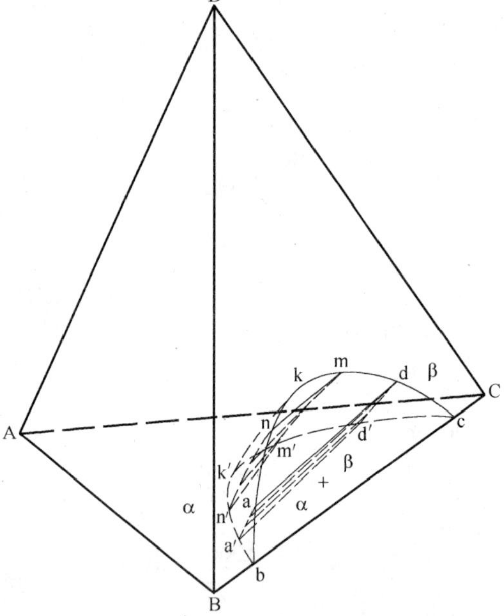

图 1-5 四元系双相平衡等温反应形式图

1.2.3 三相平衡

在等温条件下，四元系三相平衡的自由度数是 1，所以 3 个相在成分四面体内各在一条曲线上对应平衡。

如图 1-6 所示，α、γ、δ 三相共存区是 $acdd_3c_3a_3$。三相分别在 aa_3、cc_3 和 dd_3 上存在。它们的对应平衡关系可用连线三角形表示。例如 $a_1c_1d_1$、$a_2c_2d_2$，就是 α、γ、δ 三个相在各自成分线上不同两个位置对应平衡的连线三角形。

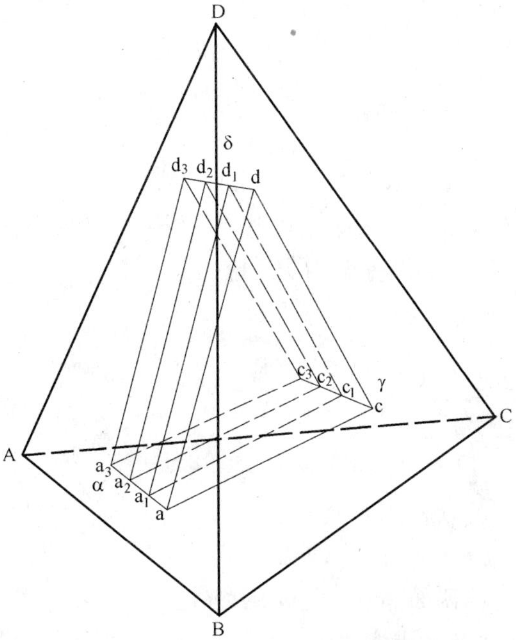

图 1-6　四元系三相平衡等温反应形式图

1.2.4　四相平衡

在等温条件下，四元系四相平衡的自由度数为零。图 1-7 所示，在成分四面体内 α、β、γ、δ 4 个相共存，其共存区是四面体 αβγδ。由于 4 个相的成分各固定在 4 个点上，所以四相平衡的关系就是连线四面体 αβγδ。

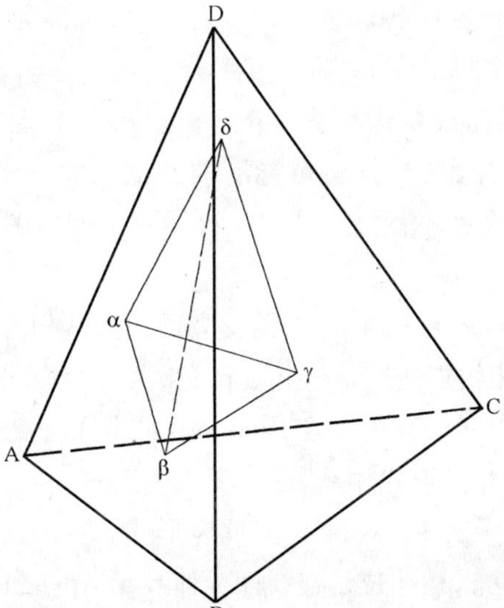

图 1-7　四元系四相平衡等温反应形式图

当然，当温度变化时，4 个平衡相点可能各沿一曲线变化，4 个相便在曲线上对应平衡。

1.2.5 五相平衡

在定压下四元系最多共存相数是5。五个相在相图内各在一个点上彼此对应平衡。它们的关系用五点连线三维体表示。在四元系里，五相平衡也是产生等温相变反应的状态。

图 1-8 所示，是四种不同类型等温相变反应的五相平衡形式图。四元系五相平衡的等温反应形式为：

$$p_1 \rightleftharpoons p_2 + p_3 + p_4 + p_5$$

$$p_1 + p_2 \rightleftharpoons p_3 + p_4 + p_5$$

$$p_1 + p_2 + p_3 \rightleftharpoons p_4 + p_5$$

$$p_1 + p_2 + p_3 + p_4 \rightleftharpoons p_5$$

图 1-8a 所示为 $p_1 \rightleftharpoons p_2 + p_3 + p_4 + p_5$ 等温反应形式图。产生这种反应的各相位置关系是 p_1 相处于其他 4 个相的连线四面体 $p_2p_3p_4p_5$ 的内部。

在等温反应前后，5 个相的来龙去脉不是都一样的。假若 p_1 相是液相，这是一个四元共晶反应。在等温反应之前可以沿四条三元共晶曲线随温度下降汇集而来，等温反应后消失。p_2、p_3、p_4 和 p_5 4 个固相假若是固溶体，在等温反应之前各可以有三条饱和曲线随温度下降汇集而来，等温反应后各沿一条新的饱和曲线随温度的下降变化而去。所以后者 4 个相等温反应前后的来龙去脉是“三来一去”。

图 1-8b 所示为 $p_1 + p_2 \rightleftharpoons p_3 + p_4 + p_5$ 等温反应形式，p_1 和 p_2 两相的位置分别在 p_3、p_4、p_5 三相连线三角形的两侧。

等温反应之前，p_1 相（液相）沿三条三元共晶（包括包共晶）曲线，p_2 相沿三条饱和曲线随温度下降汇集而来，等温反应后，若 p_2 消失，剩余的 p_1 相便沿一条三元共晶线产生非等温凝固 $p_1 \rightarrow p_3 + p_4 + p_5$ 随温度下降变化而去。若等温反应后 p_1 消失，剩余的 p_2 便沿一条新的饱和曲线变化而去。p_3、p_4、p_5 相等温反应前后的来龙去脉各是“二来二去”。“二来”是等温反应前各可能沿两条饱和曲线变化而来，“二去”是等温反应后，由于 p_1 和 p_2 相的两种消剩的可能，致使各可能沿两条饱和曲线随温度下降变化而去。

图 1-8c 所示为 $p_1 + p_2 + p_3 \rightleftharpoons p_4 + p_5$ 等温反应形式。其相间的位置特点是 p_4、p_5 两相分别位于 p_1、p_2、p_3 3 个相的连线三角形 p_1、p_2、p_3 的两侧。

各相等温反应前后的来龙去脉的特点是 p_4、p_5 二相和 p_1、p_2、p_3 三相分别与图 1-8b 中的 p_1、p_2 和 p_3、p_4、p_5 相的形式相反。

图 1-8d 所示为 $p_1 + p_2 + p_3 + p_4 \rightleftharpoons p_5$ 等温反应形式。它的情况与图 1-8a 平衡相间的几何关系相似而物理意义相反。p_5 相位于连线四面体 $p_1p_2p_3p_4$ 之内，这是相似之处，而等温反应前后各相的来龙去脉情况，p_5 相与图 1-8a 中的 p_1 相对应相反；p_1、p_2、p_3、p_4 相则与图 1-8a 中的 p_2、p_3、p_4、p_5 相对应相反。

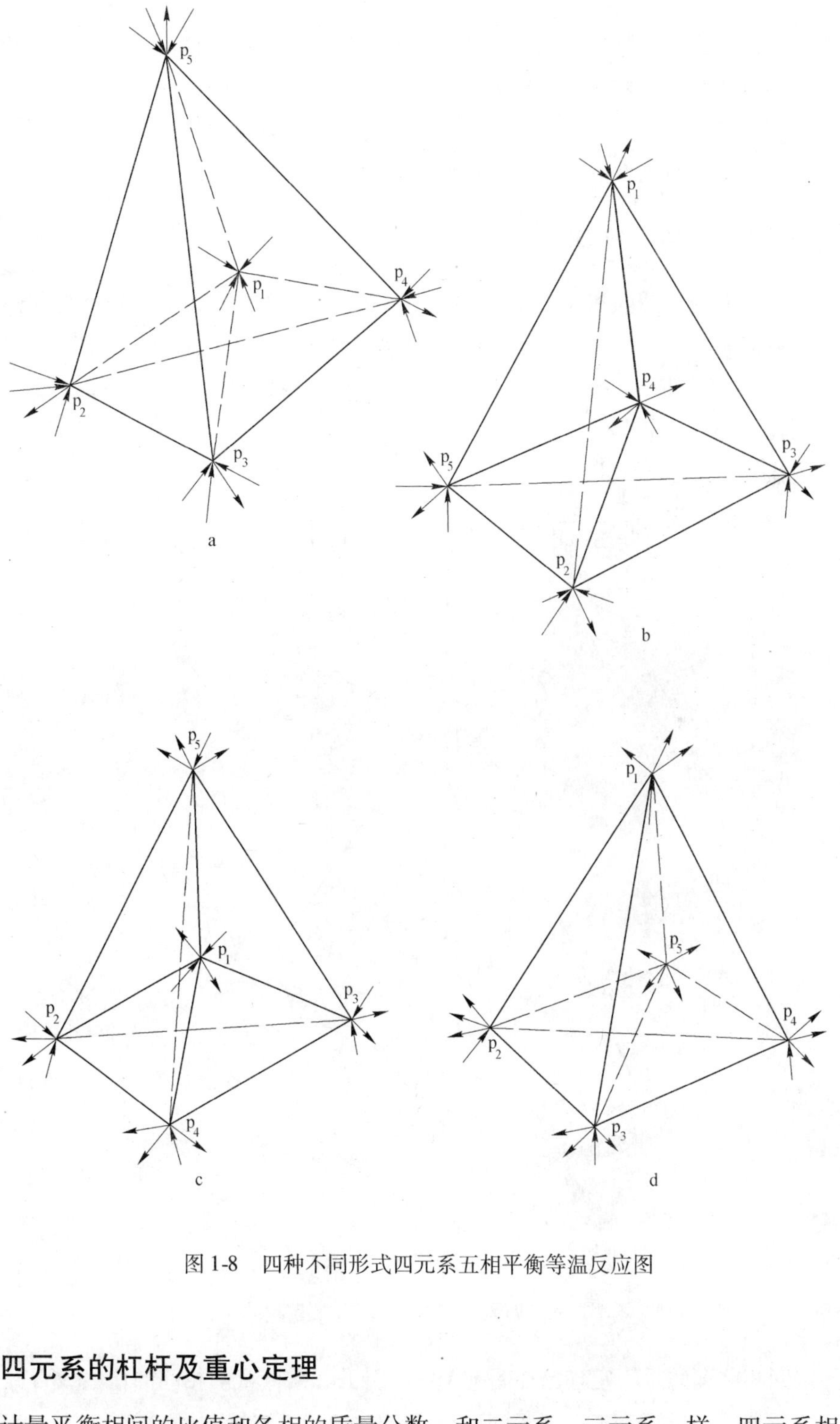

图 1-8　四种不同形式四元系五相平衡等温反应图

1.3　四元系的杠杆及重心定理

为计量平衡相间的比值和各相的质量分数，和二元系、三元系一样，四元系相图也可以用杠杆及重心定理计量。

1.3.1 双相平衡的杠杆定理

双相平衡，只需杠杆原理计量，它和二元系、三元系中的杠杆原理一样，两相的连线是杠杆线。物系总成分在杠杆线上作为支点，或确定期间的比值，或按杠杆定理计算两相的百分数。但这里要说明的一点，四元系的杠杆线不一定是水平的，它可以在空间成分任何方位出现，这是由两相在成分体内的对应平衡不一定是水平方位所决定的。

1.3.2 三相和四相平衡的重心定理

三相平衡，在四元系内和在三元系内的三相平衡相似，也用重心定理计量相间的比值和百分数。图 1-9 所示，一物系在 $\alpha+\beta+\delta$ 三相区内 m 上，α、β、δ 3 个相分别在 a、b、d 3 个点上对应平衡，而 m 就在连线三角形 abd 上。于是按三角形重心定理：

$$\frac{\alpha}{\beta+\delta}=\frac{mx}{am} \quad 或 \quad \alpha\%=\frac{mx}{ax}\times100\%$$

$$\frac{\beta}{\alpha+\delta}=\frac{my}{bm} \quad 或 \quad \beta\%=\frac{my}{by}\times100\%$$

$$\frac{\delta}{\beta+\alpha}=\frac{mz}{dm} \quad 或 \quad \delta\%=\frac{mz}{dz}\times100\%$$

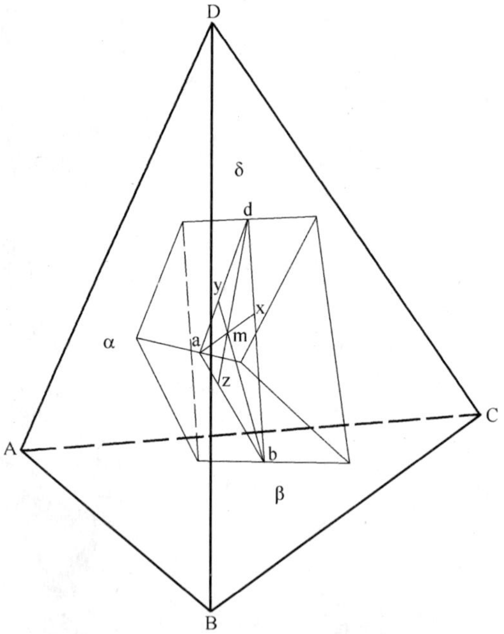

图 1-9 四元系三相平衡的重心定理图

四元系四相共存的重心定理已在图 1-4 中说明了。欲计量两相间的比值或百分数如图 1-10 所示，例如 α、δ 两相与 β、γ 两相二者间的比值，可连接 δp（或 αn）自 p 点（或 n 点）向 $\beta\gamma$ 线上引线交于 m 点，再连 mo 引伸与 $\alpha\delta$ 线相交于 q，于是：

$$\frac{\alpha+\delta}{\beta+\gamma}=\frac{om}{oq} \quad 或 \quad \begin{cases}(\alpha+\delta)\% = \dfrac{om}{mq}\times 100\% \\ (\beta+\gamma)\% = \dfrac{oq}{mq}\times 100\%\end{cases}$$

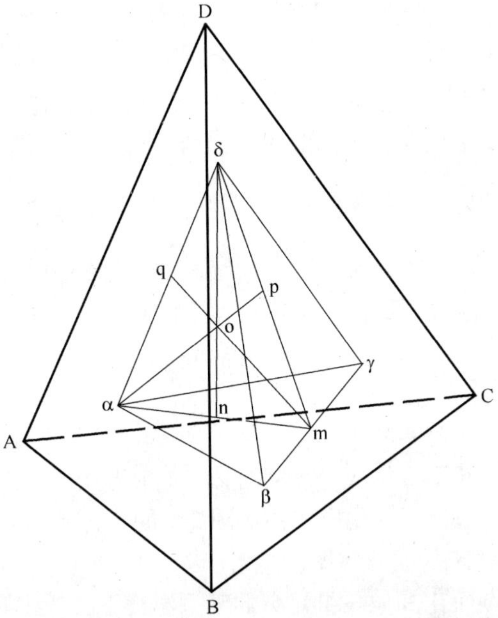

图 1-10 四元系四相平衡的重心定理图

2 少于五相共存的四元系相图

少于五相共存的四元系相图，固态最多是 3 个固相，说明四元系内必然有二元或三元系的连续固溶体。合金里多出现有限固溶体和连续固溶体。

2.1 只有二相共存的四元系相图

只有二相共存的四元系相图常是四元系连续固溶体的相图。它只能是液相与连续固溶体二相共存。出现四元系连续固溶体，构成四元系的 6 个二元系和 4 个三元系也必然是连续固溶体。

2.1.1 等温体图

若一个四元系 A – B – C – D 构成连续固溶体，4 个组元的熔点（晶点）A > D > C > B，它从高温液态到低温固态的相图变化形式，从图 2-1 的 5 个等温体图中可以看出来。

图 2-1a 为全液相 L 状态的成分体图。

当低于组元 A 的晶点而比其他三组元高的某一温度下，便出现图 2-1b 的情况。

由于温度低于组元 A 的晶点，连续固溶体 α 必然在顶点 A 附近处出现。图 2-1b 中的 Aabc 就是 α 相区，BCDc′b′a′相区是属于 L 相的。相区 abcc′b′a′便是 α + L 相区。

四元系等温体图，是由构成它的 4 个三元系等温面所构成。在图 2-1b 中，由于 B – C – D 三元系处于全 L 相状态，在该三元系成分面上就不存在相区界线。但在其他 3 个三元系 A – B – C、A – C – D 和 A – B – D 的成分面上就出现了 α 和 L 相相区及其共存相区。仅以三元系 A – B – D 具有温度坐标的立体图中的等温面（T），就能清楚看出，四元系的三元系成分面上的相区界限，正是该三元系成分—温度立体图上等温面的投影。其他类推。

图 2-1c 的情况是温度低于组元 A 和 D 的晶点而高于 B 和 C 的晶点。这里 α 相区扩大（ADbcda），L 相区缩小（BCc′d′a′b′），相区 abcdd′c′b′a′是 α 与 L 相的共存区。在 α + L 相区内的合金，α 和 L 两相的成分分别在 abcd 和 a′b′c′d′上对应平衡。

图 2-1d 为温度仅高于组元 B 晶点的某一等温体图。L 相相区缩小在顶点 B 附近的 Bc′b′a′相区内；L 相区（ACDbca）扩大到靠近 B 点，α + L 相区也缩小在 abcc′b′a′区域内。

当温度低于所有四元系的晶点，也就是说四元系内 L 相全部消失，就出现图 2-1e 所示的全 α 相成分体图。

假若在这类四元系中有一个二元系具有最低熔点的情况，温度虽然低于 4 个组元的晶点，但仍可能有 L 相存在。假如组元 C 和 D 的晶点较 A 和 B 都低，而二元系 D – C 中出现最低熔点的连续固溶体，便会出现温度低于 C 和 D 的晶点，有 L 相存在的等温体图（见图 2-2）。

如果有两个二元系具有最低熔点的连续固溶体（若 B – D 和 C – D 二元系），就会出现图 2-3 所示的等温体图。

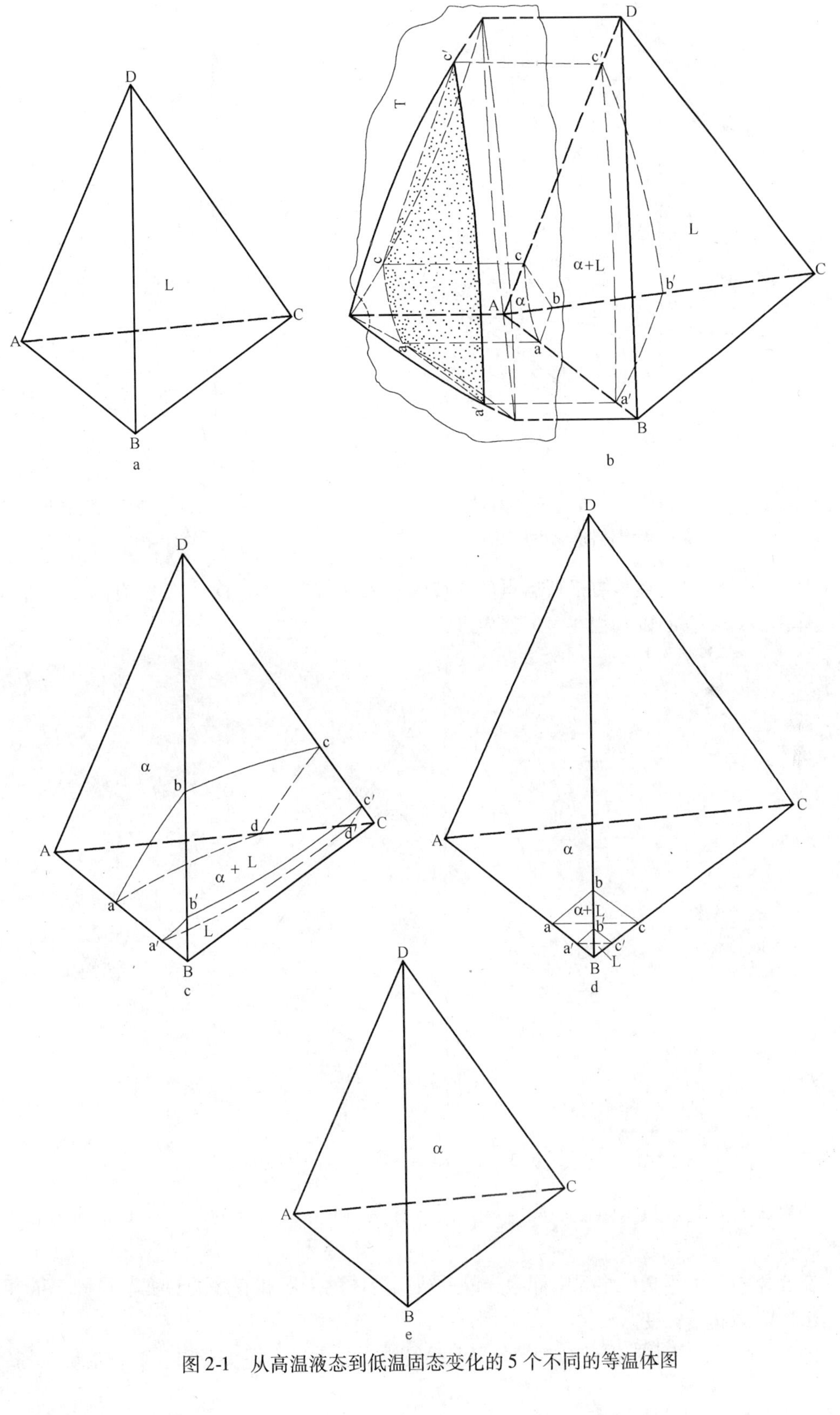

图 2-1 从高温液态到低温固态变化的 5 个不同的等温体图

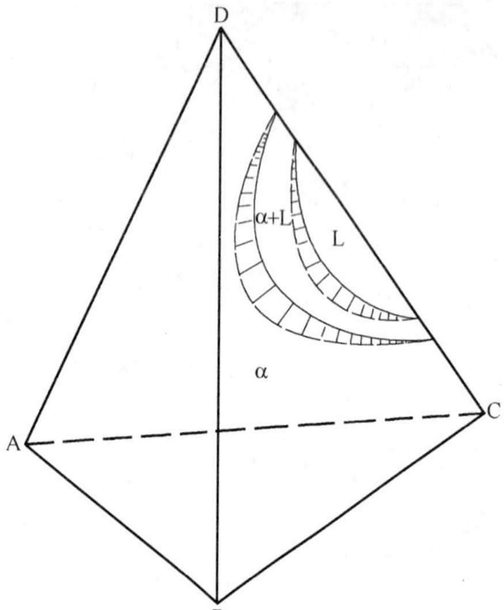

图 2-2 二元系 C－D 具有最低熔点的某一等温体图

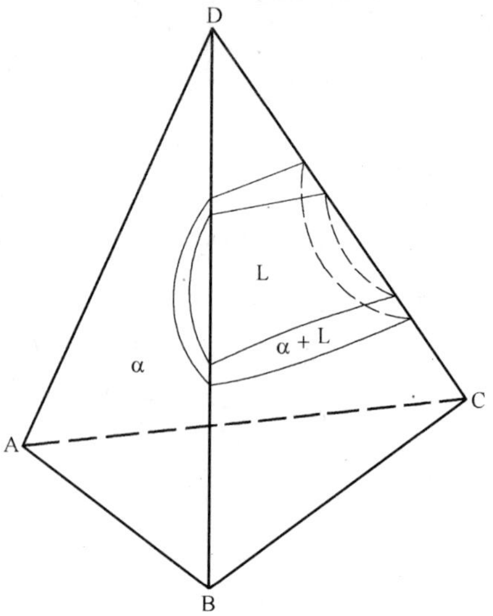

图 2-3 二元系 B－D 及 C－D 具有最低熔点的某一等温体图

如果有一个三元系具有最低熔点的连续固溶体（若 B－C－D），便会有图 2-4 所示的等温体图。k 点是 α 和 L 相共存的临界点。

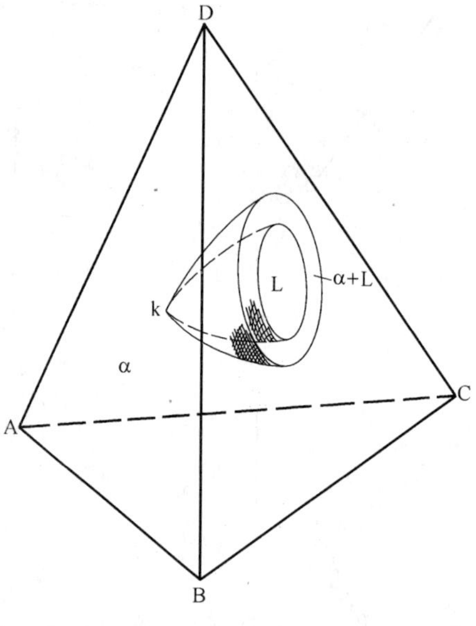

图 2-4 三元系 B－C－D 具有最低熔点的某一等温体图

如果四元系具有最低熔点的固溶体，便会有在四元系成分体内部存在 L 相的等温体图（见图 2-5）。

在合金内，由于某一组元的同素异晶性或固溶体的无序和有序的转变，在固态的相图中也出现双固相的转变。

图 2-6 所示，是由于组元 C 的同素异晶转变（α 晶型与 γ 晶型的转变），在低于其转变

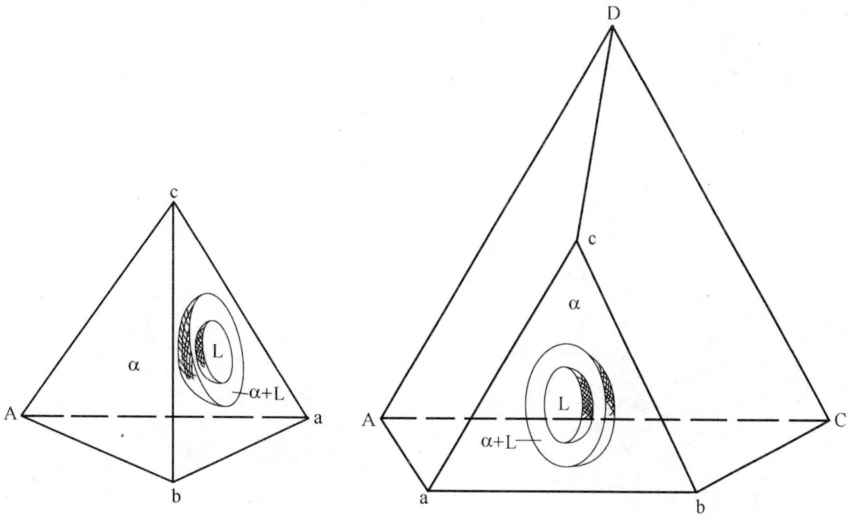

图 2-5 四元系具有最低熔点的某一等温体图

温度的某一等温体图。这里的相区 Ca′b′c′、ABDabc 和 abcc′b′a′分别是 γ、α 和 α + γ 相区。

图 2-7 所示为二元系 B – C 出现固溶体的无序和有序转变（α 晶型和 ε 晶型）在低于其转变温度的某一等温体图。k_1k_2 是 α 和 ε 两相共存的临界线。

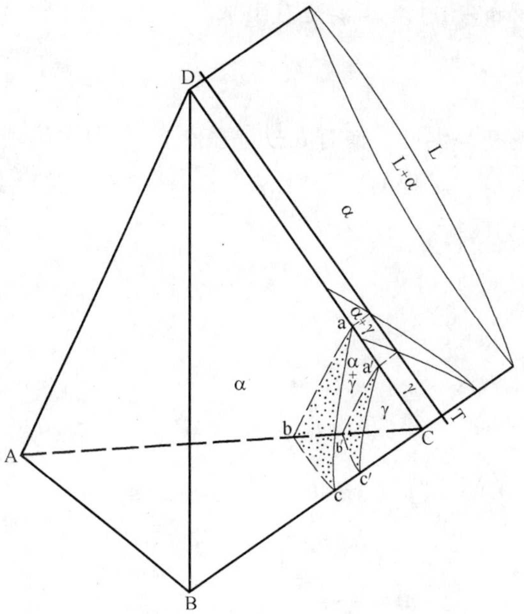

图 2-6 在低于其组元 C 同素异晶转变温度的某一等温体图

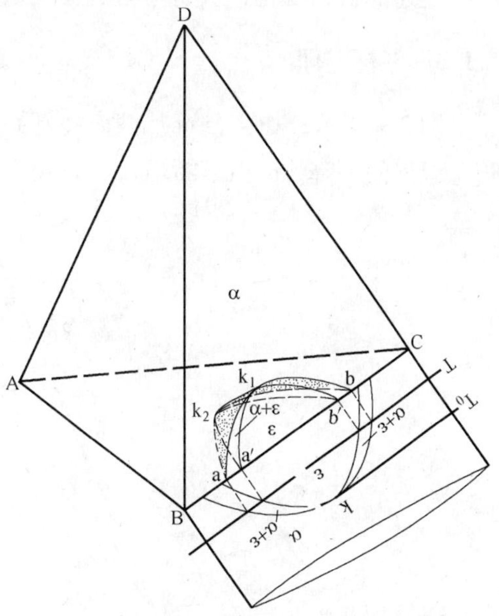

图 2-7 在低于二元系 B – C 出现固溶体的无序和有序转变温度的某一等温体图

2. 1. 2 成分剖面—温度立体图和纵剖面图

图 2-8 所示为对图 2-1 的四元系成分体图，平行 ABC 取成分剖面 abc，加温度坐标的

立体图。立体图顶端的曲面 $a_1b_1c_1$ 和在其下方的曲面 $a_2b_2c_2$，分别是 α 相初晶的液相面和刚凝固结束的固相面（都是剖面）。两曲面之间是 α + L 相区；高于液相面的是 L 相区。低于固相面的是 α 相区。

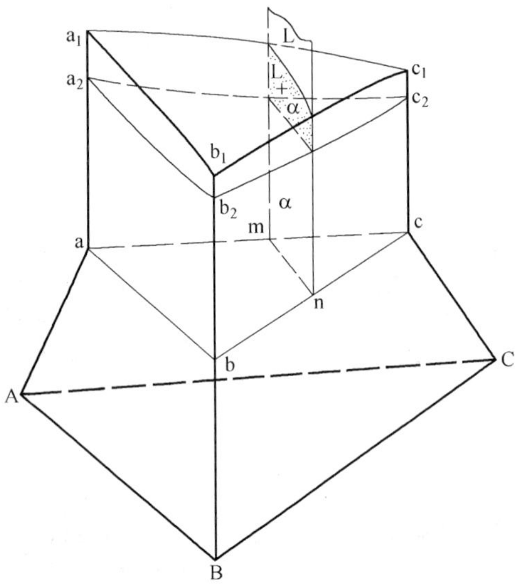

图 2-8 对图 2-1 平行 ABC 其成分剖面 abc，加温度坐标的立体图

上述的状态变化，从立体图的任一纵剖面 m－n 上也可清楚看出来。

2.1.3 杠杆定理

图 2-9 所示，如合金 m 从液态冷却到 α 的初晶温度，便有 α 的晶核在 α_1 位置上出现。随着温度的下降，α 相不断增多，L 相不断减少。α 相的成分沿 $\alpha_1 \to \alpha_2 \to \alpha_3$（m 点）变

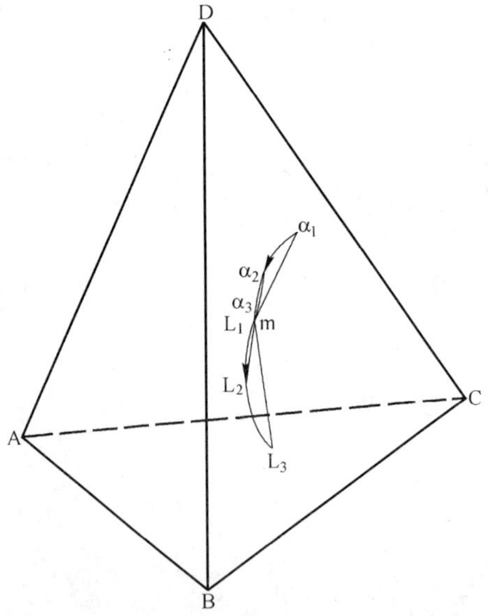

图 2-9 用杠杆定理计算二相比值和百分数相图

化；L 相成分沿 L_1（m 点）→L_2→L_3 变化。当 α 变化到 α_2 时，相应地 L 相变化到 L_2，这时两相的比值和百分数可用杠杆定理计算：

$$\frac{\alpha}{L}=\frac{mL_2}{m\alpha_2}\quad 或\quad \alpha\%=\frac{mL_2}{\alpha_2L_2}\times100\%,\ L\%=\frac{m\alpha_2}{\alpha_2L_2}\times100\%$$

当 α 相和 L 相分别达到 α_3（m 点）和 L_3 时，L 相即告消失。

2.2　只有三相共存的四元系相图

2.2.1　基本形式举例

四元系中有两个二元系是连续固溶体，4 个二元系是有限固溶体共晶（图 2-10 的情形）或是有一个连续固溶体的三元系和 3 个有限固溶体共晶的二元系（图 2-11），都能构成只有三相共存的四元系相图（也不排斥具有二元包晶的）。

三相共存就是 L 相和两个固相共存。三者在相图内的对应平衡关系如图 2-10 所示，二元共晶（熔）$L_1 \rightleftharpoons \alpha_1+\gamma_1$ 的平衡就是连线三角形关系。L_1 是在二元共晶面 $e_1e_2e_3e_4$ 上，α_1 和 γ_1 分别在 α 相成分面 abb′a′和 cdd′c′上。图 2-11 的情况和图 2-10 的情况相似，只是图 2-11 中的二元共晶面和两个固相的成分饱和面都是三角形的。

单是四元系的成分就是一个立体图。温度坐标只能投影到成分体上，当然也包括了对所有二元系投影在成分线上，对所有三元系投影在成分面上。

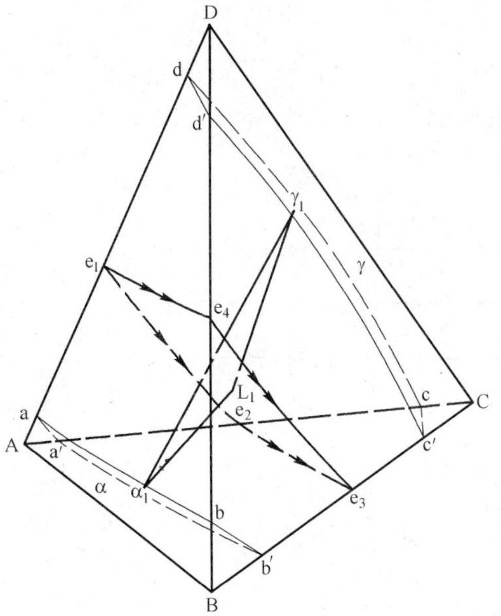

图 2-10　只有三相共存的四元系相图（一）

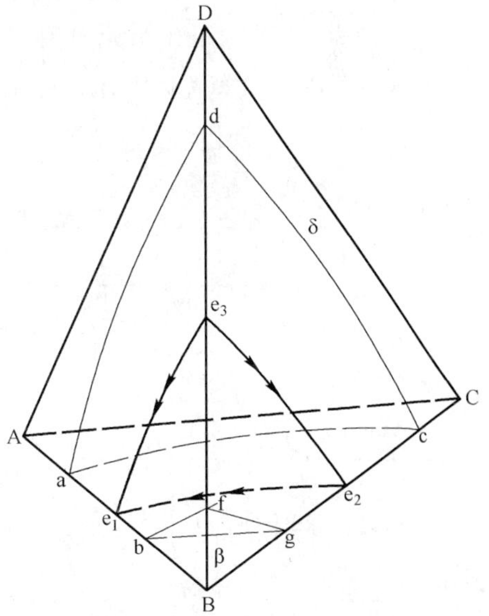

图 2-11　只有三相共存的四元系相图（二）

只有三相共存的四元系相图，是比较简单的，它不用在成分体内附加任何点和线，只需要 4 个三元系的平面图就构成了。例如图 2-10 中的二元共晶面 $e_1e_2e_3e_4$，就是由 4 个三元系的 4 条二元共晶线构成的；α 和 γ 两固溶体的饱和面 abb′a′和 cdd′c′就是由 4 个三元系的该两相的饱和线所构成。α 相区 ABbb′a′a 和 γ 相区 CDdd′c′c，就是由 4 个三元系的两个相的相区（面）所构成；α + L + γ 三相相区 abb′a′cc′d′d，就是由 4 个三元系的该三相相区（面）所构成，中间有二元共晶面所分隔。

合金在二元共晶面右上方的部分三相相区内，液态的凝固过程是：

$$L \to L+\gamma \to L+\alpha+\gamma \to \alpha+\gamma$$

在二元共晶面左下方的部分三相相区内，合金的凝固过程是：

$$L \to L+\alpha \to L+\alpha+\gamma \to \alpha+\gamma$$

在 α 和 γ 单相相区内合金的凝固不经过二元共晶。

根据图 2-10 的情况，可以理解图 2-11 中的情况。它的各相区凝固过程见表 2-1。

表 2-1 图 2-11 的相区凝固过程状态变化

相　区	凝固过程状态变化	相　区	凝固过程状态变化
ACDdca	$L \to L+\delta \to \delta$	$bfge_2e_3e_1$	$L \to L+\beta \to L+\beta+\delta \to \beta+\delta$
Bbfg	$L \to L+\beta \to \beta$	$dcae_1e_2e_3$	$L \to L+\delta \to L+\delta+\beta \to \beta+\delta$

2.2.2 等温体图

图 2-11 中的四元系，各组元的晶点，若 D 和 B > C > A，二元共晶点 $e_3 > e_2 > e_1$，可以从图 2-12 中的 5 个等温体图进行比较。

图 2-12a 所示为仅低于组元 D 和 B 晶点，而高于 C、A 的晶点，并正在二元共晶点 e_3 温度的等温体图。该等温体图比较简单，在只有二相共存的情况下，无须在成分体内附加任何线，只需 4 个三元系的等温面就能构成。各相相区见表 2-2。

表 2-2 图 2-12a 的相区状态

相　区	状　态	相　区	状　态
$Bb_1f_1g_1$	β	$a_1c_1d_1e_3k_1j_1$	δ + L
$Dd_1a_1c_1$	δ	$b_1f_1g_1i_1e_3h_1$	β + L
$Aj_1e_3k_1Ci_1h_1$	L		

图 2-12b 所示为低于共晶点 e_3 温度而仍高于 A 和 C 两组元晶点的某一温度的等温体图。

由于低于二元共晶点 e_3 温度，比图 2-1a 除增加了 β + δ 相区外，又增加了 β + L + δ 相区，共有 7 个相区。

由于三相相区的出现，在成分体图内出现它与 L、L + β、L + δ 等 3 个相区间的相区界线 nm，以及与 δ、β 及 δ + β 3 个相区的相区界线 qp 和 xy，构成其他相区的几何要素全能由 4 个三元系成分面上反映出来。

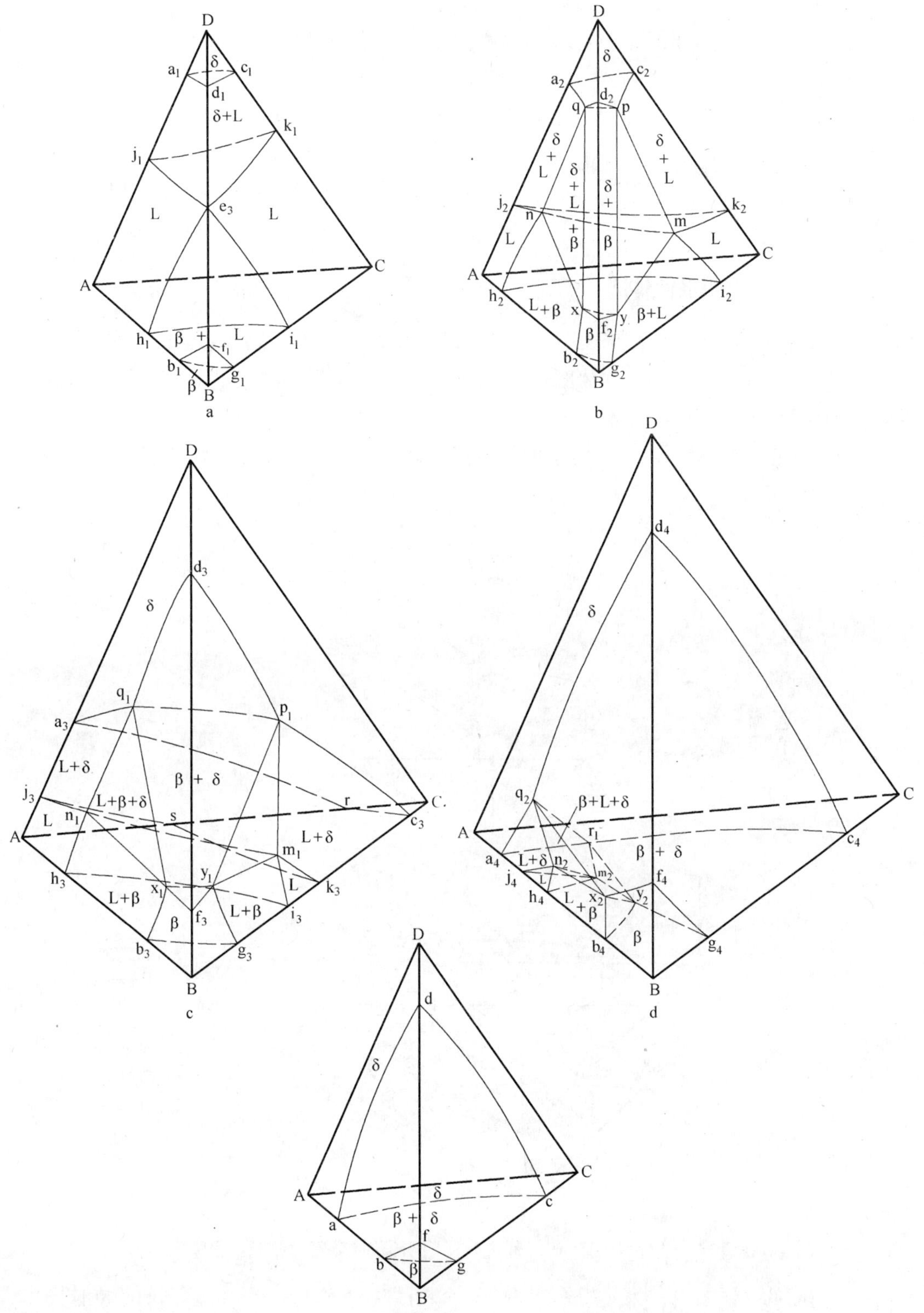

图 2-12　图 2-11 中四元系的 5 个等温体图

图 2-12c 所示为温度低于组元 C 晶点，但仍高于组元 A 晶点和二元共晶点 e_2 的某一等温体图。它仍然是 7 个相区。其特点是 δ 相区显著扩大，L 相区显著缩小，L + δ、L + β + δ 以及 β + δ 等相向 ABC 面的方向靠近。

图 2-12d 所示为温度只高于二元共晶点 e_1 的某一等温图。它仍然是 7 个相区。L 相相区缩小在 e_1 点附近的 $j_4h_4n_2m_2$ 相区内，其他相区缩靠在 L 相区的周围。

当温度低于 e_1 点，也就是 L 相全部凝固，整个相图为全固相状态便出现图 2-12e 的情况。

2.2.3　成分剖面—温度立体图

在图 2-11 中平行 ABC 面于 3 个不同部位取 3 个成分剖面—温度立体图，出现图 2-13 所示的情形。3 个成分—温度立体图比较，abc 剖面的立体图形式最复杂，$a_2b_2c_2$ 剖面的最简单。因为前者既剖到了成分体图内的共晶面，也剖到了两个固相的饱和面，而后者共晶面和饱和面都没有剖到。剖面 $a_1b_1c_1$ 的立体图，只剖到了 δ 相的饱和面，所以形式的复杂性处于二者之间。

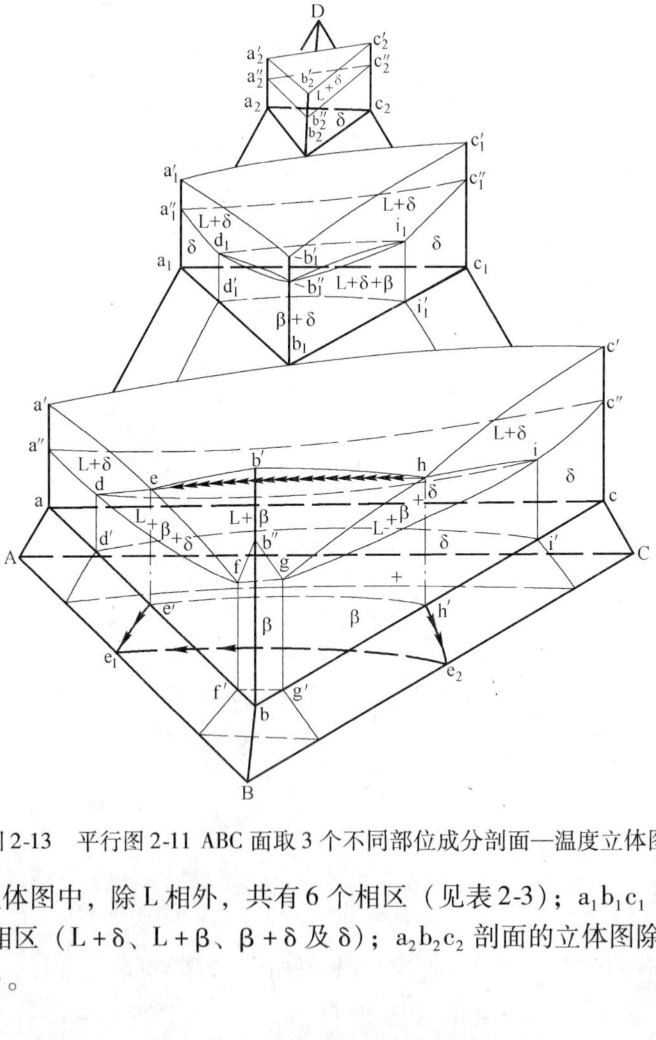

图 2-13　平行图 2-11 ABC 面取 3 个不同部位成分剖面—温度立体图

abc 剖面的立体图中，除 L 相外，共有 6 个相区（见表 2-3）；$a_1b_1c_1$ 剖面的立体图中，除 L 相外是 4 个相区（L + δ、L + β、β + δ 及 δ）；$a_2b_2c_2$ 剖面的立体图除 L 相外只有两个相区（L + δ 和 δ）。

表 2-3　图 2-13 abc 剖面立体图中的相区状态

相　区	状　态	相　区	状　态
a′c′hedic″a″	L + δ	a″c″ii′cad′d	δ
b′ehgfb″	L + β	fb″gg′bf′	β
defghi	L + β + δ	dii′g′gff′d′	β + δ

2.2.4　凝固过程的几何法则

图 2-14 所示，合金 S 从高温液态冷却到 δ 相的初晶点时，δ 刚开始结晶的成分在其饱和曲面的 δ_1 点上。随温度下降，δ 相不断增多，L 相不断减少，而且 δ 相沿着在饱和曲面上的 $d\delta_1$ 连线的引伸方向（因为饱和曲面上的 d 点的存在温度最高）自 δ_1 向 δ_2 变化。L 相也相应地沿着 SL_2 变化。

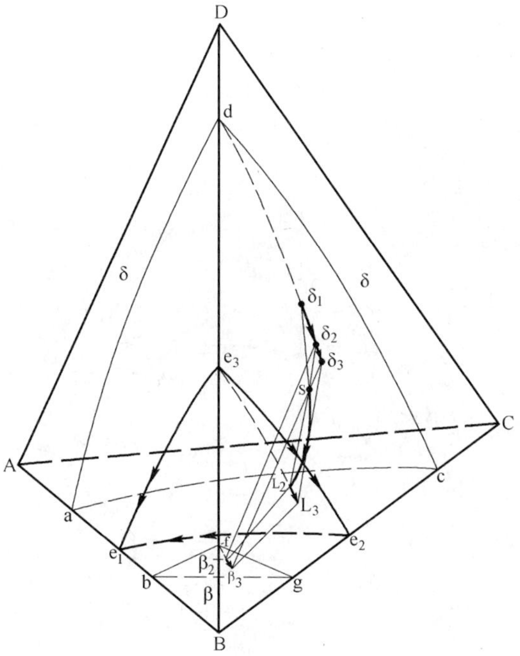

图 2-14　用杠杆定理确定合金 S 从高温液态冷却到 δ 相的凝固过程相图

当 δ 和 L 相分别变化到 δ_2 和 L_2 时，二者间的比值和百分数可以以 δ_2L_2 为杠杆线，S 为支点按杠杆定理确定。

若 L_2 点是在共晶曲面 $e_1e_2e_3$ 之上继续冷却，L 相便产生二元共晶凝固 L→δ + β，并沿着共晶面上最高温度点 e_3 与 L_2 在曲面上的连线引伸方向自 L_2 向 L_3 变化。相对应地 β 相在它的饱和曲面上自 β_2 沿着 f β_2 的引伸方向（f 是 β 相饱和曲面存在的最高温度点）向 β_2 变化；δ 相在其饱和曲面上自 δ_2 向 δ_3 变化。当 L、δ、β 3 个相分别达到 L_3、δ_3、β_3 时，三相平衡的连线三角形 $\delta_3L_3\beta_3$ 的 $\delta_3\beta_3$ 边正好与 S 点接触，于是 L 相在 L_3 点上消失，凝固过程结束。

凝固结束后，β 与 δ 两相的比值和百分数可以以 $\delta_3\beta_3$ 为杠杆线 S 为支点来确定。在二元共晶凝固过程中，亦即在连线三角形 $\delta_2L_2\beta_2$ 与 $\delta_3L_3\beta_3$ 之间的某一连线三角形，S 点处于该连线三角形内的时候，可以以 S 点为连线三角形的重心点确定 L、δ 及 β 三相的百分数。

2.3 只有四相共存的四元系相图

2.3.1 基本形式举例分析

只有四相共存的四元系相图，形式种类也不少。若有一个二元系为连续固溶体，其他 5 个二元系或均为二元共晶，或二元共晶和二元包晶共同出现，或有两个三元系均为共晶或均为包共晶，或共晶、包共晶共同出现，这都能构成四相共存的四元系相图。图 2-15、图 2-16、图 2-17 所示为 3 个只有四相共存的四元系相图例子。

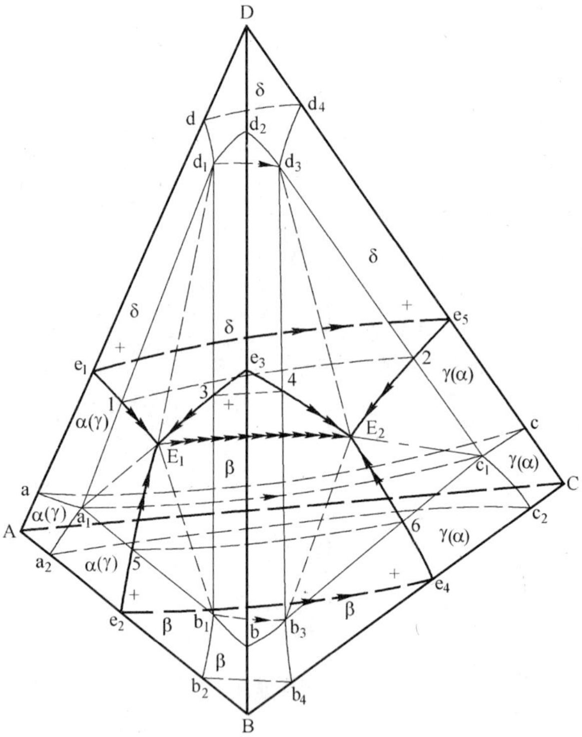

图 2-15 只有四相共存的四元系相图（一）

图 2-15 所示，是由一个连续固溶体的二元系 A－C、5 个共晶的二元系、两个二元和两个三元共晶的三元系所组成的相图。

该图内有 3 个二元共晶面 $e_1E_1E_2e_5$、$e_2e_4E_2E_1$ 和 $e_3E_1E_2$。L 相在这些共晶面上冷却时分别产生二元共晶凝固 L→α(γ)+δ、L→α(γ)+β 和 L→β+δ。此外还有一条三元共晶线 E_1E_2、L 相在该线上冷却时产生三元共晶凝固 L→α(γ)+β+δ。图 2-15 中共有 15 个不同形式的凝固过程相区（见表 2-4）。

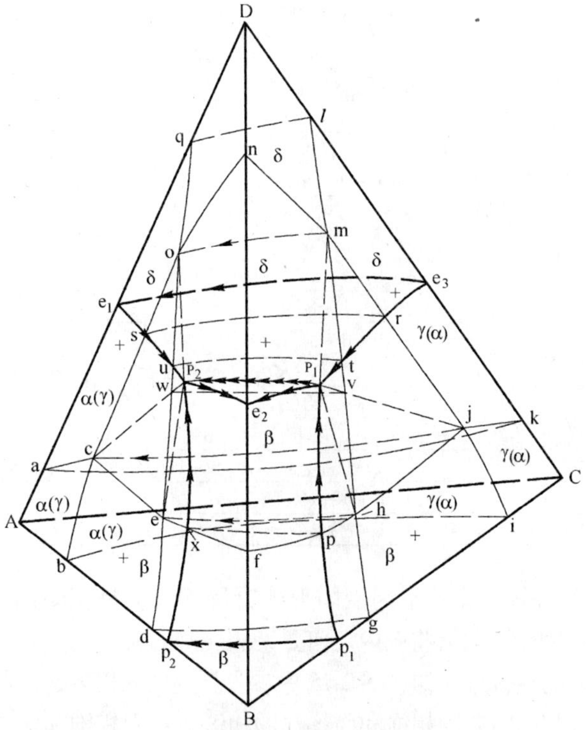

图 2-16 只有四相共存的四元系相图（二）

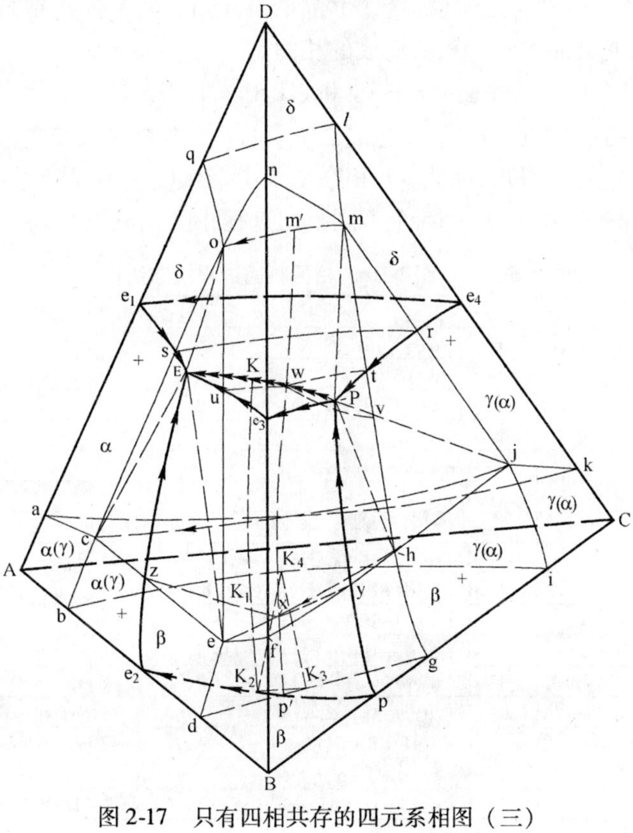

图 2-17 只有四相共存的四元系相图（三）

表 2-4 图 2-15 的相区凝固过程状态变化

相 区	凝固过程状态变化
$ACcc_1c_2a_2a_1a$	$L \to L+\alpha(\gamma) \to \alpha(\gamma)$
$Bbb_1b_3b_4b_2$	$L \to L+\beta \to \beta$
$Ddd_1d_2d_3d_4$	$L \to L+\delta \to \delta$
$a_1a_2c_2c_1-6-e_4e_2-5$	$L \to L+\alpha(\gamma) \to L+\alpha(\gamma)+\beta \to \alpha(\gamma)+\beta$
$b_1b_2b_4b_3-6-e_4e_2-5$	$L \to L+\beta \to L+\beta+\alpha(\gamma) \to \alpha(\gamma)+\beta$
$aa_1c_1ce_5-2-1-e_1$	$L \to L+\alpha(\gamma) \to L+\alpha(\gamma)+\delta \to \alpha(\gamma)+\delta$
$e_1e_5-2-1-d_1d_3d_4d$	$L \to L+\delta \to L+\delta+\alpha(\gamma) \to \alpha(\gamma)+\delta$
$bb_1-3-e_3-4-b_3$	$L \to L+\beta \to L+\beta+\delta \to \beta+\delta$
$d_1d_2d_3-4-e_3-3$	$L \to L+\delta \to L+\beta+\delta \to \beta+\delta$
$a_1E_1-1-2-E_2c_1$	$L \to L+\alpha(\gamma) \to L+\alpha(\gamma)+\delta \to L+\alpha(\gamma)+\delta+\beta \to \alpha(\gamma)+\beta+\delta$
$a_1E_1-5-6-E_2c_1$	$L \to L+\alpha(\gamma) \to L+\alpha(\gamma)+\beta \to L+\alpha(\gamma)+\beta+\delta \to \alpha(\gamma)+\beta+\delta$
$b_1E_1-5-6-E_2b_3$	$L \to L+\beta \to L+\beta+\alpha(\gamma) \to L+\beta+\alpha(\gamma)+\delta \to \alpha(\gamma)+\beta+\delta$
$b_1E_1-3-4-E_2b_3$	$L \to L+\beta \to L+\beta+\delta \to L+\beta+\delta+\alpha(\gamma) \to \alpha(\gamma)+\beta+\delta$
$d_1E_1-1-2-E_2d_3$	$L \to L+\delta \to L+\delta+\alpha(\gamma) \to L+\delta+\alpha(\gamma)+\beta \to \alpha(\gamma)+\beta+\delta$
$d_1E_1-3-4-E_2d_3$	$L \to L+\delta \to L+\delta+\beta \to L+\delta+\beta+\alpha(\gamma) \to \alpha(\gamma)+\beta+\delta$

必须指出，四元系相图内的各不同凝固形式凝固相区，是相图内各几何要素（点、线、面）彼此交割而成的空间体。只有将图内几何要素相交割的所有空间体画出来，才能确定出相图内所有不同凝固过程的相区来。如在图 2-15 中参入交割划分相区的几何要素不但是二元共晶面、三元共晶线、单固相区、单固相饱和面、双固相区、双固相饱和面、单相、双相、三相交界线，而且还有三元共晶线与单固相的连线面等。例如 $d_1E_1E_2d_3$、$b_1E_1E_2b_3$ 等，其他类推。

图 2-16 是由两个包晶的二元系、3 个共晶的二元系、两个包共晶的三元系、一个包晶的三元系及一个二元共晶的三元系所构成的相图。

图 2-16 中有两个二元共晶面 $e_1e_3P_1P_2$ 和 $e_2P_1P_2$，L 相在该二曲面上的共晶形式分别是 $L \to \alpha(\gamma)+\delta$ 和 $L \to \beta+\delta$；有一个二元包晶面 $p_1p_2P_2P_1$，L 相在该曲面上的包晶凝固形式是 $L+\alpha(\gamma) \to \beta$；有一条三元包共晶线，L 相在该线上与 $\alpha(\gamma)$ 作用产生 β 和 δ 的共晶凝固 $L+\alpha(\gamma) \to \beta+\delta$。图 2-16 中共有 16 个不同凝固过程相区（见表 2-5）。

表 2-5 图 2-16 的相区凝固过程状态变化

相 区	凝固过程状态变化
ACkjibca	$L \to L+\alpha(\gamma) \to \alpha(\gamma)$
$Bfxpp_1p_2$	$L \to L+\beta \to \beta$
dp_2xehpp_1g	$L \to L+\alpha(\gamma) \to L+\alpha(\gamma)+\beta \to L+\beta \to \beta$
Dnom$l$q	$L \to L+\delta \to \delta$
bdecjhgi	$L \to L+\alpha(\gamma) \to L+\alpha(\gamma)+\beta \to \alpha(\gamma)+\beta$
$fxpP_1P_2e_2$	$L \to L+\beta \to L+\beta+\delta \to \beta+\delta$
$nomP_1P_2e_2$	$L \to L+\delta \to L+\delta+\beta \to \beta+\delta$
$acse_1e_3rjk$	$L \to L+\alpha(\gamma) \to L+\alpha(\gamma)+\delta \to \alpha(\gamma)+\delta$
qe_1somre_3l	$L \to L+\delta \to L+\delta+\alpha(\gamma) \to \alpha(\gamma)+\delta$
cewvhj	$L \to L+\alpha(\gamma) \to L+\alpha(\gamma)+\beta \to L+\alpha(\gamma)+\beta+\delta \to \alpha(\gamma)+\beta+\delta$
ewP_2P_1vh	$L \to L+\alpha(\gamma) \to L+\alpha(\gamma)+\beta \to L+\alpha(\gamma)+\beta+\delta \to L+\beta+\delta \to \beta+\delta$
exP_2P_1ph	$L \to L+\alpha(\gamma) \to L+\alpha(\gamma)+\beta \to L+\beta \to L+\beta+\delta \to \beta+\delta$
cwusrtvj	$L \to L+\alpha(\gamma) \to L+\alpha(\gamma)+\delta \to L+\alpha(\gamma)+\delta+\beta \to \alpha(\gamma)+\beta+\delta$
osutrm	$L \to L+\delta \to L+\delta+\alpha(\gamma) \to L+\delta+\alpha(\gamma)+\beta \to \alpha(\gamma)+\beta+\delta$
ouP_2P_1tm	$L \to L+\delta \to L+\delta+\alpha(\gamma) \to L+\delta+\alpha(\gamma)+\beta \to L+\delta+\beta \to \beta+\delta$
uwP_2P_1vt	$L \to L+\alpha(\gamma) \to L+\alpha(\gamma)+\delta \to L+\alpha(\gamma)+\delta+\beta \to L+\delta+\beta \to \beta+\delta$

图 2-17 所示，是由 4 个共晶的二元系、一个包晶的二元系、一个包共晶的三元系、一个共晶的三元系、一个二元共晶的三元系和一个由二元包晶转变为二元共晶的三元系所组成的四元系相图。

图 2-17 中有一条由三元包共晶转变为三元共晶凝固的包共晶—共晶线 PE，一个由二元包晶转变为二元共晶的包晶—共晶曲面 $EPpe_2$，两个二元共晶面 e_3PE（$L \to \beta + \delta$）和 e_1e_4PE（$L \to \alpha(\gamma) + \delta$）。包共晶—共晶线 PE 上的 L 相在 PK 一段时，它与 $\alpha(\gamma)$ 相共同作用产生包共晶凝固 $L + \alpha(\gamma) \to \beta + \delta$；在 Kw 一段，它转变为三元共晶凝固 $L \to \alpha(\gamma) + \beta + \delta$。二元包晶面 $EPpe_2$ 的 $KPpK_2$ 部分上的 L 相，与 $\alpha(\gamma)$ 作用产生二元包晶凝固 $L + \alpha(\gamma) \to \beta$；而 EKK_2e_2 部分上的 L 相，产生二元共晶凝固 $L \to \alpha(\gamma) + \beta$。

包共晶—共晶线之所以在 K 点上为包共晶凝固向共晶凝固的转变点，其情况与三元系 A－B－C 中的二元包晶—共晶线 pe_2 上 K_2 点为转变点相似。当 L 相在 K_2 点上和它对应平衡的两固相 β、$\alpha(\gamma)$ 分别在 K_3、K_4 点上，这时的连线三角形 $K_2K_3K_4$ 正是等腰三角形（$K_2K_4 = K_3K_4$）。L 相在 K_2 点的右方 pK_2 线段上，其连线三角形的 L 相的成分点与 $\alpha(\gamma)$ 成分点的连线比 β 与 $\alpha(\gamma)$ 成分点的连线要长，因而产生二元包晶凝固 $L + \alpha(\gamma) \to \beta$，而在 K_2 点的左方 K_2e_2 线段上的 L 相，由于 $\alpha(\gamma)$ 与 β 成分点的连线比 L 与 $\alpha(\gamma)$ 成分点的连线长，因而产生二元共晶凝固 $L \to \alpha(\gamma) + \beta$。同理，在四元系三元包共晶—共晶线上 L 相的情况，如图 2-18 所示，L 相在 K 上时，4 个平衡相的连线四面体 $\delta_o K\beta_o\alpha_o(\gamma_o)$ 中的三角形 $\alpha_o(\gamma_o)\delta_o\beta_o$ 以 $\delta_o\beta_o$ 为底的高；以 δ_oK 为底的三角形 $\alpha_o(\gamma_o)\delta_oK$ 的高；以及以 $K\beta_o$ 为底的三角形 $\alpha_o(\gamma_o)K\beta_o$ 的高都是相等的（亦即将四面体以三角形 $\delta_oK\beta_o$ 为底，顶点 $\alpha_o(\gamma_o)$ 为顶端立在平面上是最稳定状态）。如果 L 相在 PK 一段上的四面体的三角形 $\alpha_o(\gamma_o)\delta_oK$（如仍用原符号），以 δ_oK 为底的高和三角形 $\alpha_o(\gamma_o)K\beta_o$ 以 $K\beta_o$ 为底的高比三角形 $\alpha_o(\gamma_o)\delta_o\beta_o$ 以 $\delta_o\beta_o$ 为底的高要大，因而 L 相与 $\alpha(\gamma)$ 相作用产生三元包共晶凝固。如果 L 相在 KE 段线上情况就相反，因而 L 相产生三元共晶凝固。

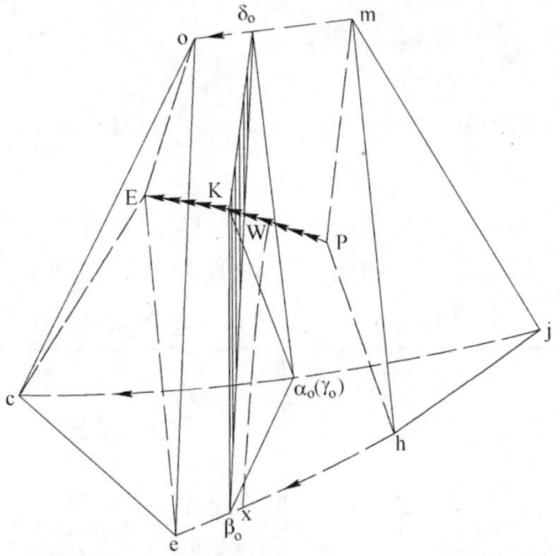

图 2-18　只有四相共存的四元系相图（四）

图 2-17 中共有 20 个不同形式凝固过程相区（见表 2-6）。

表 2-6　图 2-17 的相区凝固过程状态变化

相　区	凝固过程状态变化
ACkjibca	L→L+α(γ)→α(γ)
Bfedp′xyp	L→L+β→β
pp′xyhg	L→L+α(γ)→L+α(γ)+β→L+β→β
Dnmoq$l$	L→L+δ→δ
be_2zcjhxp′gi	L→L+α(γ)→L+α(γ)+β→α(γ)+β
$e_2$dezxp′	L→L+β→L+β+α(γ)→α(γ)+β
efyxwPe_3u	L→L+β→L+β+δ→β+δ
onmP$e_3$uwm′	L→L+δ→L+δ+β→β+δ
wPvhx	L→L+α(γ)→L+α(γ)+β→L+α(γ)+β+δ→L+β+δ→β+δ
wPhyx	L→L+α(γ)→L+α(γ)+β→L+β→L+β+δ→β+δ
Ptvw	L→L+α(γ)→L+α(γ)+δ→L+α(γ)+δ+β→L+β+δ→β+δ
mPtwm′	L→L+δ→L+δ+α(γ)→L+δ+α(γ)+β→L+β+δ→β+δ
acs$e_1e_4$rjk	L→L+α(γ)→L+α(γ)+δ→α(γ)+δ
q$e_1$somre_4l	L→L+δ→L+δ+α(γ)→α(γ)+δ
cEsrtwvj	L→L+α(γ)→L+α(γ)+δ→L+α(γ)+δ+β→α(γ)+β+δ
cEzxwvhj	L→L+α(γ)→L+α(γ)+β→L+α(γ)+β+δ→α(γ)+β+δ（包括三元包共晶和共晶）
Ezexw	L→L+β→L+β+α(γ)→L+β+α(γ)+δ→α(γ)+β+δ
Eexwu	L→L+β→L+β+δ→L+β+δ+α(γ)→α(γ)+β+δ
Esom′mrtw	L→L+δ→L+δ+α(γ)→L+δ+α(γ)+β→α(γ)+β+δ
Euom′w	L→L+δ→L+δ+β→L+α+β+α(γ)→α(γ)+β+δ

2.3.2　等温体图

图 2-15 中的 L 相存在的最低温度点是 E_2，若组元 C 的晶点比其他 3 个组元甚至比 E_1 的温度还低，其几个等温体图如图 2-19 所示。

图 2-19a 是低于图 2-15 中 3 个组元 A、B、C 的晶点和 e_3 点温度，但高于 e_1e_2 及组元 C 晶点的某一等温体图。图中共有 9 个相区（α、β、δ、L、β+δ、α+L、L+δ、L+β 及 δ+L+β）。

图 2-19b 是低于图 2-15 中 e_1、e_2 点温度正等于 E_1 点温度的等温体图。该图内又增加了 δ+α、α+β、α+β+δ+L(平面)、α+δ+L 及α+β+L 相区，图中共有 14 个相区（见表2-7）。

表 2-7　图 2-19b 的相区状态

相　区	状　态	相　区	状　态
$Ax_1p_1p_2z_1s_1y_1$	α	$u_1t_1n_1i_1i_2m_1l_1s_2$	β+L
$Bv_1t_1l_1w_1s_2u_1$	β	$o_1k_1n_1r_1g_1m_1k_2f_1$	δ+L
$De_1r_1g_1f_2f_1o_1$	δ	$p_1g_1m_1k_2f_1p_2$	α+δ+L
$x_1p_1g_1f_1p_2$	α+δ	$p_1l_1m_1i_2s_2s_1$	α+β+L
$y_1p_1s_1s_2l_1w_1$	α+β	$l_1m_1g_1r_1n_1t_1$	δ+β+L
$v_1l_1t_1r_1g_1e_1$	δ+β	$p_1g_1l_1$（平面）	α+β+δ+L
$z_1s_1i_2m_1p_1p_2k_2q_1$	α+L	$Ck_1n_1i_1i_2m_1k_2q_1$	L

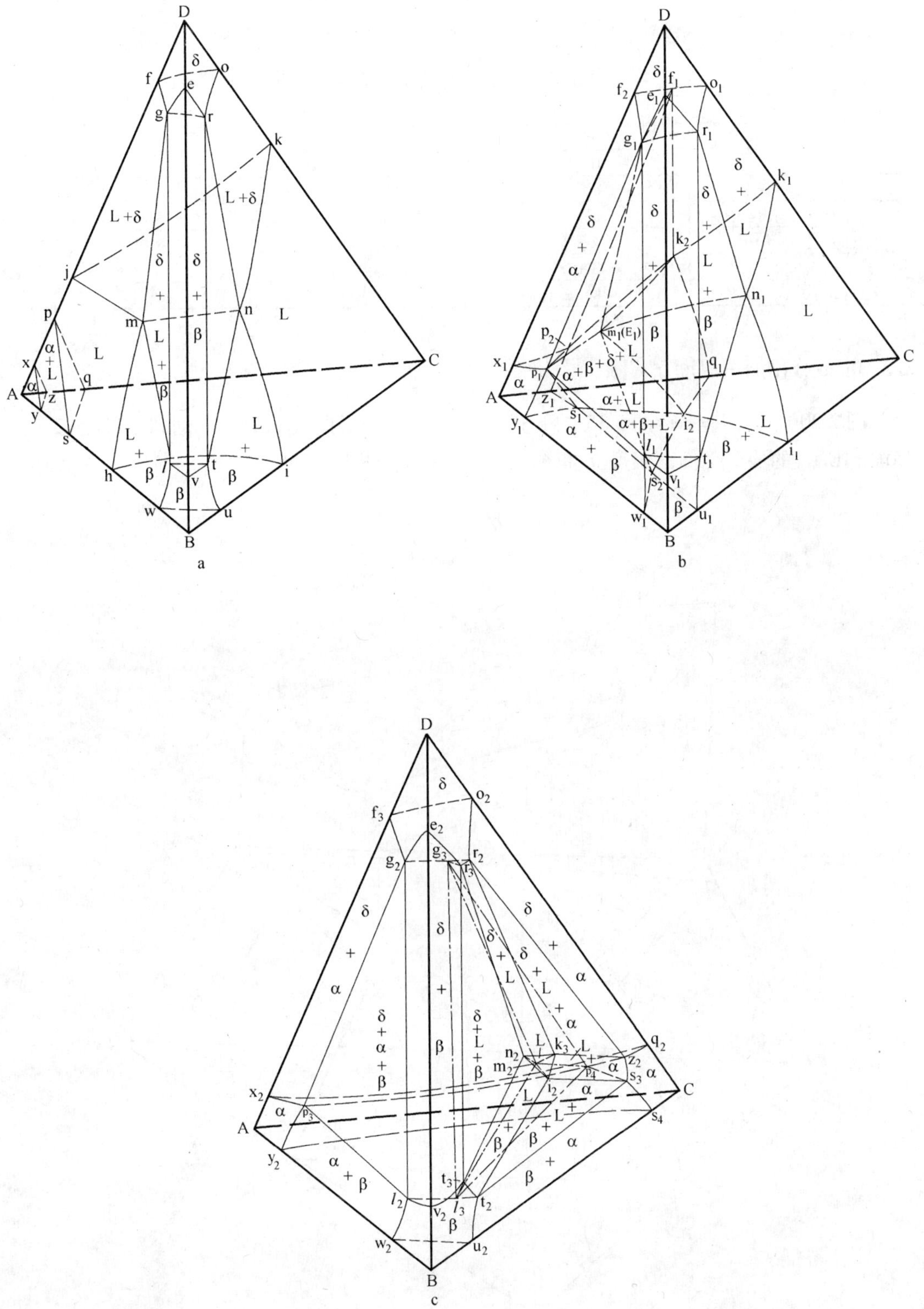

图 2-19 图 2-15 的 3 个等温体图

当温度低于组元 C 晶点及 e_4 点温度，仅仅低于 E_2 温度的某一温度时，出现图 2-19c 的情况。L 相缩小在靠近 E_2 点的 $n_2k_3i_2m_2$ 相区内。图 2-19c 中共有 14 个相区（见表 2-8）。

表 2-8　图 2-19c 的相区状态

相　区	状　态	相　区	状　态
$ACq_2z_2p_4s_3s_4y_2p_3x_2$	α	$r_2r_3g_3n_2m_2k_3$	δ + L
$Bv_2l_2l_3t_3t_2u_2w_2$	β	$p_3l_2g_2g_3l_3p_4$	δ + α + β
$De_2r_3r_2g_3g_2f_3o_2$	δ	$g_3l_3m_2n_2t_3r_3$	δ + L + β
$x_2p_3g_2f_3o_2r_2g_3p_4z_2q_2$	δ + α	$t_2i_2s_3p_4m_2l_3$	β + L + α
$y_2w_2l_2l_3t_2u_2s_4s_3p_4p_3$	α + β	$r_2z_2k_3m_2p_4g_3$	δ + L + α
$t_2t_3l_3m_2n_2i_2$	β + L	$g_3l_3p_4$（平面）	L + α + β + δ
$z_2s_3p_4m_2i_2k_3$	L + α	$n_2k_3i_2m_2$	L

2.3.3　成分剖面—温度立体图

图 2-20 所示，是平行图 2-15 的 ABC 面，在三元共晶曲线的上方，剖到一部分二元共晶面 $e_3E_1E_2$ 的成分剖面—温度立体图。图内共有 9 个相区（见表 2-9）。

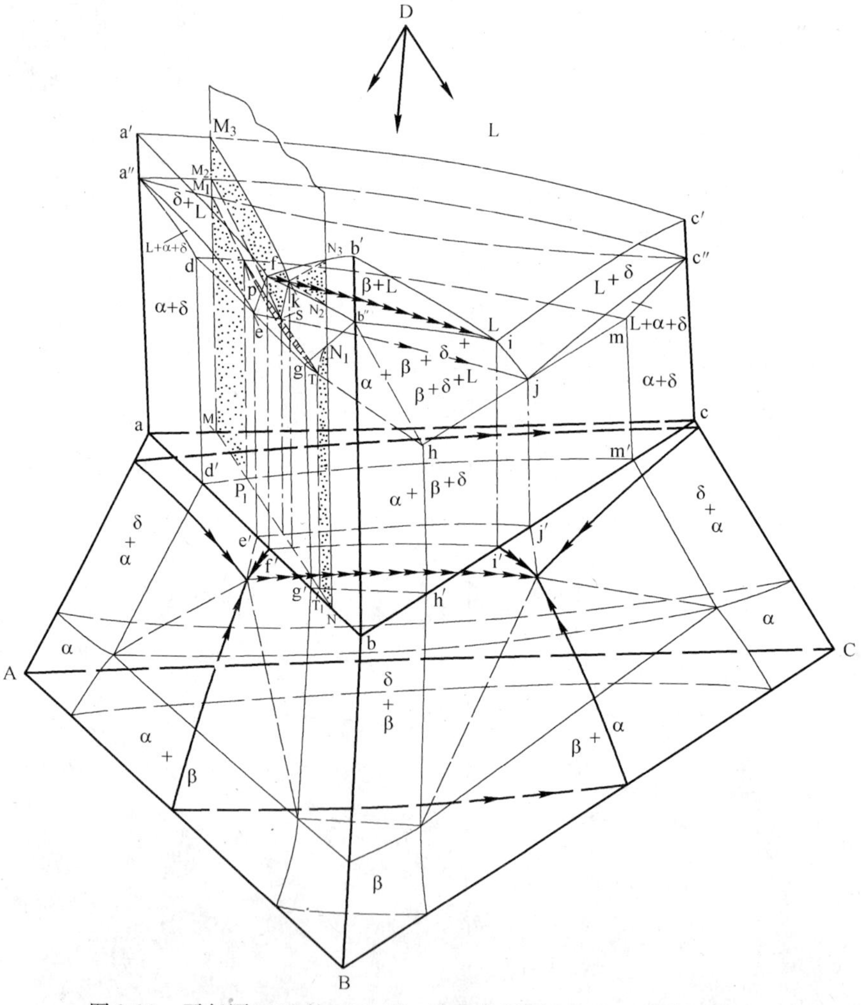

图 2-20　平行图 2-15 的 ABC 面，取成分剖面 $e_3E_1E_2$—温度立体图

表 2-9 图 2-20 的相区状态

相　区	状　态	相　区	状　态
顶端曲面 a′c′if 和 b′fi 上方	L	dmjhge	$\alpha+\beta+\delta+L$
a′a″efijc″c′	$L+\delta$	a″dd′m′mc″ca	$\alpha+\delta$
b′b″fi	$\beta+L$	b″ghh′g′b	$\delta+\beta$
a″edmjc″	$L+\alpha+\delta$	dd′g′ghh′m′m	$\alpha+\beta+\delta$
b″gefijh	$\beta+\delta+L$		

从图 2-20 上的纵剖面 M－N 可以看出，$\alpha+\beta+\delta+L$ 相区 dmjhge 虽然四边是封闭的，似乎是一个面，因为它不是等温凝固，所以其内部是一个体。

再在图 2-15 两个二元共晶面 $e_1E_1E_2e_5$ 和 $e_3E_1E_2$ 的上方平行 ABC 取剖面 a_1bc_1，便出现图 2-21 所示的成分剖面—温度立体图。该图内出现了 8 个相区（见表 2-10）。由于没有直接剖到共晶面上，所以立体图的顶端覆盖一个 δ 相初晶的液相面 $a_1'b_1'c_1'$。

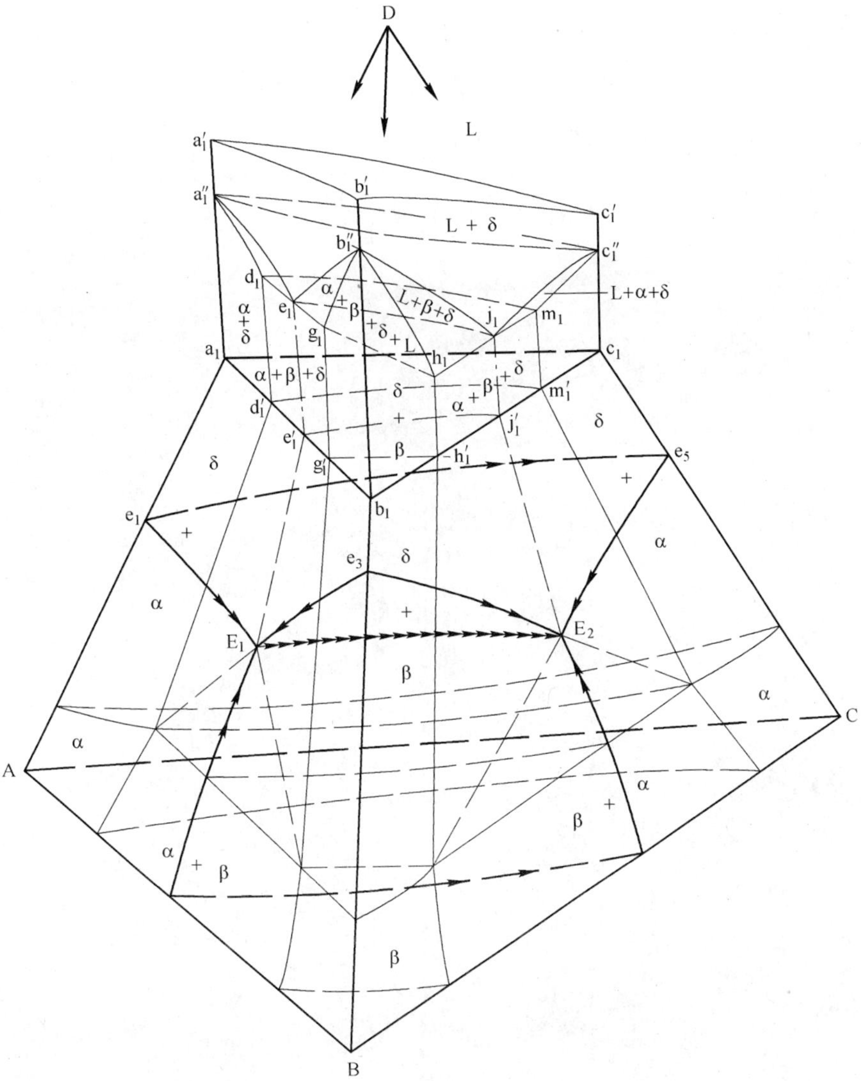

图 2-21 在图 2-15 中两个二元共晶面（$e_1E_1E_2e_5$ 和 $e_3E_1E_2$）的上方平行 ABC 取 $a_1b_1c_1$ 成分剖面—温度立体图

表 2-10　图 2-21 的相区状态

相　区	状　态	相　区	状　态
在液相面 $a_1'b_1'c_1'$ 上方	L	$d_1m_1j_1h_1g_1e_1''$	α + β + δ + L
$a_1'b_1'c_1'c_1''j_1b_1''e_1''a_1''$	L + δ	$a_1''c_1''c_1m_1'm_1d_1d_1'a_1$	α + δ
$a_1''c_1''m_1j_1e_1''d_1$	L + α + δ	$b_1''g_1h_1h_1'g_1'b_1$	δ + β
$b_1''e_1''j_1h_1g_1$	L + β + δ	$d_1m_1m_1'h_1'h_1g_1g_1'd_1'$	α + β + δ

3 具有五相共存的四元系相图

五相共存是四元系最多的共存相数。具有五相共存的四元系相图有四种类型（按图 1-8 中所示的四种类型）。其中共晶和共析属同一种类型。

3.1 简单共晶型的相图

3.1.1 基本形式分析

图 3-1 所示，是简单共晶型四元系相图的基本形式图。图中的几何要素及其物理意义见表 3-1。

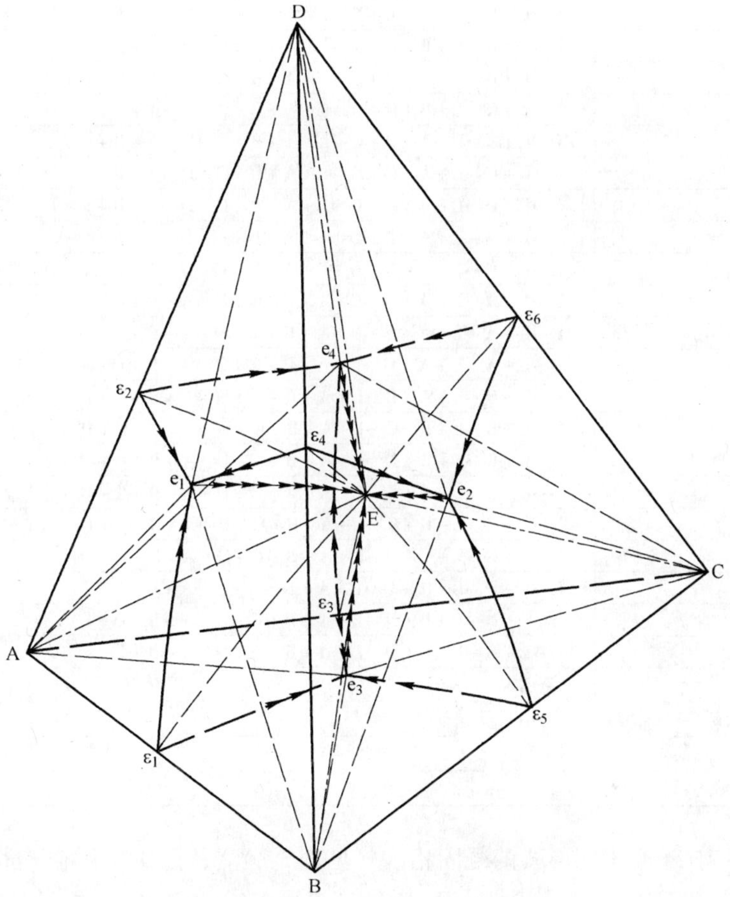

图 3-1 简单共晶型四元系相图

表 3-1　图 3-1 点、线、面、体的几何要素及物理意义

几何要素		物理意义
点	E	$L_E \rightleftharpoons A+B+C+D$
线	e_1E	$L \rightleftharpoons A+B+D$
	e_2E	$L \rightleftharpoons B+C+D$
	e_3E	$L \rightleftharpoons A+B+C$
	e_4E	$L \rightleftharpoons A+C+D$
	EA	$L \to L+A \to L+A+B+C+D \to A+B+C+D$
	EB	$L \to L+B \to L+A+B+C+D \to A+B+C+D$
	EC	$L \to L+C \to L+A+B+C+D \to A+B+C+D$
	ED	$L \to L+D \to L+A+B+C+D \to A+B+C+D$
面	$\varepsilon_1 e_3 Ee_1$	$L \rightleftharpoons A+B$
	$\varepsilon_2 e_1 Ee_4$	$L \rightleftharpoons A+D$
	$\varepsilon_3 e_3 Ee_4$	$L \rightleftharpoons A+C$
	$\varepsilon_4 e_2 Ee_1$	$L \rightleftharpoons B+D$
	$\varepsilon_5 e_2 Ee_3$	$L \rightleftharpoons B+C$
	$\varepsilon_6 e_4 Ee_2$	$L \rightleftharpoons C+D$
	Ae_1E	$L \to L+A \to L+A+B+D \to L+A+B+C+D \to A+B+C+D$
	Ae_4E	$L \to L+A \to L+A+C+D \to L+A+B+C+D \to A+B+C+D$
	Ae_3E	$L \to L+A \to L+A+B+C \to L+A+B+C+D \to A+B+C+D$
	Be_1E	$L \to L+B \to L+A+B+D \to L+A+B+C+D \to A+B+C+D$
	Be_2E	$L \to L+B \to L+B+C+D \to L+A+B+C+D \to A+B+C+D$
	Be_3E	$L \to L+B \to L+A+B+C \to L+A+B+C+D \to A+B+C+D$
	Ce_2E	$L \to L+C \to L+B+C+D \to L+A+B+C+D \to A+B+C+D$
	Ce_3E	$L \to L+C \to L+A+B+C \to L+A+B+C+D \to A+B+C+D$
	Ce_4E	$L \to L+C \to L+A+C+D \to L+A+B+C+D \to A+B+C+D$
	De_2E	$L \to L+D \to L+B+C+D \to L+A+B+C+D \to A+B+C+D$
	De_1E	$L \to L+D \to L+A+B+D \to L+A+B+C+D \to A+B+C+D$
	De_4E	$L \to L+D \to L+A+C+D \to L+A+B+C+D \to A+B+C+D$
	$AE\varepsilon_1$	$L \to L+A \to L+A+B \to L+A+B+C+D \to A+B+C+D$
	$AE\varepsilon_3$	$L \to L+A \to L+A+C \to L+A+B+C+D \to A+B+C+D$
	$AE\varepsilon_2$	$L \to L+A \to L+A+D \to L+A+B+C+D \to A+B+C+D$
	$BE\varepsilon_1$	$L \to L+B \to L+A+B \to L+A+B+C+D \to A+B+C+D$
	$BE\varepsilon_5$	$L \to L+B \to L+B+C \to L+A+B+C+D \to A+B+C+D$
	$BE\varepsilon_4$	$L \to L+B \to L+B+D \to L+A+B+C+D \to A+B+C+D$
	$CE\varepsilon_3$	$L \to L+C \to L+A+C \to L+A+B+C+D \to A+B+C+D$
	$CE\varepsilon_5$	$L \to L+C \to L+B+C \to L+A+B+C+D \to A+B+C+D$
	$CE\varepsilon_6$	$L \to L+C \to L+C+D \to L+A+B+C+D \to A+B+C+D$
	$DE\varepsilon_2$	$L \to L+D \to L+A+D \to L+A+B+C+D \to A+B+C+D$
	$DE\varepsilon_4$	$L \to L+D \to L+B+D \to L+A+B+C+D \to A+B+C+D$
	$DE\varepsilon_6$	$L \to L+D \to L+C+D \to L+A+B+C+D \to A+B+C+D$
体	$A\varepsilon_1 e_1 \varepsilon_2 e_4 Ee_3 \varepsilon_3$	$L \rightleftharpoons A$
	$B\varepsilon_5 e_2 \varepsilon_4 e_1 Ee_3 \varepsilon_1$	$L \rightleftharpoons B$
	$C\varepsilon_6 e_2 \varepsilon_5 e_3 Ee_4 \varepsilon_3$	$L \rightleftharpoons C$
	$D\varepsilon_2 e_1 \varepsilon_4 e_2 Ee_4 \varepsilon_6$	$L \rightleftharpoons D$

图 3-1 中共有 24 个不同形式的凝固相区（见表 3-2）。从图 3-1 中可以看出，参入交割划分相区的几何要素还有四元共晶点 E 与各二组元的 6 个连线平面 ABE、ACE、ADE、BCE、BDE、CDE。

表 3-2　图 3-1 的相区凝固过程状态变化

相　区	凝固过程状态变化	
$A\varepsilon_1e_1E$	L→L+A→L+A+B→L+A+B+D	
$A\varepsilon_3e_3E$	L→L+A→L+A+C→L+A+C+B	
$A\varepsilon_2e_1E$	L→L+A→L+A+D→L+A+D+B	
$A\varepsilon_1e_3E$	L→L+A→L+A+B→L+A+B+C	
$A\varepsilon_3e_4E$	L→L+A→L+A+C→L+A+C+D	
$A\varepsilon_2e_4E$	L→L+A→L+A+D→L+A+D+C	
$B\varepsilon_1e_1E$	L→L+B→L+B+A→L+B+A+D	
$B\varepsilon_1e_3E$	L→L+B→L+B+A→L+B+A+C	
$B\varepsilon_4e_1E$	L→L+B→L+B+D→L+B+D+A	
$B\varepsilon_4e_2E$	L→L+B→L+B+D→L+B+D+C	
$B\varepsilon_5e_2E$	L→L+B→L+B+C→L+B+C+D	
$B\varepsilon_5e_3E$	L→L+B→L+B+C→L+B+C+A	→L+A+B+C+D→A+B+C+D
$C\varepsilon_5e_3E$	L→L+C→L+C+B→L+C+B+A	
$C\varepsilon_5e_2E$	L→L+C→L+C+B→L+C+B+D	
$C\varepsilon_3e_3E$	L→L+C→L+C+A→L+C+A+B	
$C\varepsilon_3e_4E$	L→L+C→L+C+A→L+C+A+D	
$C\varepsilon_6e_2E$	L→L+C→L+C+D→L+C+D+B	
$C\varepsilon_6e_4E$	L→L+C→L+C+D→L+C+D+A	
$D\varepsilon_2e_1E$	L→L+D→L+D+A→L+D+A+B	
$D\varepsilon_2e_4E$	L→L+D→L+D+A→L+D+A+C	
$D\varepsilon_4e_1E$	L→L+D→L+D+B→L+D+B+A	
$D\varepsilon_4e_2E$	L→L+D→L+D+B→L+D+B+C	
$D\varepsilon_6e_2E$	L→L+D→L+D+C→L+D+C+B	
$D\varepsilon_6e_4E$	L→L+D→L+D+C→L+D+C+A	

3.1.2　等温体图

在图 3-1 中，如果二元共晶点 ε_2、ε_6 和 ε_3 的温度比 ε_1、ε_4 和 ε_5 的温度高，在低于 ε_2、ε_6、ε_3 而高于 ε_1、ε_4、ε_5 的某一温度下的等温体图便出现图 3-2a 的情形。图中共有 8 个相区（见表 3-3）。

图 3-2b 所示，是温度低于图 3-1 中 3 个三元共晶点 e_2、e_3、e_4 而高于 e_1 温度的等温体图。图 3-2b 中的 L 相相区是 $a_2b_2f_2j_2k_2i_2$。它还是与三元系 A－B－C 成面连通的。

如果温度再低于 e_1 而仍高于四元共晶点 E 的等温体图，L 相相区一定在成分体内部的 E 点处以四面体形状出现。

表 3-3　图 3-2a 中的相区状态

相　区	状　态	相　区	状　态
ACc_1h_1	A+L+C	$Bj_1i_1l_1$	B+L
ADb_1a_1	D+L+A	$Cf_1d_1h_1c_1m_1$	L+C
CDd_1f_1	D+L+C	$Dg_1f_1d_1b_1a_1$	D+L
$Aa_1b_1h_1c_1k_1$	A+L	$a_1b_1d_1h_1c_1m_1f_1g_1i_1l_1j_1k_1$	L

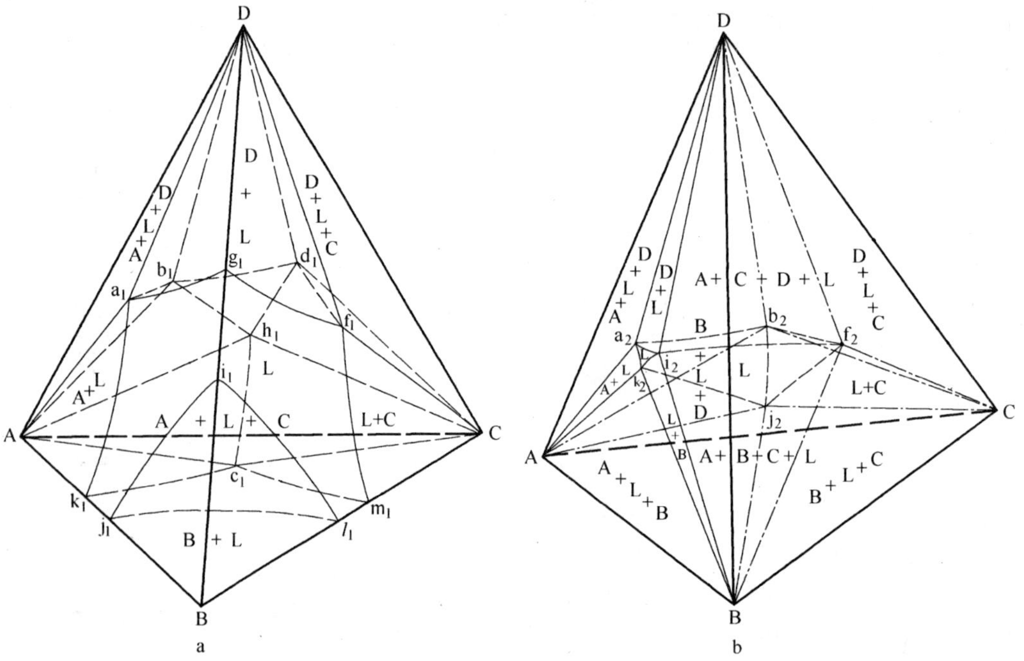

图 3-2 图 3-1 的两个等温体图

a—二元共晶某一温度下的等温体图；

b—温度低于图 3-1 中 3 个三元共晶点 e_2、e_3、e_4 而高于 e_1 的等温体图

3.1.3 成分剖面—温度立体图及纵剖面图

如在图 3-1 的所有二元共晶面的上方平行 ABC 取剖面 abc，便出现图 3-3 的情形。立体图的顶端有一个组元 D 初晶的液相面（剖面）覆盖着。液相面下方的形式和一个简单共晶型三元系立体图完全相似，只是各对应相区的相数不同，在该图内相应增加了一个相数。图 3-3 中共有 10 个相区（见表 3-4）。

表 3-4 图 3-3 的相区状态

相 区	状 态	相 区	状 态
液相面 $a_1b_1c_1$ 的上方	L	$a_3fc_3c_4c_5E_oa_5a_4$	L + A + C + D
$a_1b_1c_1c_2fE_oeb_2da_2$	L + D	$a_4db_4b_5E_oa_5$	L + A + B + D
$a_2fE_oda_4a_3$	L + A + D	$b_3ec_4c_5E_ob_5b_4$	L + B + C + D
$b_2eE_odb_4b_3$	L + B + D	$abcc_5b_5a_5$	A + B + C + D
$c_2fE_oec_4c_3$	L + D + C	$a_5b_5c_5$（水平面）	L + A + B + C + D

如果对图 3-1 剖过 4 个二元系成分线（见图 3-4）的成分剖面—温度立体图，便出现如图 3-5 所示的四方体形立体图。在图 3-1 上同时剖到除 $\varepsilon_5e_2Ee_3$ 以外的 5 个二元共晶面及两条三元共晶线 e_1E 和 e_4E。图 3-5 中共有 16 个相区（见表 3-5）。

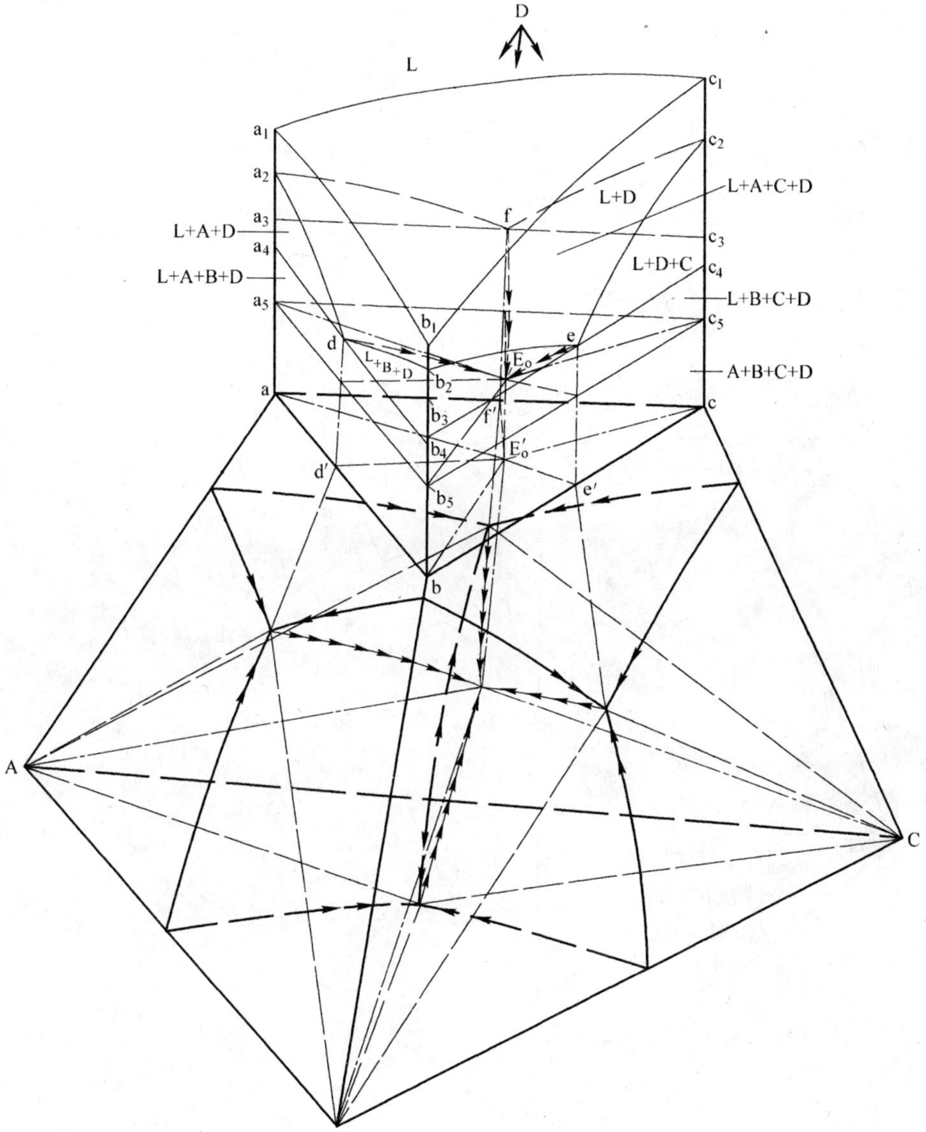

图 3-3 在图 3-1 中平行 ABC 取剖面 abc 出现的温度立体图

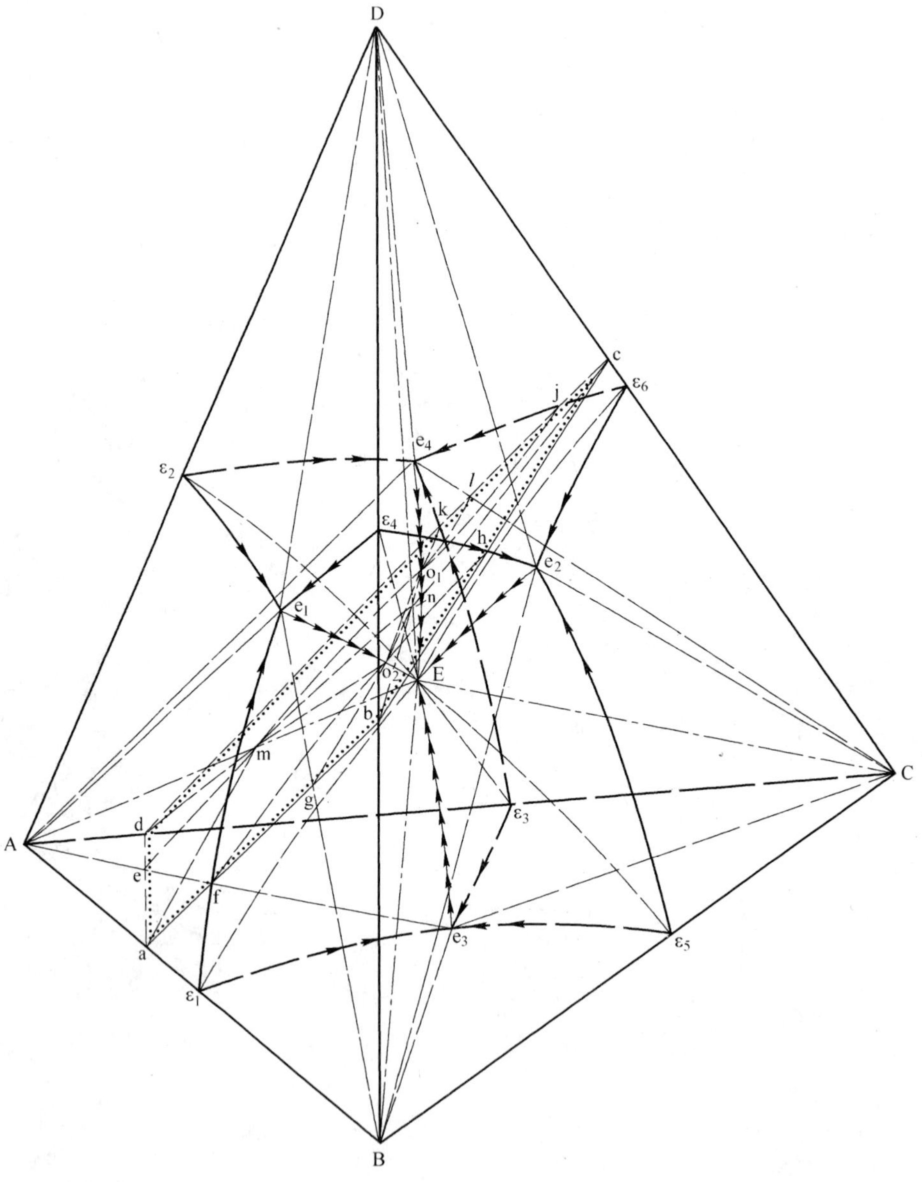

图 3-4　对图 3-1 中剖过 4 个二元系成分线的成分剖面—温度立体图

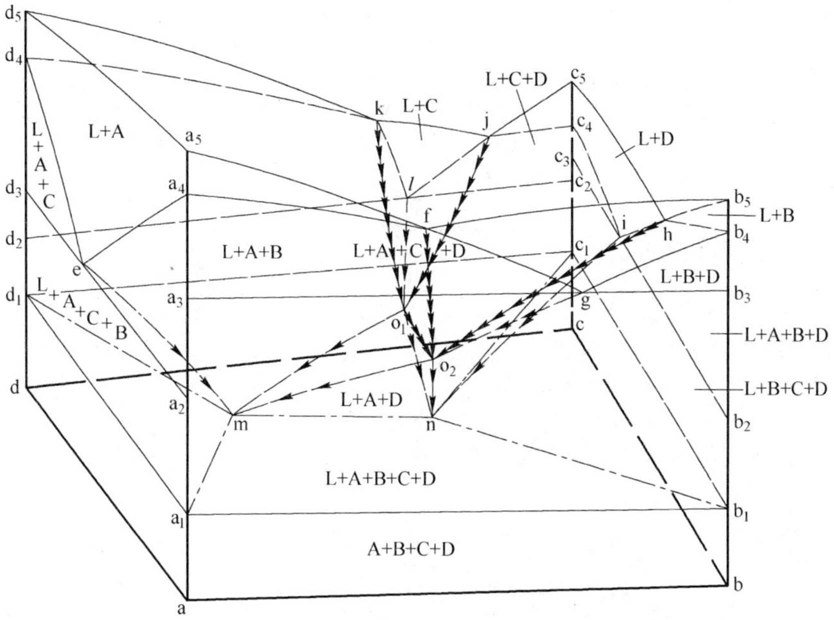

图 3-5 对图 3-1 中剖过 4 个二元系成分线的成分剖面—四方形温度立体图

表 3-5 图 3-5 的相区状态

相 区	状 态	相 区	状 态
$a_5fo_2o_1kd_5$、ko_1j、b_5fo_2h、$c_5jo_1o_2h$ 四个液相面的上方	L	o_1o_2nm	L + A + D
		$b_4b_3go_2nih$	L + B + D
		$c_4jlo_1o_2nic_3$	L + C + D
$a_5fo_2mo_1kd_5d_4ea_4$	L + A	$d_3ea_2a_1md_1$	L + A + C + B
$b_5fgo_2hb_4$	L + B	$a_3b_3b_1nma_1$	L + A + B + D
ko_1jl	L + C	$c_3b_2b_1nc_1$	L + B + C + D
$c_5jo_1o_2hic_4$	L + D	$d_2c_2c_1nmd_1$	L + A + C + D
$a_4fgo_2nmea_2a_3$	L + A + B	$a_1b_1c_1d_1$（水平面）	L + A + B + C + D
$d_3d_4emno_1kld_2$	L + A + C	$abcdd_1c_1b_1a_1$	A + B + C + D

在图 3-3 的立体图上再平行 bc 边，而同时剖过两条组元 D 与三元共晶线连线面的截线 E_of 和 E_od，取纵剖面图 M – N，便出现图 3-6 中的情况。

再平行（图 3-3 中）ac 边只截过 E_of 线取纵剖面图 X – Y，其形式显然与纵剖面图 M – N不同。纵剖面图 M – N 中有两个三元共晶线点，而纵剖面图 X – Y 中只有一个三元共晶截点。

3.1.4 典型合金的结晶过程及显微组织示意图

在图 3-6 的纵剖面 X – Y 上选一合金 m_1，而 m_1 正是在剖面图 abc 上的四元共晶点与 A、D 两组元连线面的截线 aE_o 上。所以它从液态凝固不经过任何三元共晶过程。它的显微组织变化示意图有 3 个基本过程。首先是冷却到 L + D 相区内从 L 相内结晶出组元 D 的晶体；冷却到 L + A + D 相区内在 D 晶体的外围出现二元共晶物（A + D）；然后剩余的 L

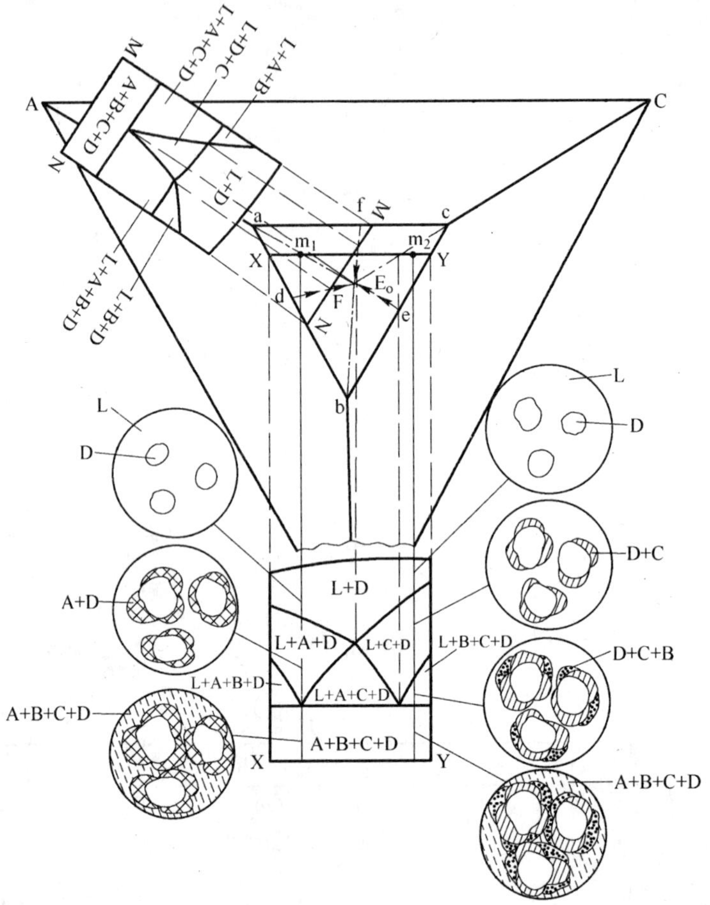

图 3-6　在图 3-3 的立体图上取纵剖面图 M－N、X－Y

相不经过三元共晶而直接产生等温的四元共晶凝固。所以其低温组织是在组元 D 晶体之外有二元共晶体 A＋D，再往外就是连续基体的四元共晶体 A＋B＋C＋D。

如果另选一合金 m_2，它不是在 E_oc 截线上，因而有三元共晶凝固过程。它的凝固过程显微组织变化情况，从图 3-6 中右边的 4 个组织变化过程图可以看出来。上方两个的情况和左边 m_1 靠上方的两个相似，只是二元共晶物不同（这里是 D＋C）。第三个图便有三元共晶体（D＋C＋B）围在二元共晶体（D＋C）之外。其等温的四元共晶凝固后的低温组织图（最下方的）是四元共晶体在三元共晶体之外组成连续基体。

3.1.5　凝固过程的几何法则

现在再把 m_1 和 m_2 两个合金置于四元系成分体图中，从几何法则上分析它们的凝固过程。

图 3-7 所示，m_1 从液态冷却到 D 的初晶点，便产生 D 的结晶，而沿 Dm_1 连线引伸方向变化。当 L 相变化到二元共晶面 $\varepsilon_2e_1Ee_4$ 上 L_1^1 点时，便开始转变为二元共晶凝固 L→A＋D。在共晶面上又沿 $\varepsilon_2L_1^1$ 的引伸方向变化。由于 m_1 正在连线面 DEA 的 $DE\varepsilon_2$ 部分上，所以不向三元共晶线 e_1E 或 e_4E 上变化，而直奔四元共晶点 E。当 L 相变化到 E 点时，其

剩余量全部产生等温的四元共晶凝固 L→A + B + C + D 而告终。

图 3-7 中 m_2 的情形是从液态冷却到 D 的初晶点，便产生 D 的结晶，而沿 Dm_2 连线的引伸方向变化。当 L 相变化到二元共晶面 $\varepsilon_6e_4Ee_2$ 上的 L_1^2 点上，便转变为二元共晶凝固 L→C + D，又沿 $\varepsilon_6L_1^2$ 的引伸方向在共晶面上向三元共晶线 e_2E 变化。当达到 e_2E 线上的 L_2^2 点时，便又转变为三元共晶凝固 L→B + C + D，并沿 e_2E 向 E 变化。当 L 相到达 E 点时，也是冷却到四元等温共晶温度时，于是剩余的 L 相产生等温的四元共晶凝固而消失，凝固过程告终。

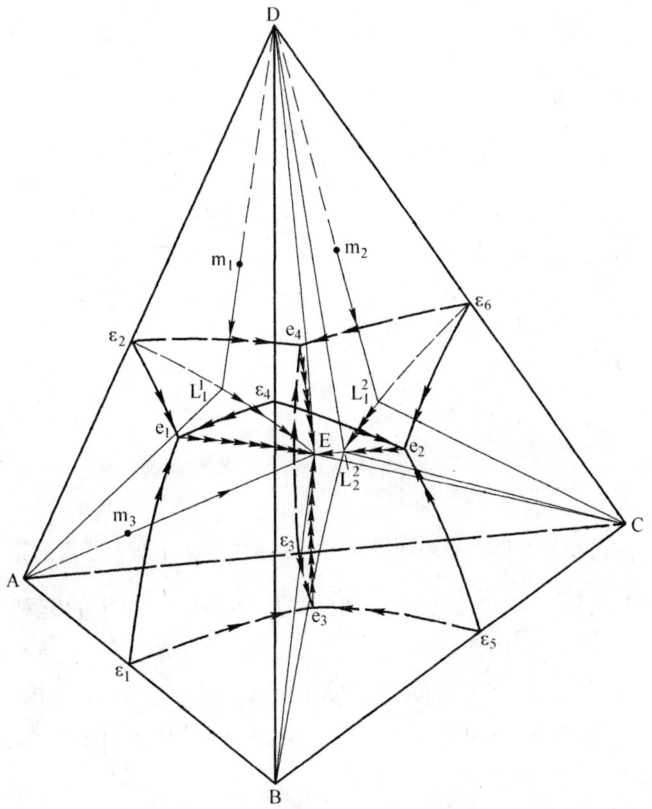

图 3-7 等温的四元共晶凝固相图

此外，若在 EA 连线上选一合金 m_3 从液态冷却到 A 的初晶点时，便产生 A 的结晶。它不经过任何二元共晶和三元共晶过程，随着温度的不断下降，A 的不断凝固，L 相沿 Am_3 引伸方向直奔 E 点，在 E 点上产生等温的四元共晶凝固而消失。

在简单共晶型四元系内，如果存在一个二元系有偏晶反应的情况，影响在四元系成分体内也有一部分不连续互溶的两液相相区。图 3-8 所示，是四元系 A－B－C－D 中的二元系 B－C 存在有偏晶反应（$L_{1(b)}$→B + $L_{2(c)}$）的简单共晶型相图。两不互溶的液相共存在相区 bk_1ck_2 之内。k_1k_2 是两液相互溶的临界线，所以曲面 k_1k_2b 是 L_1 的饱和面，由于 L_1 产生偏晶反应，故也称“偏晶面”。曲面 k_1k_2c 是 L_2 的饱和面。在共存区内，两液相分别在其饱和曲面上对应平衡。如在 L_1 和 L_2 共存相区内选一合金 M，它凝过程的几何法则究竟如何？

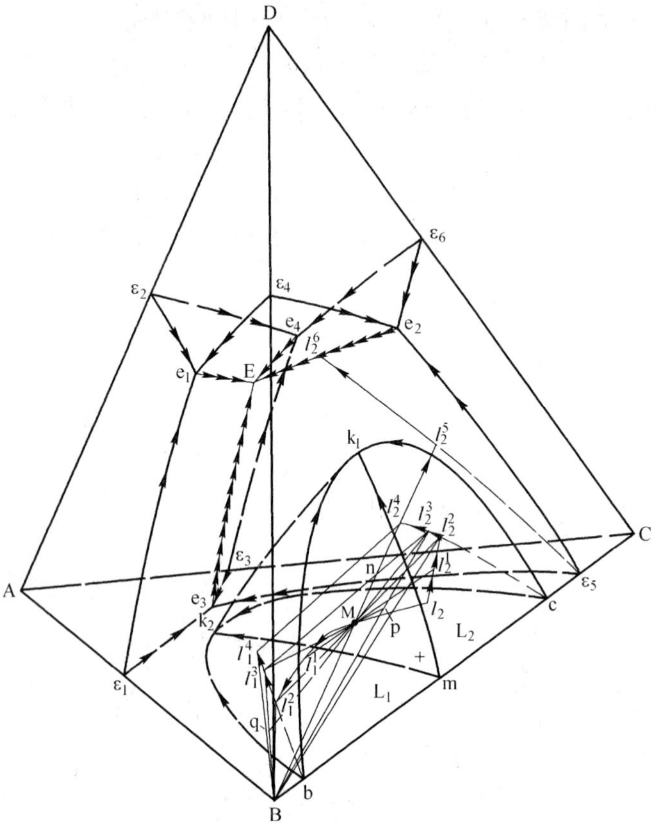

图 3-8 四元系（A－B－C－D）中的二元系（B－C）存在有偏晶反应的简单共晶型相图

假若从两液相互溶状态的更高温度冷却，当冷却到单一液相的饱和温度时，单液相开始分离为两个液相 L_1 和 L_2，由于 M 在临界面 mk_1k_2 的左侧，因而是 L_2 相从 L_1 相内的分离。刚分离出来的 L_2 相在 l_2 点上，随着温度下降 L_2 相自 l_2 向 l_2^1 变化，相对应地 L_1 相自 M 向 l_1^1 变化。当 L_1、L_2 两相分别达到 l_1^1 和 l_2^1 时，其间的比值和百分数为：

$$\frac{L_1}{L_2}=\frac{Ml_2^1}{Ml_1^1} \quad 或 \quad L_1\% =\frac{Ml_2^1}{l_1^1l_2^1}\times 100\%,\ L_2\% =\frac{Ml_1^1}{l_1^1l_2^1}\times 100\%$$

温度继续下降，L_1、L_2 分别自 l_1^1 向 l_1^2、自 l_2^1 向 l_2^2 变化。当它们分别达到 l_1^2 和 l_2^2 点，该二点分别在它们的饱和面上，二者间的比值和百分数为：

$$\frac{L_1}{L_2}=\frac{Ml_2^2}{Ml_1^2} \quad 或 \quad L_1\% =\frac{Ml_2^2}{l_1^2l_2^2}\times 100\%,\ L_2\% =\frac{Ml_1^2}{l_1^2l_2^2}\times 100\%$$

当两液相分别达到 l_1^2 和 l_2^2 时，L_1 开始产生偏晶凝固 $L_1 \rightarrow B+L_2$，于是 L_1 和 L_2 分别在偏晶面和饱和面上沿 bl_1^2 和 cl_2^2 的引伸方向自 l_1^2 向 l_1^3 和自 l_2^2 向 l_2^3 变化。当 L_1、L_2 两相分别达到 l_1^3 和 l_2^3 时，M 点已处于连线三角形 $Bl_1^3l_2^3$ 之内，就可以用重心定理确定各相间的比值及其百分数。

在不断产生偏晶凝固的过程中 L_1、L_2 分别继续自 l_1^3 向 l_1^4 和自 l_2^3 向 l_2^4 变化。当它们分别达到 l_1^4 和 l_2^4 时，M 点正落在连线三角形 $Bl_1^4l_2^4$ 的 Bl_2^4 边上。到此，说明 L_1 相消耗净尽，合金 M 处于 L_2 相和固相 B 的双相共存状态。于是再继续冷却 L_2 相便产生 B 的结晶并沿

Bl_2^4 的引伸方向直奔二元共晶曲面 $\varepsilon_5 e_2 E e_3$。

当 L_2 相达到共晶面上的 l_2^5 点，开始转变为二元共晶凝固 $L_2 \to B + C$。随着温度的下降不断地共晶。L_2 相在共晶面上沿 $\varepsilon_5 l_2^5$ 的引伸方向，向三元共晶线 e_2E 变化。

L_2 相达到 e_2E 线上的 l_2^6 点，又转变为三元共晶凝固 $L_2 \to B + C + D$，并在温度的继续下降和不断产生的三元共晶过程中，L_2 相沿 e_2E 变化到四元共晶点 E。在 E 点产生等温的四元共晶凝固中全部消失，凝固过程结束。

3.2 有限固溶体共晶型相图

有限固溶体共晶型相图，与简单共晶型相图的区别之处只是有 4 个单相固溶体相区、6 个双相固溶体相区和 4 个三相固溶体相区。它们分别在成分体图的 4 个顶角、6 个边和 4 个面一带，占有一定的体积。其物理意义则与简单共晶完全相似。

3.2.1 基本形式分析

图 3-9 所示，是一个有限固溶体共晶型四元系基本形式图。由于有固溶体相区的出现，图内各几何要素的相互交割现象要比简单共晶型相图复杂得多。图 3-9 中总计交割出 64 个相区来，也就是 64 个不同形式凝固过程的相区（见表 3-6）。

表 3-6 图 3-9 的相区凝固过程状态变化

相　区	凝固过程状态变化
AacbeSdg	$L \to L+\alpha \to \alpha$
Bh*l*knNji	$L \to L+\beta \to \beta$
CftmuRpq	$L \to L+\gamma \to \gamma$
DvwozQyx	$L \to L+\delta \to \delta$
bc − 4 − e_2 − 6 − 5 − Se	$L \to L+\alpha \to L+\alpha+\beta \to \alpha+\beta$
ij − 4 − e_2 − 6 − 5 − Nn	$L \to L+\beta \to L+\beta+\alpha \to \alpha+\beta$
gd − 16 − e_5 − 18 − 17 − Se	$L \to L+\alpha \to L+\alpha+\gamma \to \alpha+\gamma$
mt − 16 − e_5 − 18 − 17 − Ru	$L \to L+\gamma \to L+\gamma+\alpha \to \alpha+\gamma$
ac − 1 − e_1 − 2 − 3 − Sc	$L \to L+\alpha \to L+\alpha+\delta \to \alpha+\delta$
vw − 1 − e_1 − 2 − 3 − Qy	$L \to L+\delta \to L+\delta+\alpha \to \alpha+\delta$
k*l* − 13 − e_4 − 15 − 14 − Nn	$L \to L+\beta \to L+\beta+\gamma \to \beta+\gamma$
qp − 13 − e_4 − 15 − 14 − Ru	$L \to L+\gamma \to L+\gamma+\beta \to \beta+\gamma$
h*l* − 9 − e_3 − 7 − 8 − Nj	$L \to L+\beta \to L+\beta+\delta \to \beta+\delta$
oz − 9 − e_3 − 7 − 8 − Qw	$L \to L+\delta \to L+\delta+\beta \to \beta+\delta$
ft − 10 − e_6 − 12 − 11 − Rp	$L \to L+\gamma \to L+\gamma+\delta \to \gamma+\delta$
xy − 10 − e_6 − 12 − 11 − Qz	$L \to L+\delta \to L+\delta+\gamma \to \gamma+\delta$
cE_1 − 1 − 3 − 22 − S	$L \to L+\alpha \to L+\alpha+\delta \to L+\alpha+\delta+\beta \to \alpha+\beta+\delta$
cE_1 − 4 − 5 − 22 − S	$L \to L+\alpha \to L+\alpha+\beta \to L+\alpha+\beta+\delta \to \alpha+\beta+\delta$
jE_1 − 4 − 5 − 22 − N	$L \to L+\beta \to L+\beta+\alpha \to L+\beta+\alpha+\delta \to \alpha+\beta+\delta$
jE_1 − 7 − 8 − 22 − N	$L \to L+\beta \to L+\beta+\delta \to L+\beta+\delta+\alpha \to \alpha+\beta+\delta$
wE_1 − 1 − 3 − 22 − Q	$L \to L+\delta \to L+\delta+\alpha \to L+\delta+\alpha+\beta \to \alpha+\beta+\delta$
wE_1 − 7 − 8 − 22 − Q	$L \to L+\delta \to L+\delta+\beta \to L+\delta+\beta+\alpha \to \alpha+\beta+\delta$

续表 3-6

相　区	凝固过程状态变化	
lE_4-9-8-20-N	L→L+β→L+β+δ→L+β+δ+γ→β+γ+δ	
lE_4-13-14-20-N	L→L+β→L+β+γ→L+β+γ+δ→β+γ+δ	
pE_4-13-14-20-R	L→L+γ→L+γ+β→L+γ+β+δ→β+γ+δ	
pE_4-12-11-20-R	L→L+γ→L+γ+δ→L+γ+δ+β→β+γ+δ	
zE_4-12-11-20-Q	L→L+δ→L+δ+γ→L+δ+γ+β→β+γ+δ	
zE_4-9-8-20-Q	L→L+δ→L+δ+β→L+δ+β+γ→β+γ+δ	
eE_2-18-17-19-S	L→L+α→L+α+γ→L+α+γ+β→α+β+γ	
eE_2-6-5-19-S	L→L+α→L+α+β→L+α+β+γ→α+β+γ	
nE_2-6-5-19-N	L→L+β→L+β+α→L+β+α+γ→α+β+γ	
nE_2-15-14-19-N	L→L+β→L+β+γ→L+β+γ+α→α+β+γ	
uE_2-15-14-19-R	L→L+γ→L+γ+β→L+γ+β+α→α+β+γ	
uE_2-18-17-19-R	L→L+γ→L+γ+α→L+γ+α+β→α+β+γ	
dE_3-16-17-21-S	L→L+α→L+α+γ→L+α+γ+δ→α+γ+δ	
dE_3-2-3-21-S	L→L+α→L+α+δ→L+α+δ+γ→α+γ+δ	
tE_3-16-17-21-R	L→L+γ→L+γ+α→L+γ+α+δ→α+γ+δ	
tE_3-10-11-21-R	L→L+γ→L+γ+δ→L+γ+δ+α→α+γ+δ	
yE_3-2-3-21-Q	L→L+δ→L+δ+α→L+δ+α+γ→α+γ+δ	
yE_3-10-11-21-Q	L→L+δ→L+δ+γ→L+δ+γ+α→α+γ+δ	
SE-3-22	L→L+α→L+α+δ→L+α+δ+β	
SE-5-22	L→L+α→L+α+β→L+α+β+δ	
SE-3-21	L→L+α→L+α+δ→L+α+δ+γ	
SE-17-21	L→L+α→L+α+γ→L+α+γ+δ	
SE-5-19	L→L+α→L+α+β→L+α+β+γ	
SE-17-19	L→L+α→L+α+γ→L+α+γ+β	
NE-5-22	L→L+β→L+β+α→L+β+α+δ	
NE-5-19	L→L+β→L+β+α→L+β+α+γ	
NE-14-20	L→L+β→L+β+γ→L+β+γ+δ	
NE-14-19	L→L+β→L+β+γ→L+β+γ+α	
NE-8-22	L→L+β→L+β+δ→L+β+δ+α	
NE-8-20	L→L+β→L+β+δ→L+β+δ+γ	→L+α+β+γ+δ→α+β+γ+δ
RE-14-20	L→L+γ→L+γ+β→L+γ+β+δ	
RE-14-19	L→L+γ→L+γ+β→L+γ+β+α	
RE-17-19	L→L+γ→L+γ+α→L+γ+α+β	
RE-17-21	L→L+γ→L+γ+α→L+γ+α+δ	
RE-11-20	L→L+γ→L+γ+δ→L+γ+δ+β	
RE-11-21	L→L+γ→L+γ+δ→L+γ+δ+α	
QE-3-22	L→L+δ→L+δ+α→L+δ+α+β	
QE-3-21	L→L+δ→L+δ+α→L+δ+α+γ	
QE-8-22	L→L+δ→L+δ+β→L+δ+β+α	
QE-8-20	L→L+δ→L+δ+β→L+δ+β+γ	
QE-11-21	L→L+δ→L+δ+γ→L+δ+γ+α	
QE-11-20	L→L+δ→L+δ+γ→L+δ+γ+β	

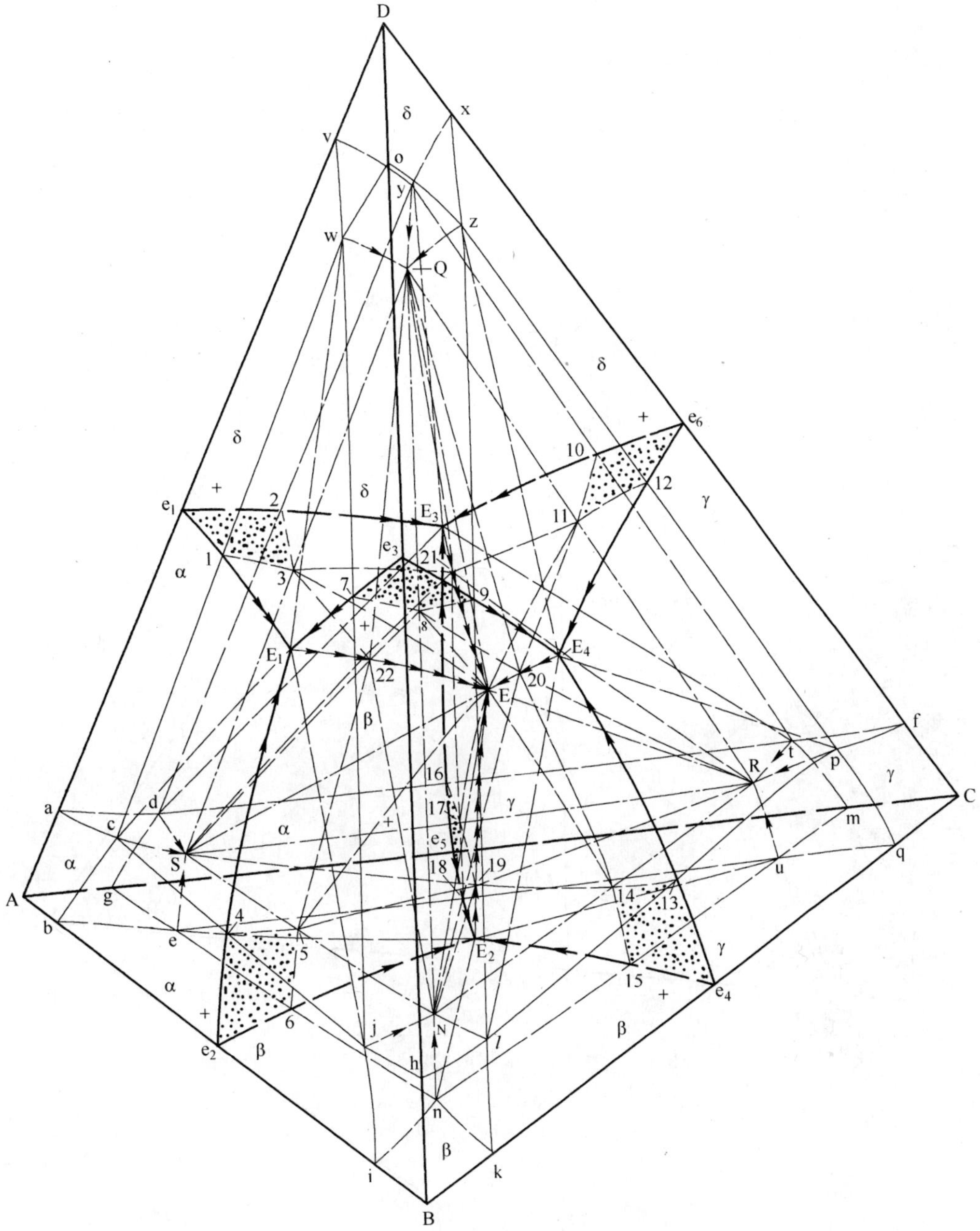

图 3-9 有限固溶体共晶型四元系基本形式图

在四固相共存区 SNRQ 内的相区有 24 个，这一部分和简单共晶相图相似。

3.2.2 等温体图

图 3-10a 和图 3-10b 所示为图 3-9 的两个等温体图。

图 3-9 中若三元共晶点 E_1 的温度高于 e_4、e_5、e_6 的温度，图 3-10a 是介于图 3-9 三元共晶点 E_1 温度高于 e_4、e_5、e_6 温度的某一等温体图，图 3-10a 中共出现 17 个相区（见表 3-7）。

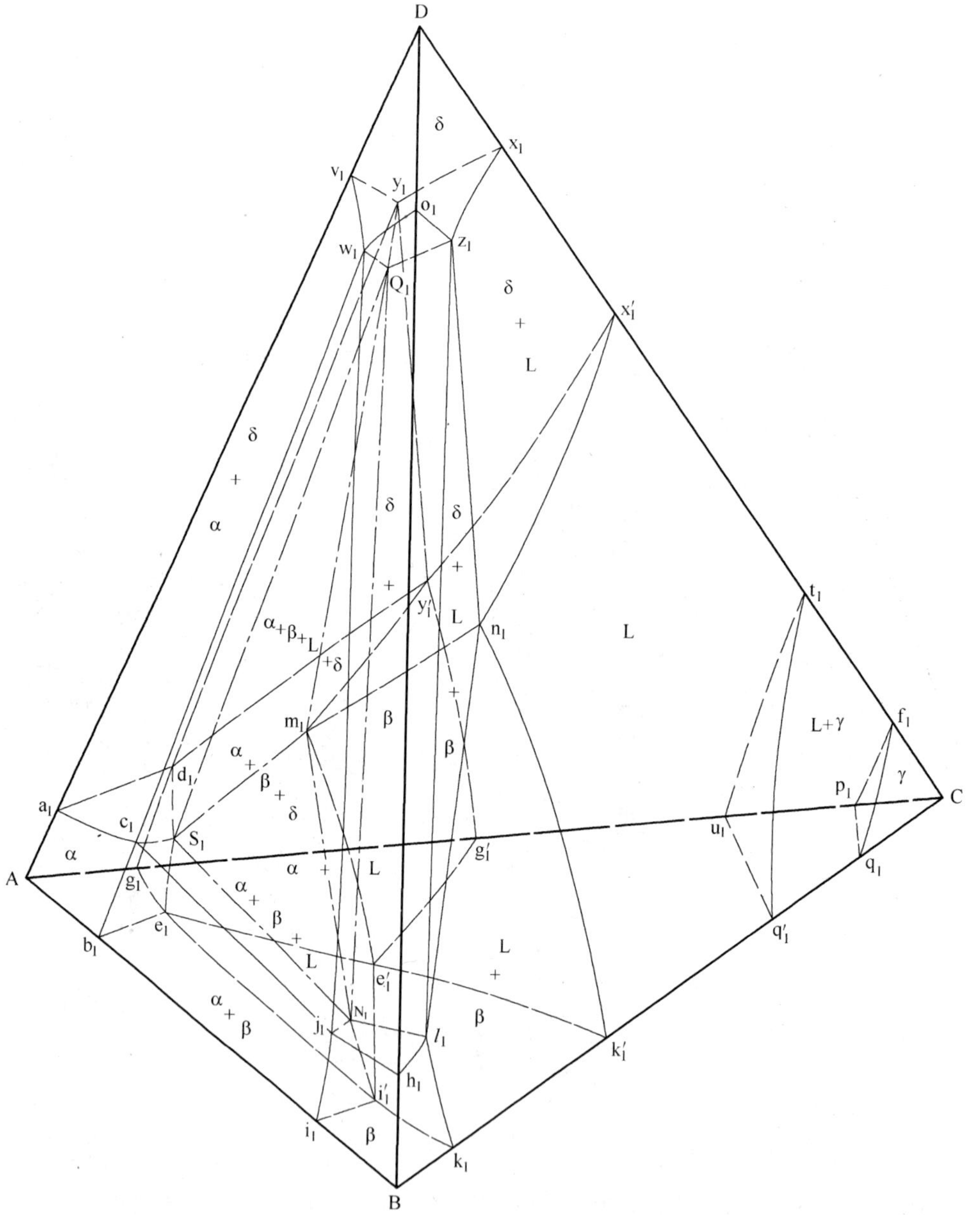
D
δ
x1
v1
y1
o1
w1
z1
Q1
δ
+
L
x′1
δ
+
α
δ
δ
+
+
y′1
L
n1
L
t1
α+β+L
+δ
m1
β
β
L+γ
f1
α
+
β
+
δ
d1
a1
c1
S1
p1
γ
C
u1
g′1
α
α
+
L
A
g1
q1
α
+
β
+
L
e1
b1
q′1
L
+
e′1
α
+
β
N1
j1
l1
β
k′1
h1
i′1
i1
β
k1
B

a

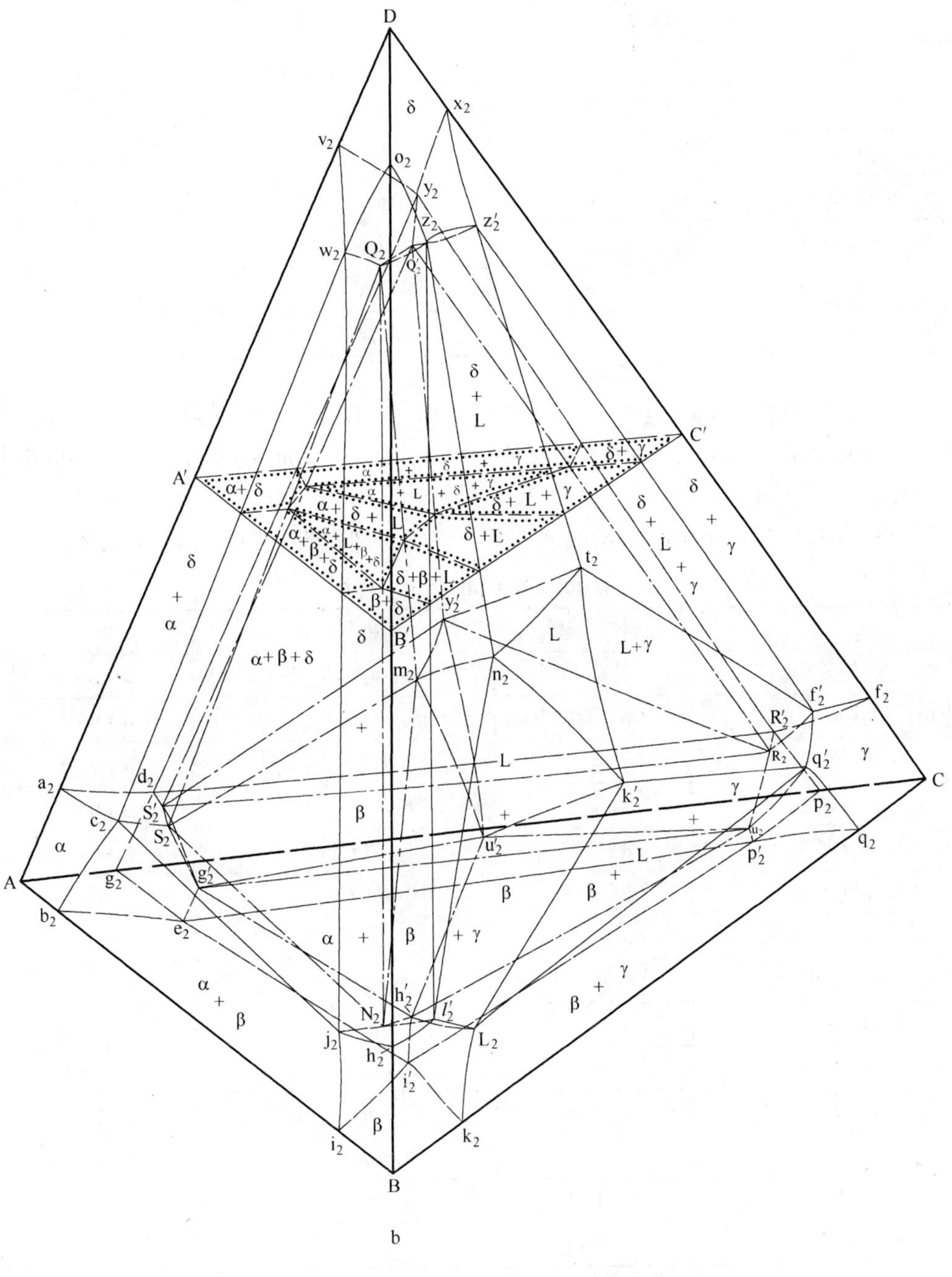

图 3-10 图 3-9 的两个等温体图

表 3-7 图 3-10a 的相区状态

相　区	状　态	相　区	状　态
$Aa_1c_1b_1e_1S_1d_1g_1$	α	$S_1m_1e_1'e_1g_1g_1'y_1'd_1$	α + L
		$k_1l_1N_1i_1'e_1'm_1n_1k_1'$	β + L
$Bh_1l_1k_1i_1'N_1j_1i_1$	β	$f_1p_1q_1q_1'u_1t_1$	L + γ
$Cf_1p_1q_1$	γ	$x_1x_1'n_1z_1Q_1m_1y_1'y_1$	δ + L
$Do_1w_1v_1y_1Q_1z_1x_1$	δ	$S_1m_1N_1i_1'e_1'e_1$	α + β + L
$a_1c_1w_1v_1y_1Q_1S_1d_1$	α + δ	$S_1m_1Q_1y_1y_1'd_1$	α + δ + L
$b_1i_1j_1c_1S_1N_1i_1'e_1$	α + β	$N_1m_1Q_1z_1n_1l_1$	β + δ + L
$h_1l_1N_1j_1w_1Q_1z_1o_1$	β + δ	$S_1N_1Q_1m_1$	α + β + L + δ
$w_1c_1j_1N_1S_1Q_1$	α + β + δ	$x_1't_1q_1'u_1g_1'e_1'k_1'n_1m_1y_1'$	L

图 3-10b 是当温度仅高于图 3-9 三元共晶点 E_4 和四元共晶点 E 的某一等温体图。这里的 L 相区只收缩在 E_4 到 E 连通的一个三棱形的五面体 $t_2k_2'n_2m_2u_2'y_2'$之内。图 3-10b 中共有 27 个相区（见表 3-8）。

若在图 3-10b 上平行 ABC 取剖面 A′B′C′，该等温剖面图上共出现 11 个相区。

表 3-8 图 3-10b 的相区状态

相　区	状　态	相　区	状　态
$Aa_2c_2b_2e_2g_2'S_2S_2'd_2g_2$	α	$e_2i_2'p_2'u_2h_2'g_2'$	α + β + γ
$Bh_2l_2'l_2k_2i_2'h_2'N_2j_2i_2$	β	$c_2j_2w_2Q_2N_2S_2$	α + β + δ
$Cf_2f_2'q_2'q_2p_2'u_2R_2R_2'p_2$	γ	$d_2R_2'y_2Q_2'R_2S_2'$	α + γ + δ
$Do_2z_2z_2'x_2y_2Q_2'Q_2w_2v_2$	δ	$S_2S_2'g_2'u_2'y_2'm_2$	α + L
$b_2c_2S_2g_2'e_2i_2'h_2'N_2j_2i_2$	α + β	$l_2h_2'N_2l_2'n_2m_2u_2'k_2'$	β + L
$k_2l_2h_2'i_2'p_2'u_2q_2'q_2$	β + γ	$f_2'R_2u_2q_2'k_2'u_2'y_2't_2$	γ + L
$g_2d_2S_2'g_2'e_2p_2'u_2R_2R_2'p_2$	α + γ	$z_2z_2'Q_2'Q_2m_2y_2't_2n_2$	δ + L
$a_2c_2S_2S_2'd_2y_2Q_2'Q_2w_2v_2$	α + δ	$S_2m_2N_2h_2'u_2'g_2'$	α + β + L
$f_2R_2'R_2f_2'z_2'Q_2'y_2x_2$	γ + δ	$l_2k_2'q_2'u_2u_2'h_2'$	β + γ + L
$h_2l_2'N_2j_2w_2Q_2z_2o_2$	β + δ	$S_2N_2Q_2m_2$	α + β + δ + L
$S_2'y_2'R_2u_2u_2'g_2'$	α + γ + L	$g_2'h_2'u_2u_2'$	α + β + γ + L
$f_2't_2z_2'Q_2'y_2'R_2$	γ + δ + L	$S_2'R_2y_2'Q_2'$	α + γ + δ + L
$l_2'n_2z_2Q_2m_2N_2$	β + δ + L	$t_2k_2'n_2m_2u_2'y_2'$	L
$S_2m_2Q_2Q_2'y_2'S_2'$	α + δ + L		

3.2.3 成分剖面—温度立体图及纵剖面图

图 3-11 所示，是在图 3-9 上平行 ABC 面，在四元共晶点的下方同时剖过 3 个二元共晶面的成分剖面—温度立体图。图 3-11 中共有 22 个相区（见表 3-9）。

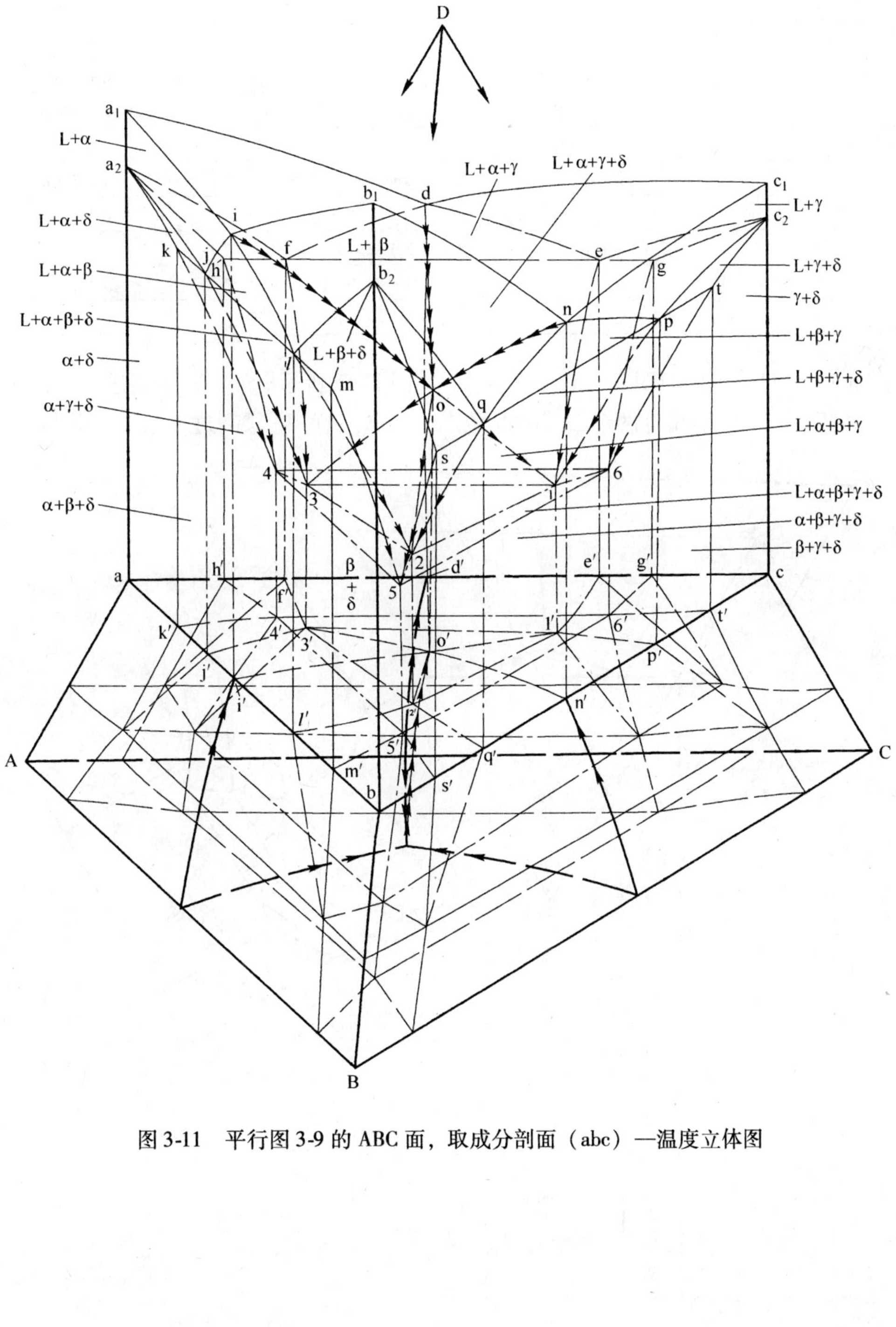

图 3-11　平行图 3-9 的 ABC 面，取成分剖面（abc）—温度立体图

表 3-9　图 3-11 的相区状态

相　区	状　态	相　区	状　态
三个液相面 a_1iod、b_1ion、c_1don 的上方	L	npq－2－1－o	L＋β＋γ
		dfe－1－3－o	L＋α＋γ
$a_1$iodf－3－j－a_2	L＋α	$a_2$fh－4－3－jk	L＋α＋δ
$b_1$ionq－2－li	L＋β	$b_2$qs－5－2－lm	L＋β＋δ
$c_1$donp－1－ec_2	L＋γ	$c_2$eg－6－1－pt	L＋γ＋δ
ilj－3－2－o	L＋α＋β	kj$l$m－5－2－3－4	L＋α＋β＋δ
sqpt－6－1－2－5	L＋β＋γ＋δ	c_2g－6－t－t′－6′－g′c	γ＋δ
gefh－4－3－1－6	L＋α＋γ＋δ	kmm′k′－4′－5′－5－4	α＋β＋δ
o－1－2－3	L＋α＋β＋γ	stt′s′－5′－6′－6－5	β＋γ＋δ
4－5－6（水平面）	L＋α＋β＋γ＋δ	hgg′h′－4′－6′－6－4	α＋γ＋δ
a_2h－4－kk′－4′－h′a	α＋δ	4－5－6－6′－5′－4′	α＋β＋γ＋δ
b_2s－5－mm′－5′－s′b	β＋δ		

图 3-11 的两个纵剖面图 X－Y 和 X_1－Y_1 如图 3-12 所示。X－Y 图剖过立体图上两条二元共晶截线，所以顶端有两个二元共晶截点。而 X_1－Y_1 图只剖过一条二元共晶截线。

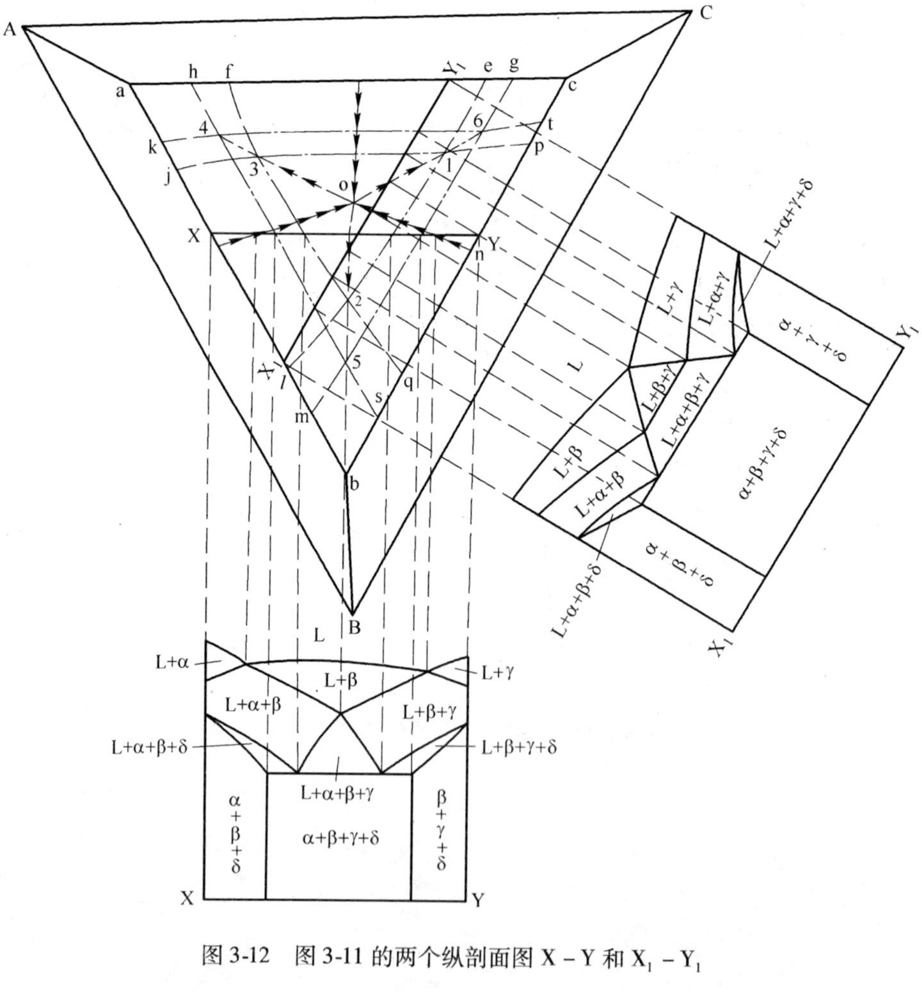

图 3-12　图 3-11 的两个纵剖面图 X－Y 和 X_1－Y_1

如果平行四元系成分体图的 ABC 面所取的剖面 a′b′c′正好通过四元共晶点 E，便出现如图 3-13 所示的情形。

图 3-13 的特点是，它剖到 4 个二元共晶面，而且对共晶面的截线和其他面，例如两条三元共晶线与 δ 相的连线面的截线，四元共晶点与各两固相 α 和 δ、β 和 δ、γ 和 δ 的连线面的截线等，都向 E 点上集中。

图 3-13 中剖面成分—立体图共有 19 个相区（见表 3-10）。

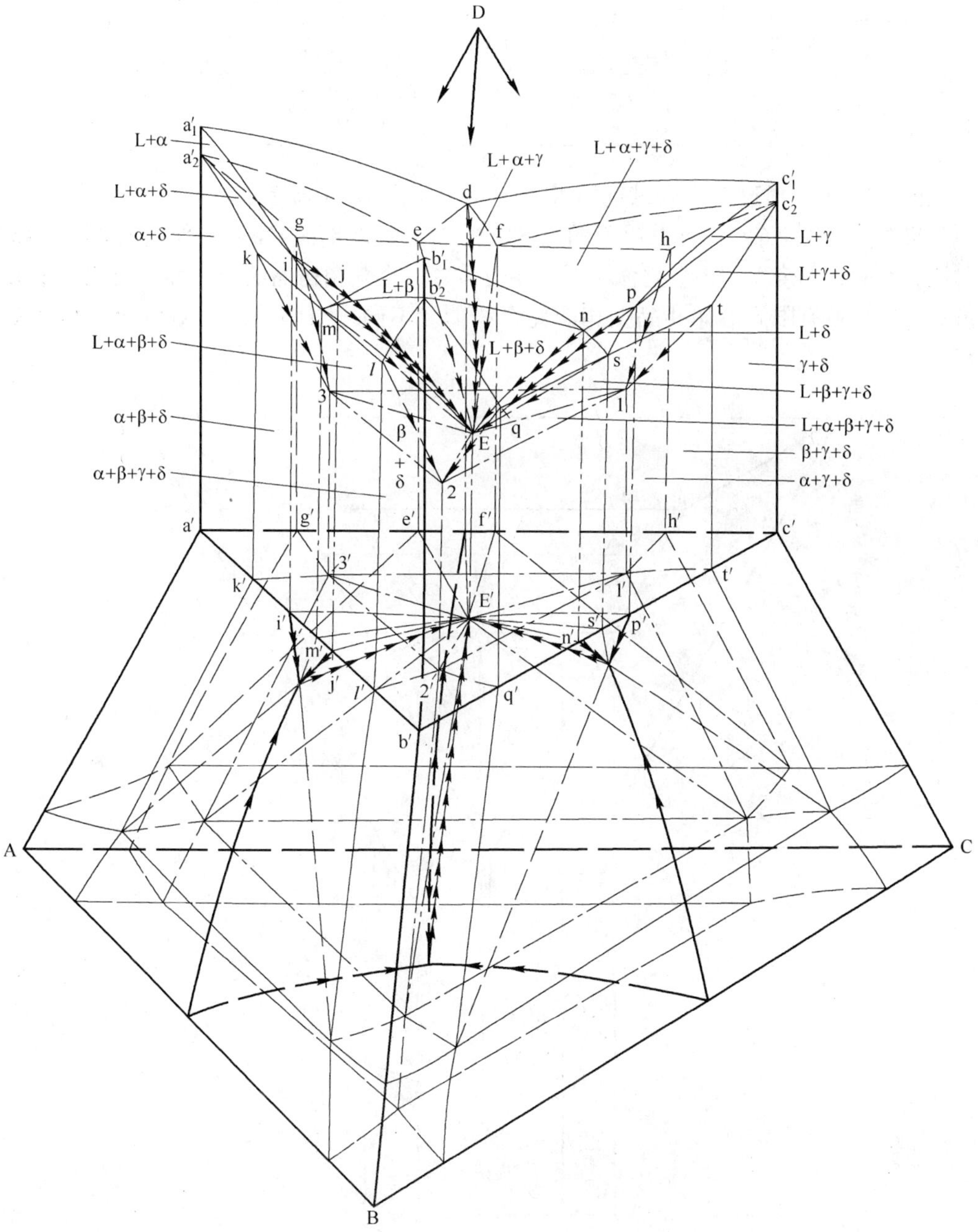

图 3-13 平行四元系成分体图 ABC 面取 a′b′c′成分剖面—温度立体图

表 3-10　图 3-13 成分—温度立体图的相区状态

相　区	状　态	相　区	状　态
顶端五个液相面（δ 相的两个，α、β、γ 各一个）的上方	L	tsq－2－E－1	L＋β＋γ＋δ
		gefh－1－E－3	L＋α＋γ＋δ
$a_1'deEia_2'$	L＋α	1－2－3（平面）	L＋α＋β＋γ＋δ
$b_1'nEjb_2'$	L＋β	$a_2'g－3－kk'－3'－g'a'$	α＋δ
$c_1'dfEpc_2'$	L＋γ	$b_2'q－2－ll'－2'－q'b'$	β＋δ
ijmE 和 npsE	L＋δ	$c_2'h－1－tt'－1'－h'c'$	γ＋δ
$a_2'eg－3－E－imk$	L＋α＋δ	$k－3－2－ll'－2'－3'－k'$	α＋β＋δ
$b_2'qsnE－2－lmj$	L＋β＋δ	$t－1－2－qq'－2'－1'－t'$	β＋γ＋δ
$c_2'hfE－1－tsp$	L＋γ＋δ	$g－3－1－hh'－1'－3'－g'$	α＋γ＋δ
kml－2－E－3	L＋α＋β＋δ	$1－2－3－3'－2'－1'$	α＋β＋γ＋δ

在图 3-13 上再通过 E 点取纵剖面 X－Y，出现如图 3-14 所示情形。

如果在图 3-9 的 6 个二元共晶面的上方平行 ABC 面取剖面 a″b″c″，便出现如图 3-15 所示的成分剖面—温度立体图。立体图的顶端覆盖着一个 δ 相初晶的液相面。液相面下方图的形式与三元系有限固溶体共晶型相图完全相似。不同之点是该图内对应的各相区多一个相。

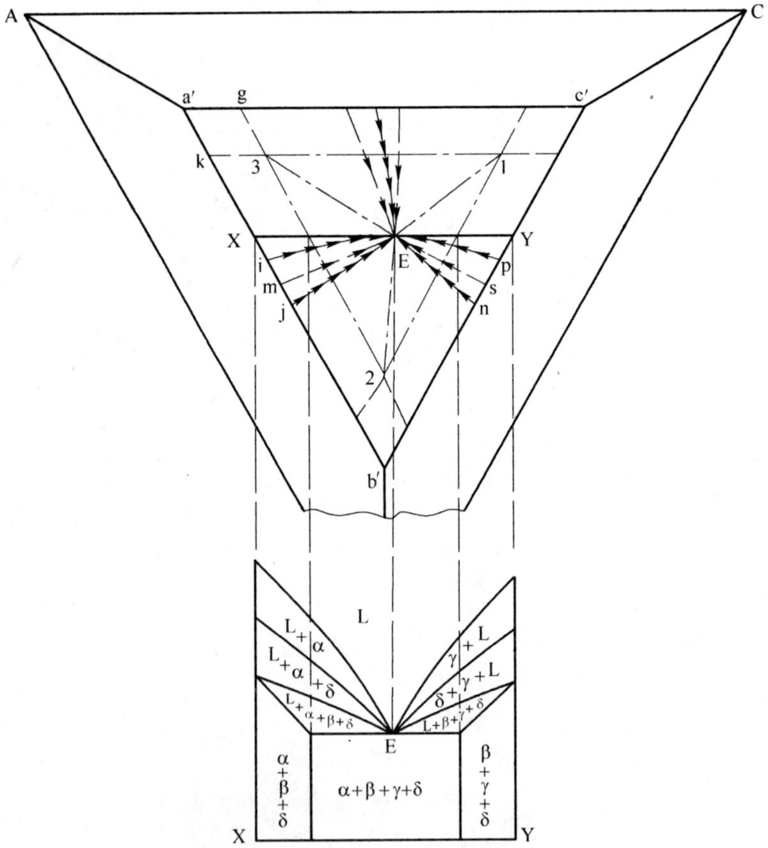

图 3-14　在图 3-13 上通过 E 点取纵剖面图 X－Y

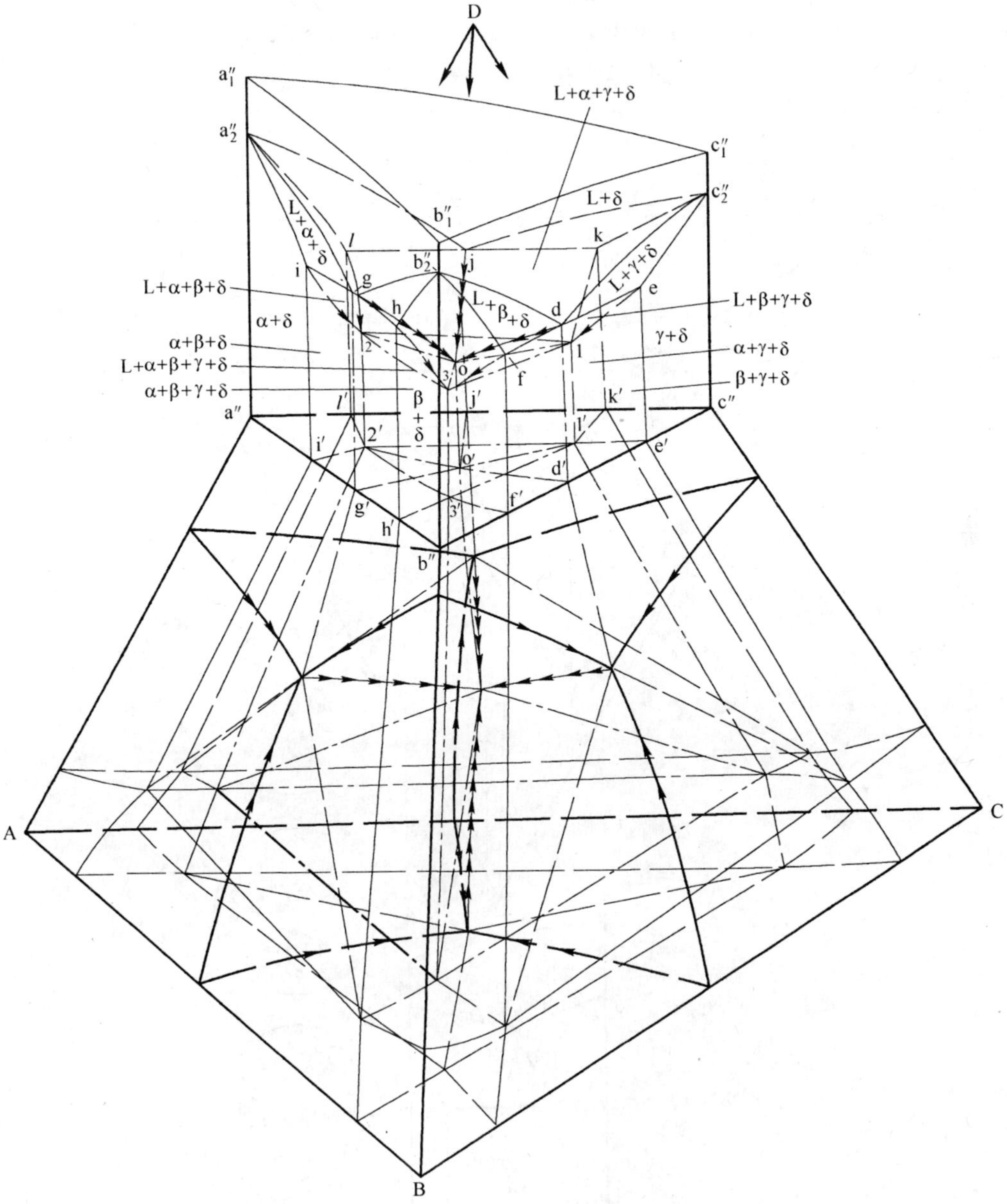

图 3-15　在图 3-9 的 6 个二元共晶面上方平行 ABC 面取 a″b″c″成分剖面—温度立体图

3.2.4　典型合金的凝固过程及显微组织示意图

图 3-16 所示，在图 3-15 上取纵剖面图 X－Y，在上面选一合金 m，它的凝固过程可分为四个阶段。第一阶段是它冷却到 L＋δ 相区内是 δ 的结晶过程。第二阶段是冷却到 L＋γ＋δ 相区，产生 γ＋δ 的二元共晶凝固，所以它的状态是除 L 相外，在 δ 晶体之外包围了二元共晶物（γ＋δ）。第三阶段是冷却到 L＋α＋γ＋δ 相区内产生三元共晶（L→α＋γ＋δ）阶段。在这一阶段的显微组织除 L 相外是在二元共晶物之外又

包围上三元共晶物（α + γ + δ）。第四阶段是经过等温的四元共晶截线（水平线）时剩余的 L 相全部产生等温四元共晶凝固（L→α + β + γ + δ）。所以在四元共晶线温度以下的是 α + β + γ + δ 相区，其显微组织是在三元共晶物以外的连续基体是四元共晶物（α + β + γ + δ）。

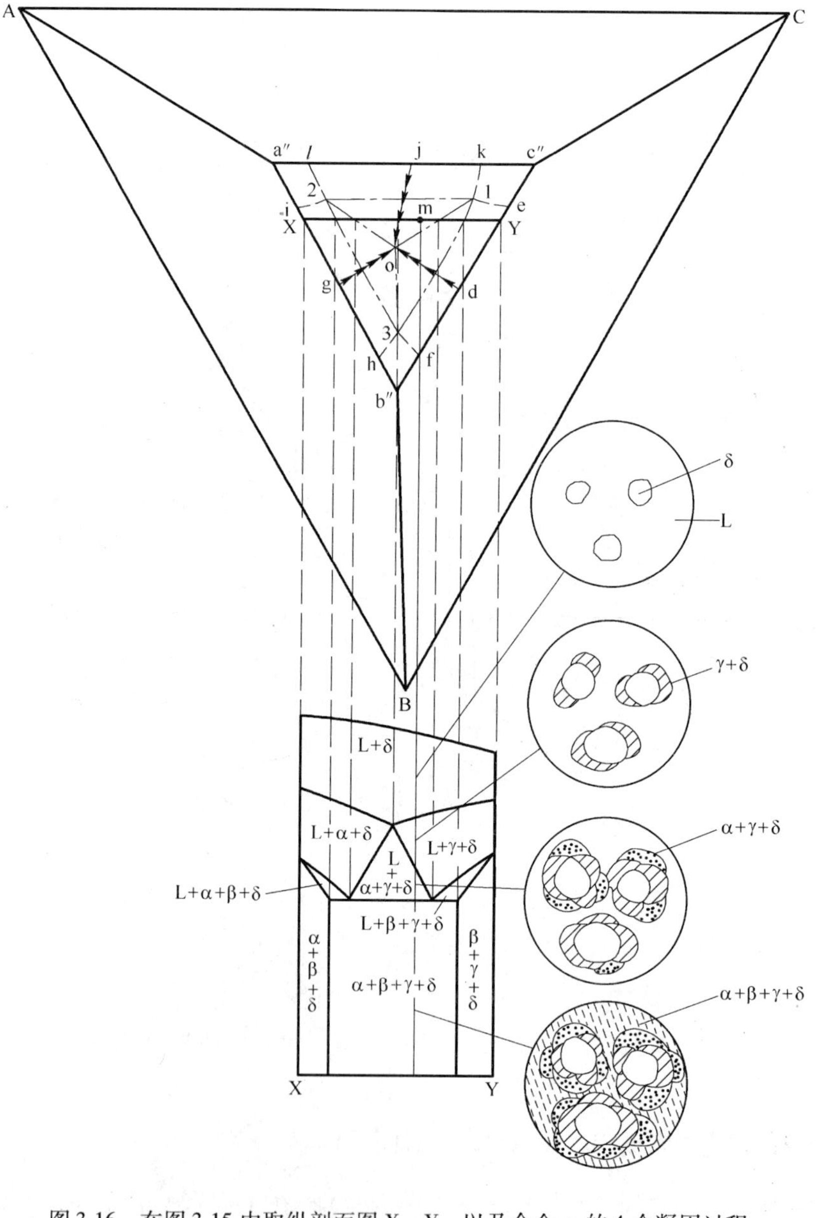

图 3-16　在图 3-15 中取纵剖面图 X－Y，以及合金 m 的 4 个凝固过程

3.2.5　凝固过程的几何法则

合金 m 在成分体图内的凝固过程几何法则如图 3-17 所示。

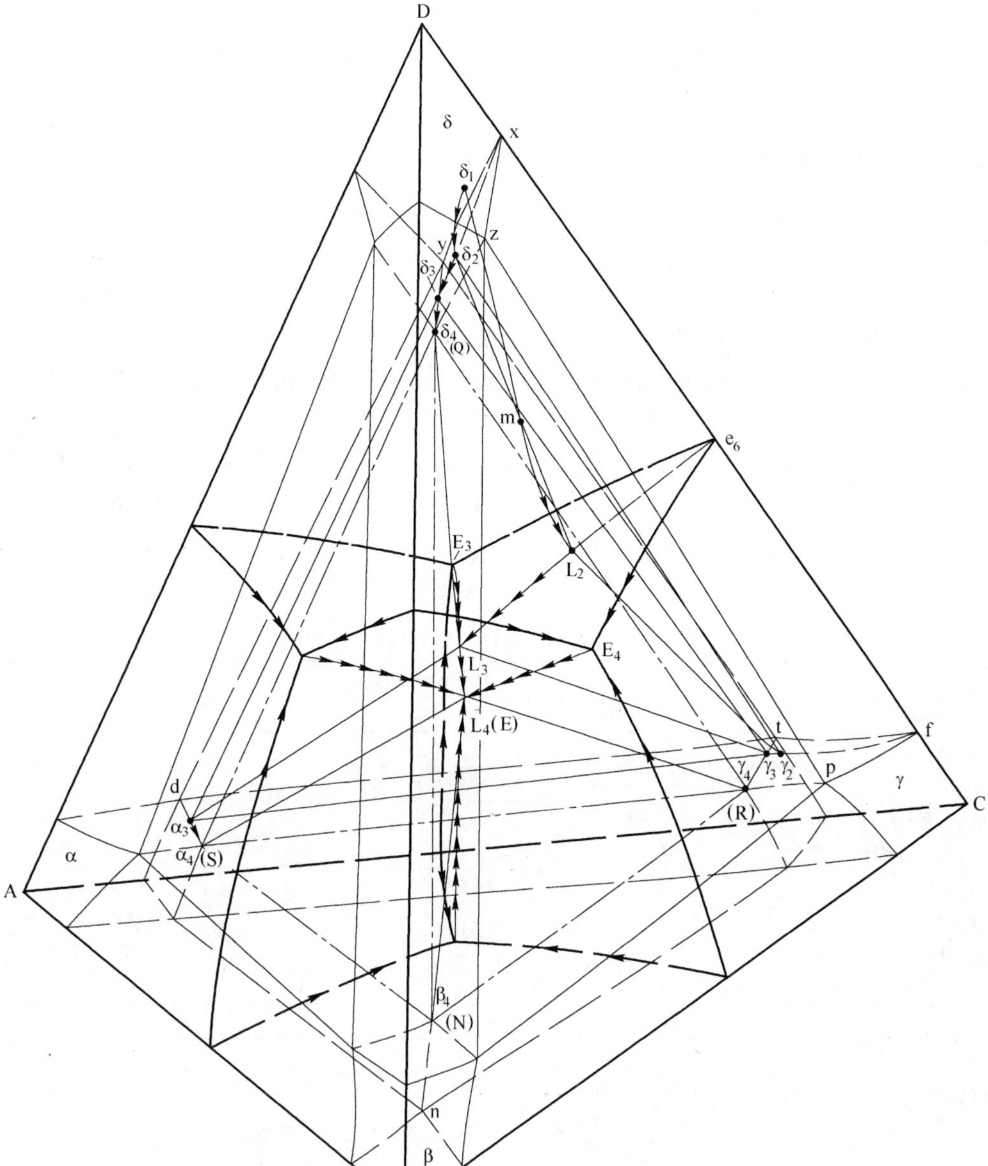

图 3-17 合金 m 在成分体内的凝固过程几何法则

合金 m 从液态冷达 δ 的晶点时，首选凝固的 δ 成分在 δ_1 点上。随着温度的下降 δ 不断结晶并在 δ 相区（体）内自 δ_1 向 δ_2 变化，L 相自 m 向 L_2 变化。当二者分别达到 δ_2 和 L_2 时，δ_2 在 δ 的饱和面 xzQy 上，L_2 必然在二元共晶面 $e_6E_3EE_4$ 上。于是 L 相转变为二元共晶凝固 $L \rightarrow \delta + \gamma$，并沿曲面上 e_6L_2 连线的引伸方向自 L_2 向 L_3 变化，相对应的共晶体内的 γ 相在饱和面 ftRp 上自 γ_2 向 γ_3 变化。δ 相自 δ_2 在饱和面上向 δ_3 变化。当 L 相达到 L_3 时（在三元共晶线 E_3E 上），δ、γ 相也分别变化到 δ_3（在 yQ 线上）和 γ_3（在 tR 线上）。于是 L 相随温度的下降产生三元共晶凝固 $L \rightarrow \alpha + \gamma + \delta$，并沿共晶线向 L_4（E 点）变化。

相对应地α、γ、δ分别沿dS、tR、yQ线向α_4（S点）、γ_4（R点）及δ_4（Q点）变化。L相达到L_4时，α、γ、δ三相也分别变化到α_4、γ_4、δ_4。最后，残余的L相全部在L_4（E点）产生等温凝固而消失，凝固过程结束。

3.3　四元包共晶（L+β→α+γ+δ）型相图

3.3.1　基本形式分析

图3-18所示，是由两个共晶型三元系（A-B-C、A-C-D）和两个包共晶型三元系（A-B-D、B-C-D）组成的四元包共晶（L+β→α+γ+δ）型的四元系相图。四元包共晶点P的位置，不像四元共晶型相图的共晶点位于四固相相区之内，而是在三固相（α+γ+δ）相区之内。等温包共晶反应的五相共存区是SNRQP。

图3-18中有两条三元共晶线E_2P（L→α+β+γ）和E_1P（L→α+γ+δ），两条三元包共晶线P_1P（L+β→α+δ）和P_2P（L+β→γ+δ）。五个二元共晶面$P_1PE_2e_1$、$P_2PE_2e_2$、$E_1PE_2e_5$、$P_1PE_1e_4$、$P_2PE_1e_3$和一个二元包晶面$P_1PP_2p_1$（L+β→δ）。

图3-18中共有74个不同形式凝固过程相区（见表3-11）。

表3-11　图3-18的相区凝固过程状态变化

相　区	凝固过程的状态变化
AacbeSdg	L→L+α→α
BhlknNji	L→L+β→β
CftmuRpq	L→L+γ→γ
Dp_1-20-xy-19-18-v	L→L+δ→δ
p_1-20-zowQ-19-18	L→L+β→L+β+δ→L+δ→δ
be_1-14-cS-13-12-e	L→L+α→L+α+β→α+β
$e_1$ij-14-13-Nn-12	L→L+β→L+β+α→α+β
ge_5-15-dS-17-16-e	L→L+α→L+α+γ→α+γ
$e_5$mt-15-17-Ru-16	L→L+γ→L+γ+α→α+γ
ke_2-11-lN-10-9-n	L→L+β→L+β+γ→β+γ
$e_2$qp-11-10-Ru-9	L→L+γ→L+γ+β→β+γ
ae_4P_1cS-3-4-d	L→L+α→L+α+δ→α+δ
cP_1-1-2-3-S	L→L+α→L+α+β→L+α+β+δ→L+α+δ→α+δ
e_4P_1-18-vy-19-3-4	L→L+δ→L+δ+α→α+δ
P_1-24-1-2-23-3	L→L+β→L+β+α→L+β+α+δ→L+α+δ→α+δ
P_1w-24-23-Q-3	L→L+β→L+β+δ→L+β+δ+α→L+δ+α→α+δ
P_1-18-wQ-19-3	L→L+β→L+β+δ→L+δ→L+δ+α→α+δ
hlNjwQzo	L→L+β→L+β+δ→β+δ
$ftRpP_2$-21-5-e_3	L→L+γ→L+γ+δ→γ+δ
P_2t-8-7-R-21	L→L+γ→L+γ+β→L+γ+β+δ→L+γ+δ→γ+δ
P_2-8-27-25-7-21	L→L+β→L+β+γ→L+β+γ+δ→L+γ+δ→γ+δ
P_2z-27-25-Q-21	L→L+β→L+β+δ→L+β+δ+γ→L+δ+γ→γ+δ
P_2z-20-19-Q-21	L→L+β→L+β+δ→L+δ→L+δ+γ→γ+δ
e_3P_2-20-xy-19-21-5	L→L+δ→L+δ+γ→γ+δ
Sc-14-1-2-13	L→L+α→L+α+β→L+α+β+δ→α+β+δ
Nj-14-1-24-23-2-13	L→L+β→L+β+α→L+β+α+δ→α+β+δ
Nj-24-wQ-23	L→L+β→L+β+δ→L+β+δ+α→α+β+δ

续表 3-11

相区	凝固过程的状态变化
Sd－15－E_1－P－17	L→L+α→L+α+γ→L+α+γ+δ→α+γ+δ
Sd－4－3－PE_1	L→L+α→L+α+δ→L+α+δ+γ→α+γ+δ
PS－3－2	L→L+α→L+α+β→L+α+β+δ→L+α+δ→L+α+δ+γ→α+γ+δ
P－3－23－2	L→L+β→L+β+α→L+β+α+δ→L+α+δ→L+α+δ+γ→α+γ+δ
PQ－3－23	L→L+β→L+β+δ→L+β+δ+α→L+α+δ→L+α+δ+γ→α+γ+δ
PQ－3－19	L→L+β→L+β+δ→L+δ→L+δ+α→L+δ+α+γ→α+γ+δ
y－4－E_1P－3－19	L→L+δ→L+δ+α→L+δ+α+γ→α+γ+δ
Rt－5－21－PE_1	L→L+γ→L+γ+δ→L+γ+δ+α→α+γ+δ
Rt－15－E_1P－17	L→L+γ→L+γ+α→L+γ+α+δ→α+γ+δ
P－7－25－21	L→L+β→L+β+γ→L+β+γ+δ→L+γ+δ→L+γ+δ+α→α+γ+δ
P－7－21－R	L→L+γ→L+γ+β→L+γ+β+δ→L+γ+δ→L+γ+δ+α→α+γ+δ
PQ－21－25	L→L+β→L+β+δ→L+β+δ+γ→L+γ+δ→L+α+γ+δ→α+γ+δ
PQ－21－19	L→L+β→L+β+δ→L+δ→L+δ+γ→L+δ+γ+α→α+γ+δ
y－5－E_1－P－21－19	L→L+δ→L+δ+γ→L+δ+γ+α→α+γ+δ
PQ－23－26	L→L+β→L+β+δ→L+α+β+δ→L+α+β+γ+δ→L+α+γ+δ→α+γ+δ
PQ－25－26	L→L+β→L+β+δ→L+β+δ+γ→L+β+δ+γ+α→L+δ+γ+α→α+γ+δ
P－23－2－28－26	L→L+β→L+β+α→L+β+α+δ→L+β+α+δ+γ→L+α+δ+γ→α+γ+δ
P－22－29－26	L→L+β→L+β+γ→L+β+γ+α→L+β+γ+α+δ→L+γ+α+δ→α+γ+δ
P－25－7－29－26	L→L+β→L+β+γ→L+β+γ+δ→L+β+γ+δ+α→L+γ+δ+α→α+γ+δ
P－28－22－26	L→L+β→L+β+α→L+β+α+γ→L+β+α+γ+δ→L+α+γ+δ→α+γ+δ
PS－2－28	L→L+α→L+α+β→L+α+β+δ→L+α+β+δ+γ→L+α+δ+γ→α+γ+δ
PS－28－22	L→L+α→L+α+β→L+α+β+γ→L+α+β+γ+δ→L+α+γ+δ→α+γ+δ
PS－17－22	L→L+α→L+α+β→L+α+β+γ→L+α+β+γ+δ→L+α+γ+δ→α+γ+δ
PR－29－7	L→L+γ→L+γ+β→L+γ+β+δ→L+γ+β+δ+α→L+γ+δ+α→α+γ+δ
PR－29－22	L→L+γ→L+γ+β→L+γ+β+α→L+γ+β+α+δ→L+γ+δ+α→α+γ+δ
PR－17－22	L→L+γ→L+γ+α→L+γ+α+β→L+γ+α+β+δ→L+γ+α+δ→α+γ+δ
S－17－6－E_2－16－e	L→L+α→L+α+γ→L+α+γ+β→α+β+γ
S－13－6－E_2－12－e	L→L+α→L+α+β→L+α+β+γ→α+β+γ
N－13－6－E_2－12－n	L→L+β→L+β+α→L+β+α+γ→α+β+γ
N－10－6－E_2－9－n	L→L+β→L+β+γ→L+β+γ+α→α+β+γ
R－10－6－E_2－9－u	L→L+γ→L+γ+β→L+γ+β+α→α+β+γ
R－17－6－E_2－16－u	L→L+γ→L+γ+α→L+γ+α+β→α+β+γ
Rp－11－8－7－10	L→L+γ→L+γ+β→L+γ+β+δ→β+γ+δ
N－25－7－10－11－8－27－*l*	L→L+β→L+β+γ→L+β+γ+δ→β+γ+δ
NQz*l*－27－25	L→L+β→L+β+δ→L+β+δ+γ→β+γ+δ
S－2－28－13	L→L+α→L+α+β→L+α+β+δ→L+α+β+δ+γ→α+β+γ+δ
S－28－22－6－13	L→L+α→L+α+β→L+α+β+γ→L+α+β+γ+δ→α+β+γ+δ
S－22－6－17	L→L+α→L+α+γ→L+α+γ+β→L+α+γ+β+δ→α+β+γ+δ
N－26－23－2－28－13	L→L+β→L+β+α→L+β+α+δ→L+β+α+δ+γ→α+β+γ+δ
NQ－23－26	L→L+β→L+β+δ→L+β+δ+α→L+β+δ+α+γ→α+β+γ+δ
N－26－22－29－10－6	L→L+β→L+β+γ→L+β+γ+α→L+β+γ+α+δ→α+β+γ+δ
NQ－26－25	L→L+β→L+β+δ→L+β+δ+γ→L+β+δ+γ+α→α+β+γ+δ
N－26－25－7－29－10	L→L+β→L+β+γ→L+β+γ+δ→L+β+γ+δ+α→α+β+γ+δ
N－26－28－22－6－13	L→L+β→L+β+α→L+β+α+γ→L+β+α+γ+δ→α+β+γ+δ
R－7－29－10	L→L+γ→L+γ+β→L+γ+β+δ→L+γ+β+δ+α→α+β+γ+δ
R－29－22－6－10	L→L+γ→L+γ+β→L+γ+β+α→L+γ+β+α+δ→α+β+γ+δ
R－22－6－17	L→L+γ→L+γ+α→L+γ+α+β→L+γ+α+β+δ→α+β+γ+δ

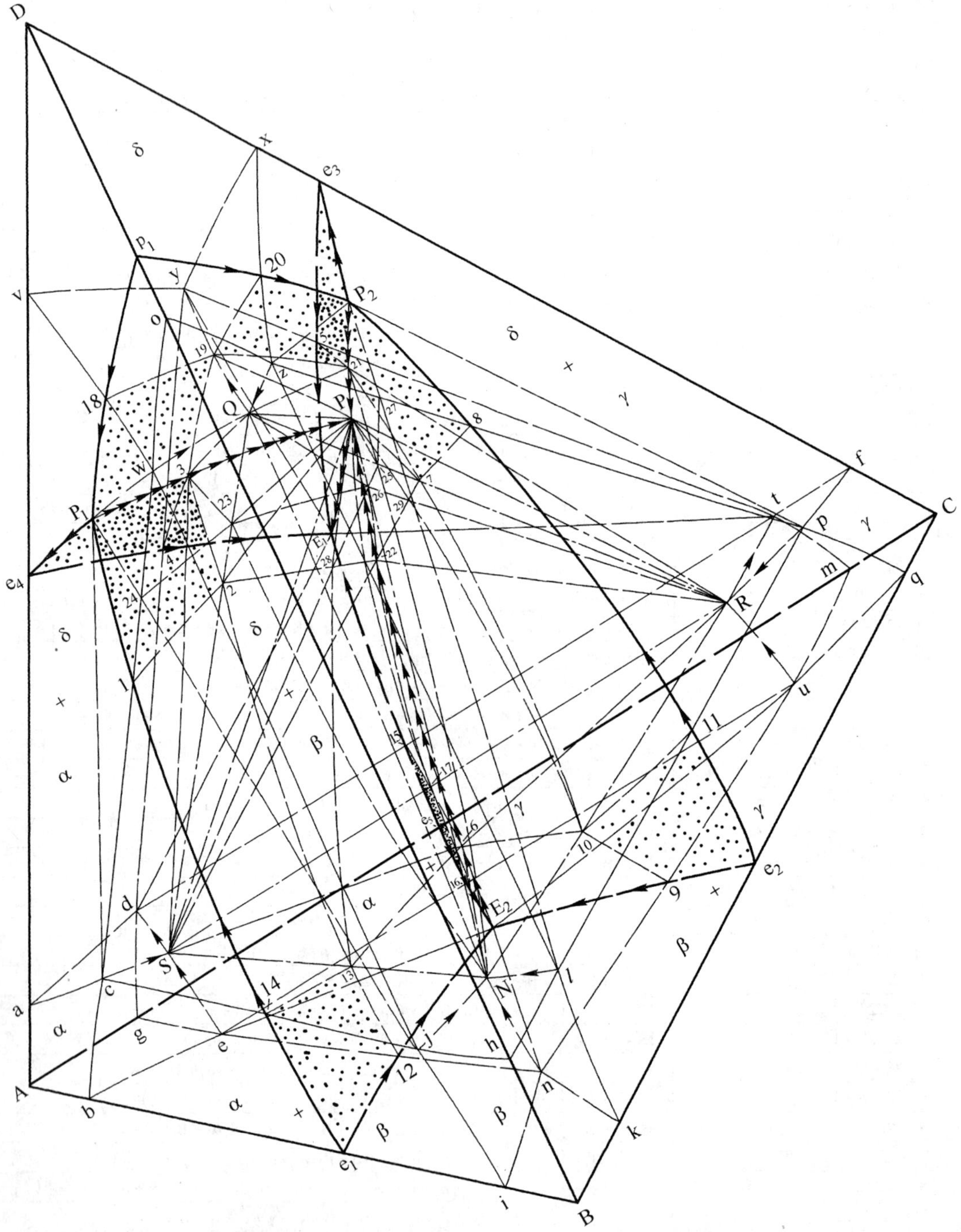

图 3-18 四元包共晶（L + β→α + γ + δ）型的四元系相图

图3-19所示为 $\alpha+\gamma+\delta$ 固相区不同凝固形式区域分布图。

图3-20所示为 $\alpha+\beta+\gamma+\delta$ 固相区不同凝固形式区域分布图。

图3-21所示，是由6个共晶型二元系和4个共晶型三元系构成的具有四元包共晶反应（$L+\alpha\rightleftharpoons\beta+\gamma+\delta$）的四元系相图。它的特点是四元包共晶点P在 $\beta+\gamma+\delta$ 固相区内。图3-21中共有76个不同凝固过程相区（见表3-12）。

图3-22所示，是 $\beta+\gamma+\delta$ 固相区内不同凝固形式区域的分布图。

图3-23所示，是 $\alpha+\beta+\gamma+\delta$ 固相区内不同凝固形式区域分布图。

表3-12 图3-21的相区凝固过程状态变化

相区	凝固过程状态变化
AacbeSdg	$L\to L+\alpha\to\alpha$
Bh$l$knNji	$L\to L+\beta\to\beta$
CftmuRpq	$L\to L+\gamma\to\gamma$
DowvyQzx	$L\to L+\delta\to\delta$
$be_2-4-cS-5-6-e$	$L\to L+\alpha\to L+\alpha+\beta\to\alpha+\beta$
$ie_2-4-jN-5-6-n$	$L\to L+\beta\to L+\beta+\alpha\to\alpha+\beta$
$ae_1-1-cS-2-3-d$	$L\to L+\alpha\to L+\alpha+\delta\to\alpha+\delta$
$ve_1-1-wQ-2-3-y$	$L\to L+\delta\to L+\delta+\alpha\to\alpha+\delta$
$ge_6-10-dS-11-12-e$	$L\to L+\alpha\to L+\alpha+\gamma\to\alpha+\gamma$
$me_6-10-tR-11-12-u$	$L\to L+\gamma\to L+\gamma+\alpha\to\alpha+\gamma$
$ke_3-7-lN-8-9-n$	$L\to L+\beta\to L+\beta+\gamma\to\beta+\gamma$
$qe_3-7-pR-8-9-u$	$L\to L+\gamma\to L+\gamma+\beta\to\beta+\gamma$
$he_4 19-jN-21-20-l$	$L\to L+\beta\to L+\beta+\delta\to\beta+\delta$
$oe_4-19-wQ-21-20-z$	$L\to L+\delta\to L+\delta+\beta\to\beta+\delta$
$fe_5-13-pR-14-15-t$	$L\to L+\gamma\to L+\gamma+\delta\to\gamma+\delta$
$xe_5-13-zQ-14-15-y$	$L\to L+\delta\to L+\delta+\gamma\to\gamma+\delta$
$c-1-E_1-16-2-S$	$L\to L+\alpha\to L+\alpha+\delta\to L+\alpha+\delta+\beta\to\alpha+\beta+\delta$
$c-4-E_1-16-5-S$	$L\to L+\alpha\to L+\alpha+\beta\to L+\alpha+\beta+\delta\to\alpha+\beta+\delta$
$j-4-E_1-16-5-N$	$L\to L+\beta\to L+\beta+\alpha\to L+\beta+\alpha+\delta\to\alpha+\beta+\delta$
$j-19-E_1-16-5-N$	$L\to L+\beta\to L+\beta+\delta\to L+\beta+\delta+\alpha\to\alpha+\beta+\delta$
$w-1-E_1-16-2-Q$	$L\to L+\delta\to L+\delta+\alpha\to L+\delta+\alpha+\beta\to\alpha+\beta+\delta$
$w-19-E_1-16-21-Q$	$L\to L+\delta\to L+\delta+\beta\to L+\delta+\beta+\alpha\to\alpha+\beta+\delta$
$e-6-E_2-17-5-S$	$L\to L+\alpha\to L+\alpha+\beta\to L+\alpha+\beta+\gamma\to\alpha+\beta+\gamma$
$e-12-E_2-17-11-S$	$L\to L+\alpha\to L+\alpha+\gamma\to L+\alpha+\gamma+\beta\to\alpha+\beta+\gamma$
$n-6-E_2-17-5-N$	$L\to L+\beta\to L+\beta+\alpha\to L+\beta+\alpha+\gamma\to\alpha+\beta+\gamma$
$n-9-E_2-17-8-N$	$L\to L+\beta\to L+\beta+\gamma\to L+\beta+\gamma+\alpha\to\alpha+\beta+\gamma$
$u-9-E_2-17-8-R$	$L\to L+\gamma\to L+\gamma+\beta\to L+\gamma+\beta+\alpha\to\alpha+\beta+\gamma$
$u-12-E_2-17-11-R$	$L\to L+\gamma\to L+\gamma+\alpha\to L+\gamma+\alpha+\beta\to\alpha+\beta+\gamma$
$d-3-E_4-18-2-S$	$L\to L+\alpha\to L+\alpha+\delta\to L+\alpha+\delta+\gamma\to\alpha+\gamma+\delta$
$d-10-E_4-18-11-S$	$L\to L+\alpha\to L+\alpha+\gamma\to L+\alpha+\gamma+\delta\to\alpha+\gamma+\delta$
$t-10-E_4-18-11-R$	$L\to L+\gamma\to L+\gamma+\alpha\to L+\gamma+\alpha+\delta\to\alpha+\gamma+\delta$
$t-15-E_4-18-14-R$	$L\to L+\gamma\to L+\gamma+\delta\to L+\gamma+\delta+\alpha\to\alpha+\gamma+\delta$

续表 3-12

相　　区	凝固过程状态变化
y－3－E_4－18－2－Q	L→L＋δ→L＋δ＋α→L＋δ＋α＋γ→α＋γ＋δ
y－15－E_4－18－14－Q	L→L＋δ→L＋δ＋γ→L＋δ＋γ＋α→α＋γ＋δ
l－7－E_3P－8－N	L→L＋β→L＋β＋γ→L＋β＋γ＋δ→β＋γ＋δ
p－7－E_3P－8－R	L→L＋γ→L＋γ＋β→L＋γ＋β＋δ→β＋γ＋δ
z－13－E_3P－14－Q	L→L＋δ→L＋δ＋γ→L＋δ＋γ＋β→β＋γ＋δ
z－20－E_3P－21－Q	L→L＋δ→L＋δ＋β→L＋δ＋β＋γ→β＋γ＋δ
l－20－E_3P－21－N	L→L＋β→L＋β＋δ→L＋β＋δ＋γ→β＋γ＋δ
p－13－E_3P－14－R	L→L＋γ→L＋γ＋δ→L＋γ＋δ＋β→β＋γ＋δ
NP－23－8	L→L＋β→L＋β＋γ→L＋β＋γ＋α→L＋β＋γ＋α＋δ→L＋β＋γ＋δ→β＋γ＋δ
RP－23－8	L→L＋γ→L＋β＋γ→L＋β＋γ＋α→L＋β＋γ＋α＋δ→L＋β＋γ＋δ→β＋γ＋δ
NP－23－26	L→L＋β→L＋β＋α→L＋β＋α＋γ→L＋β＋α＋γ＋δ→L＋β＋γ＋δ→β＋γ＋δ
RP－23－27	L→L＋γ→L＋γ＋α→L＋γ＋α＋β→L＋γ＋α＋β＋δ→L＋β＋γ＋δ→β＋γ＋δ
NP－26－22	L→L＋β→L＋β＋α→L＋β＋α＋δ→L＋β＋α＋δ＋γ→L＋β＋γ＋δ→β＋γ＋δ
RP－27－24	L→L＋γ→L＋γ＋α→L＋γ＋α＋δ→L＋γ＋α＋δ＋β→L＋β＋γ＋δ→β＋γ＋δ
QP－25－22	L→L＋δ→L＋δ＋α→L＋δ＋β＋α→L＋δ＋β＋α＋γ→L＋β＋γ＋δ→β＋γ＋δ
QP－25－24	L→L＋δ→L＋δ＋α→L＋δ＋α＋γ→L＋δ＋α＋β＋γ→L＋β＋γ＋δ→β＋γ＋δ
NP－22－21	L→L＋β→L＋β＋δ→L＋β＋δ＋α→L＋β＋δ＋α＋γ→L＋β＋γ＋δ→β＋γ＋δ
RP－24－14	L→L＋γ→L＋γ＋δ→L＋γ＋δ＋α→L＋γ＋δ＋α＋β→L＋β＋γ＋δ→β＋γ＋δ
QP－22－21	L→L＋δ→L＋δ＋β→L＋δ＋β＋α→L＋δ＋β＋α＋γ→L＋β＋γ＋δ→β＋γ＋δ
QP－24－14	L→L＋δ→L＋δ＋γ→L＋δ＋γ＋α→L＋δ＋γ＋α＋β→L＋β＋γ＋δ→β＋γ＋δ
P－23－26－28	L→L＋α→L＋β＋α→L＋β＋α＋γ→L＋β＋α＋γ＋δ→L＋β＋γ＋δ→β＋γ＋δ
P－22－26－28	L→L＋α→L＋α＋β→L＋α＋β＋δ→L＋α＋β＋γ＋δ→L＋β＋γ＋δ→β＋γ＋δ
P－22－25－28	L→L＋α→L＋α＋δ→L＋α＋δ＋β→L＋α＋β＋γ＋δ→L＋β＋γ＋δ→β＋γ＋δ
P－24－25－28	L→L＋α→L＋α＋δ→L＋α＋δ＋γ→L＋α＋δ＋γ＋β→L＋β＋γ＋δ→β＋γ＋δ
P－24－27－28	L→L＋α→L＋γ＋α→L＋γ＋α＋δ→L＋γ＋α＋δ＋β→L＋β＋γ＋δ→β＋γ＋δ
P－23－27－28	L→L＋α→L＋γ＋α→L＋γ＋α＋β→L＋γ＋α＋β＋δ→L＋β＋γ＋δ→β＋γ＋δ
N－17－23－8	L→L＋β→L＋β＋γ→L＋β＋γ＋α→L＋β＋γ＋α＋δ
R－17－23－8	L→L＋γ→L＋γ＋β→L＋γ＋β＋α→L＋γ＋β＋α＋δ
N－17－23－26－5	L→L＋β→L＋β＋α→L＋β＋α＋γ→L＋β＋α＋γ＋δ
R－17－23－27－11	L→L＋γ→L＋γ＋α→L＋γ＋α＋β→L＋γ＋α＋β＋δ
N－16－22－26－5	L→L＋β→L＋β＋α→L＋β＋α＋δ→L＋β＋α＋δ＋γ
R－18－24－27－11	L→L＋γ→L＋γ＋α→L＋γ＋α＋δ→L＋γ＋α＋δ＋β
N－16－22－21	L→L＋β→L＋β＋δ→L＋β＋δ＋α→L＋β＋δ＋α＋γ
R－18－24－14	L→L＋γ→L＋γ＋δ→L＋γ＋δ＋α→L＋γ＋δ＋α＋β
Q－18－24－14	L→L＋δ→L＋δ＋γ→L＋δ＋γ＋α→L＋δ＋γ＋α＋β }→α＋β＋γ＋δ
Q－16－22－21	L→L＋δ→L＋δ＋β→L＋δ＋β＋α→L＋δ＋β＋α＋γ
Q－16－22－25－2	L→L＋δ→L＋δ＋α→L＋δ＋α＋β→L＋δ＋α＋β＋γ
Q－18－24－25－2	L→L＋δ→L＋δ＋α→L＋δ＋α＋γ→L＋δ＋α＋γ＋β
S－16－5－26－22－28	L→L＋α→L＋α＋β→L＋α＋β＋δ→L＋α＋β＋δ＋γ
S－16－2－25－22－28	L→L＋α→L＋α＋δ→L＋α＋δ＋β→L＋α＋β＋δ＋γ
S－17－5－26－23－28	L→L＋α→L＋α＋β→L＋α＋β＋γ→L＋α＋β＋γ＋δ
S－17－11－27－23－28	L→L＋α→L＋α＋γ→L＋α＋γ＋β→L＋α＋γ＋β＋δ
S－18－11－27－24－28	L→L＋α→L＋α＋γ→L＋α＋γ＋δ→L＋α＋γ＋δ＋β
S－18－2－25－24－28	L→L＋α→L＋α＋δ→L＋α＋δ＋γ→L＋α＋δ＋γ＋β

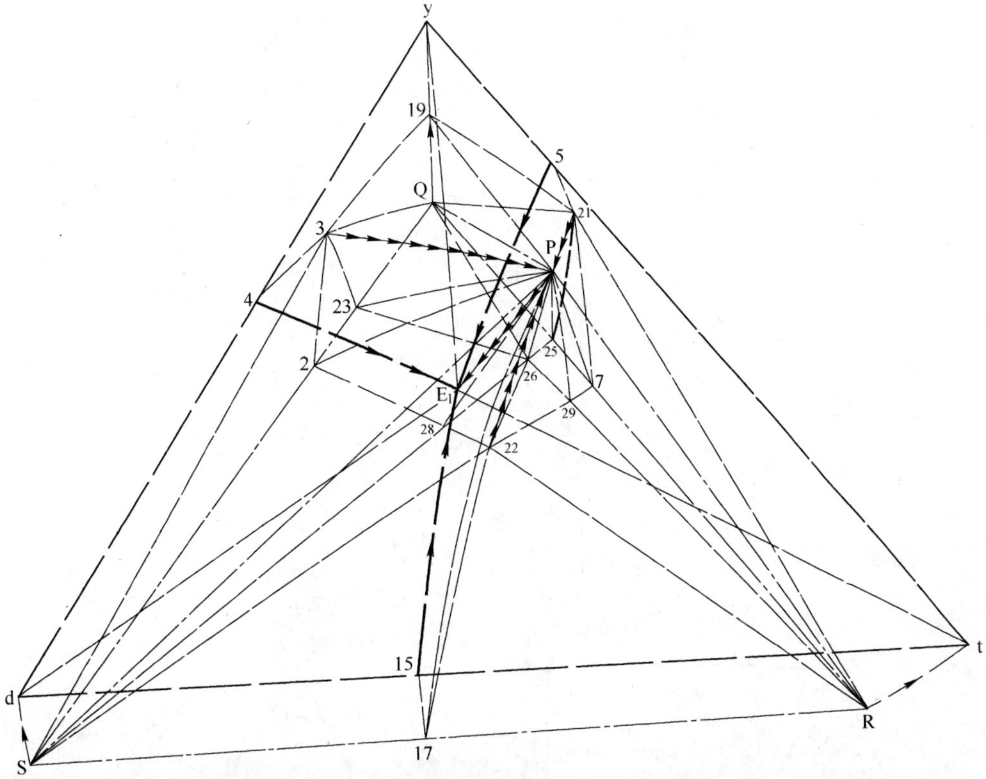

图 3-19 α+γ+δ 固相区不同凝固形式区域分布图

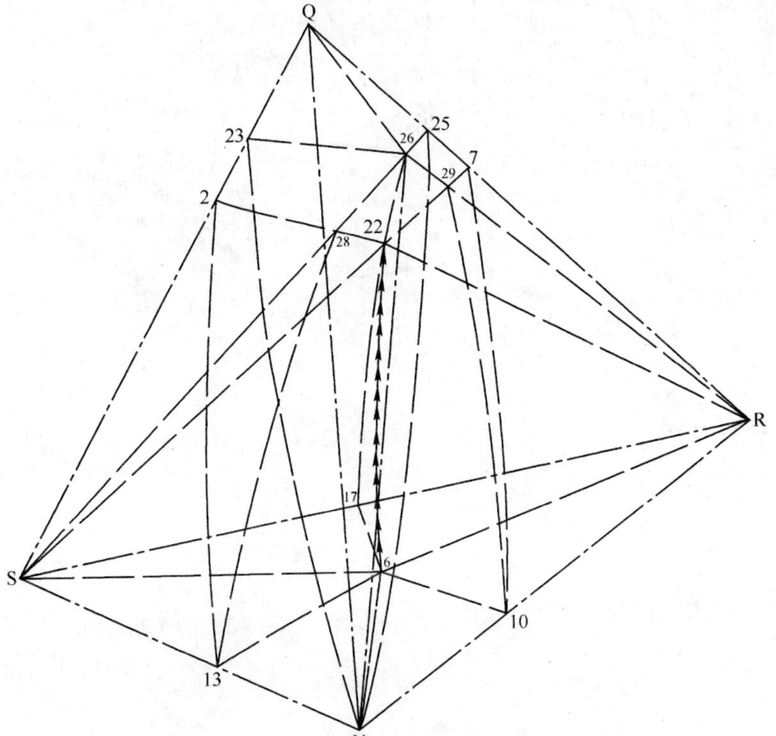

图 3-20 α+β+γ+δ 固相区不同凝固形式区域分布图

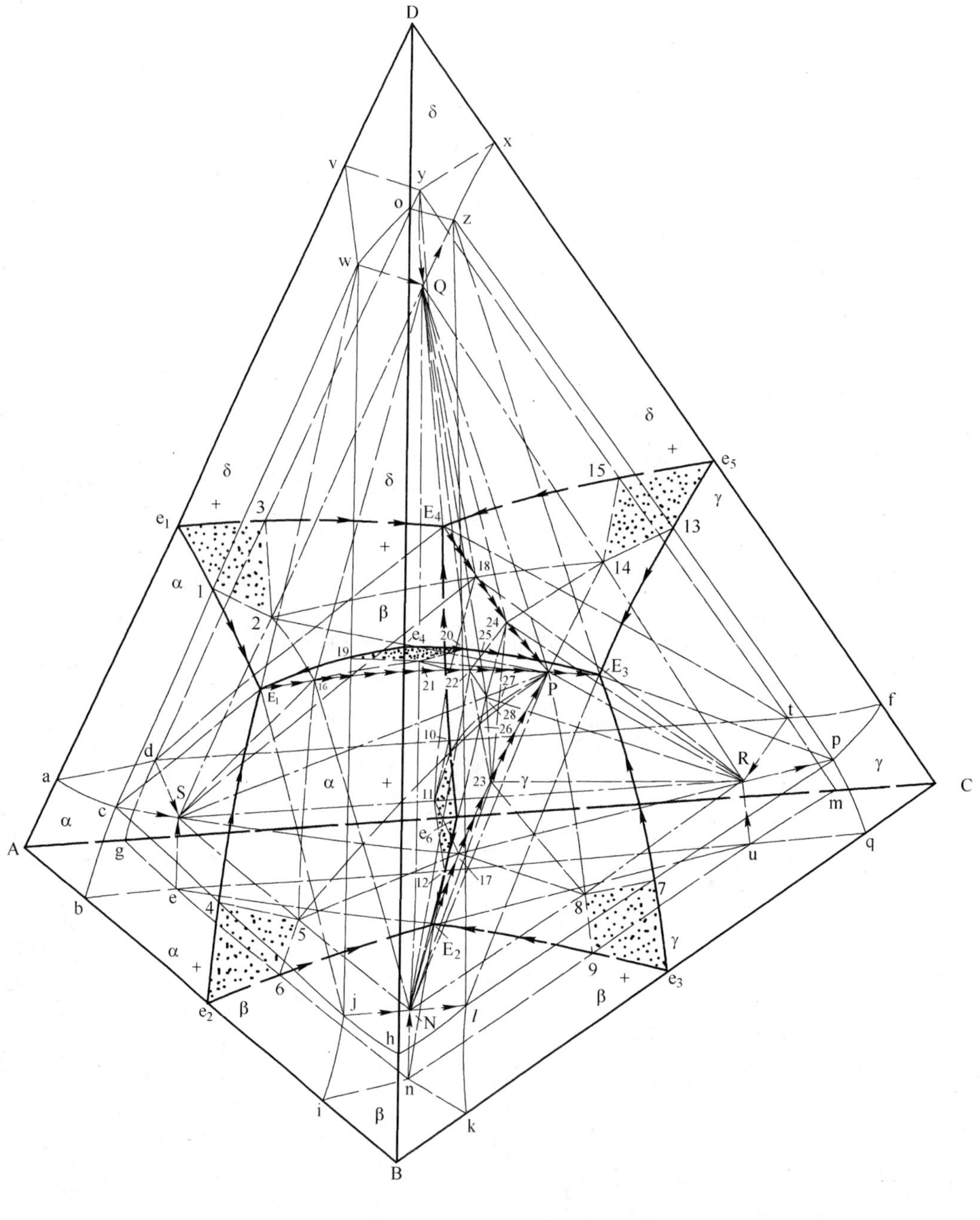

图 3-21　具有四元包共晶反应（$L+\alpha \rightleftharpoons \beta+\gamma+\delta$）的四元系相图

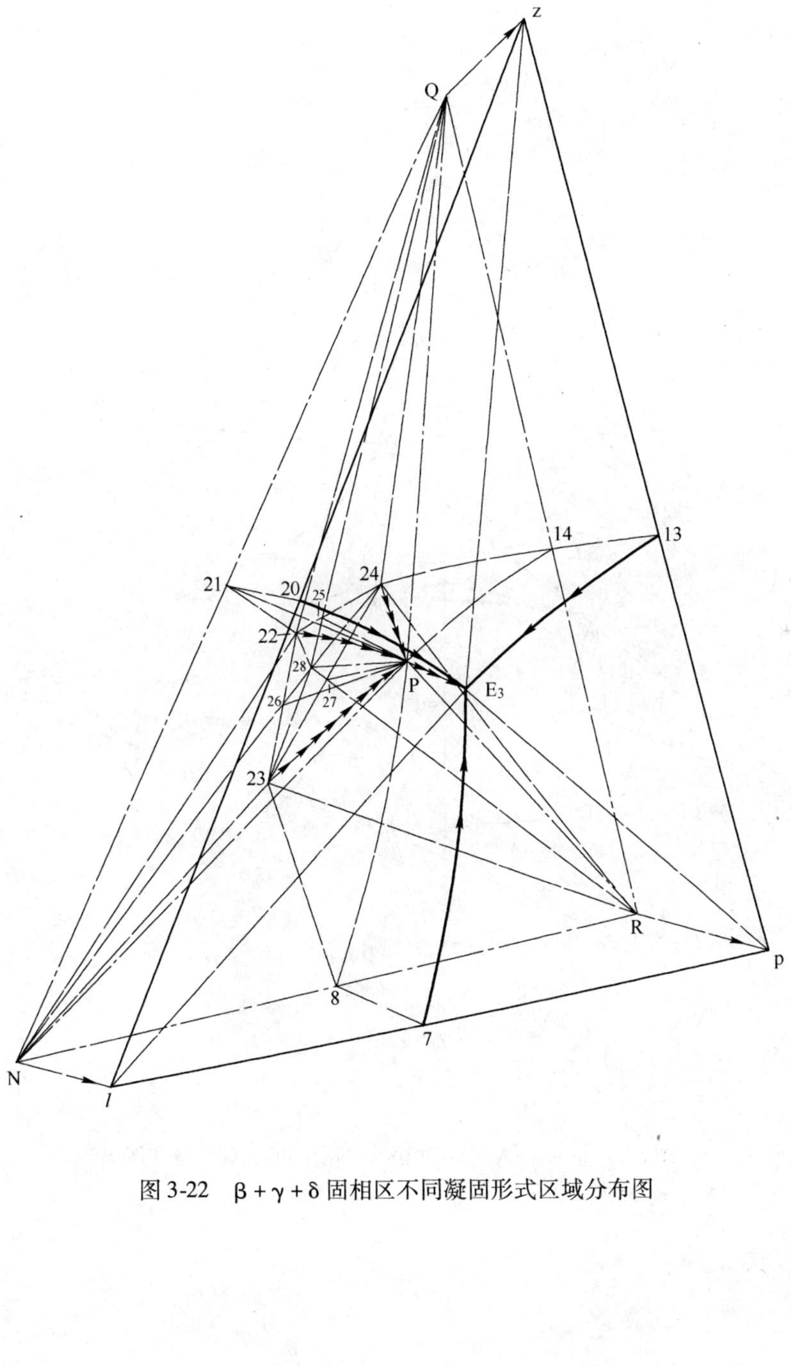

图 3-22 β + γ + δ 固相区不同凝固形式区域分布图

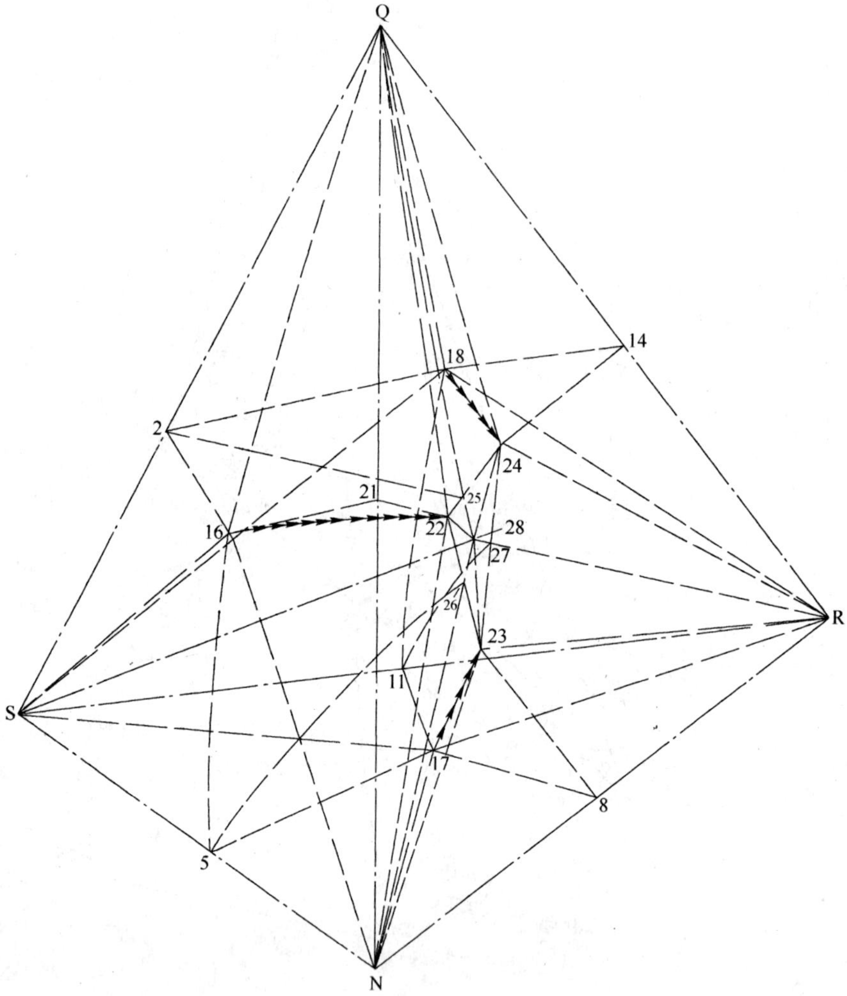

图 3-23 α + β + γ + δ 固相区不同凝固形式区域分布图

3.3.2 等温体图

图 3-24 所示，是图 3-18 的 3 个等温体图。

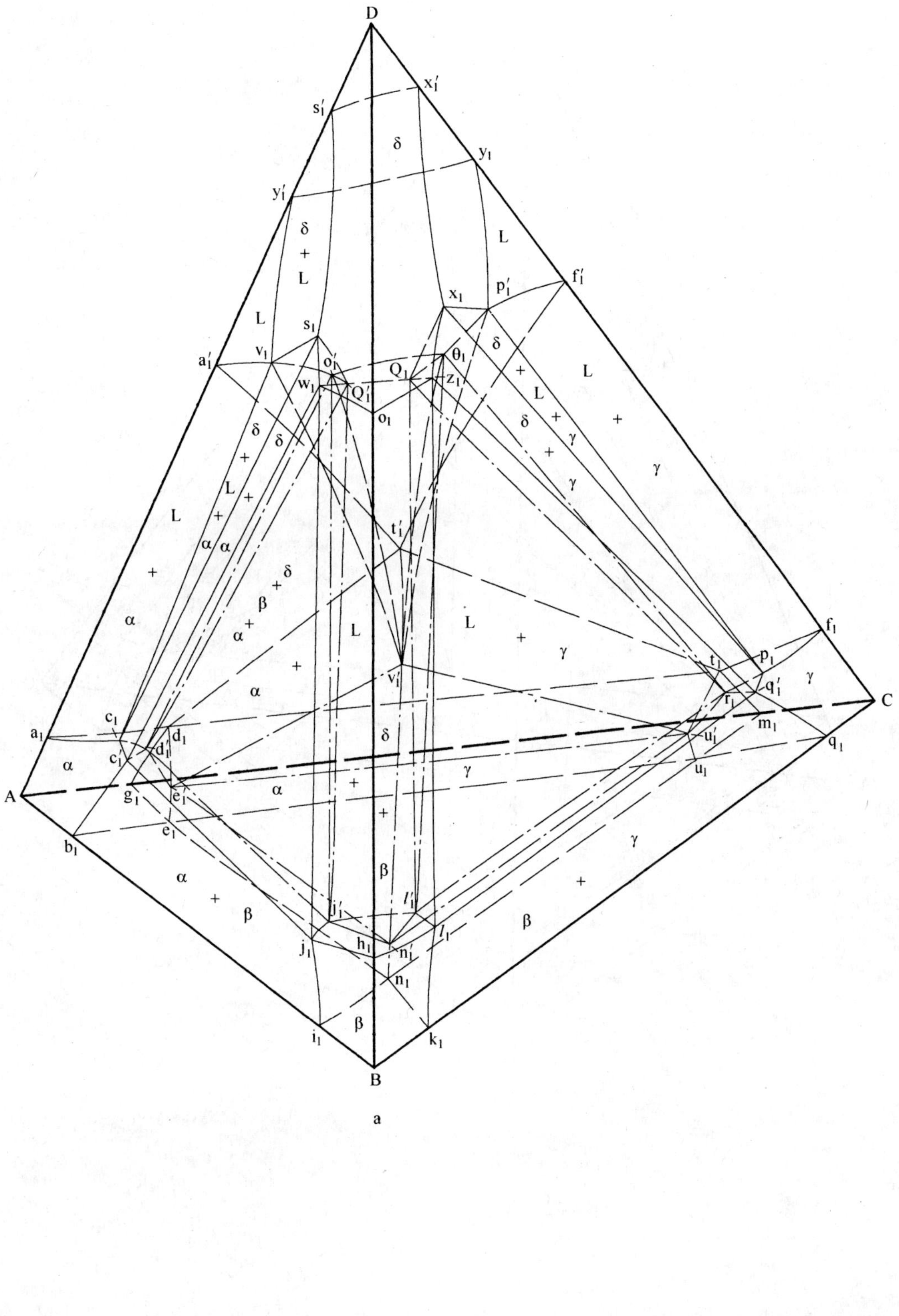

a

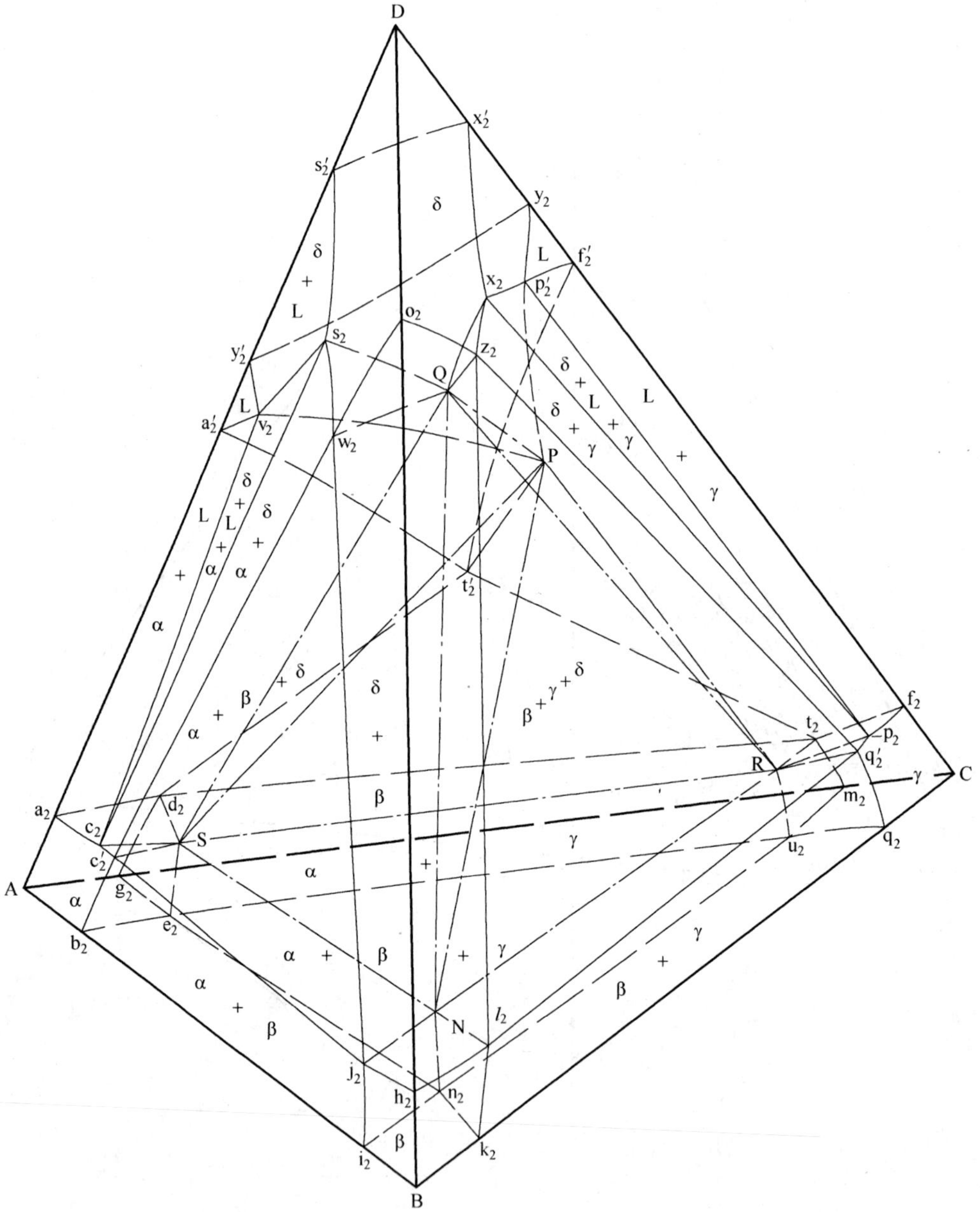

b

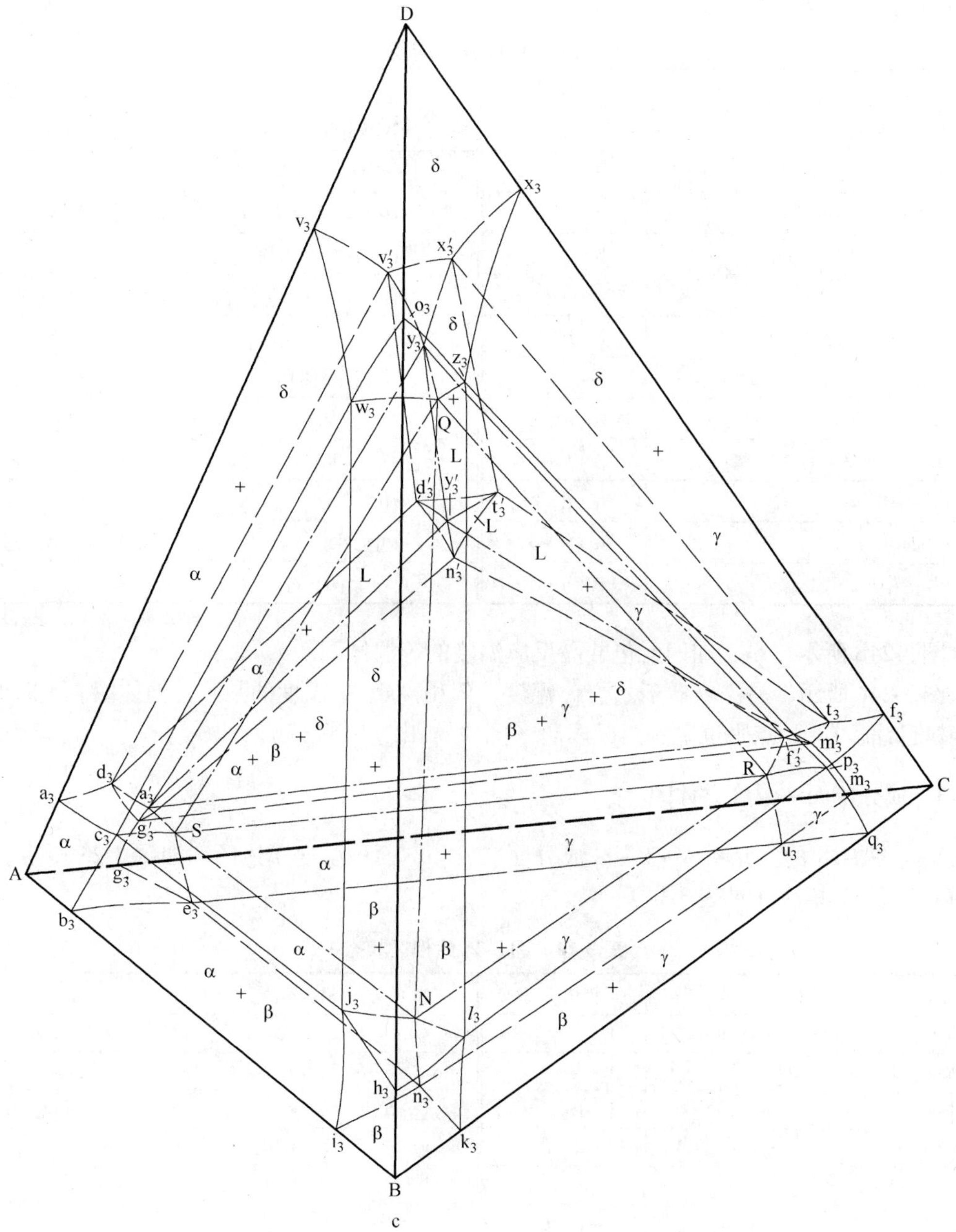

图 3-24 图 3-18 中的 3 个等温体图

在图 3-18 中，液相存在的最低温度是三元共晶点 E_1，其次就是二元共晶点 e_4 和 e_3，四元包共晶点 P 的温度还稍高于 e_4 和 e_3。

图 3-24a 所示，是在稍高于四元包共晶 P 温度的某一等温体图，该图内共有 24 个相区（见表 3-13）。

表 3-13 图 3-24a 的相区状态

相 区	状 态	相 区	状 态
$Aa_1c_1d'_1c'_1b_1e_1e'_1d_1g_1$	α	$e'_1v'_1n'_1j'_1o'_1d'_1$	$\alpha+\beta+L$
$Bh_1j_1i_1n_1n'_1j'_1l'_1l_1k_1$	β	$b_1c'_1j_1i_1n_1n'_1j'_1d'_1e'_1e_1$	$\alpha+\beta$
$Cf_1t_1m_1u_1u'_1r_1p_1q'_1q_1$	γ	$k_1l_1q'_1q_1u_1u'_1r_1l'_1n'_1n_1$	$\beta+\gamma$
$Do_1z_1x_1Q_1Q'_1w_1s_1s'_1x'_1$	δ	$g_1m_1t_1d_1e'_1u'_1u_1e_1$	$\alpha+\gamma$
$a_1a'_1v_1c_1d'_1e'_1v'_1t'_1d_1$	$L+\alpha$	$p_1r_1q'_1z_1Q_1x_1$	$\delta+\gamma$
$y'_1v_1s_1s'_1x'_1x_1Q_1Q'_1O'_1\theta_1p'_1y_1$	$\delta+L$	$c_1c'_1d'_1Q'_1w_1s_1$	$\alpha+\delta$
$f_1f'_1p'_1v'_1t'_1t_1u'_1r_1p_1$	$L+\gamma$	$h_1j_1w_1o_1z_1Q_1Q'_1j'_1l'_1l_1$	$\delta+\beta$
$p'_1x_1p_1r_1Q_1\theta_1$	$\delta+L+\gamma$	$v_1s_1c_1d'_1Q'_1O'_1$	$\delta+L+\alpha$
$Q'_1O'_1j'_1l'_1\theta_1Q_1$	$\beta+L+\delta$	$u'_1v'_1n'_1l'_1\theta_1r_1$	$\gamma+\beta+L$
$c'_1j_1w_1Q'_1j'_1d'_1$	$\alpha+\beta+\delta$	$d_1t_1t'_1v'_1u'_1e'_1$	$\alpha+\gamma+L$
$e_1u_1n_1n'_1u'_1e'_1$	$\alpha+\beta+\gamma$	$e'_1n'_1u'_1v'_1$	$\alpha+\beta+\gamma+L$
$q'_1z_1l_1l'_1Q_1r_1$	$\beta+\gamma+\delta$	$a'_1v_1y'_1y_1f'_1p'_1\theta_1o'_1v'_1t'_1$	L

图 3-24b 所示，是正在四元包共晶反应温度的等温体图。

图 3-24c 所示，是已经低于 e_4、e_3 温度，但稍高于 E_1 温度的某一等温体图。这时的 L 相相区已缩靠在 E_1 点附近呈一四面体形（图中的 $d'_3t'_3n'_3y'_3$ 相区）。

3.3.3 成分剖面—温度立体图

平行图 3-18 的三元系 A－B－C 成分面取成分剖面—温度立体图，如图 3-25 所示。该图内共有 22 个相区（见表 3-14）。

表 3-14 图 3-25 的相区状态

相 区	状 态	相 区	状 态
$a_1$dom、$b_1$doi、$c_1$iom 三液相面上方	L	spqr－5－1－3－2	$L+\alpha+\gamma+\delta$
$a_1$domp－3－ea_2	$L+\alpha$	ef－2－6－hg－4－3	$L+\alpha+\beta+\delta$
$b_1$doi*l*－4－gb_2	$L+\beta$	jk－5－6－n*l*－4－1	$L+\beta+\gamma+\delta$
$c_1$iomq－1－jc_2	$L+\gamma$	$a_2$af′f－2－2′－s′s	$\alpha+\delta$
mpq－1－3－o	$L+\alpha+\gamma$	$b_2$bh′h－6－6′－n′n	$\beta+\delta$
deg－4－3－o	$L+\alpha+\beta$	$c_2$ck′k－5－5′－r′r	$\gamma+\delta$
i*l*j－1－4－o	$L+\beta+\gamma$	ff′h′h－6－6′－2′－2	$\alpha+\beta+\delta$
$a_2$ef－2－3－ps	$L+\alpha+\delta$	nn′k′k－5－5′－6′－6	$\beta+\gamma+\delta$
$b_2$gh－6－4－*l*n	$L+\beta+\delta$	ss′r′r－5－5′－2′－2	$\alpha+\gamma+\delta$
$c_2$jk－5－1－qr	$L+\gamma+\delta$	2－5－6－6′－5′－2′	$\alpha+\beta+\gamma+\delta$
0－1－3－4	$L+\alpha+\beta+\gamma$	1－3－4－6－2－5（水平面）	$L+\alpha+\beta+\gamma+\delta$

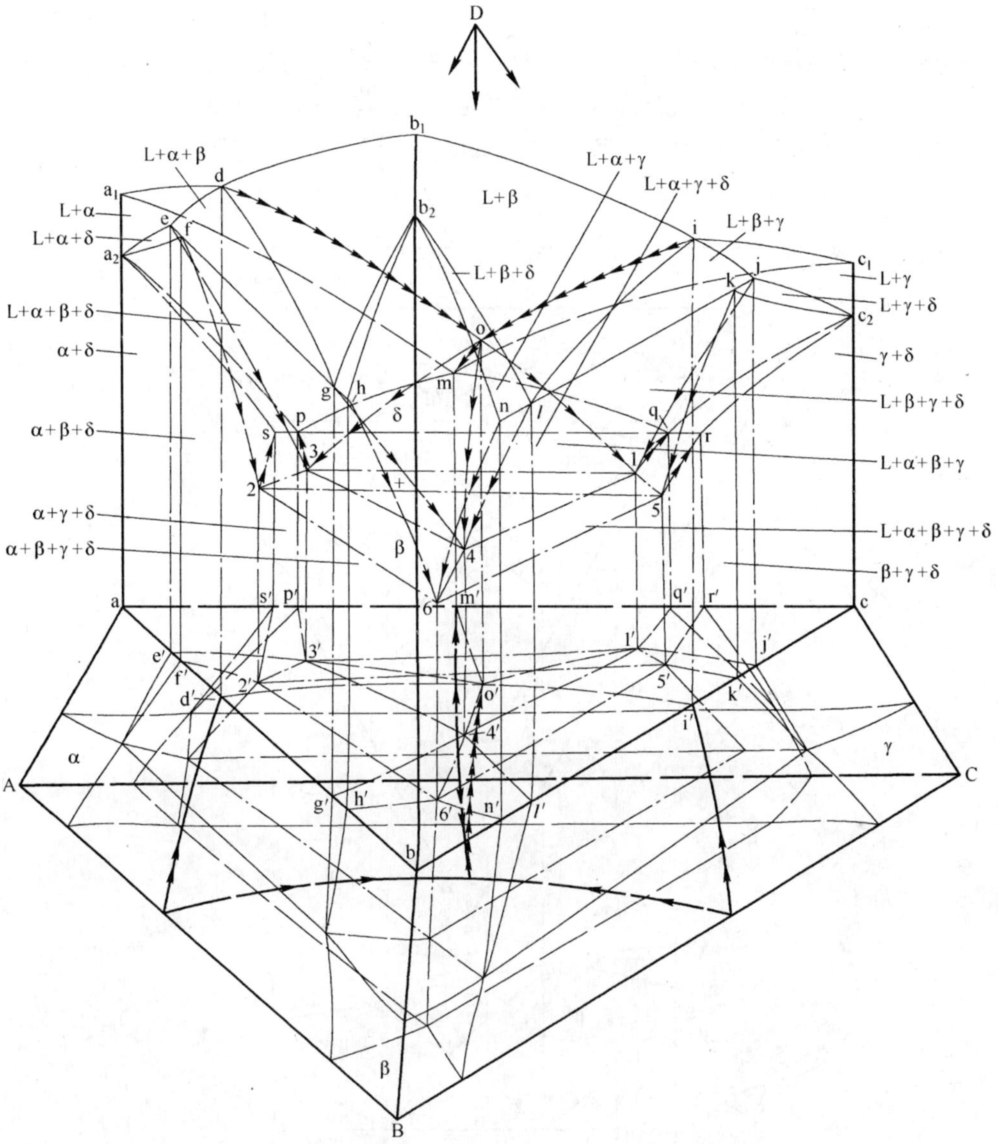

图 3-25　平行图 3-18 的三元系 A－B－C 成分面取成分剖面—温度立体图

3.3.4　典型合金凝固过程及显微组织变化示意图

在图 3-25 中，过两条二元共晶截线 od 和 oi 取纵剖面图 X－Y 并选一合金 M（在图 3-18 或图 3-20 的 N－26－28－22－6－13 相区内，并参看表 3-11），它从液态的凝固过程及显微组织变化如图 3-26 所示。合金 M 的凝固过程是：

$$L \to L+\beta \to L+\beta+\alpha \to L+\beta+\alpha+\gamma \to L+\beta+\alpha+\gamma+\delta \to \alpha+\beta+\gamma+\delta$$

合金 M 的凝固可分为四个过程。一是 β 相凝固，是在 L＋β 相区内，对应的显微组织是 β 相晶体在 L 相内的出现。二是冷却到 L＋α＋β 相区之内，便有二元共晶物（α＋β）出现在 β 晶体外围。三是当冷却到 L＋α＋β＋γ 相区之内，又出现三元共晶物 α＋β＋γ。四是当冷却经过四元包共晶等温线时，产生四元包共晶反应（$L+\beta \to \alpha+\gamma+\delta$），消耗了一些β之后，L相消失，于是进入α+β+γ+δ全固相相区。所以全固相相区的显微组织，在β晶体之外是残缺的二元共晶物（α+β）、残缺的三元共晶物（α+β+γ）。其所以残缺，是因为在等温包共晶反应中消耗掉二元共晶、三元共晶物中的部分（或全部）β，甚至还消耗一部分首先结晶出来的β相。四元包共晶产物α+γ+δ则成为显微组织的连续基体。

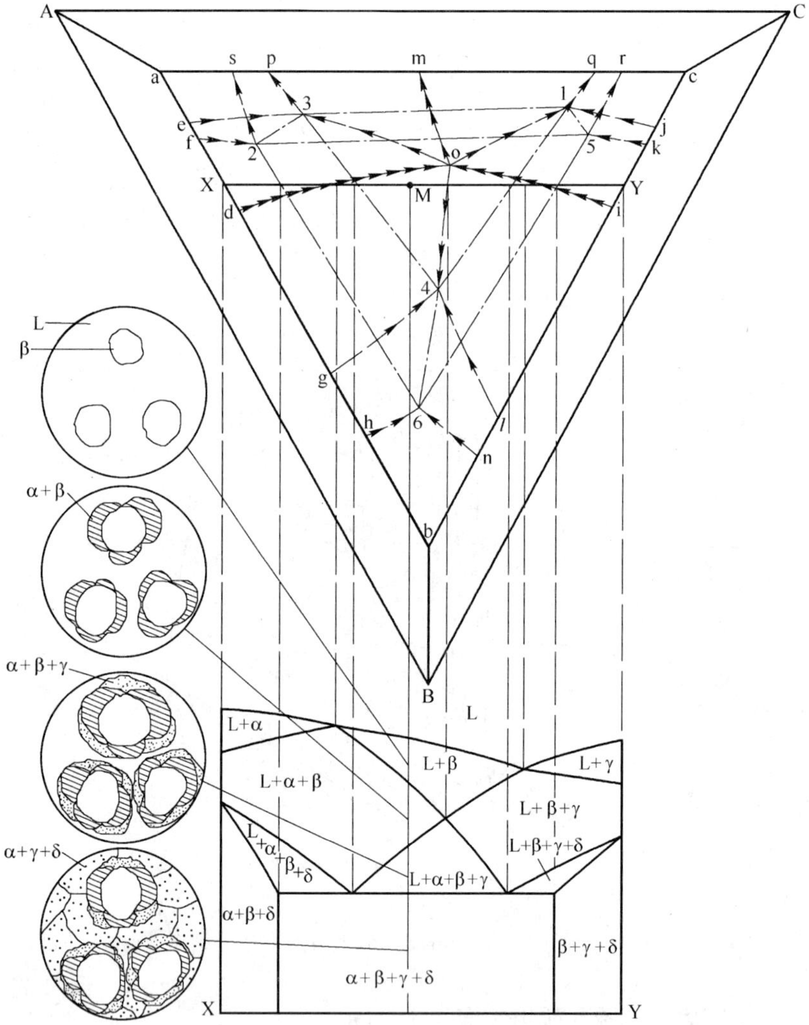

图3-26 在图3-25中取纵剖面图X–Y及合金M的4个凝固过程

3.4 四元包共晶（L+α+γ⇌β+δ）型相图

3.4.1 基本形式分析

图3-27a所示，是具有四元包共晶凝固（L+α+γ→β+δ）的四元系相图。它是由两个包晶反应的和4个共晶反应的二元系，一个共晶反应的三元系，两个包共晶反应的三元系（L+α⇌β+δ、L+γ⇌β+δ）和一个包晶反应（L+α+γ⇌β）的三元系所构成的。

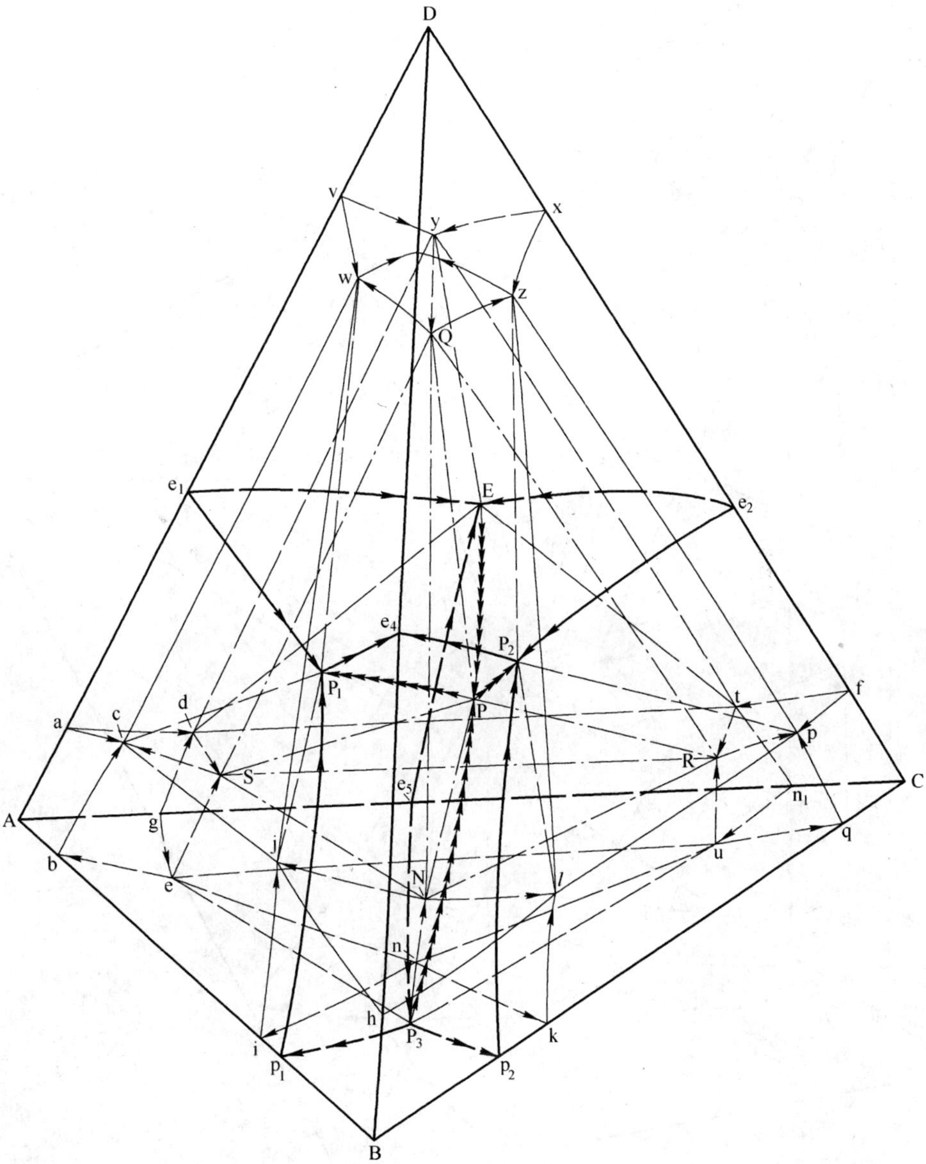

图 3-27a 具有四元包共晶凝固（L + α + γ→β + δ）的四元系相图

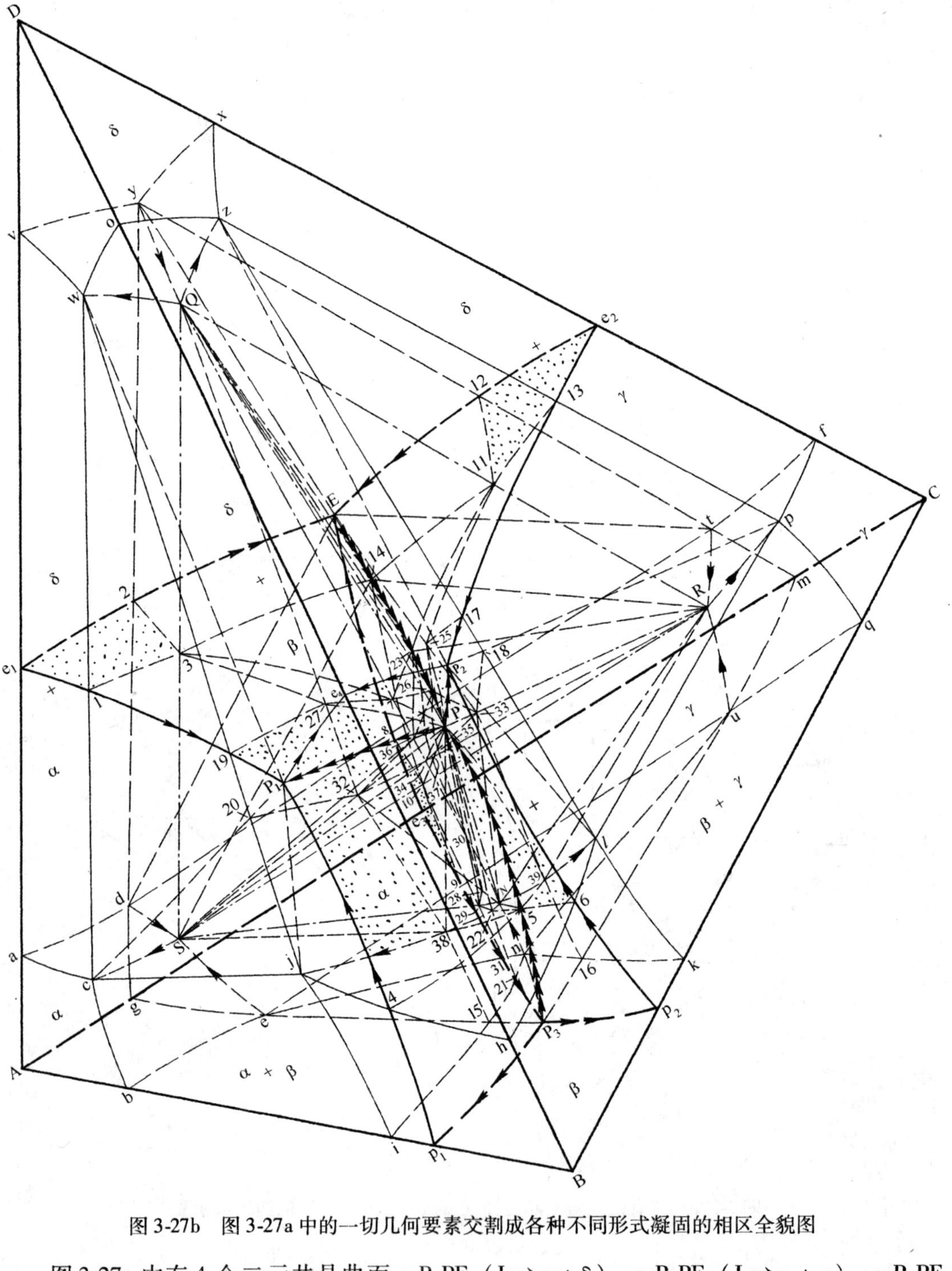

图 3-27b 图 3-27a 中的一切几何要素交割成各种不同形式凝固的相区全貌图

图 3-27a 中有 4 个二元共晶曲面 e_1P_1PE（L⇌α + δ）、e_5P_3PE（L⇌α + γ）、e_2P_2PE（L⇌γ + δ）、$e_4P_1PP_2$（L⇌β + δ），两个二元包共晶曲面 $p_2P_3PP_2$（L + γ⇌β）、$p_1P_3PP_1$（L + α⇌β）。

有一条三元共晶曲线 EP（L⇌α + γ + δ），两条三元包共晶曲线 PP_1（L + α⇌β + δ）和 PP_2（L + γ⇌β + δ）以及一条三元包晶曲线 P_3P（L + α + γ⇌β）。

有一个四元包共晶点 P（L + α + γ⇌β + δ）。P 点的位置位于 β + δ 固相相区之内。正由于它的位置特点，决定它是这种包共晶反应形式。

图 3-27b 是图 3-27a 中的一切几何要素交割成各种不同形式凝固的相区的全貌图。图 3-27 共有 85 个不同形式的凝固过程相区（见表 3-15）。

表 3-15 图 3-27b 的相区凝固过程状态变化

相　　区	凝固过程状态变化
AacbeSdg	L→L + α→α
Bh - 4 - P_1P_3 - 5 - 6 - p_2	L→L + β→β
P_3 - 16 - nN - 5 - 39	L→L + γ→L + γ + α→L + α + γ + β→L + γ + β→L + β→β
ij - 4 - P_1P_3 - 5 - 38 - 15	L→L + α→L + α + β→L + β→β
P_3 - 21 - nN - 22 - 5	L→L + γ→L + γ + α→L + γ + α + β→L + α + β→L + β→β
kl - 6 - p_2P_3 - 5 - 39 - 16	L→L + γ→L + γ + β→L + β→β
P_3 - 15 - 21 - 22 - 38 - 5	L→L + α→L + α + γ→L + α + γ + β→L + α + β→L + β→β
CfpquRtm	L→L + γ→γ
DowvyQzx	L→L + δ→δ
ae_1 - 1 - cS - 3 - 2 - d	L→L + α→L + α + δ→α + δ
ve_1 - 1 - wQ - 3 - 2 - y	L→L + δ→L + δ + α→α + δ
ge_3 - 8 - dS - 10 - 9 - e	L→L + α→L + α + γ→α + γ
me_3 - 8 - tR - 10 - 9 - u	L→L + γ→L + γ + α→α + γ
bcji - 15 - 38 - Se	L→L + α→L + α + β→α + β
eS - 38 - 22 - 29 - 31 - 21 - 15	L→L + α→L + α + γ→L + α + γ + β→L + α + β→α + β
qplk - 16 - 39 - Ru	L→L + γ→L + γ + β→β + γ
uRN - 39 - 16 - n	L→L + γ→L + γ + α→L + γ + α + β→L + γ + β→β + γ
fe_2 - 13 - pR - 11 - 12 - t	L→L + γ→L + γ + δ→γ + δ
xe_2 - 13 - zQ - 11 - 12 - y	L→L + δ→L + δ + γ→γ + δ
he_4P_1 - 4 - 5 - PP_2 - 6	L→L + β→L + β + δ→β + δ
j - 4 - 5 - 38 - PP_1	L→L + α→L + α + β→L + β→L + β + δ→β + δ
l - 6 - 5 - 39 - PP_2	L→L + γ→L + γ + β→L + β→L + β + δ→β + δ
jP_1 - 20 - 32 - P - 38	L→L + α→L + α + β→L + α + β + δ→L + β + δ→β + δ
lP_2 - 18 - 33 - P - 39	L→L + γ→L + γ + β→L + γ + β + δ→L + β + δ→β + δ
P - 5 - 38 - 22	L→L + α→L + α + γ→L + α + γ + β→L + α + β→L + β→L + β + δ→β + δ
P - 5 - 39 - N	L→L + γ→L + γ + α→L + γ + α + β→L + γ + β→L + β→L + β + δ→β + δ
P - 22 - 5 - N	L→L + γ→L + γ + α→L + γ + α + β→L + α + β→L + β→L + β + δ→β + δ
P - 33 - 39 - N	L→L + γ→L + γ + α→L + γ + α + β→L + γ + β→L + γ + β + δ→L + β + δ→β + δ
P - 32 - 38 - 22 - 28	L→L + α→L + α + γ→L + α + γ + β→L + α + β→L + α + β + δ→L + β + δ→β + δ
P - 28 - 22 - N	L→L + γ→L + γ + α→L + γ + α + β→L + α + β→L + α + β + δ→L + β + δ→β + δ
PP_1 - 19 - 20 - 32 - 27	L→L + α→L + α + δ→L + α + δ + β→L + δ + β→β + δ
PP_2 - 17 - 18 - 33 - 25	L→L + γ→L + γ + δ→L + γ + δ + β→L + δ + β→β + δ
PP_1 - 19 - wQ - 27	L→L + δ→L + δ + α→L + δ + α + β→L + δ + β→β + δ
PP_2 - 17 - zQ - 25	L→L + δ→L + δ + γ→L + δ + γ + β→L + δ + β→β + δ
$e_4P_1PP_2$zQwo	L→L + δ→L + δ + β→β + δ
P - 30 - 28 - N	L→L + γ→L + γ + α→L + γ + α + β→L + γ + α + β + δ→L + α + β + δ→L + β + δ→β + δ
P - 32 - 28 - 30 - 34	L→L + α→L + α + γ→L + α + β + γ→L + α + β + γ + δ→L + α + β + δ→L + β + δ→β + δ
P - 34 - 30 - 35	L→L + α→L + α + γ→L + α + γ + β→L + α + γ + β + δ→L + γ + β + δ→L + β + δ→β + δ
P - 35 - 33 - N - 30	L→L + γ→L + γ + α→L + γ + β + α→L + γ + β + α + δ→L + γ + β + δ→L + β + δ→β + δ
P - 35 - 33 - 26	L→L + γ→L + γ + α→L + γ + α + δ→L + γ + α + δ + β→L + γ + δ + β→L + δ + β→β + δ
P - 33 - 25 - 26	L→L + γ→L + γ + δ→L + γ + δ + α→L + γ + δ + α + β→L + γ + δ + β→L + δ + β→β + δ

续表 3-15

相　区	凝固过程状态变化
P-25-26-Q	L→L+δ→L+γ+δ→L+γ+δ+α→L+γ+δ+α+β→L+γ+δ+β→L+δ+β→β+δ
P-26-7-Q	L→L+δ→L+δ+α→L+δ+α+γ→L+δ+α+γ+β→L+γ+δ+β→L+δ+β→β+δ
P-27-7-Q	L→L+δ→L+δ+α→L+δ+α+γ→L+δ+α+γ+β→L+α+δ+β→L+δ+β→β+δ
P-26-7-36	L→L+α→L+α+δ→L+α+δ+γ→L+α+δ+γ+β→L+γ+δ+β→L+δ+β→β+δ
P-36-32-34	L→L+α→L+α+γ→L+α+γ+δ→L+α+γ+δ+β→L+α+δ+β→L+δ+β→β+δ
P-7-27-32-36	L→L+α→L+α+δ→L+α+δ+γ→L+α+δ+γ+β→L+α+δ+β→L+δ+β→β+δ
P-26-36-34-35	L→L+α→L+α+γ→L+α+γ+δ→L+α+γ+δ+β→L+γ+δ+β→L+δ+β→β+δ
e-31-9-10-29-S	L→L+α→L+α+γ→L+α+γ+β→α+β+γ
un-31-9-10-29-NR	L→L+γ→L+γ+α→L+γ+α+β→α+β+γ
c-1-19-20-32-27-3-S	L→L+α→L+α+δ→L+α+δ+β→α+β+δ
cj-20-32-38-S	L→L+α→L+α+β→L+α+β+δ→α+β+δ
w-1-19-27-3-Q	L→L+δ→L+δ+α→L+δ+α+β→α+β+δ
S-32-38-22-28-29-30-34	L→L+α→L+α+β→L+α+β+γ→L+α+β→L+α+β+δ→α+β+δ
N-28-29-22	L→L+γ→L+γ+α→L+γ+α+β→L+α+β→L+α+β+δ→α+β+δ
28-30-29	L→L+γ→L+γ+α→L+γ+α+β→L+γ+α+β+δ→L+α+β+δ→α+β+δ
S-32-34-36	L→L+α→L+α+γ→L+α+γ+δ→L+α+γ+δ+β→L+α+δ+β→α+β+δ
S-32-36-7-27-3	L→L+α→L+α+δ→L+α+δ+γ→L+α+δ+γ+β→L+α+δ+β→α+β+δ
Q-3-27-7	L→L+δ→L+δ+α→L+δ+α+γ→L+δ+α+γ+β→L+α+δ+β→α+β+δ
dE-2-3-14-S	L→L+α→L+α+δ→L+α+δ+γ→α+γ+δ
yE-2-3-14-Q	L→L+δ→L+δ+α→L+δ+α+γ→α+γ+δ
dE-8-10-14-S	L→L+α→L+α+γ→L+α+γ+δ→α+γ+δ
tE-12-11-14-R	L→L+γ→L+γ+δ→L+γ+δ+α→α+γ+δ
tE-8-10-14-R	L→L+γ→L+γ+α→L+γ+α+δ→α+γ+δ
yE-12-11-14-Q	L→L+δ→L+δ+γ→L+δ+γ+α→α+γ+δ
p*l*-18-33-39-R	L→L+γ→L+γ+β→L+γ+β+δ→β+γ+δ
N-33-39-R	L→L+γ→L+γ+α→L+γ+α+β→L+γ+β→L+γ+β+δ→β+γ+δ
p-18-33-R-11-25-17-13	L→L+γ→L+γ+δ→L+γ+δ+β→β+γ+δ
R-33-26-25-11-23	L→L+γ→L+γ+δ→L+γ+δ+α→L+γ+δ+α+β→L+γ+δ+β→β+γ+δ
Z-17-13-11-25-26-Q	L→L+δ→L+δ+γ→L+δ+γ+β→β+γ+δ
Q-23-26-25-11	L→L+δ→L+δ+γ→L+δ+γ+α→L+δ+γ+α+β→L+δ+γ+β→β+γ+δ
Q-7-26-23	L→L+δ→L+δ+α→L+δ+α+γ→L+δ+α+γ+β→L+δ+γ+β→β+γ+δ
23-7-36-26	L→L+α→L+δ+α→L+δ+α+γ→L+δ+α+γ+β→L+δ+γ+β→β+γ+δ
23-36-26-35-34-37	L→L+α→L+α+γ→L+α+γ+δ→L+α+γ+δ+β→L+γ+δ+β→β+γ+δ
30-34-37-35	L→L+α→L+α+γ→L+α+γ+β→L+α+γ+β+δ→L+γ+β+δ→β+γ+δ
R-37-35-33-26-23	L→L+γ→L+γ+α→L+γ+α+δ→L+γ+α+δ+β→L+γ+δ+β→β+γ+δ
R-37-30-35-33-N	L→L+γ→L+γ+α→L+γ+α+β→L+γ+α+β+δ→L+γ+β+δ→β+γ+δ
S-3-14-23-7-36	L→L+α→L+α+δ→L+α+δ+γ→L+α+δ+γ+β→L+β+γ+δ
S-14-23-36-34-37-10	L→L+α→L+α+γ→L+α+γ+δ→L+α+γ+β+δ→α+β+γ+δ
S-34-37-30-29-10	L→L+α→L+α+γ→L+α+γ+β→L+α+γ+β+δ→α+β+γ+δ
N-30-29-10-37-R	L→L+γ→L+γ+α→L+γ+α+β→L+γ+α+β+δ→α+β+γ+δ
R-14-23-11	L→L+γ→L+γ+δ→L+γ+δ+α→L+γ+δ+α+β→α+β+γ+δ
R-14-23-37-10	L→L+γ→L+γ+α→L+γ+α+δ→L+γ+α+δ+β→α+β+γ+δ
Q-14-23-11	L→L+δ→L+δ+γ→L+δ+γ+α→L+δ+γ+α+β→α+β+γ+δ
Q-23-14-3-7	L→L+δ→L+δ+α→L+δ+α+γ→L+δ+α+γ+β→α+β+γ+δ

图 3-28、图 3-29、图 3-30 和图 3-31，是图 3-27b 中的 β + δ、α + β + δ、β + γ + δ 及 α + β + γ + δ 4 个固相区的不同凝固过程的区域分布图。

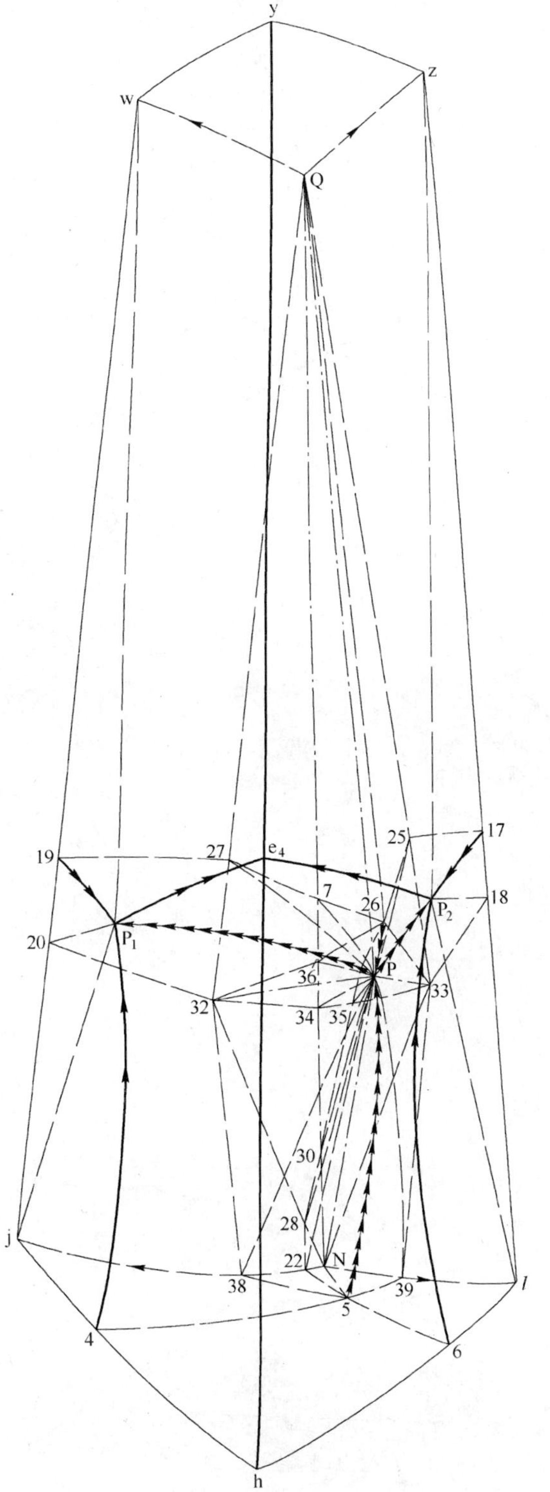

图 3-28 β + γ 相区不同凝固形式区域分布图

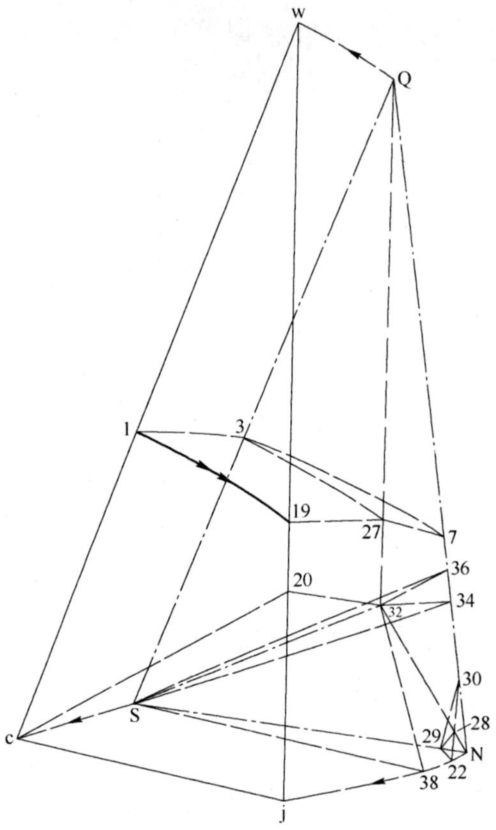

图 3-29 α + β + δ 相区不同凝固形式区域分布图

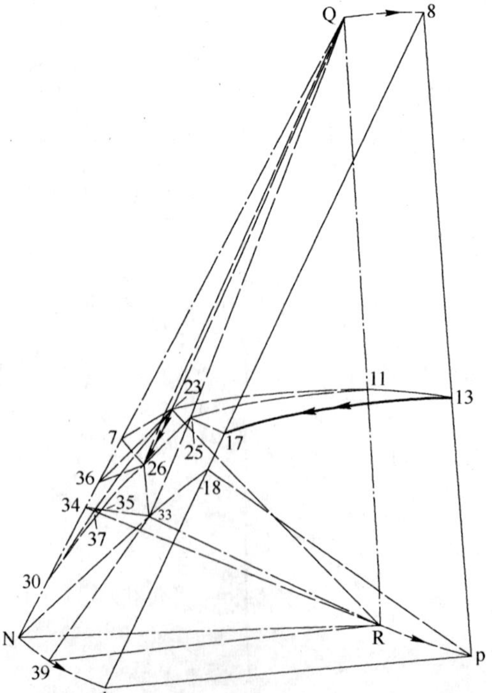

图 3-30 β + γ + δ 相区不同凝固形式区域分布图

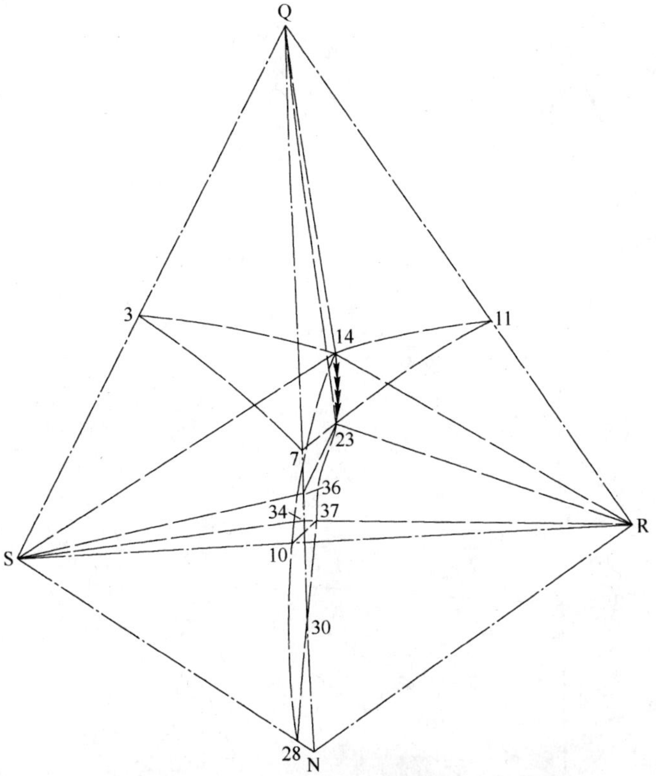

图 3-31 $\alpha+\beta+\gamma+\delta$ 相区不同凝固形式区域分布图

3.4.2 等温体图

图 3-32a、b 图，是图 3-27 的两个等温体图。图 3-31 中的液相存在的最低温度是 e_4 点（图 3-27），其次是三元包共晶点 P_1 和 P_2（图 3-27）。

图 3-32a 所示，是温度只高于图 3-27 中 P_1、P_2 和 e_4 的某一等温体图。图中共有 21 个相区（见表 3-16）。

表 3-16 图 3-32a 的相区状态

相区	状态	相区	状态
$Aa_1c_1c_1'b_1e_1e_1'd_1'd_1g_1$	α	$h_1j_1n_1'l_1l_1'm_1'j_1'h_1'$	$L+\beta$
$Bh_1l_1k_1n_1n_1'j_1i_1$	β	$d_1y_1t_1t_1'y_1'd_1'$	$\alpha+\gamma+\delta$
$Cf_1p_1q_1'q_1u_1u_1't_1't_1n$	γ	$e_1n_1u_1u_1'n_1'e_1'$	$\alpha+\beta+\gamma$
$Do_1w_1v_1y_1y_1'z_1x_1$	δ	$e_1'n_1'u_1'm_1'$	$\alpha+\beta+\gamma+L$
$b_1c_1'j_1i_1n_1n_1'e_1'e_1$	$\alpha+\beta$	$d_1't_1'y_1'm_1$	$\alpha+\gamma+\delta+L$
$k_1l_1q_1'q_1u_1u_1'n_1'n_1$	$\beta+\gamma$	$c_1w_1w_1'm_1y_1'd_1'$	$\delta+L+\alpha$
$g_1d_1t_1nu_1u_1't_1'd_1'e_1'e_1$	$\alpha+\gamma$	$c_1'j_1j_1'm_1'n_1'e_1'$	$\alpha+L+\beta$
$a_1c_1w_1v_1y_1y_1'd_1'd_1$	$\alpha+\delta$	$l_1q_1'l_1'm_1'u_1'n_1'$	$\beta+L+\gamma$
$x_1f_1p_1z_1y_1't_1't_1y_1$	$\delta+\gamma$	$z_1p_1p_1'm_1t_1'y_1'$	$\delta+L+\gamma$
$c_1c_1'j_1'w_1'm_1m_1'e_1'd_1'$	$\alpha+L$	$o_1'w_1'm_1p_1'l_1'm_1'j_1'h_1'$	L
$o_1z_1y_1'w_1w_1'm_1p_1'o_1'$	$\delta+L$		

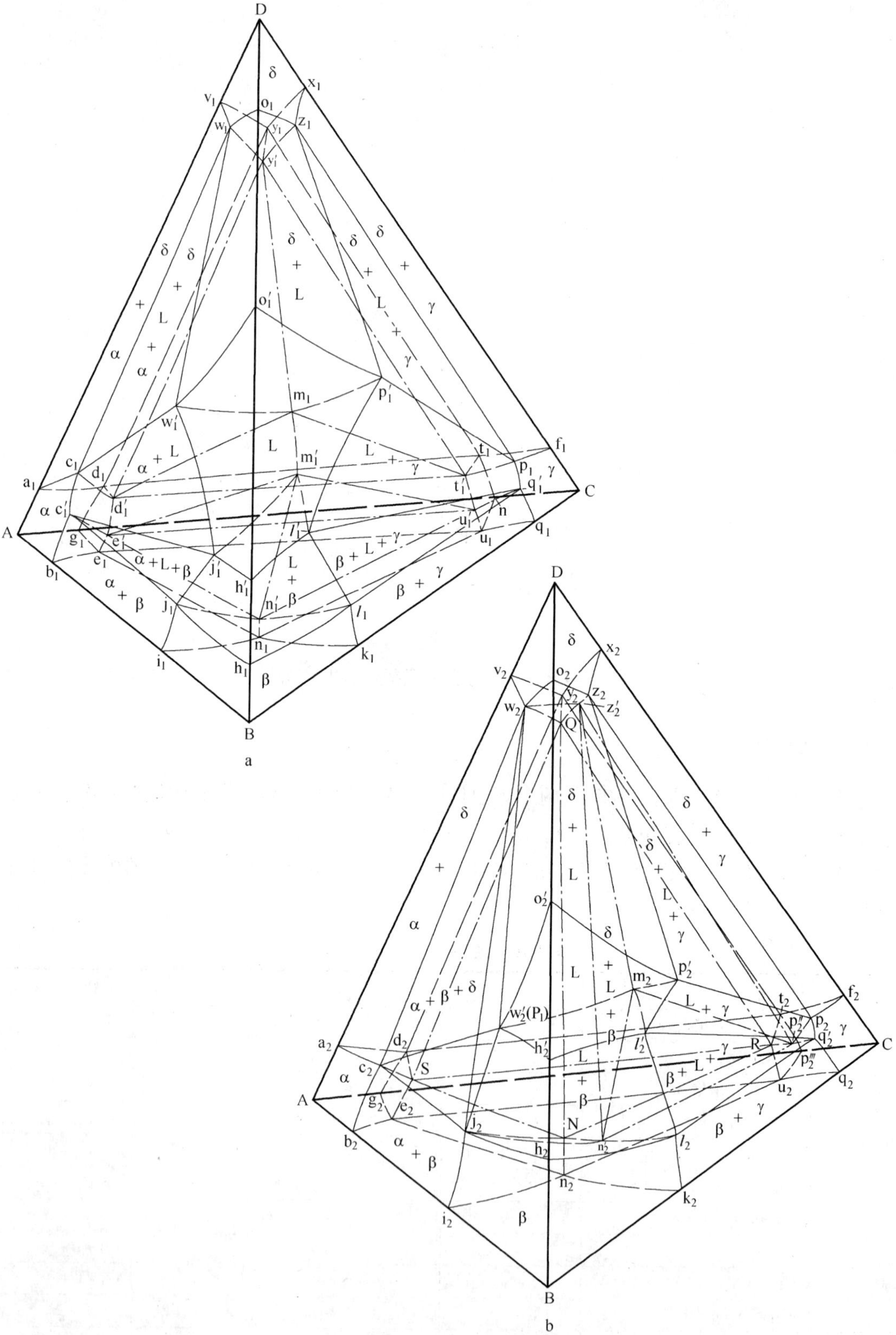

图 3-32 图 3-27 的两个等温体图

图 3-32b 所示，是温度正在三元包共晶点 P_1 温度而仍高于 P_2 和 e_4 的温度的等温体图。这时的 L 相区为 $o_2'w_2'm_2p_2'l_2'h_2'$。

3.4.3 成分剖面—温度立体图及纵剖面图

图 3-33 所示，是平行图 3-27 中的 ABC 取剖面 abc 的成分剖面—温度立体图。图中共有 22 个相区（见表 3-17）。

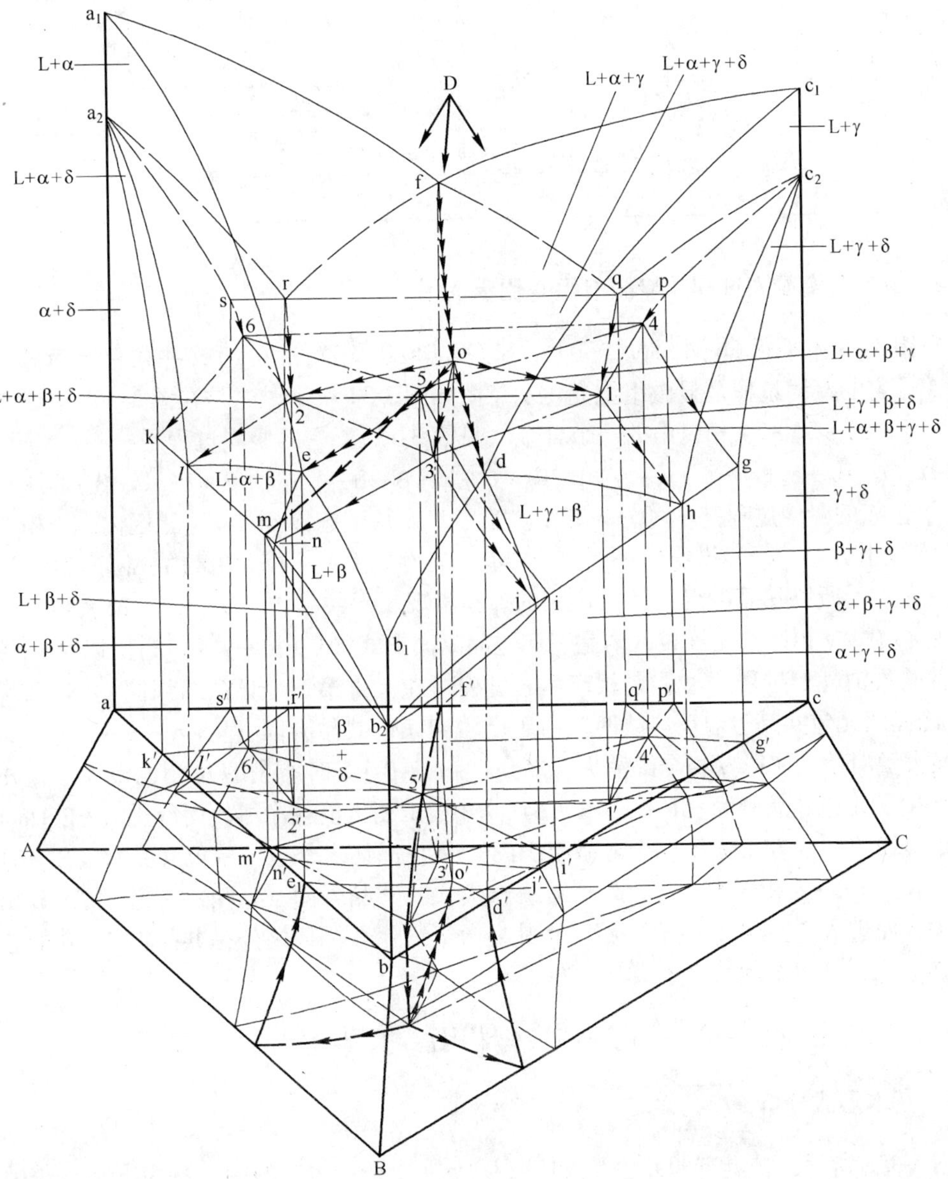

图 3-33 平行图 3-27 ABC 面取 abc 的成分剖面—温度立体图

表 3-17 图 3-33 的相区状态

相 区	状 态	相 区	状 态
液相面 $a_1$foe、$b_1$doe、$c_1$fod 的上方	L	sr－2－1－qp－4－6	L＋α＋γ＋δ
$a_1$foe*l*－2－ra$_2$	L＋α	nm－5－6－k*l*－2－3	L＋α＋β＋δ
$b_1$doen－3－jb$_2$	L＋β	ji－5－4－gh－1－3	L＋γ＋β＋δ
$c_1$fodh－1－qc$_2$	L＋γ	1－3－2－6－4（水平面）	L＋α＋β＋γ＋δ
a_2r－2－*l*k－6－s	L＋α＋δ	a_2s－6－kk′－6′－s′a	α＋δ
$b_2$ji－5－3－nm	L＋β＋δ	b_2m－5－ii′－5′－m′b	β＋δ
C_2q－1－hg－4－p	L＋γ＋δ	c_2p－4－gg′－4′－p′c	γ＋δ
*l*en－3－o－2	L＋α＋β	spp′－4′－4－6－6′－s′	α＋γ＋δ
hij－3－o－1	L＋γ＋β	kk′－m′m－5－5′－6′6	α＋β＋δ
qrfo－2－1	L＋α＋γ	gg′i′i－5－5′－4′－4	β＋γ＋δ
o－1－2－3	L＋α＋β＋γ	6－4－5－5′－4′－6′	α＋β＋γ＋δ

3.4.4 典型合金凝固过程及显微组织变化示意图

在图 3-33 中平行 ab 边，过二元共晶截线 of 取纵剖面图 X－Y，并在它上面选一典型合金 M。它的凝固过程及显微组织变化示意图如图 3-34 所示，这是在图 3-27b 中或图 3-28 中 P－32－28－30－34 相区内的一个合金（见表 3-15）。它的凝固过程是：

L→L＋α→L＋α＋γ→L＋α＋γ＋β→L＋α＋γ＋β＋δ→L＋α＋β＋δ→L＋β＋δ→β＋δ

合金 M 的凝固过程基本可分为五步。第一步，从液态冷到 L＋α 相区内，L 相内首先结晶 α(左上方第一个显微组织图)。第二步，当冷到 L＋α＋γ 相区内，便产生二元共晶（L→α＋γ)，所以其显微组织是在 α 相的外围出现二元共晶物（α＋γ)。第三步，当冷却到 L＋α＋β＋γ 相区，在该相区内是三元包晶凝固形式（L＋α＋γ→β)，所以是 α 相及二元共晶物被消耗的过程，也是 β 相产生的过程（左上方第三个显微组织图)。第四步，合金 M 冷经四元包共晶等温反应线时，由于产生四元包共晶凝固（L＋α＋γ→β＋δ)，α 和 γ 相又大量消耗，使得 γ 相全部消失。冷到 L＋α＋β＋δ 时所剩的 α 相也很少了，并且在继续产生三元包共晶凝固（L＋α→β＋δ）当中，α 相也消耗净尽，而冷进 L＋β＋δ 相区。这时的显微组织（左上方第四个显微组织图）是 β 晶体之外包围着包共晶物（β＋δ)。第五步，在 L＋β＋δ 相区内冷却，L 相继续产生二元共晶凝固（L→β＋δ)，最后 L 相也全部消失，而进入全固相（δ＋β）相区。其显微组织除 β 晶体之外是共晶物 β＋δ 的连续基体（最下方显微组织图)。

3.5 四元包晶（L＋α＋γ＋β→δ）型相图

3.5.1 基本形式分析

图 3-35a 所示，是具有四元包晶反应（L＋α＋β＋γ⇌δ）的四元系相图。它是由 3 个二元包晶的二元系、3 个共晶的二元系和一个三元共晶的三元系、3 个三元包晶的三元系所组成。

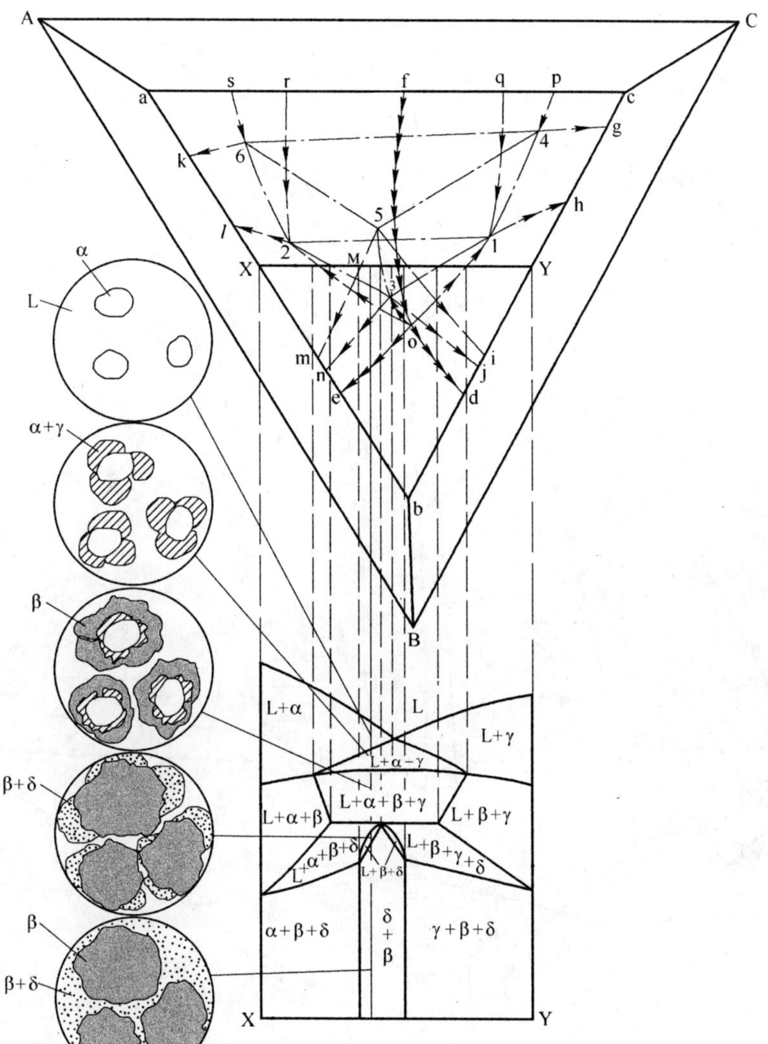

图 3-34 在图 3-33 中平行 ab 边过二元共晶截线 of 取纵剖面图 X－Y，以及合金 M 凝固的 5 个过程

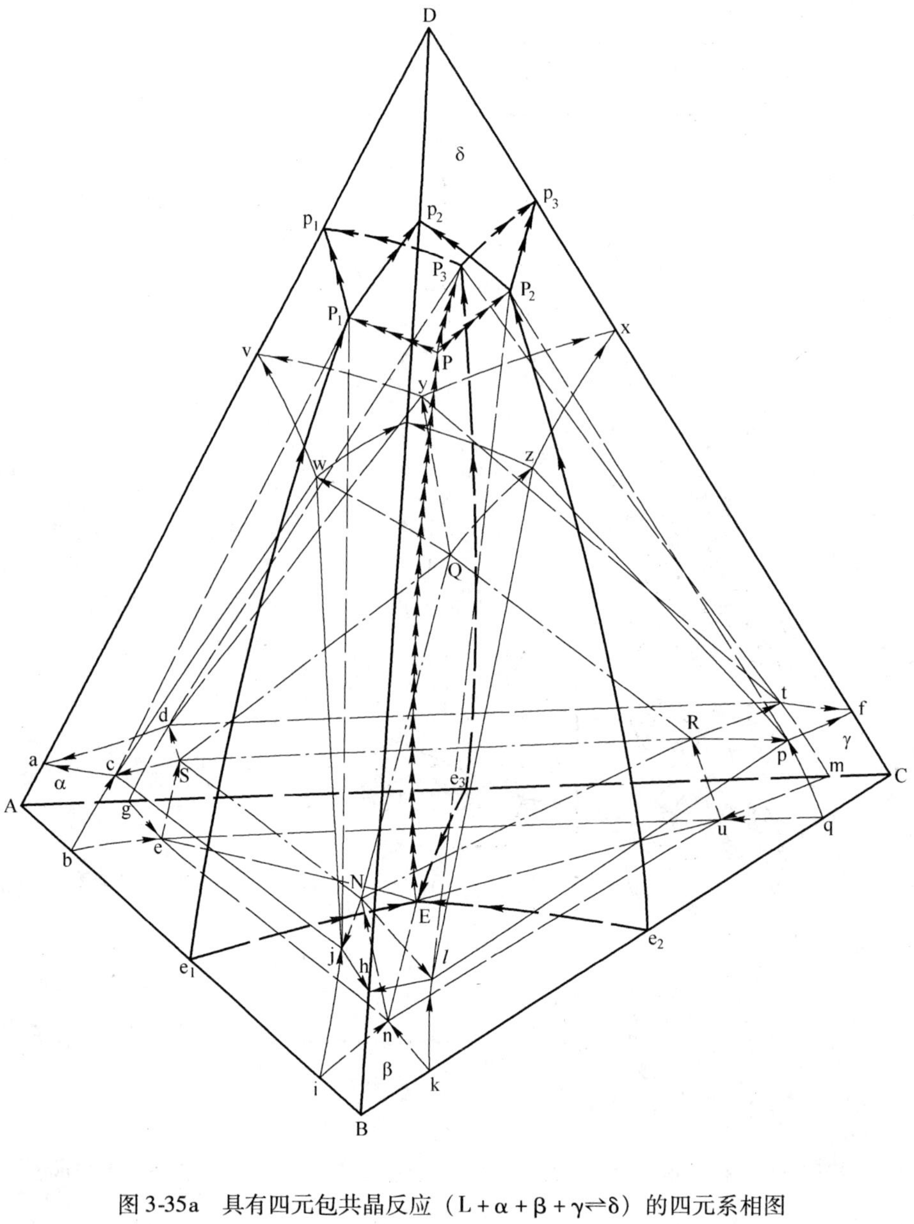

图 3-35a 具有四元包共晶反应（$L+\alpha+\beta+\gamma \rightleftharpoons \delta$）的四元系相图

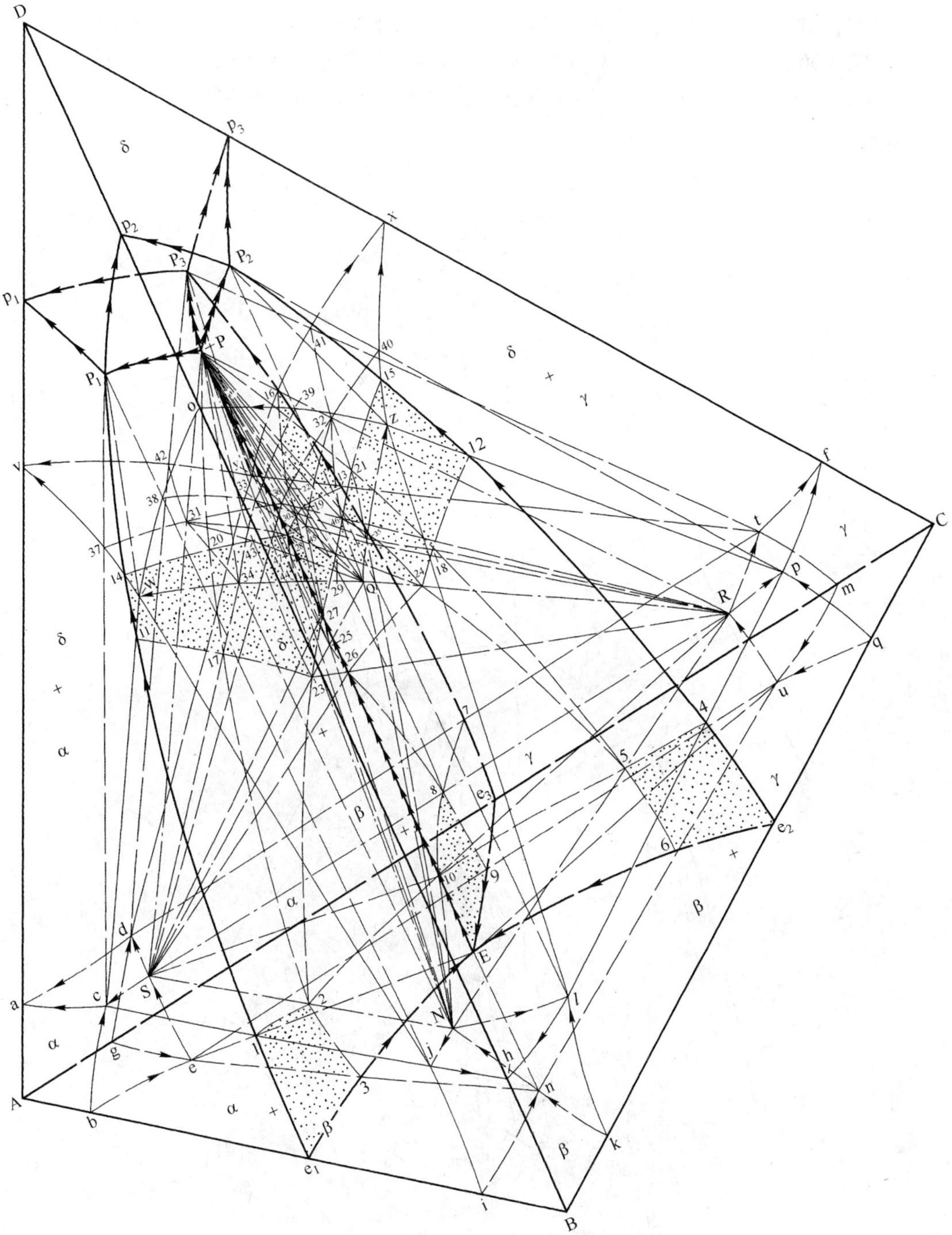

图 3-35b　图 3-35a 内各几何要素的交割相图

图 3-35a 中有 3 个二元共晶曲面 e_1P_1PE（$L \rightleftharpoons \alpha+\beta$）、$e_2P_2PE$（$L \rightleftharpoons \beta+\gamma$）、$e_3P_3PE$（$L \rightleftharpoons \alpha+\gamma$），3 个二元包晶曲面 $p_1P_1PP_3$（$L+\alpha \rightleftharpoons \delta$）、$p_2P_1PP_2$（$L+\beta \rightleftharpoons \delta$）、$p_3P_2PP_3$（$L+\gamma \rightleftharpoons \delta$），一条三元共晶曲线 EP（$L \rightleftharpoons \alpha+\beta+\gamma$），三条三元包晶曲线 PP_1（$L+\alpha+\beta \rightleftharpoons \delta$）、$PP_2$（$L+\beta+\gamma \rightleftharpoons \delta$）、$PP_3$（$L+\alpha+\gamma \rightleftharpoons \delta$）和一个四元包晶点 P（$L+\alpha+\beta+\gamma \rightleftharpoons \delta$）。图 3-35a 的特点是四元包晶点 P 的位置在固溶体 δ 相区内。

图内各几何要素的交割，如图 3-35b 所示，共出现 99 个不同形式凝固的相区（见表 3-18）。图 3-36、图 3-37、图 3-38、图 3-39、图 3-40 分别是 δ 相相区、α + δ 相区、γ + δ 相区、α + γ + δ 相区以及 α + β + γ + δ 相区不同凝固过程的区域分布图。

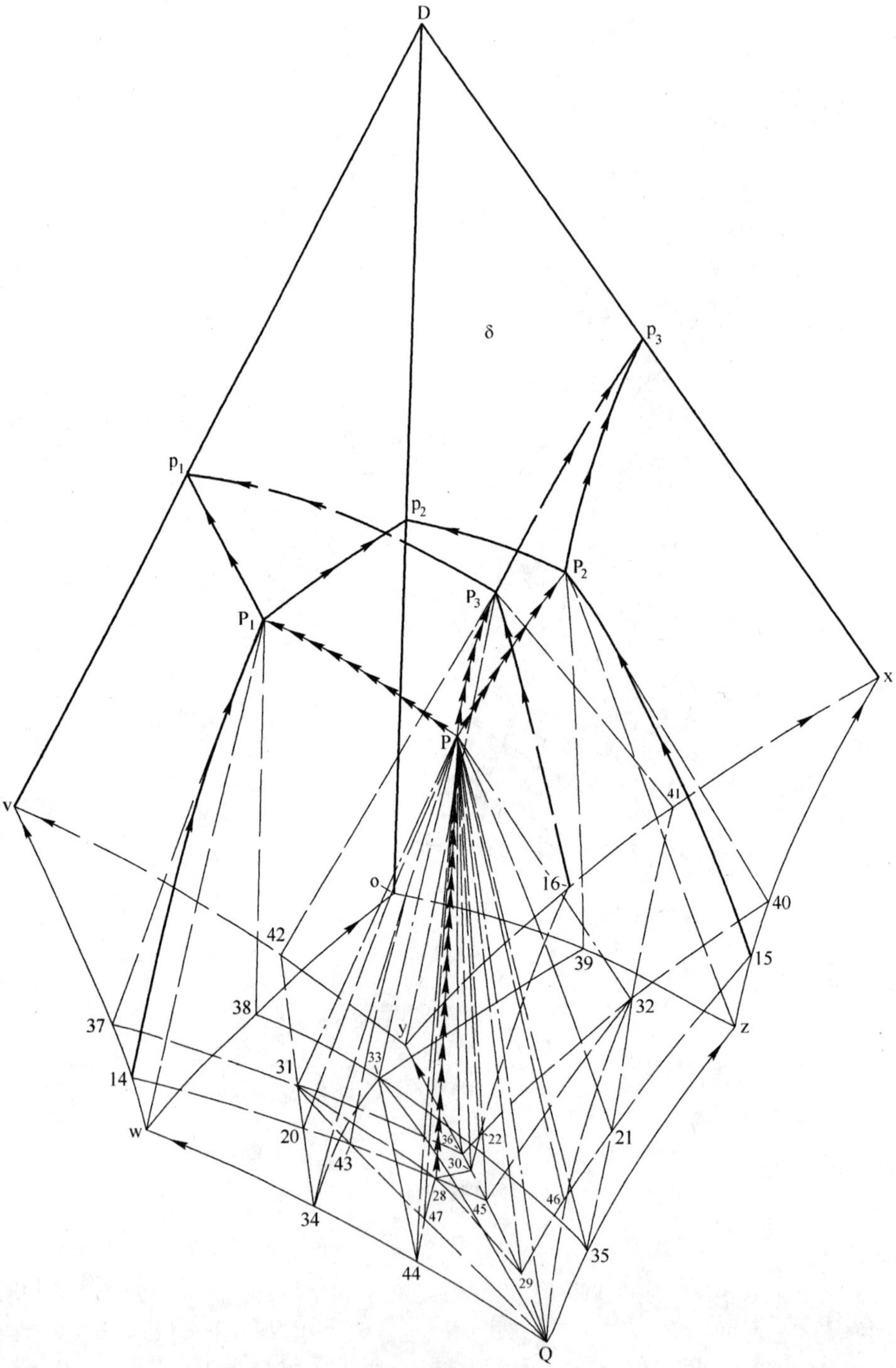

图 3-36　δ 相区不同凝固过程区域分布图

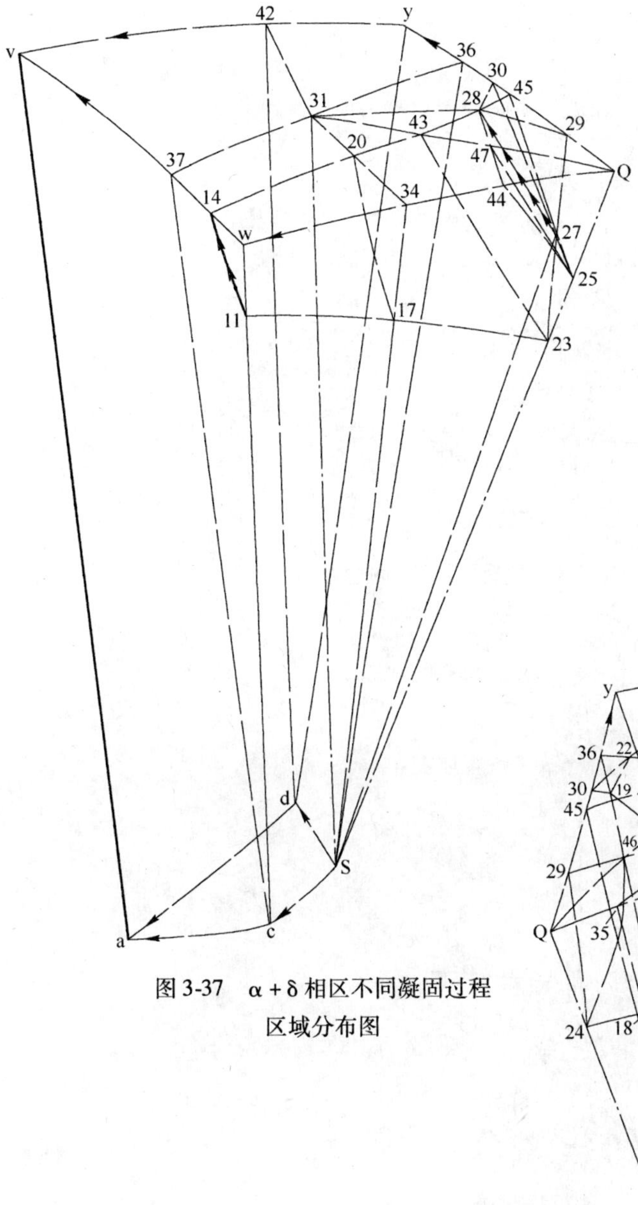

图 3-37 α + δ 相区不同凝固过程区域分布图

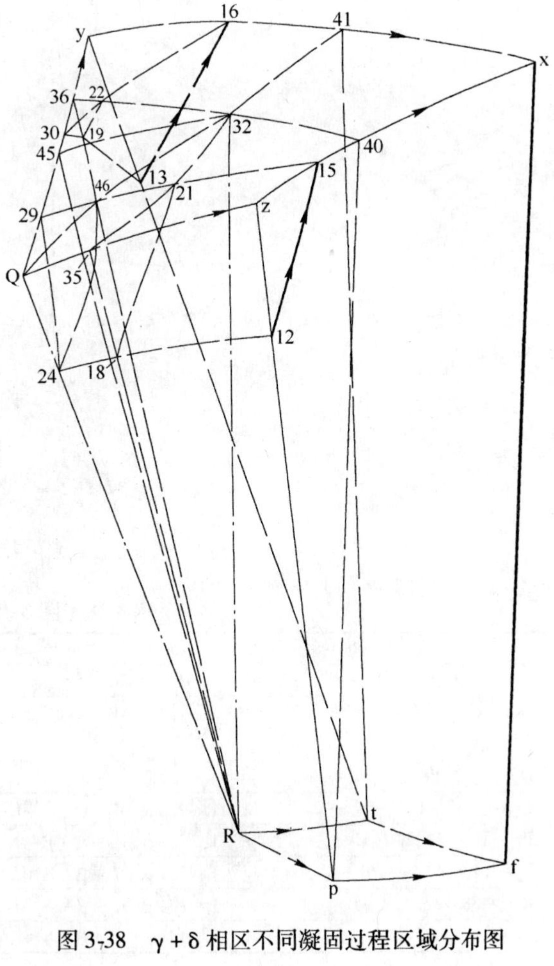

图 3-38 γ + δ 相区不同凝固过程区域分布图

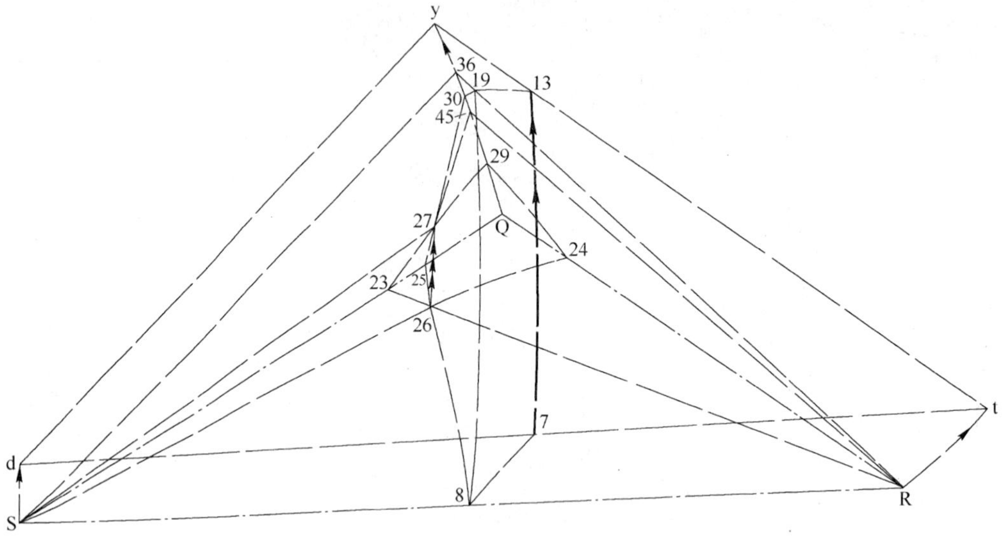

图 3-39　α + γ + δ 相区不同凝固过程区域分布图

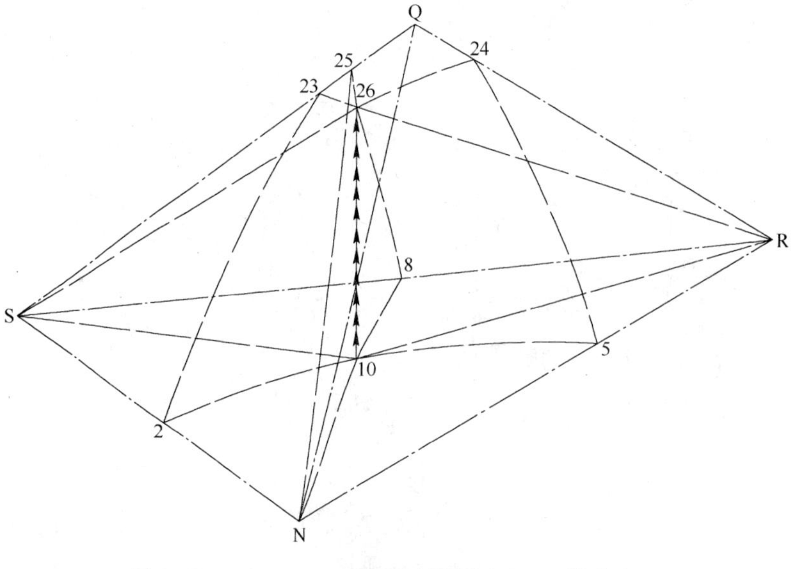

图 3-40　α + β + γ + δ 相区不同凝固过程区域分布图

表 3-18　图 3-35b 相区状态

相　　区	凝固过程的状态变化
AacbeSdg	L→L + α→α
BhjinN*l*k	L→L + β→β
CftmuRpq	L→L + γ→γ
$Dp_1P_1p_2P_2PP_3p_3$	L→L + δ→δ
$P_3p_1v-37-P_1P-31-42$	L→L + α→L + α + δ→L + δ→δ
$P_1-37-14-20-31-P$	L→L + α→L + α + β→L + α + β + δ→L + α + δ→L + δ→δ
$P_1-14-w-34-20-P$	L→L + β→L + β + α→L + β + α + δ→L + α + δ→L + δ→δ
$P_1w-38-33-34-P$	L→L + β→L + β + α→L + β + α + δ→L + β + δ→L + δ→δ
$P_1-38-op_2P_2-39-33-P$	L→L + β→L + β + δ→L + δ→δ

续表 3-18

相　　区	凝固过程的状态变化
P_2 - 39 - z - 35 - 33 - P	L→L + β→L + β + γ→L + β + γ + δ→L + β + δ→L + δ→δ
P_2z - 15 - 21 - 35 - P	L→L + β→L + β + γ→L + β + γ + δ→L + γ + δ→L + δ→δ
P_2 - 15 - 40 - 32 - 21 - P	L→L + γ→L + γ + β→L + β + γ + δ→L + γ + δ→L + δ→δ
P_2 - 40 - x - p_3P_3 - 41 - 32 - P	L→L + γ→L + γ + δ→L + δ→δ
P_3 - 41 - 16 - 22 - 32 - P	L→L + γ→L + γ + α→L + γ + α + δ→L + γ + δ→L + δ→δ
P_3 - 16 - y - 36 - 22 - P	L→L + α→L + α + γ→L + α + γ + δ→L + γ + δ→L + δ→δ
P_3 - y - 42 - 31 - 36 - P	L→L + α→L + α + γ→L + α + γ + δ→L + α + δ→L + δ→δ
P - 31 - 20 - 43	L→L + α→L + α + β→L + α + β + γ→L + α + β + γ + δ→L + α + β + δ→L + α + δ→L + δ→δ
P - 20 - 34 - 44 - 47 - 43	L→L + β→L + β + α→L + β + α + γ→L + β + α + γ + δ→L + α + β + δ→L + α + δ→L + δ→δ
P - 44 - 47 - Q	L→L + β→L + β + γ→L + β + γ + α→L + β + γ + α + δ→L + β + α + δ→L + α + δ→L + δ→δ
P - 33 - 34 - 44	L→L + β→L + β + α→L + β + α + γ→L + β + α + γ + δ→L + β + α + δ→L + β + δ→L + δ→δ
P - 33 - 44 - Q	L→L + β→L + β + γ→L + β + γ + α→L + β + γ + α + δ→L + β + α + δ→L + β + δ→L + δ→δ
P - 33 - 35 - Q	L→L + β→L + β + γ→L + β + γ + α→L + β + γ + α + δ→L + β + γ + δ→L + β + δ→L + δ→δ
P - 35 - 21 - 46 - Q	L→L + β→L + β + γ→L + β + γ + α→L + β + γ + α + δ→L + β + γ + δ→L + γ + δ→L + δ→δ
P - 29 - 46 - Q	L→L + β→L + β + γ→L + β + γ + α→L + β + γ + α + δ→L + γ + α + δ→L + γ + δ→L + δ→δ
P - 21 - 32 - 46	L→L + γ→L + γ + β→L + γ + β + α→L + γ + β + α + δ→L + γ + β + δ→L + γ + δ→L + δ→δ
P - 29 - 45 - 32 - 46	L→L + γ→L + γ + β→L + γ + β + α→L + γ + β + α + δ→L + γ + α + δ→L + γ + δ→L + δ→δ
P - 32 - 22 - 30 - 45	L→L + γ→L + γ + α→L + γ + α + β→L + γ + α + β + δ→L + γ + α + δ→L + γ + δ→L + δ→δ
P - 36 - 22 - 30	L→L + α→L + α + γ→L + α + γ + β→L + α + γ + β + δ→L + α + γ + δ→L + γ + δ→L + δ→δ
P - 31 - 43 - 28	L→L + α→L + α + β→L + α + β + γ→L + α + β + γ + δ→L + α + γ + δ→L + α + δ→L + δ→δ
P - 31 - 28 - 30 - 36	L→L + α→L + α + γ→L + α + γ + β→L + α + γ + β + δ→L + α + γ + δ→L + α + δ→L + δ→δ
P - 28 - 30 - 45	L→L + γ→L + γ + α→L + γ + α + β→L + γ + α + β + δ→L + γ + α + δ→L + α + δ→L + δ→δ
P - 28 - 45 - 29	L→L + γ→L + γ + β→L + γ + β + α→L + γ + β + α + δ→L + γ + α + δ→L + α + δ→L + δ→δ
P - 29 - 28 - 47 - Q	L→L + β→L + β + γ→L + β + γ + α→L + β + γ + α + δ→L + α + γ + δ→L + α + δ→L + δ→δ
P - 43 - 28 - 47	L→L + β→L + β + α→L + β + α + γ→L + β + γ + δ→L + α + γ + δ→L + α + δ→L + δ→δ
av - 37 - cS - 31 - 42 - d	L→L + α→L + α + δ→α + δ
c - 37 - 14 - 11 - 17 - 20 - 31 - S	L→L + α→L + α + β→L + α + β + δ→L + α + δ→α + δ
W - 14 - 11 - 17 - 20 - 34	L→L + β→L + β + α→L + β + α + δ→L + α + δ→α + δ
34 - 20 - 17 - 23 - 43 - 47 - 25 - 44	L→L + β→L + β + α→L + β + α + γ→L + β + α + γ + δ→L + β + α + δ→L + α + δ→α + δ

续表 3-18

相　区	凝固过程的状态变化
Q-44-47-25	L→L+β→L+β+γ→L+β+γ+α→L+β+γ+α+δ→L+β+α+δ→L+α+δ→α+δ
Q-47-28-29-27-25	L→L+β→L+β+γ→L+β+γ+α→L+β+γ+α+δ→L+α+γ+δ→L+α+δ→α+δ
29-45-28-27	L→L+γ→L+γ+β→L+γ+β+α→L+γ+β+α+δ→L+γ+α+δ→L+α+δ→α+δ
45-30-28-27	L→L+γ→L+γ+α→L+γ+α+β→L+γ+α+β+δ→L+γ+α+δ→L+α+δ→α+δ
30-28-27-S-31-36	L→L+α→L+α+γ→L+α+γ+β→L+α+γ+β+δ→L+α+γ+δ→L+α+δ→α+δ
y-42-31-36-Sd	L→L+α→L+α+γ→L+α+γ+δ→L+α+δ→α+δ
31-28-43-23-27-S	L→L+α→L+α+β→L+α+β+γ→L+α+β+γ+δ→L+α+γ+δ→L+α+δ→α+δ
31-20-43-23-17-S	L→L+α→L+α+β→L+α+β+γ→L+α+β+γ+δ→L+α+β+δ→L+α+δ→α+δ
28-43-47-25-23-27	L→L+β→L+α+β→L+α+β+γ→L+α+β+γ+δ→L+α+γ+δ→L+α+δ→α+δ
ftRp-40-32-41-x	L→L+γ→L+γ+δ→γ+δ
pR-32-40-15-21-18-12	L→L+γ→L+γ+β→L+γ+β+δ→L+γ+δ→γ+δ
z-15-21-35-18-12	L→L+β→L+β+γ→L+β+γ+δ→L+γ+δ→γ+δ
Q-46-24-18-21-35	L→L+β→L+β+γ→L+β+γ+α→L+β+γ+α+δ→L+γ+α+δ→L+γ+δ→γ+δ
Q-46-24-29	L→L+β→L+β+γ→L+β+γ+α→L+β+γ+α+δ→L+β+γ+δ→L+γ+δ→γ+δ
R-32-45-29-24-46	L→L+γ→L+γ+β→L+γ+β+α→L+γ+β+α+δ→L+γ+α+δ→L+γ+δ→γ+δ
R-32-22-19-30-45	L→L+γ→L+γ+α→L+γ+α+β→L+γ+α+β+δ→L+γ+α+δ→L+γ+δ→γ+δ
36-22-19-30	L→L+α→L+α+γ→L+α+γ+β→L+α+γ+β+δ→L+α+γ+δ→L+γ+δ→γ+δ
Y-16-22-36-19-13	L→L+α→L+α+γ→L+α+γ+δ→L+γ+δ→γ+δ
Rt-41-32-22-16-13-19	L→L+γ→L+γ+α→L+γ+α+δ→L+γ+δ→γ+δ
R-32-46-21-18-24	L→L+γ→L+γ+β→L+γ+β+α→L+γ+β+α+δ→L+γ+β+δ→L+γ+δ→γ+δ
h*l*Nj-38-33-39-o	L→L+β→L+β+δ→β+δ
w-38-33-34-Nj	L→L+β→L+β+α→L+β+α+δ→L+β+δ→β+δ
z-39-33-35-N*l*	L→L+β→L+β+γ→L+β+γ+δ→L+β+δ→β+δ
N-33-34-44	L→L+β→L+β+α→L+β+α+γ→L+β+α+γ+δ→L+β+α+δ→L+β+δ→β+δ
N-33-44-Q	L→L+β→L+β+γ→L+β+γ+α→L+β+γ+α+δ→L+β+α+δ→L+β+δ→β+δ
N-33-35-Q	L→L+β→L+β+γ→L+β+γ+α→L+β+γ+α+δ→L+β+γ+δ→L+β+δ→β+δ
dge_3-7-8-9-eS	L→L+α→L+α+γ→α+γ
tme_3-7-8-9-uR	L→L+γ→L+γ+α→α+γ
cbe_1-1-2-3-eS	L→L+α→L+α+β→α+β
jie_1-1-2-3-nN	L→L+β→L+β+α→α+β
lke_2-4-5-6-nN	L→L+β→L+β+γ→β+γ

续表 3-18

相　　区	凝固过程的状态变化
pqe$_2$ - 4 - 5 - 6 - uR	L→L + γ→L + γ + β→β + γ
S - 8 - 10 - E - 9 - e	L→L + α→L + α + γ→L + α + γ + β→α + β + γ
S - 2 - 10 - E - 3 - e	L→L + α→L + α + β→L + α + β + γ→α + β + γ
N - 2 - 10 - E - 3 - n	L→L + β→L + β + α→L + β + α + γ→α + β + γ
N - 5 - 10 - E - 6 - n	L→L + β→L + β + γ→L + β + γ + α→α + β + γ
R - 8 - 10 - E - 9 - u	L→L + γ→L + γ + α→L + γ + α + β→α + β + γ
R - 5 - 10 - E - 6 - u	L→L + γ→L + γ + β→L + γ + β + α→α + β + γ
c - 1 - 11 - 17 - 2 - S	L→L + α→L + α + β→L + α + β + δ→α + β + δ
jw - 11 - 1 - 2 - 17 - 34 - N	L→L + β→L + β + α→L + β + α + δ→α + β + δ
N - 2 - 23 - 17 - 34 - 44 - 25	L→L + β→L + β + α→L + β + α + γ→L + β + α + γ + δ→L + β + α + δ→α + β + δ
N - 44 - 25 - Q	L→L + β→L + β + γ→L + β + γ + α→L + β + γ + α + δ→L + β + α + δ→α + β + δ
S - 17 - 23 - 2	L→L + α→L + α + β→L + α + β + γ→L + α + β + γ + δ→L + α + β + δ→α + β + δ
p - 12 - 4 - 5 - 18 - R	L→L + γ→L + γ + β→L + γ + β + δ→β + γ + δ
*l*z - 12 - 4 - 5 - 18 - 35 - N	L→L + β→L + β + γ→L + β + γ + δ→β + γ + δ
N - 5 - 24 - 18 - 25 - Q	L→L + β→L + β + γ→L + β + γ + α→L + β + γ + α + δ→L + β + γ + δ→β + γ + δ
R - 24 - 18 - 5	L→L + γ→L + γ + β→L + γ + β + α→L + γ + β + α + δ→L + γ + β + δ→β + γ + δ
Sdy - 36 - 19 - 13 - 7 - 8	L→L + α→L + α + γ→L + α + γ + δ→α + γ + δ
Rt - 13 - 7 - 8 - 19	L→L + γ→L + γ + α→L + γ + α + δ→α + γ + δ
S - 36 - 19 - 30 - 27 - 26 - 8	L→L + α→L + α + γ→L + α + γ + β→L + α + γ + β + δ→L + α + γ + δ→α + γ + δ
S - 27 - 23 - 26	L→L + α→L + α + β→L + α + β + γ→L + α + β + γ + δ→L + α + γ + δ→α + γ + δ
27 - 23 - 26 - 25	L→L + β→L + β + α→L + β + α + γ→L + β + α + γ + δ→L + α + γ + δ→α + γ + δ
R - 19 - 30 - 45 - 27 - 26 - 8	L→L + γ→L + γ + α→L + γ + α + β→L + γ + α + β + δ→L + γ + α + δ→α + γ + δ
R - 45 - 29 - 27 - 26 - 24	L→L + γ→L + γ + β→L + γ + β + α→L + γ + β + α + δ→L + γ + α + δ→α + γ + δ
Q - 29 - 24 - 26 - 27 - 25	L→L + β→L + β + γ→L + β + γ + α→L + β + γ + α + δ→L + γ + α + δ→α + γ + δ
S - 2 - 23 - 26 - 10	L→L + α→L + α + β→L + α + β + γ→L + α + β + γ + δ→α + β + γ + δ
S - 8 - 26 - 10	L→L + α→L + α + γ→L + α + γ + β→L + α + γ + β + δ→α + β + γ + δ
N - 10 - 26 - 25 - 23 - 2	L→L + β→L + β + α→L + β + α + γ→L + β + α + γ + δ→α + β + γ + δ
N - 10 - 5 - 24 - 26 - 25 - Q	L→L + β→L + β + γ→L + β + γ + α→L + β + γ + α + δ→α + β + γ + δ
R - 10 - 5 - 24 - 26	L→L + γ→L + γ + β→L + γ + β + α→L + γ + β + α + δ
R - 10 - 8 - 26	L→L + γ→L + γ + α→L + γ + α + β→L + γ + α + β + δ

3.5.2 等温体图

四元包晶型相图（图 3-35）的等温体图如图 3-41 所示。图中组元 D 的晶点最低，也是全图中最低的液相存在的温度。

图 3-41a 是低于三元共晶点 E 而比 δ 晶点高的某一等温体图。图中共有 15 个相区（L、L + α、L + β、L + γ、L + α + β、L + α + γ、L + β + γ、L + α + β + γ、α、β、γ、α + β、α + γ、β + γ 及 α + β + γ）。

图 3-41b 是低于四元包晶点 P，成分体内部已有 δ 相出现并扩大刚接触到三元系 B - C - D 成分面上（z_2'点），或是正在三元包晶点 P_2 的温度的一等温体图。图中共有 28 个相区（见表 3-19）。

图 3-41c 是温度更低一些，δ 相在三元系 B - C - D 成分面上出现一定面积（$v_3'x_3't_3'$），正在三元包晶点 P_3 温度，但仍高于三元包晶点 P_1 的一等温体图。

表 3-19 图 3-41b 的相区状态

相 区	状 态	相 区	状 态
$Aa_2c_2b_2e_2S_2c_2'd_2'd_2g_2$	α	$S_2Q_2R_2N_2$	$\alpha+\beta+\gamma+\delta$
$Bh_2j_2i_2n_2N_2j_2'l_2k_2$	β	$c_2w_2j_2j_2'w_2'c_2'$	$\alpha+L+\beta$
$Cf_2t_2m_2u_2R_2t_2'p_2q_2$	γ	$c_2'j_2'w_2'o_2'$	$\alpha+\beta+\delta+L$
$Q_2o_2'v_2'z_2'$	δ	$d_2y_2t_2t_2'y_2'd_2'$	$\alpha+\gamma+L$
$b_2c_2j_2i_2n_2N_2j_2'c_2'S_2e_2$	$\alpha+\beta$	$d_2'y_2't_2'v_2'$	$\alpha+\gamma+\delta+L$
$g_2d_2t_2m_2u_2R_2t_2'd_2'S_2e_2$	$\alpha+\gamma$	$l_2z_2p_2z_2'$（平面）	$\beta+\gamma+\delta+L$
$k_2l_2p_2q_2u_2R_2N_2n_2$	$\beta+\gamma$	$a_2d_2d_2'c_2'c_2w_2w_2'y_2'y_2v_2$	$\alpha+L$
$e_2n_2u_2R_2N_2S_2$	$\alpha+\beta+\gamma$	$d_2'y_2'v_2'o_2'w_2'c_2'$	$\alpha+\delta+L$
$c_2'd_2'S_2Q_2v_2'o_2'$	$\alpha+\delta$	$l_2z_2'z_2w_2'o_2'j_2'$	$\beta+\delta+L$
$N_2j_2'l_2z_2'o_2'Q_2$	$\beta+\delta$	$p_2z_2'z_2y_2'v_2't_2'$	$\gamma+\delta+L$
$R_2t_2'p_2z_2'v_2'Q_2$	$\gamma+\delta$	$h_2l_2j_2'j_2w_2w_2'z_2o_2$	$\beta+L$
$c_2'o_2'j_2'N_2Q_2S_2$	$\alpha+\beta+\delta$	$f_2t_2t_2'p_2z_2y_2'y_2x_2$	$\gamma+L$
$l_2z_2'p_2R_2Q_2N_2$	$\beta+\gamma+\delta$	$o_2'v_2'z_2'z_2y_2'w_2'$	$\delta+L$
$d_2't_2'v_2'Q_2R_2S_2$	$\alpha+\gamma+\delta$	$Dv_2w_2o_2z_2w_2'y_2'y_2x_2$	L

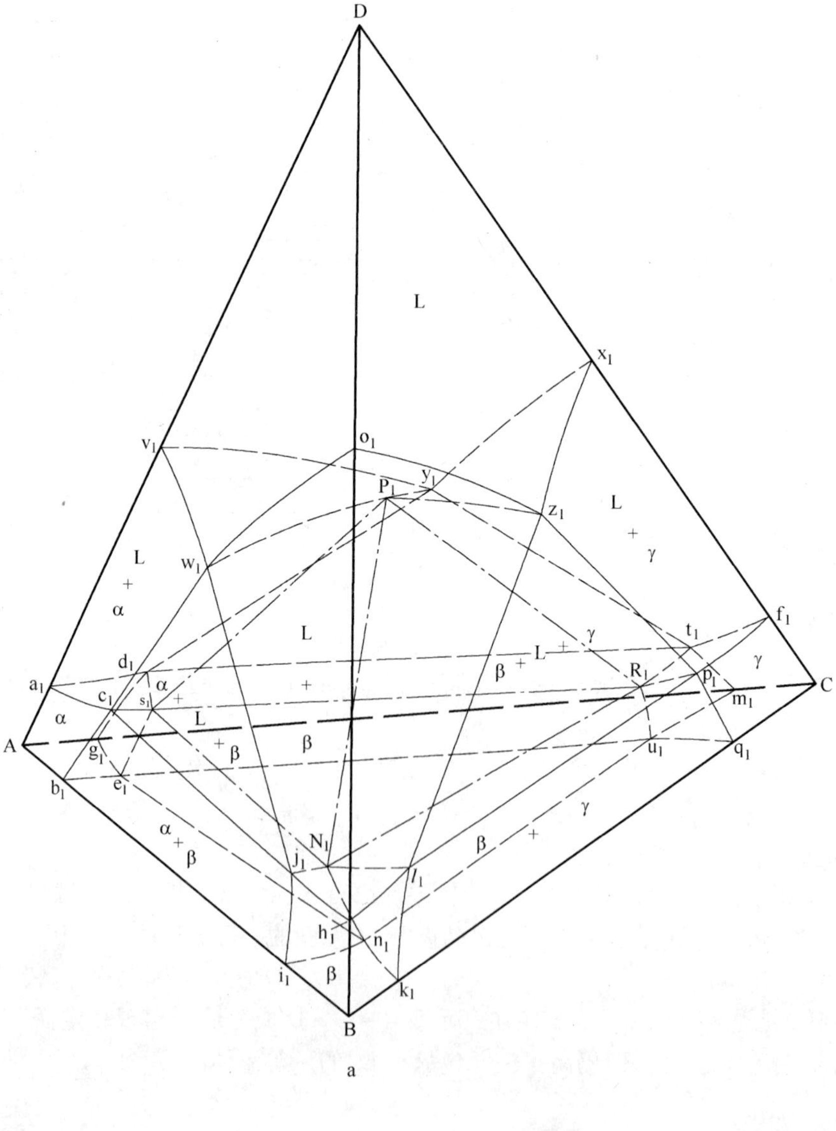

a

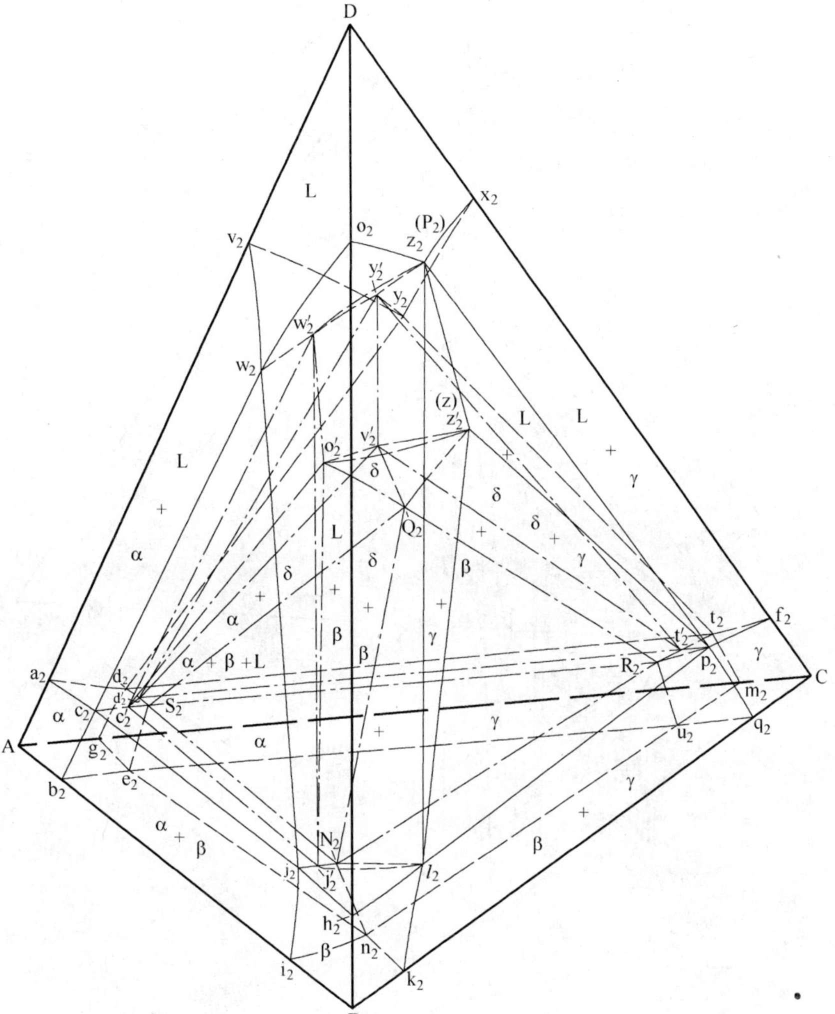
D
L
x2
(P2)
o2
v2
z2
y'2
y2
w'2
w2
(z)
z'2
L
L
v'2
o'2
L
+
+
γ
δ
δ
+
Q2
δ
+
α
L
δ
γ
+
β
δ
+
+
α
+
+
β
γ
t2
f2
β
t'2
α + β + L
β
R2
γ
a2
d2
p2
C
d'2
S2
m2
α
c2
c'2
γ
A
+
u2
q2
g2
α
e2
b2
γ
+
α
+
β
β
N2
j2
j'2
l2
h'2
β
n2
i2
k2
B
b

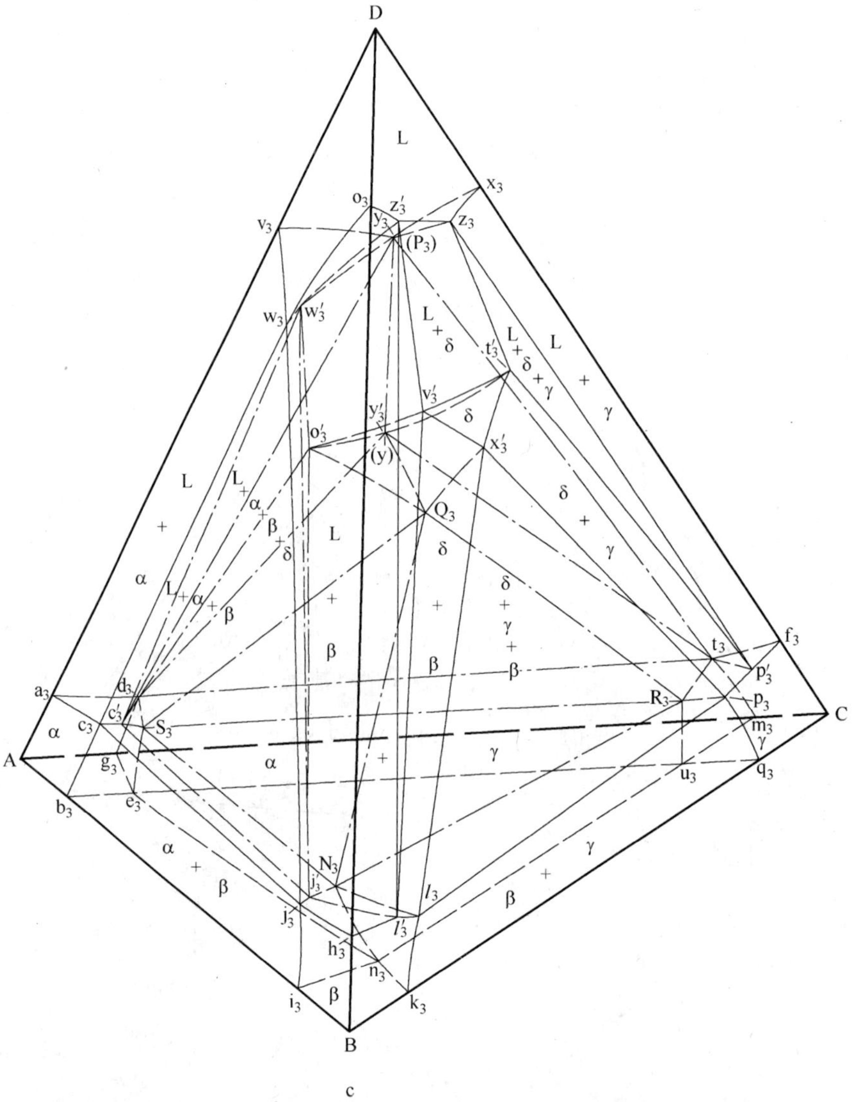

图 3-41　图 3-35 中的 3 个等温体图

3.5.3　成分剖面—温度立体图及纵剖面图

图 3-42 所示，是平行图 3-35 的三元系 A－B－C 截过 α、β、γ 的三元共晶线取的剖面—温度立体图。从该立体图中可以清楚看出，α、β、γ 的三元共晶线截点 o 的温度比 3 个三元系的二元共晶线的截点 k、d、n 的温度高。图 3-42 中共有 22 个相区（见表 3-20）。

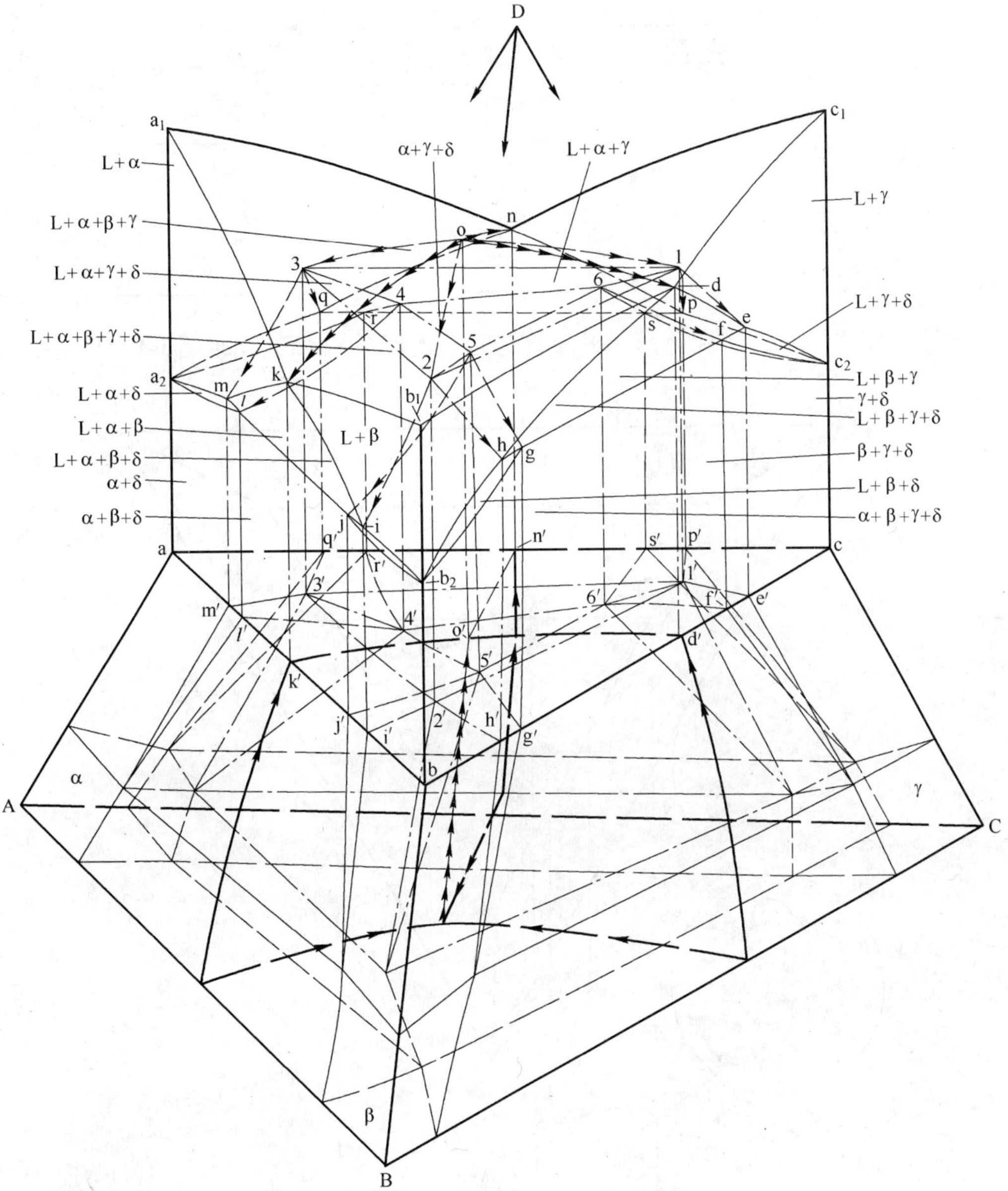

图 3-42 平行图 3-35 的三元系 A－B－C 截过 α、β、γ 的三元共晶线取的剖面—温度立体图

表 3-20 图 3-42 相区状态

相　区	状　态	相　区	状　态
$a_1$nok、$b_1$dok、$c_1$nod 三个液相面的上方	L	$b_1$doki－2－hb_2	L＋β
		$c_1$node－1－pc_2	L＋γ
$a_1$nokm－3－qa_2	L＋α	a_2ml－4－3－qr	L＋α＋δ
B_2ij－5－2－hg	L＋β＋δ	1－2－3－4－5－6（水平面）	L＋α＋β＋γ＋δ
C_2ps－6－1－ef	L＋γ＋δ	$a_2$al′l－4－4′－r′r	α＋δ
nqp－1－3－o	L＋α＋γ	$b_2$bj′j－5－5′－g′g	β＋δ

续表 3-20

相　区	状　态	相　区	状　态
kmi－2－3－o	L＋α＋β	$c_2$cs′s－6－6′－f′f	γ＋δ
dhe－1－2－o	L＋β＋γ	*ll*′j′j－5－5′－4′－4	α＋β＋δ
o－3－2－1	L＋α＋β＋γ	rr′s′s－6－6′－4′－4	α＋γ＋δ
*l*m－3－4－5－2－ij	L＋α＋β＋δ	gg′f′f－6－6′－5′－5	β＋γ＋δ
rq－3－4－6－1－ps	L＋α＋γ＋δ	4－5－6－6′－5′－4′	α＋β＋γ＋δ
gh－2－5－6－1－ef	L＋β＋γ＋δ		

过图 3-42 的二元共晶截线 on，平行 ac 边取纵剖面图 X－Y，出现图 3-43 所示的情形。

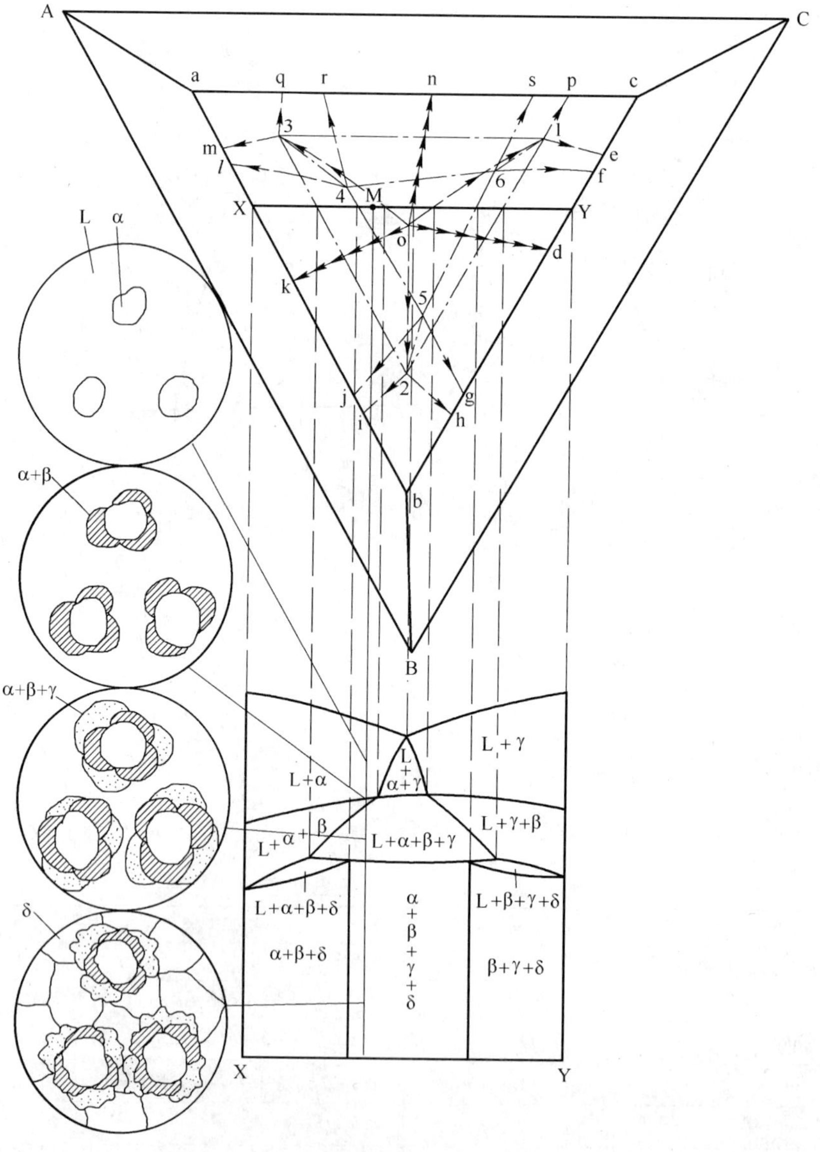

图 3-43　过图 3-42 的二元共晶截线 on，平行 ac 边取纵剖面图 X－Y

3.5.4　典型合金凝固过程及显微组织变化示意图

在纵剖面 X－Y 上选一典型合金 M（在图 3-35b 中的 S－2－23－26－10 相区内），它的凝固过程为：

$$L \to L+\alpha \to L+\alpha+\beta \to L+\alpha+\beta+\gamma \to L+\alpha+\beta+\gamma+\delta \to \alpha+\beta+\gamma+\delta$$

合金 M 的凝固过程基本为四步。（1）冷却到 L＋α 相区内，其显微组织为 L 相和 α 相的混合物（图 3-43 左第一个图）冷却到 L＋α＋β 相区的显微组织为 α 相之外有二元共晶物（α＋β）出现（图 3-43 左第二个图）。（2）冷却到 L＋α＋β＋γ 相区内时，又有三元共晶物 α＋β＋γ 出现（图 3-43 左第三个图）。（3）当冷经四元包晶等温线时，由于产生四元包晶反应（L＋α＋β＋γ→δ），剩余的 L 相全部消耗净，而且也消耗了一部分三元共晶物和二元共晶物。（4）其低温显微组织为 α 相晶体之外，有残余二元共晶物（α＋β）和残余的三元共晶物（α＋β＋γ），δ 相是连续基体（图 3-43左第四个图）。

3.6　具有四元共析型相图

3.6.1　基本形式

图 3-44 所示，是具有四元共析型四元系相图的一例。这里 3 个二元系 D－C、D－A 和 D－B 的相图形式都是相似的，即既有包晶反应、共晶反应，也都有共析反应。其余 3 个二元系 A－B、A－C 和 B－C 都是简单共晶型的，因而组成的三元系 A－B－C 也是简单共晶型的。其他 3 个三元系是既具有简单共晶，又有二元包晶（L＋δ→γ）和三元共析（A－D－B：γ→α＋A＋B；B－D－C：γ→α＋B＋C；A－D－C：γ→α＋A＋C）。因此，组成的该四元系相图具有四元共析反应（γ→α＋A＋B＋C），二元包晶反应（L＋δ⇌γ）和四元共晶反应（L⇌A＋B＋C＋γ）。

该四元系成分体内有一个二元包晶曲面 jik（L＋δ⇌γ），6 个二元共晶曲面 $e_1E_1EE_4$（L⇌A＋γ）、$e_2E_1EE_2$（L⇌A＋B）、$e_3E_2EE_3$（L⇌B＋C）、$e_4E_3EE_4$（L⇌C＋γ）、$e_5E_2EE_4$（L⇌A＋C）、$e_6E_1EE_3$（L⇌B＋γ），4 个 γ 相的饱和体 Dhgo（$\gamma \underset{冷}{\overset{热}{\rightleftharpoons}} \delta$）、vxRzuE′qp（$\gamma \underset{热}{\overset{冷}{\rightleftharpoons}} A$）、x′xRwsE′qr（$\gamma \underset{热}{\overset{冷}{\rightleftharpoons}} B$）、ywRzuE′st（$\gamma \underset{热}{\overset{冷}{\rightleftharpoons}} C$），一个 γ 相的变态体 DtsrqE′up（$\gamma \underset{热}{\overset{冷}{\rightleftharpoons}} \alpha$），3 个 γ 相的饱和面 xRE′q（$\gamma \underset{热}{\overset{冷}{\rightleftharpoons}} A+B$）、wRE′s（$\gamma \underset{热}{\overset{冷}{\rightleftharpoons}} B+C$）、zRE′u（$\gamma \underset{热}{\overset{冷}{\rightleftharpoons}} A+C$），一个 δ 相的饱和体 Dacd（$\delta \underset{热}{\overset{冷}{\rightleftharpoons}} \gamma$），3 个 γ 相的二元共析面 pqE′u（γ⇌A＋α）、rsE′q（γ⇌B＋α）、tuE′s（γ⇌C＋α），3 个 α 相的饱和体（面）b*l*Nm（α⇌A）、f*l*Nn（α⇌B）、enNm（α⇌C），四条三元共晶曲线 E_1E（L⇌A＋B＋γ）、E_2E（L⇌A＋B＋C）、E_3E（L⇌B＋C＋γ）、E_4E（L⇌A＋C＋γ），三条三元共析曲线 qE′（γ⇌A＋B＋α）、sE′（γ⇌B＋C＋α）、uE′（γ⇌A＋C＋α），一条 γ 相的饱和曲线 RE′（γ⇌A＋B＋C），一个四元共晶点 E（L⇌A＋B＋C＋γ），一个四元共析点 E′（L⇌A＋B＋C＋α）。

注：该 α 相的饱和体，温度变化不影响成分变化，所以在四元系图内是面。

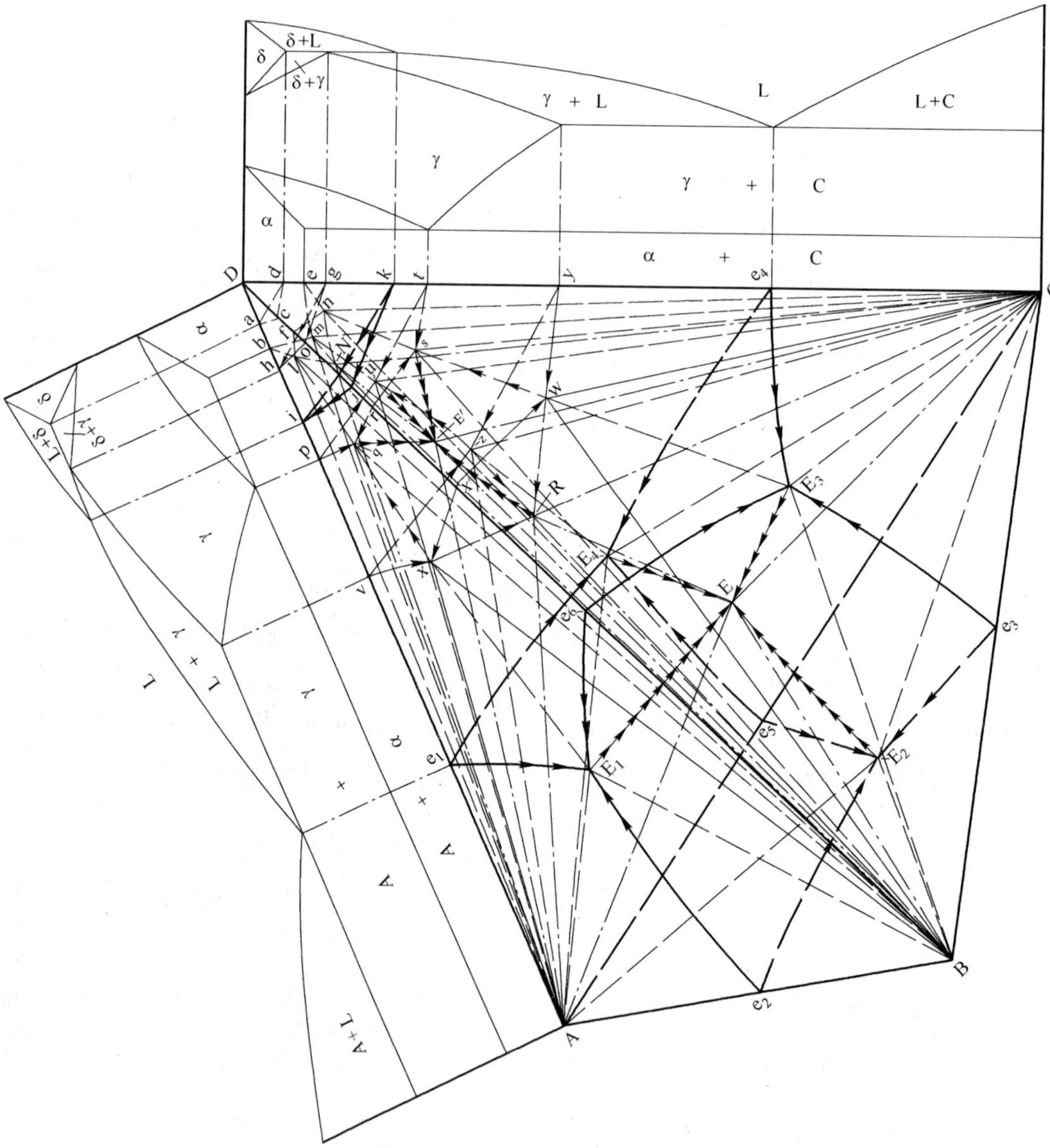

图 3-44 一例具有四元共析型相图

3.6.2 成分剖面—温度立体图及纵剖面图

图 3-45 所示，是在图 3-44 上二元包晶曲面 jik 与 γ 相的饱和体 Dhgo 的曲面 hgo 之间平行三元系 A－B－C 所取的成分剖面—温度立体图。图 3-45 中共有 20 个相区（见表 3-21）。

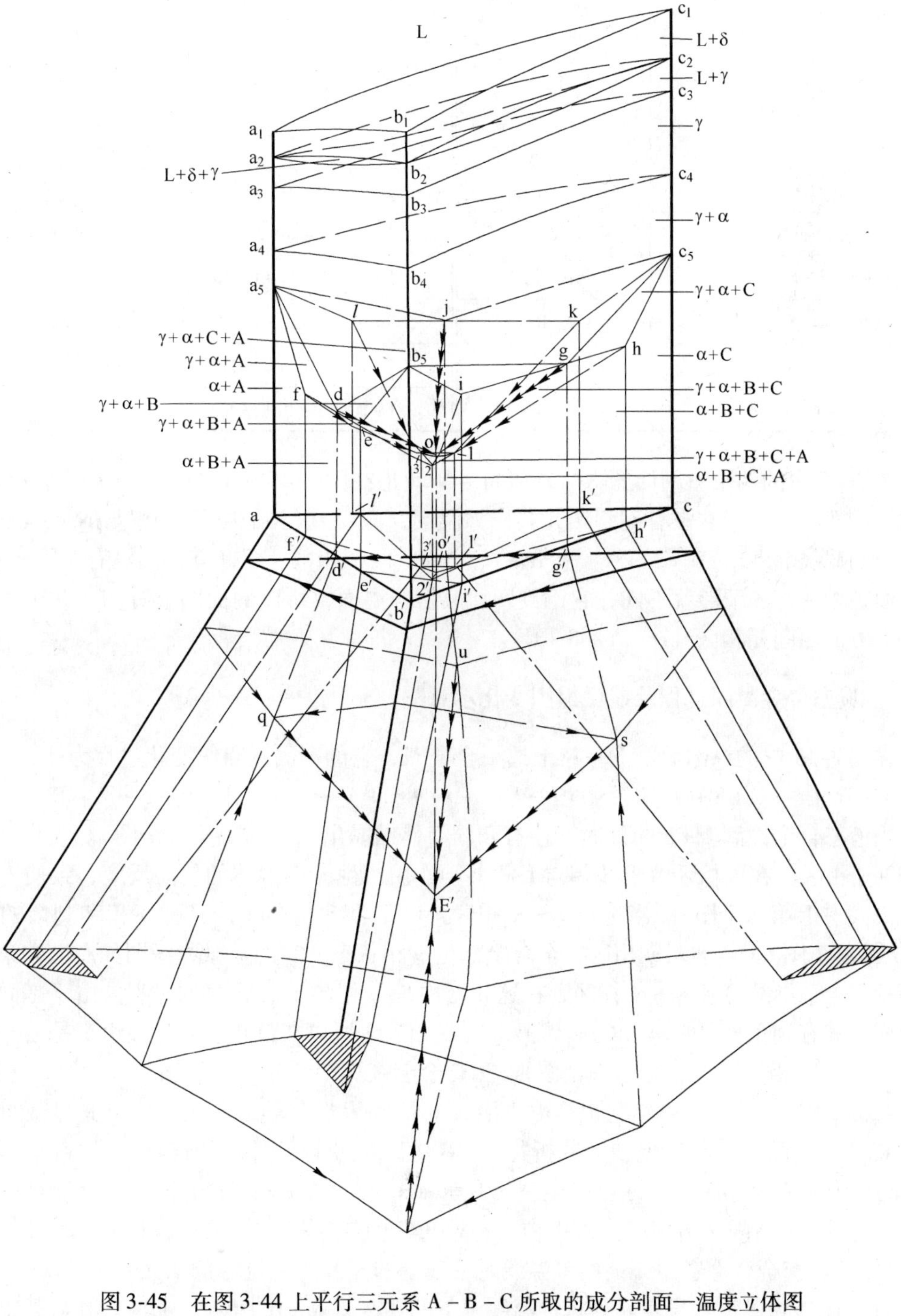

图 3-45 在图 3-44 上平行三元系 A－B－C 所取的成分剖面—温度立体图

表 3-21　图 3-45 的相区状态

相　　区	状　　态	相　　区	状　　态
液相面 $a_1b_1c_1$ 的上方	L	$ljk-1-o-3$	$\gamma+\alpha+C+A$
$a_1b_1c_1c_2b_2a_2$	$L+\delta$	$igh-1-o-2$	$\gamma+\alpha+B+C$
$\overset{\frown}{a_2b_2}c_2\ a_2\underset{\smile}{b_2c_2}$	$L+\delta+\gamma$	$a_5af'f-3-3'-l'l$	$\alpha+A$
$\underset{\smile}{a_2b_2}c_2c_3b_3a_3$	$L+\gamma$	$b_5be'e-2-2'-i'i$	$\alpha+B$
$a_3b_3c_3c_4b_4a_4$	γ	$c_5ch'h-1-1'-k'k$	$\alpha+C$
$a_4b_4c_4c_5jogb_5da_5$	$\gamma+\alpha$	$fee'f'-3'-2'-2-3$	$\alpha+B+A$
$a_5jodf-3-l$	$\gamma+\alpha+A$	$lkk'l'-3'-1'-1-3$	$\alpha+C+A$
$b_5gode-2-i$	$\gamma+\alpha+B$	$ihh'i'-2'-1'-1-2$	$\alpha+B+C$
$c_5jogh-1-k$	$\gamma+\alpha+C$	$1-2-3-3'-2'-1'$	$\alpha+B+C+A$
$fde-2-o-3$	$\gamma+\alpha+B+A$	$1-2-3-o$（水平面）	$\gamma+\alpha+B+C+A$

图 3-46 中的两个纵剖面图 X－Y 和 M－N 就是在图 3-45 上取的。X－Y 是平行 ac 线取的纵剖面图。由于它没有剖到四元共析等温面，只剖到三元共析线 uE′与 N 点（α）的连线面的截线 jo（$\gamma\to\alpha+A+C$）和 $\alpha+A$、$\alpha+C$ 两个相区，因此其低温没有四固相相区，纵剖面图 M－N 的情形就不同，它剖到四元共析等温面，所以剖面图上有四元共析等温线及其下方的四固相相区（$\alpha+A+B+C$）。

3.6.3　典型合金凝固过程及显微组织变化示意图

在图 3-46 中的纵剖面图 M－N 上选一合金 M，它的凝固及组织变化过程为：

$$L\to L+\delta\to L+\delta+\gamma\to L+\gamma\to\gamma\to\gamma+\alpha\to\gamma+\alpha+A\to\gamma+\alpha+A+C\to\alpha+A+B+C$$

当液态合金冷到 $L+\delta$ 相区时，便有 δ 固溶体结晶出来（右上第一个图）。当合金冷到 $L+\delta+\gamma$ 相区，在该相区由于 δ 相与 L 相共同作用产生 γ 固溶体的包晶反应，致使 δ 相逐渐消失（右上第二个图）。当进入 $L+\gamma$ 相区，已不见 δ 相存在，只有 γ 相和剩余的 L 相（右上第三个图）。当进入 γ 相区，全合金都是 γ 相状态，它的显微组织图如右上方第四个图所示。合金继续冷到 $\gamma+\alpha$ 相区，在这相区内是 γ 相向 α 相转变的过程。由于是固相间的转变，其有利条件是在 γ 相的晶界上析出 α 相来，所以在该相区的显微组织是沿 γ 相的晶界上出现 α 相组织（右方第五个图）。当合金继续冷却到 $\gamma+\alpha+A$ 相区，由于 γ 相产生二元共析反应（$\gamma\to\alpha+A$），它也是由于沿 γ 相的晶界上有利于共析，所以其显微组织是在 γ 相与 α 相晶界之间出现二元共析物 $\alpha+A$（见左最上方图）。当合金冷却到 $\gamma+\alpha+C+A$ 相区内，在该相区内是 γ 相产生三元共析（$\gamma\to\alpha+A+C$）的过程，所以其显微组织是在 γ 与 $\alpha+A$ 之间又出现三元共析物 $\alpha+A+C$，而使 γ 相（晶体）进一步缩小（见左自上第二图）。当合金冷经四元共析等温线时，残余的 γ 相产生等温的四元共析反应 $\gamma\to\alpha+A+B+C$ 而消失。于是自四元共析等温线以下的相区是 $\alpha+A+B+C$ 相区。其显微组织是原来残余的 γ 相都变为四元共析物（$\alpha+A+B+C$）。从合金 M 的低温组织可以看出 α 相的来源及其分布情形。其第一个来源是 γ 相的变态过程；第二个来源是 γ 相的二元共析过程；第三个来源是 γ 相的三元共析过程；第四个来源是 γ 相的等温四元共析过程。

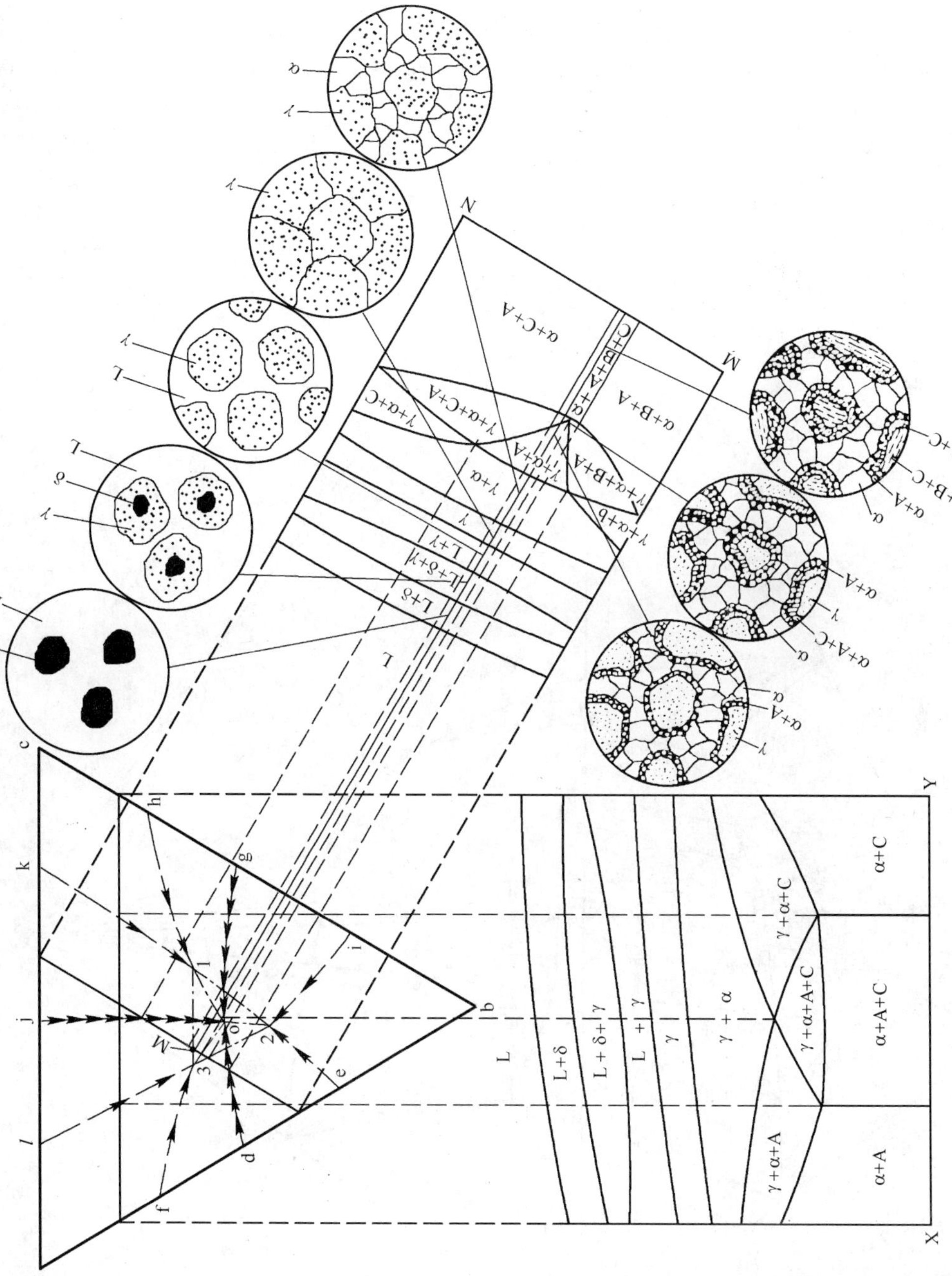

图 3-46 在图 3-45 上平行 ac 线所取 X－Y 和 M－N 的纵剖面图

3.7 具有一个不一致熔化中间化合物的相图

3.7.1 基本形式分析

图3-47所示，是二元系A－D出现一个不一致熔化中间化合物M的四元系相图。该图中有两个三元系A－B－D和A－C－D具有三元包共晶反应（L＋A⇌M＋B、L＋A⇌

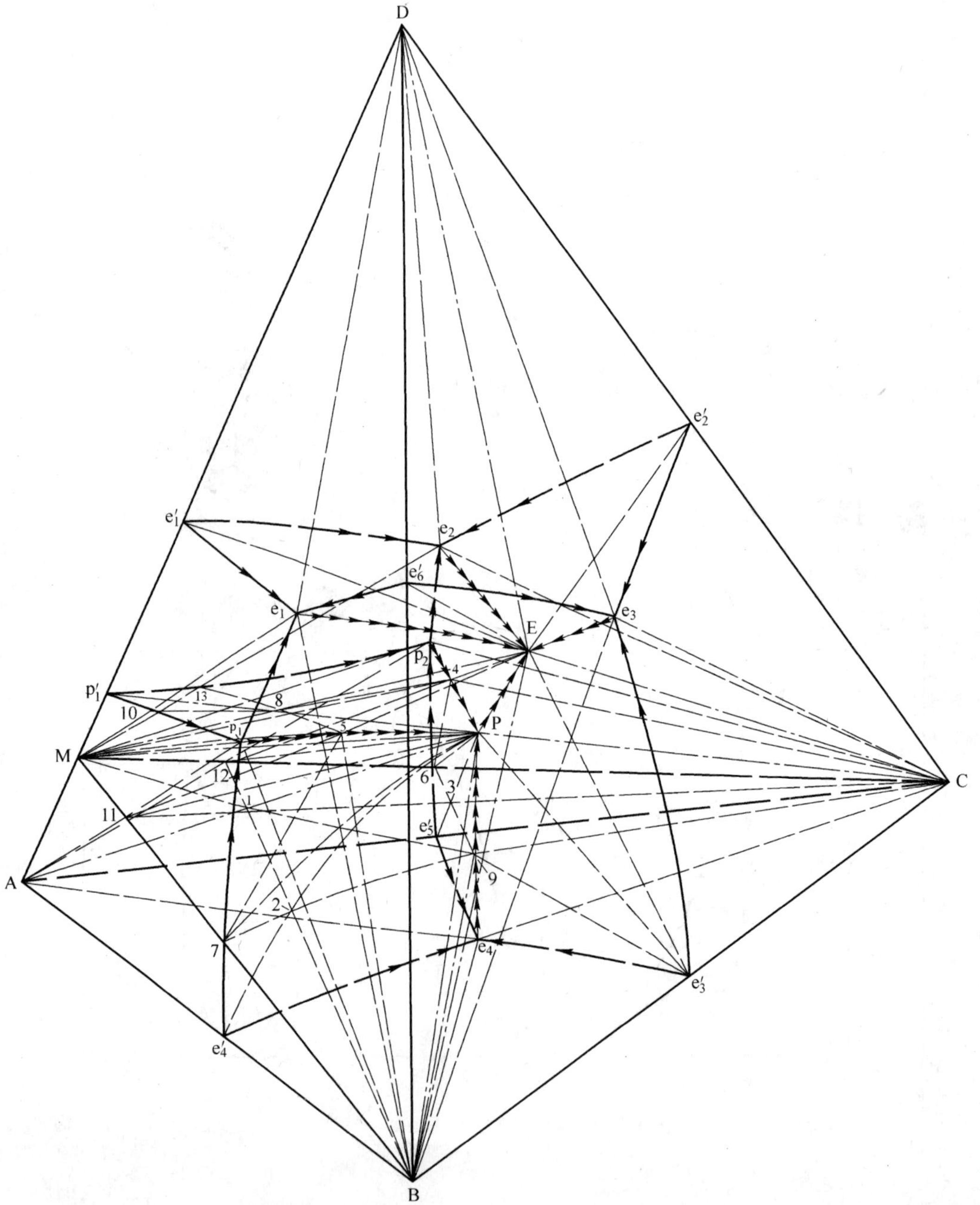

图3-47 二元系A－D出现一个不一致熔化中间化合物M的四元系相图

M + C）和三元共晶反应（L⇌M + B + D、L⇌M + C + D）。三元系 A - B - C 和 B - C - D 二者都是简单共晶型。因此，图 3-47 中共有 8 个二元共晶曲面 $e_1'e_2Ee_1$（L⇌M + D）、$e_2'e_2Ee_3$（L⇌C + D）、$e_3'e_3EPe_4$（L⇌B + C）、$e_4'p_1Pe_4$（L⇌A + B）、$e_5'p_2Pe_4$（L⇌A + C）、$e_6'e_1Ee_3$（L⇌B + D）、p_1e_1EP（L⇌B + M）、p_2e_2EP（L⇌C + M），一个二元包晶曲面 $p_1'p_1Pp_2$（L + A⇌M），五条三元共晶线 e_1E（L⇌M + B + D）、e_2E（L⇌M + C + D）、e_3E（L⇌B + C + D）、e_4E（L⇌A + B + C）、PE（L⇌M + B + C），两条三元包共晶线 p_1P（L + A⇌M + B）、p_2P（L + A⇌M + C），一个四元包共晶点 P（L + A⇌M + B + C），一个四元共晶点 E（L⇌M + B + C + D）。

图 3-47 中共有 66 个不同形式凝固的相区状态（见表 3-22）。

表 3-22 图 3-47 的不同形式凝固的相区状态

相区	凝固过程状态变化	
A - 11 - 7 - e_4' - 2 - 1	L→L + A→L + A + B→L + A + B + M	
A - M - 11 - 1	L→L + A→L + A + M→L + A + M + B	
AM - 12 - 1	L→L + A→L + A + M→L + A + M + C	
A$e_4'e_4$ - 9 - 2 - 1	L→L + A→L + A + B→L + A + B + C	
A - 12 - 6 - e_5' - 3 - 1	L→L + A→L + A + C→L + A + C + M	
A$e_5'e_4$ - 9 - 3 - 1	L→L + A→L + A + C→L + A + C + B	→L + A + B + C + M→A + B + C + M
B - 7 - e_4' - 2	L→L + B→L + B + A→L + B + A + M	
B - e_4' - 2 - 9 - e_4	L→L + B→L + B + A→L + B + A + C	
B - e_3' - 9 - e_4	L→L + B→L + B + C→L + B + C + A	
Ce_3' - 9 - e_4	L→L + C→L + C + B→L + C + B + A	
Ce_5' - 6 - 3	L→L + C→L + C + A→L + C + A + M	
Ce_5' - 3 - 9 - e_4	L→L + C→L + C + A→L + C + A + B	
Mp_1' - 10 - 8	L→L + A→L + A + M→L + M→L + M + D→L + M + D + B	→L + A + B + C + M→A + B + C + M
Mp_1' - 13 - 8	L→L + A→L + A + M→L + M→L + M + D→L + M + D + C	
Mp_1 - 5 - 8 - 10	L→L + A→L + A + M→L + M→L + M + B→L + M + B + D	
Mp_2 - 4 - 8 - 13	L→L + A→L + A + M→L + M→L + M + C→L + M + C + D	
Mp_1 - 11 - 5	L→L + A→L + A + M→L + A + M + B→L + M + B→L + M + B + D	
Mp_2 - 12 - 4	L→L + A→L + A + M→L + A + M + C→L + M + C→L + M + C + D	
p_1 - 11 - 7 - 5	L→L + A→L + A + B→L + A + B + M→L + B + M→L + B + M + D	
Bp_1 - 7 - 5	L→L + B→L + B + A→L + B + A + M→L + B + M→L + B + M + D	
BP - 5 - 7	L→L + B→L + B + A→L + B + A + M→L + B + M→L + B + M + C	
BP - 2 - 9	L→L + B→L + B + A→L + B + A + C→L + B + A + C + M→L + B + C + M	
BP - 7 - 2	L→L + B→L + B + A→L + B + A + M→L + B + A + M + C→L + B + M + C	
p_2 - 12 - 6 - 4	L→L + A→L + A + C→L + A + C + M→L + C + M→L + C + M + D	
Cp_2 - 6 - 4	L→L + C→L + C + A→L + C + A + M→L + C + M→L + C + M + D	→L + B + C + D + M→B + C + D + M
CP - 4 - 6	L→L + C→L + C + A→L + C + A + M→L + C + M→L + C + M + B	
CP - 3 - 9	L→L + C→L + C + A→L + C + A + B→L + C + A + M→L + C + B + M	
CP - 6 - 3	L→L + C→L + C + A→L + C + A + M→L + C + A + M + B→L + C + M + B	
P - 5 - 11 - 7	L→L + A→L + A + B→L + A + B + M→L + B + M→L + B + M + C	
P - 1 - 11 - 7 - 2	L→L + A→L + A + B→L + A + B + M→L + A + B + M + C→L + B + M + C	
P - 1 - 2 - 9	L→L + A→L + A + B→L + A + B + C→L + A + B + C + M→L + B + C + M	
PM - 11 - 5	L→L + A→L + A + M→L + A + M + B→L + M + B→L + M + B + C	
PM - 11 - 1	L→L + A→L + A + M→L + A + M + B→L + A + M + B + C→L + M + B + C	
PM - 12 - 1	L→L + A→L + A + M→L + A + M + C→L + A + M + C + B→L + M + C + B	
PM - 12 - 4	L→L + A→L + A + M→L + A + M + C→L + M + C→L + M + C + B	

续表 3-22

相　区	凝固过程状态变化	
P − 1 − 3 − 9	L→L + A→L + A + C→L + A + C + B→L + A + C + B + M→L + C + B + M	
P − 1 − 12 − 6 − 3	L→L + A→L + A + C→L + A + C + M→L + A + C + M + B→L + C + M + B	
P − 4 − 12 − 6	L→L + A→L + A + C→L + A + C + M→L + C + M→L + C + M + B	
PM − 8 − 5	L→L + A→L + A + M→L + A + M + B→L + M + B→L + M + B + C	
PM − 8 − 4	L→L + A→L + A + M→L + A + M + C→L + M + C→L + M + C + B	
BP − 9 − e_3'	L→L + B→L + B + C→L + B + C + A→L + B + C + A + M→L + B + C + M	
CP − 9 − e_3'	L→L + C→L + C + B→L + C + B + A→L + C + B + A + M→L + C + B + M	
$BPEe_3'$	L→L + B→L + B + C→L + B + C + M	
$CPEe_3'$	L→L + C→L + C + B→L + C + B + M	
BEe_3e_3'	L→L + B→L + B + C→L + B + C + D	
CEe_3e_3'	L→L + C→L + C + B→L + C + B + D	
Bp_1e_1E − 5	L→L + B→L + B + M→L + B + M + D	
BE − 5 − P	L→L + B→L + B + M→L + B + M + C	
Cp_2e_2E − 4	L→L + C→L + C + M→L + C + M + D	
CE − 4 − P	L→L + C→L + C + M→L + C + M + B	
p_1' − 10 − 8 − Ee_1e_1'	L→L + M→L + M + D→L + M + D + B	→L + B + C + D + M→ B + C + D + M
e_1p_1 − 10 − 8 − 5 − E	L→L + M→L + M + B→L + M + B + D	
P − 5 − E − 8	L→L + M→L + M + B→L + M + B + C	
p_1' − 13 − 8 − Ee_2e_1'	L→L + M→L + M + D→L + M + D + C	
e_2p_2 − 13 − 8 − 4 − E	L→L + M→L + M + C→L + M + C + D	
P − 4 − E − 8	L→L + M→L + M + C→L + M + C + B	
$Be_6'e_1E$	L→L + B→L + B + D→L + B + D + M	
$Be_6'e_3E$	L→L + B→L + B + D→L + B + D + C	
$Ce_2'e_2E$	L→L + C→L + C + D→L + C + D + M	
$Ce_2'e_3E$	L→L + C→L + C + D→L + C + D + B	
$De_1'e_1E$	L→L + D→L + D + M→L + D + M + B	
$De_1'e_2E$	L→L + D→L + D + M→L + D + M + C	
$De_6'e_1E$	L→L + D→L + D + B→L + D + B + M	
$De_6'e_3E$	L→L + D→L + D + B→L + D + B + C	
$De_2'e_3E$	L→L + D→L + D + C→L + D + C + B	
$De_2'e_2E$	L→L + D→L + D + C→L + D + C + M	

3.7.2　成分剖面—温度立体图及纵剖面图

平行图 3-47 的 ABC 面取剖面 abc，便出现图 3-48 所示的成分剖面—温度立体图。图中共有 24 个相区（见表 3-23）。

表 3-23　图 3-48 的相区状态

相　区	状　态	相　区	状　态
$a_1$dom、$b_1$jom、$c_1$doj 三液相面的上方	L	$a_5a_6b_5b_4r$ − 6 − 7 − S	L + B + D + M
$c_1$dojk − 5 − hc_2	L + C	gfe − 1 − 2 − 4	L + A + C + M
a_2f − 2 − pq − 4 − g	L + A + M	gihe − 1 − 5 − 7 − 4	L + C + M
b_2r − 6 − $b_5b_4b_3l$	L + B + D	$a_4a_6c_5c_3$h − 5 − 7 − i	L + C + D + M
c_2k − 5 − $c_5c_4c_3$h	L + C + D	$c_4c_5b_5b_3l$ − 6 − 5 − k	L + B + C + D
def − 2 − 1 − o	L + A + C	$a_1$domp − 2 − fa_2	L + A
mpn − 3 − 2 − o	L + A + B	$b_1$mn − 3 − oj$l$ − 6 − rb_2	L + B
jk$l$ − 6 − 5 − 1 − 3 − o	L + B + C	o − 1 − 2 − 3	L + A + B + C
a_2g − 4 − qs − 7 − ia_3	L + M	1 − 2 − 3 − 4（水平面）	L + A + B + C + M
a_3s − 7 − $a_6a_5a_4$i	L + M + D	1 − 3 − 4 − 7 − 6 − 5	L + B + C + M
qpn − 3 − 2 − 4	L + A + B + M	$a_6b_5c_5$（水平面）	L + B + C + D + M
sqnr − 6 − 3 − 4 − 7	L + B + M	$a_6b_5c_5$cba	B + C + D + M

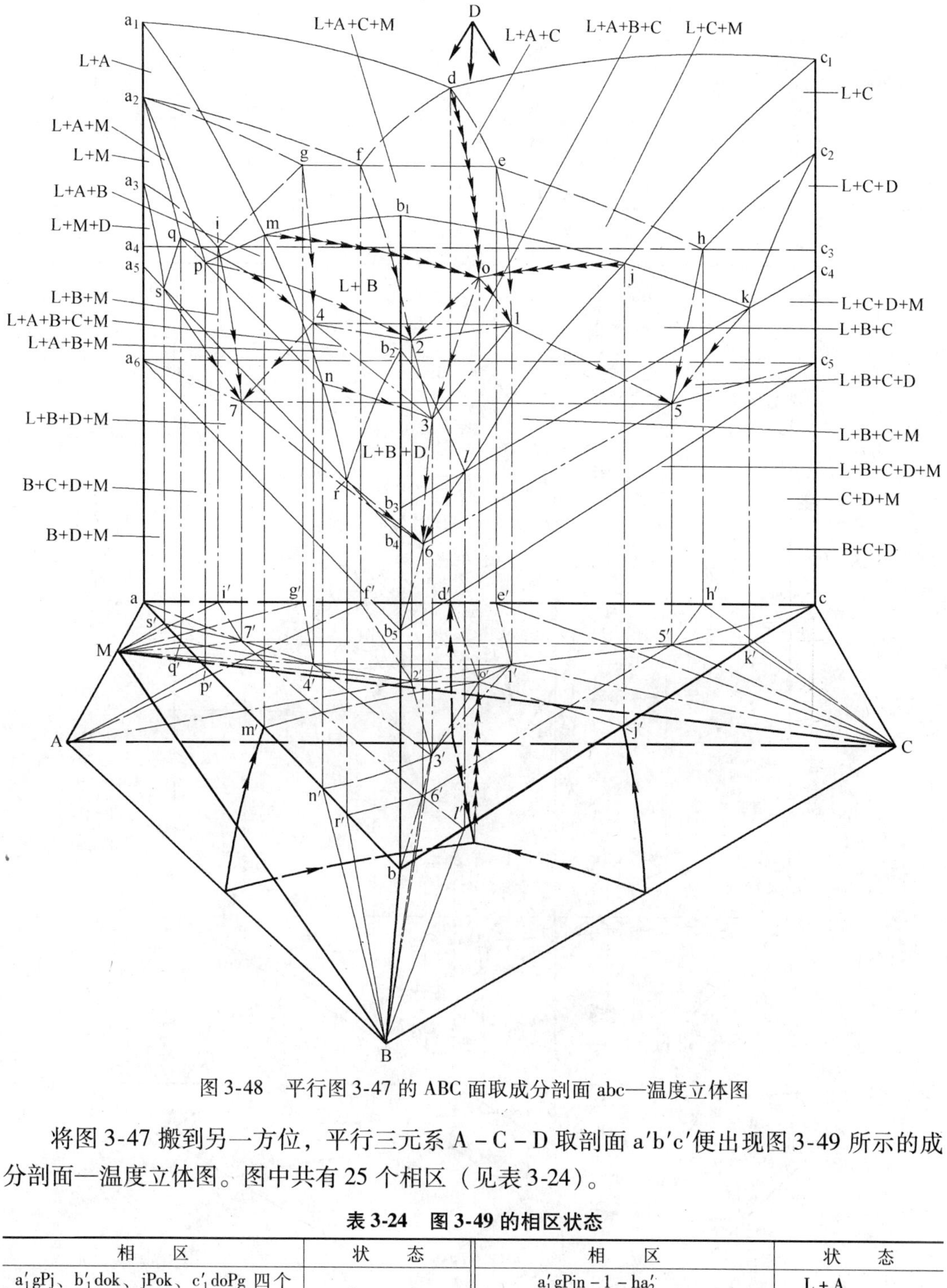

图 3-48 平行图 3-47 的 ABC 面取成分剖面 abc—温度立体图

将图 3-47 搬到另一方位，平行三元系 A－C－D 取剖面 a′b′c′便出现图 3-49 所示的成分剖面—温度立体图。图中共有 25 个相区（见表 3-24）。

表 3-24 图 3-49 的相区状态

相区	状态	相区	状态
a_1'gPj、b_1'dok、jPok、c_1'doPg 四个液相面的上方	L	a_1'gPjn－1－ha_2'	L＋A
		b_1'dokr－6－eb_2'	L＋D
c_1'doPgi－2－5－fc_2'	L＋C	P－1－2－3	L＋A＋C＋M
a_2'n－1－$a_5'a_4'a_3'$h	L＋A＋B	o－4－5－6	L＋C＋D＋M
b_2'e－6－$b_5'b_4'$r	L＋D＋B	a_4'n－1－3－Smm_2a_5'	L＋A＋B＋M
$c_2'c_3'c_4'$f－5－$c_6'c_5'$－2－i	L＋C＋B	m_1 lr$b_4'b_5'$－6－4－m_3	L＋B＋D＋M

续表 3-24

相　区	状　态	相　区	状　态
$jPokl-4-3-S$	L + M	$a_3'hic_3'c_5'-2-1-a_5'$	L + A + C + B
$smm_1l-4-m_3m_2-3$	L + M + B	$m_2c_5'c_6'-5-2-3-4-m_3$	L + B + C + M
$jsn-1-3-P$	L + A + M	$c_4'feb_3'b_5'-6-5-c_6'$	L + C + D + B
$krl-4-6-o$	L + M + D	$a_5'c_5'-2-3-m_2$（水平面）	L + A + C + M + B
$ghi-2-1-P$	L + A + C	$b_5'm_3c_6'$（水平面）	L + D + B + C + M
$dfe-6-5-o$	L + C + D	$a_5'c_5'm_2m_4c'a'$	A + B + C + M
$Po-4-5-2-3$	L + C + M	$b_5'm_3c_6'c'm_4b'$	B + C + D + M

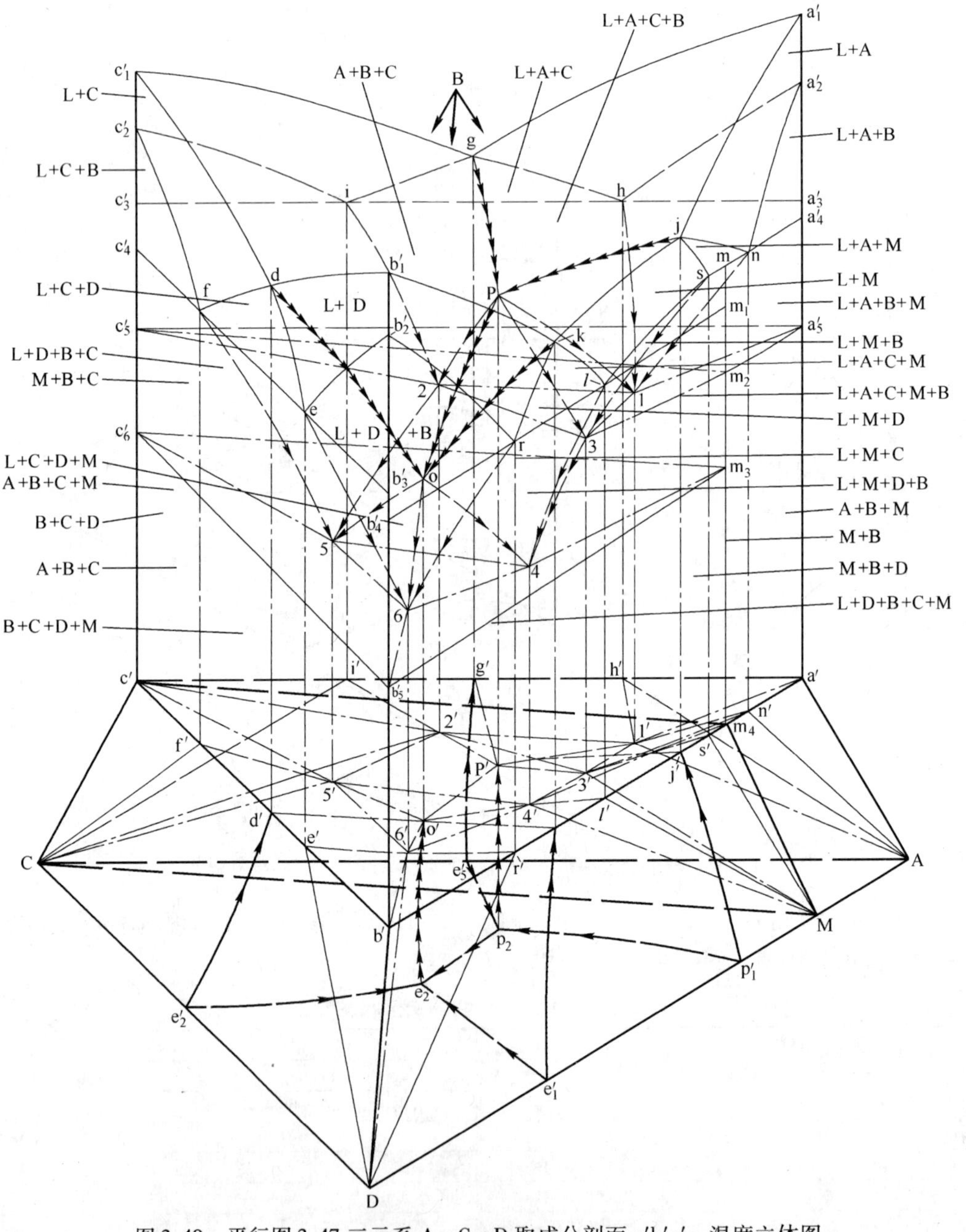

图 3-49　平行图 3-47 三元系 A－C－D 取成分剖面 a′b′c′—温度立体图

如果平行 AD 边过 C 点，取剖面 Ca″b″，便出现图 3-50 所示的成分剖面—温度立体图。图中共有 24 个相区（见表 3-25）。

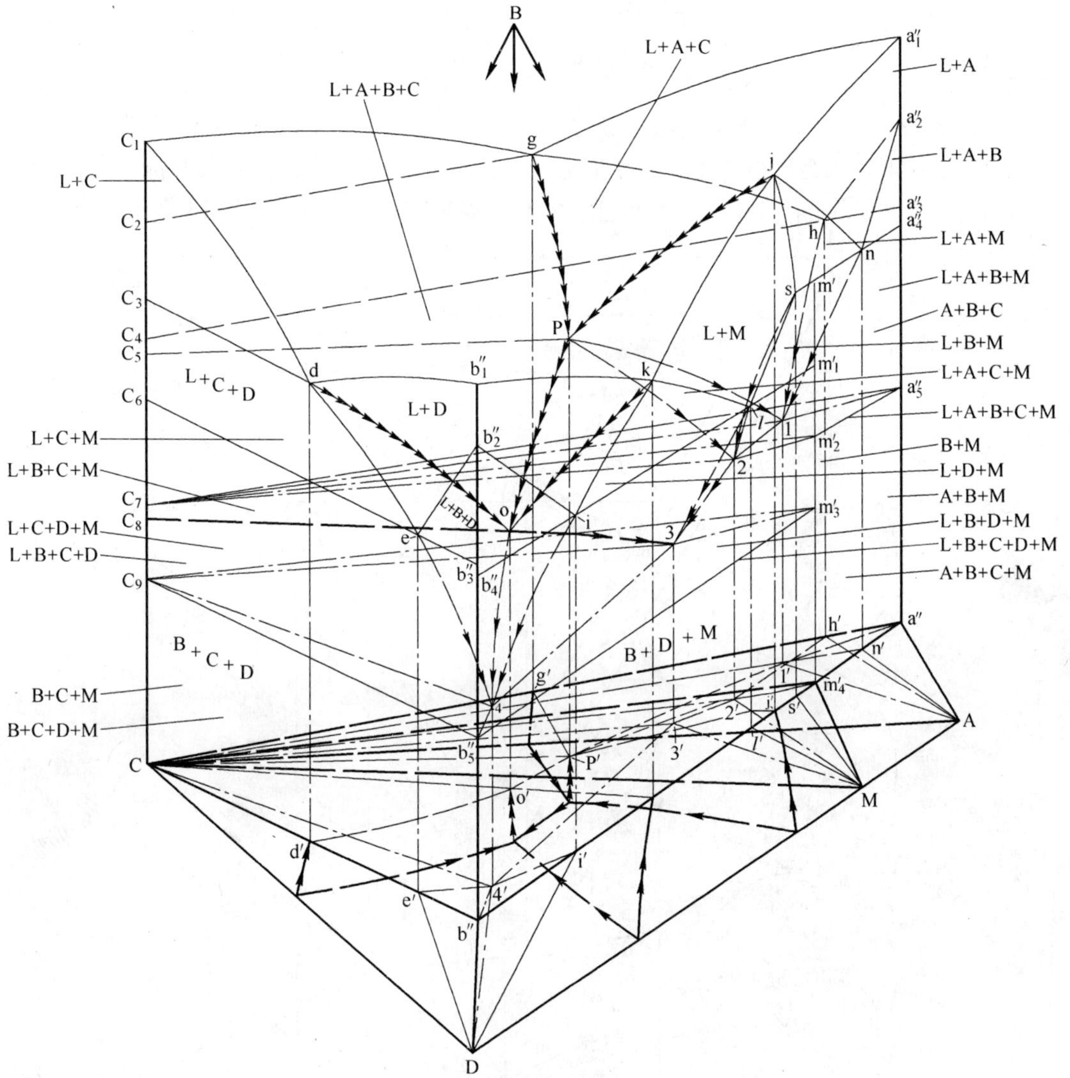

图 3-50　在图 3-47 中取成分剖面—温度立体图

表 3-25　图 3-50 的相区状态

相　　区	状　　态	相　　区	状　　态
a''_1gPj、b''_1dok、jpok、C_1gPod 四液相面上方	L	$a''_2ha''_3a''_4a''_5-1-n$	L + A + B
		$b''_2eb''_3b''_4b''_5-4-i$	L + D
$a''_1gPjn-1-ha''_2$	L + A	$C_2C_4h-1-C_7C_5Pg$	L + A + C
$b''_1doki-4-eb''_2$	L + D	$C_3C_6e-4-C_9C_8od$	L + C + D
$C_1dC_3C_5C_8oPgC_2$	L + C	$kil-3-4-o$	L + D + M
$jPokl-3-2-S$	L + M	$jsn-1-2-P$	L + A + M
$m'm'_1l-3-m'_3m'_2-2-S$	L + B + M	$C_8-o-3-4-C_9$	L + C + D + M
$m'_1lib''_4b''_5-4-3-m'_3$	L + B + D + M	$C_6eb''_3b''_5-4-C_9$	L + B + C + D
$a''_4n-1-2-Sm'm'_2a''_5$	L + A + B + M	$a''_5C_7-2-m'_2$（水平面）	L + A + B + C + M
$C_4ha''_3a''_5-1-C_7$	L + A + B + C	$C_9b''_5m'_3$（水平面）	L + B + C + D + M

续表 3-25

相　区	状　态	相　区	状　态
$C_5P-1-2-C_7$	L + A + C + M	$a_5''C_7m_2'm_4'Ca''$	A + B + C + M
$C_5PoC_8C_9-3-2-C_7$	L + C + M	$C_9m_3'b_5''b''m_4'C$	B + C + D + M
$C_7-2-m_2'm_3'-3-C_9$	L + B + C + M		

在图 3-48 上平行 ac 边同时也截过两条二元共晶截线 mo 和 jo 取剖面图 X－Y，便出现图 3-51 所示的情形。因为该纵剖面既剖过四元包共晶等温面 1－2－3－4，又剖过四元共晶等温面 $a_6b_5c_5$，所以纵剖面图中有两层等温线，不算等温反应线在内共计剖出 13 个相区。

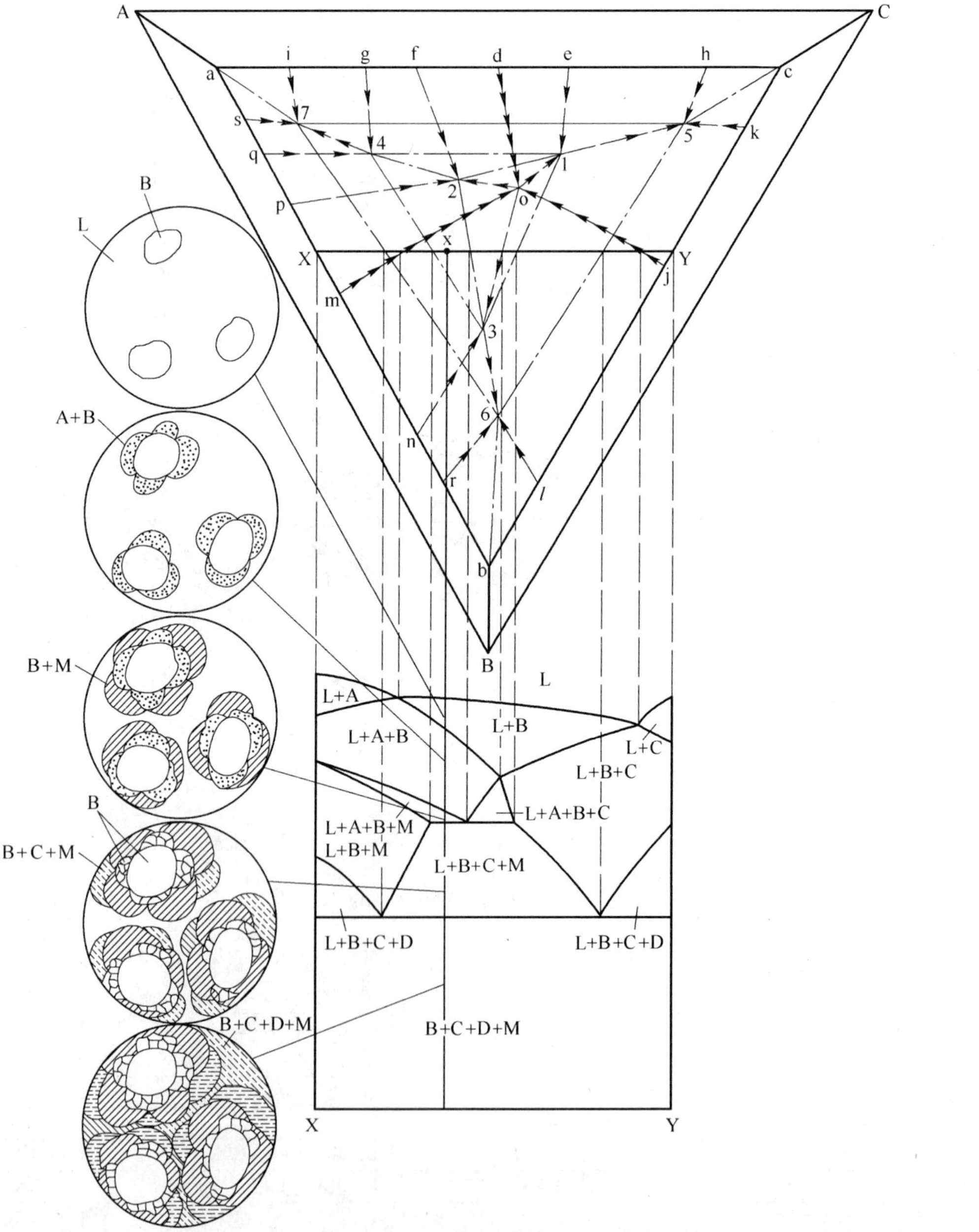

图 3-51　平行图 3-48 ac 边，截过两条二元共晶截线 mo 和 jo 取纵剖面图 X－Y

在图 3-49 上平行 c′a′边只剖过一条二元共晶截线 gP 取纵剖面图 X_1-Y_1，便出现图 3-52所示的情形。这里也有两层等温线，不算等温反应线在内，共计剖出 16 个相区。

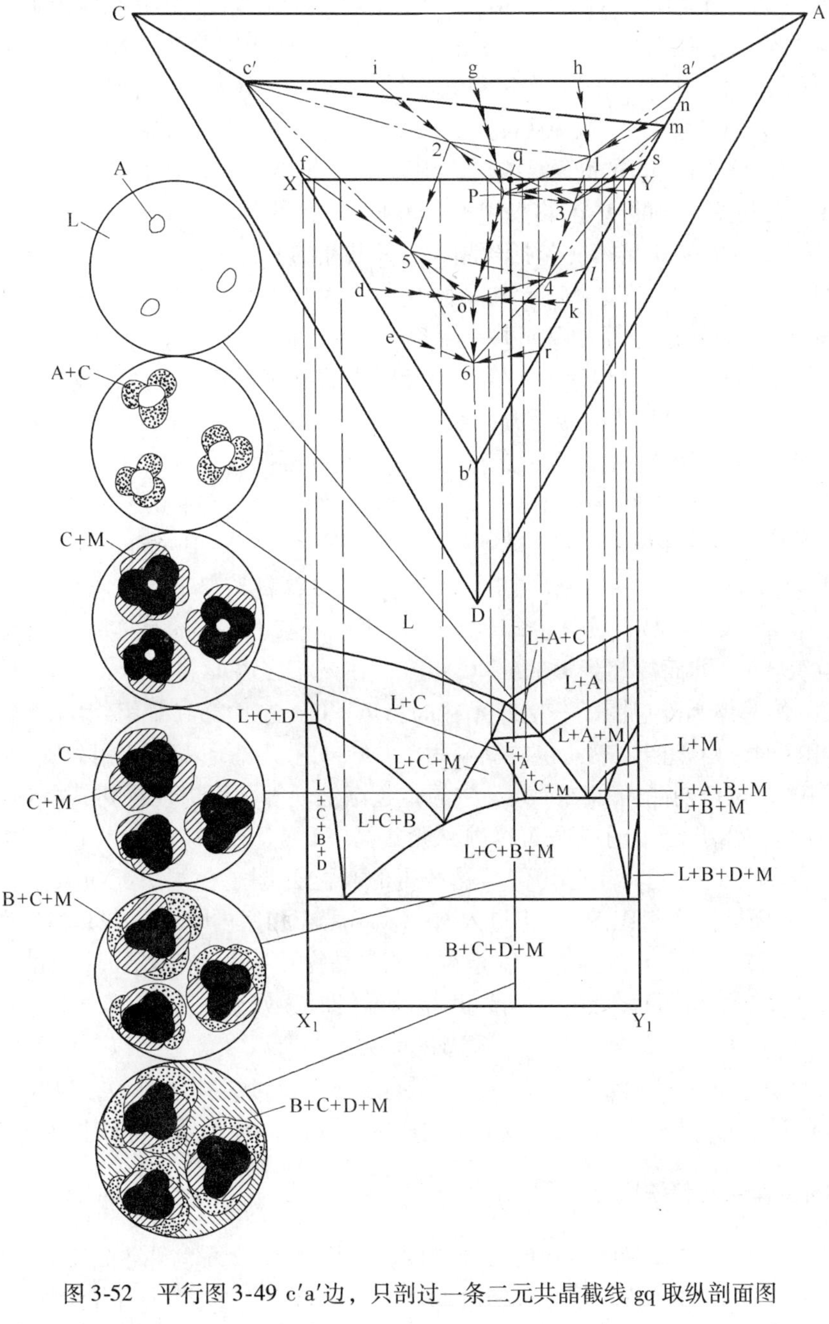

图 3-52 平行图 3-49 c′a′边，只剖过一条二元共晶截线 gq 取纵剖面图

3.7.3 典型合金凝固过程及显微组织变化示意图

在图 3-51 的纵剖面图 X - Y 上选一典型合金 x，它的凝固过程是：

$$L \to L+B \to L+B+A \to L+B+A+M \to L+B+A+M+C \to$$
$$L+B+M+C \to L+B+M+C+D \to B+C+D+M$$

该合金是在图 3-47 中的 BP－7－2 相区内（参看表 3-22）。

液态合金，首先冷却到 L＋B 相区内，便有 B 的晶体出现（图 3-51 左面第一个组织图）。当冷却到 L＋A＋B 相区内时，由于在该相区内 L 相产生二元共晶凝固 L→A＋B，所以在 B 晶体之外，还包围了一层二元共晶物 A＋B（左面第二个组织图）。当冷却到 L＋A＋B＋M 相区内，由于在该相区 L 产生包共晶反应 L＋A→B＋M，所以消耗掉了一部分二元共晶物中的 A，在残余的二元共晶物 A＋B 之外包围了一层包共晶物 B＋M（左面第三个组织图）。当冷经四元包共晶等温线时，由于产生等温的四元包共晶反应 L＋A→B＋C＋M，而将二元共晶物中的 A 全部消耗净，而进入三元共晶相区 L＋B＋C＋M。所以在该相区内的显微组织是在 B 晶体（包括初晶和二元共晶的）之外的三元包共晶物 B＋M，再往外包围的就是四元包共晶物和三元共晶物 B＋C＋M（左面第四个组织图）。当冷经四元共晶等温线时，L 相在产生等温四元共晶凝固（L→B＋C＋D＋M）中消失，凝固宣告结束。所以在等温线以下的 B＋C＋D＋M 低温相区内的显微组织是在四元包共晶和三元共晶物 B＋C＋M 以外的连续基体的四元共晶物 B＋C＋D＋M（左面第五个组织图）。

在图 3-52 纵剖面图 X_1-Y_1 选一典型合金 q，它的凝固过程是：

$$L\to L+A\to L+A+C\to L+A+C+M\to L+C+M\to$$
$$L+C+M+B\to L+B+C+D+M\to B+C+D+M$$

这是在图 3-47 中相区 P－4－12－6 中的一个合金（参看表 3-22）。

液态合金 q（图 3-52），首先冷却到 L＋A 相区，是组元 A 的晶体首先出现（左面第一个显微组织图）。继而冷却到 L＋A＋C 相区，在该相区内 L 相产生二元共晶凝固 L＋A＋C，所以在 A 晶体之外包围了一层二元共晶物 A＋C（左面第二个组织图）。当冷进 L＋A＋C＋M 相区时，由于产生三元包共晶凝固 L＋A→C＋M，所以在该相区内的显微组织是组元 A 的晶体（包括初晶的和二元共晶中的）逐渐消耗掉，而出现包共晶物 C＋M（左面第三个组织图）。当组元 A 消耗净而冷进二元共晶（L→C＋M）相区 L＋C＋M 之内的显微组织是 C 的晶体（二元共晶三元包共晶产生的）之外围了一层三元包共晶物和二元共晶物C＋M（左面第四个组织图）。当进入 L＋C＋B＋M 相区内时，这是 L 相产生三元共晶凝固L→C＋B＋M 相区，它的显微组织是在二元共晶物 C＋M 之外又围了三元共晶物 C＋B＋M（左面第五个组织图）。在冷经四元共晶等温线时，残余的 L 相因产生等温的四元共晶凝固L→B＋C＋D＋M 而全部消失，凝固过程结束。所以在等温线以下的 B＋C＋D＋M 相区的显微组织是 C 晶体之外包围有三元包共晶物和二元共晶物 C＋M，再往外是三元共晶物 B＋C＋M，四元共晶物 B＋C＋D＋M 是连续基体（左面第六个组织图）。

3.7.4 凝固过程的几何法则

关于图 3-51 中合金 x 凝固过程的几何法则，如图 3-53 所示。当液态合金冷却到 B 的初晶温度，便产生 B 的结晶，于是 L 相沿 Bx 线引伸方向变化。当 L 相变化到二元共晶曲面 $e_4'p_1Pe_4$ 上的 L_1 点时，继续冷却便产生二元共晶凝固 L→A＋B，并在曲面上沿 $e_4'L_1$ 的引伸方向自 L_1 向三元包共晶线 p_1P 变化。当 L 相变化到 p_1P 线上的 L_2 点时，便由二元共晶转变为三元共晶凝固 L＋A→B＋M，并沿 p_1P 线向 P 点变化。当 L 相达到 L_3（P）时，产生等温的四元包共晶凝固 L＋A→B＋C＋M 而将 A 消耗净，于是剩余的 L 相又产生三元共晶（L→B＋C＋M）凝固并沿 PE 线变化。当变化到 L_4（E）点时，残余的 L 相产生等温的四元共晶凝固 L→B + C + D + M 而消失，凝固过程结束。

关于图 3-52 中合金 q 凝固过程的几何法则，如图 3-54 所示。当液态合金 q 冷却到 A 的初晶点，便产生 A 的结晶，于 L 相沿 Aq 的引伸线向二元共晶曲面 $e_5'p_2Pe_4$ 上变化。当 L 相达到该曲面上的 L_1 点时，开始了二元共晶凝固 L→A + C，并在曲面上沿 $e_5'L_1$ 的引伸方向向三元包共晶线 p_2P 变化。当 L 相达到 p_2P 上的 L_2 点时，继续冷却便产生三元包共晶凝固 L + A→C + M，并沿该曲线向 L_3 点变化。当 L 相达到 L_3 点时，A 相消耗净尽，于是继续冷却，L 相产生二元共晶凝固 L→C + M，并在二元共晶曲面 p_2e_2EP 上沿 L_3L_4 变化。当 L 相变化到 PE 线上的 L_4 点，便开始了三元共晶凝固 L→B + C + M，并沿 PE 线向 E 点变化。L 相变化到 L_5（E）点，其残余量产生等温的四元共晶凝固 L→B + C + D + M 消失，凝固结束。

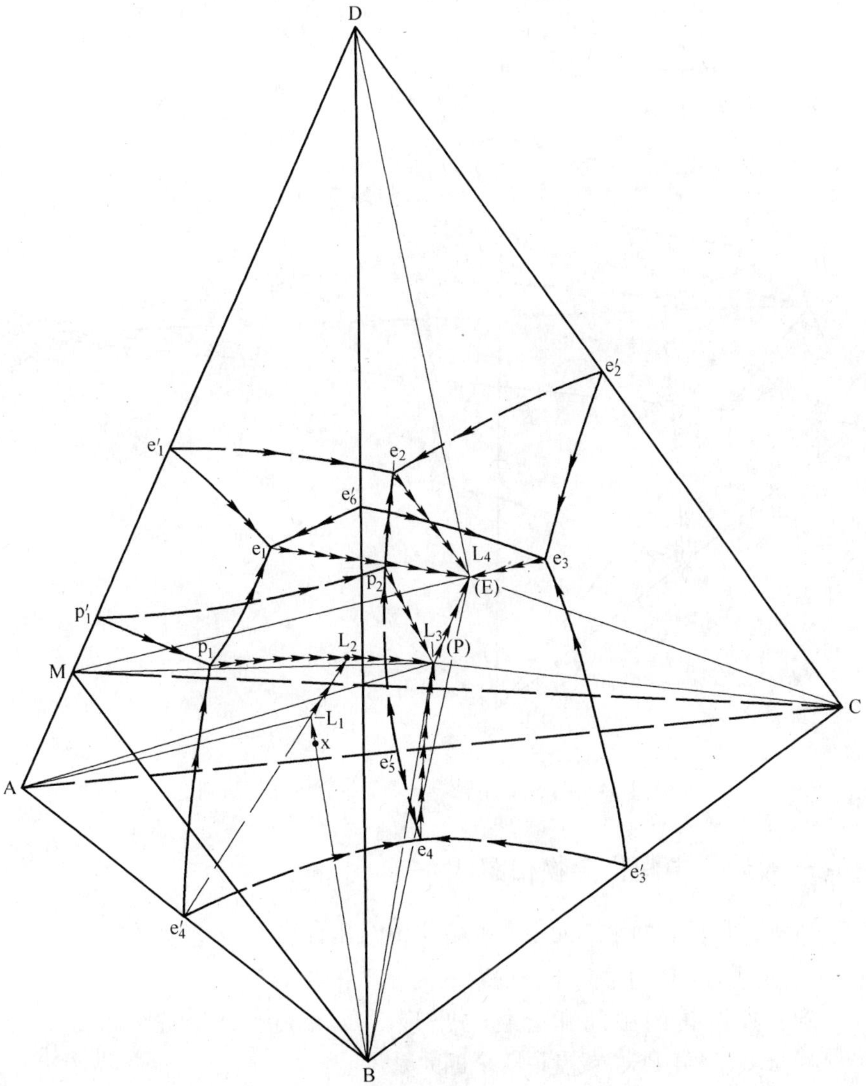

图 3-53　图 3-51 中合金 x 凝固过程的几何法则

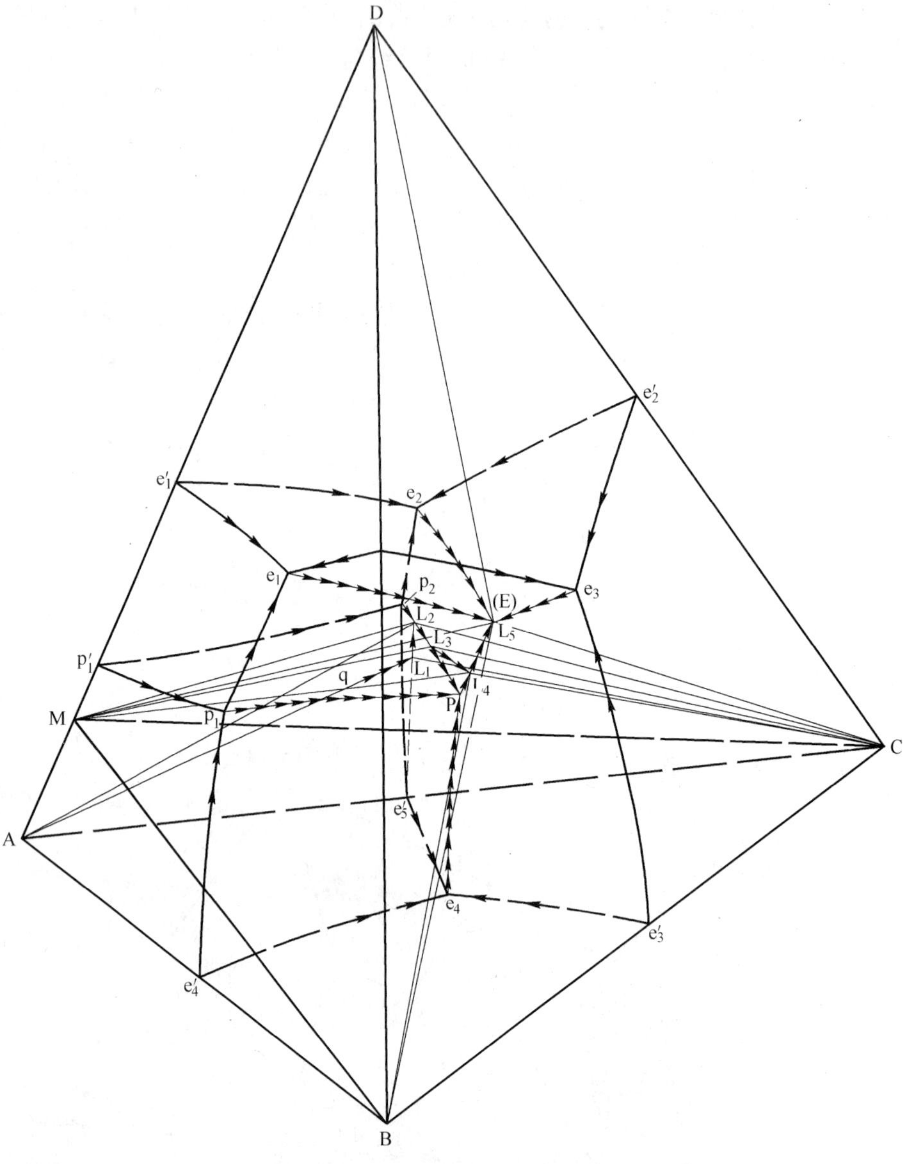

图 3-54　图 3-52 中合金 q 凝固过程的几何法则

3.8　具有一致熔化中间化合物相图

图 3-55 所示，是具有两个二元系一致熔化中间化合物 M_1（二元系 B－D 的中间化合物）和 M_2（二元系 C－D 的中间化合物）的四元系相图。

由于两个一致熔化的中间化合物的出现，四元系成分体被分割成 3 个四面体 AM_1M_2D、AM_1M_2C、AM_1BC，或者说 3 个四元系。

3 个四元系 $A-M_1-M_2-D$、$A-M_1-M_2-C$、$A-M_1-B-C$ 的共同特点都是简单共晶型的，各有一个四元共晶点（E_3、E_2、E_1），各有四条三元共晶曲线和各有 6 个二元共晶曲面。也就是说3个简单共晶型四元系，都可以独立地当作简单共晶型四元系来分析研究，只是其成分体为非正四面体而已。

图3-56所示，是具有一个四元系一致熔化中间化合物M的四元系相图。该四元系成分体被分割成4个非正四面体AMBD、AMBC、BMCD、AMCD，它们各有一个四元共晶点（E_1、E_2、E_3、E_4），各有四条三元共晶曲线，各有6个二元共晶曲面。同样，也都可以视作独立的简单共晶型四元系来分析研究。依此类推，凡是具有一致熔化的中间化合物的共晶型相图，尽管是二元系、三元系和四元系同时出现，都可以根据其分割的四面体，当作独立的四元系相图来分析研究。

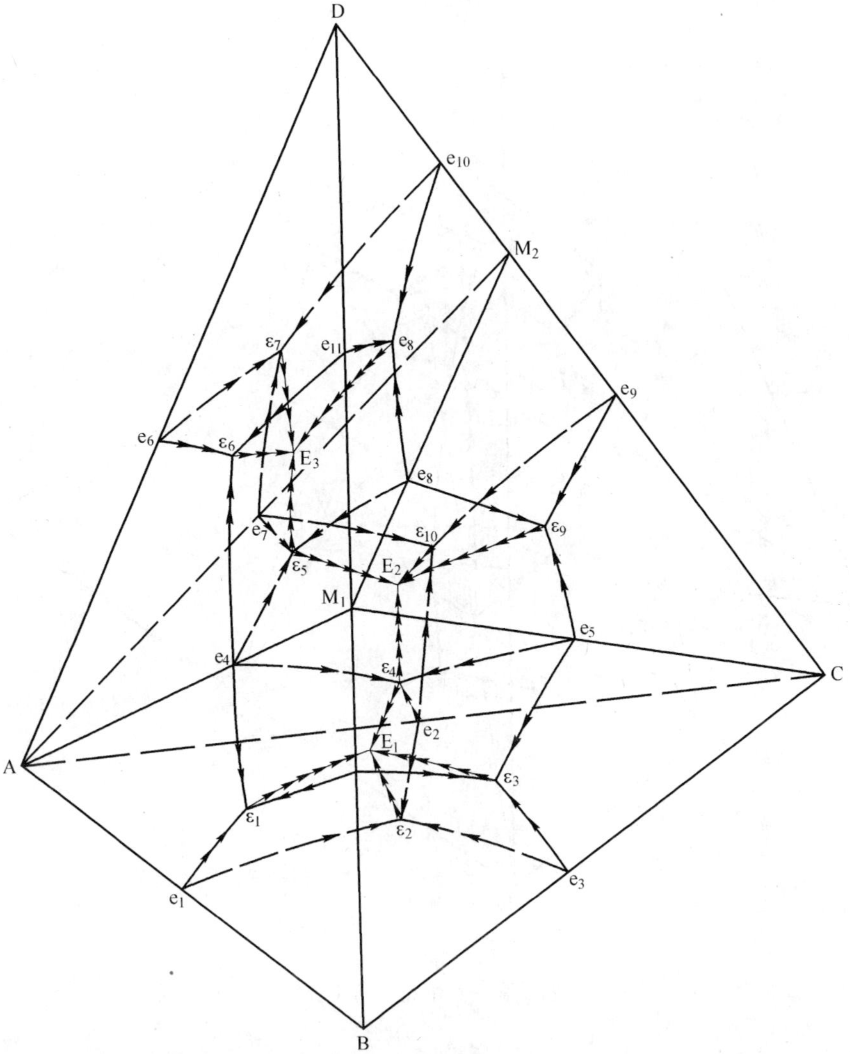

图3-55 具有两个二元系一致熔化中间化合物M_1和M_2的四元系相图

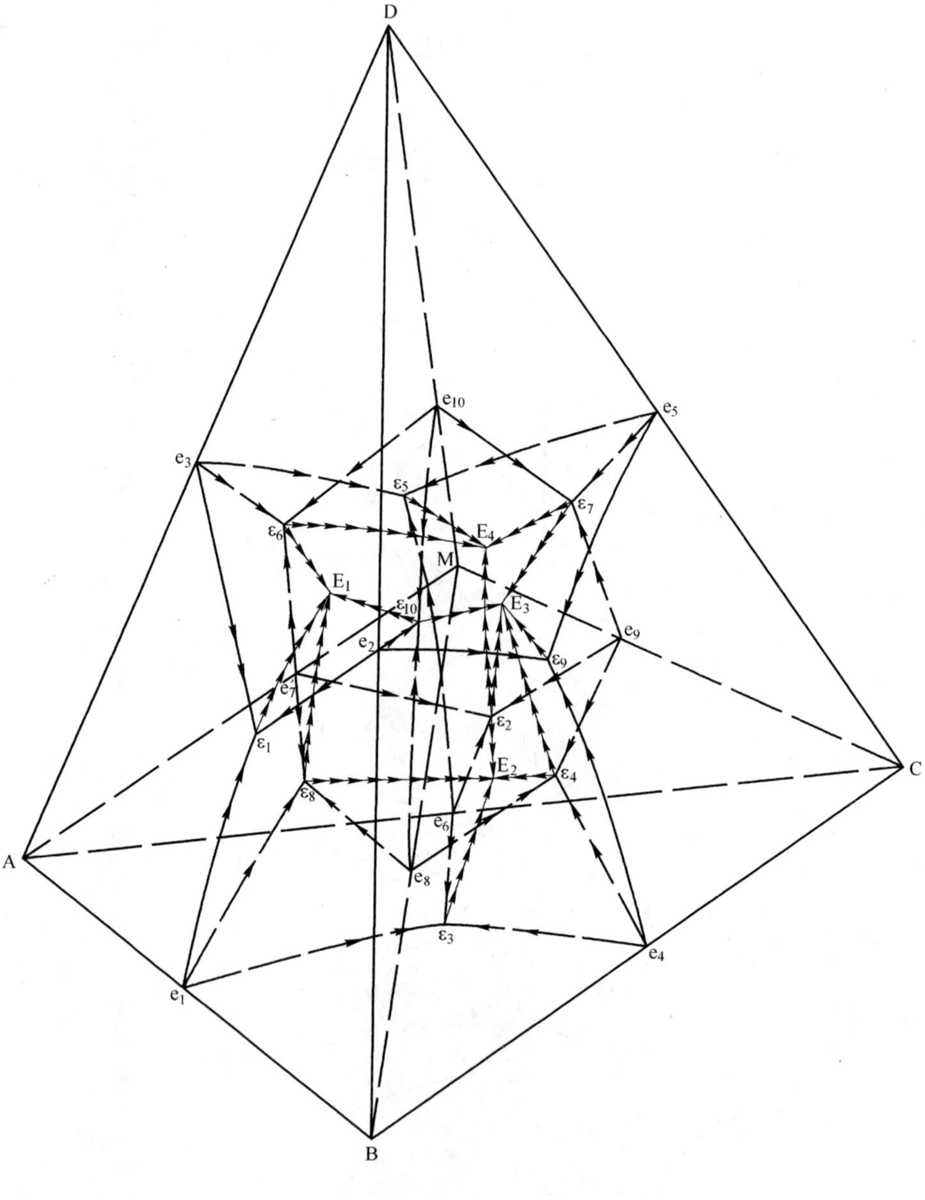

图 3-56　具有一个四元系一致熔化中间化合物 M 的四元系相图

4 非同离子偶对盐四元系相图

在水溶液里如果有两种盐 AM 和 BN 产生化学反应

$$A^+M^- + B^+N^- \rightleftharpoons A^+N^- + B^+M^-$$

这里 A、B 为阳离子，M、N 为阴离子，这种化学反应便是非同离子偶对盐的反应形式。

在反应式的两端共有四种盐存在，所以把它当作四元系统。这种四元系统的反应变化也可用相图表达。

4.1 成分表示的几何法则

四元系非同离子偶对盐的成分表示，用正四边形表示最为理想。图 4-1 所示，正四边形 AM－AN－BN－BM 是表示该四元系的成分面，AM－BN 和 AN－BM 各成对角线关系。因为在进行反应的过程中无法计量四种盐的数量关系，所以正四边形面上也并不能同时表示四种盐的数量关系。只要在进行反应后，至多有三种盐共存的情况下，才能表示三种盐的数量。例如经反应后，反应式左端只剩余 AM，它和反应式右端的 AN、BM 共计三种盐，便在三角形 AM－AN－BM 内来表示该三种盐的数量。依此类推，在其他三角形面中，如 AN－BN－BM 表示 AN、BN、BM 三种盐的成分。实际上它就是用三角形面表示三元系成分的。

由于是化学反应，物系成分表示单位不用质量分数，而是用盐的摩尔分数表示，水溶液则用在一定量的水中的物质的量来表示。

图 4-2 所示，是四元系非同离子盐 AM－AN－BN－BM 在一定量的水溶液中的成分图。若已知 AN、BN 和 BM 三种盐在一定水溶液中的物质的量分别是 a、b 和 c，可采用和图 1－2相似方法在成分体内确定已知三个盐的浓度点 P。

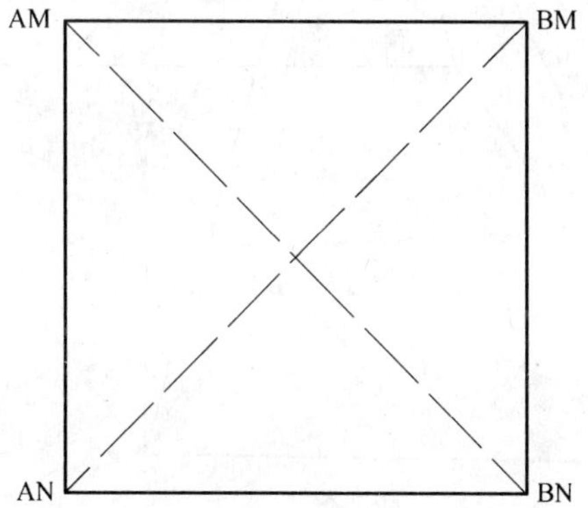

图 4-1 四元系非同离子偶对盐的成分表示图

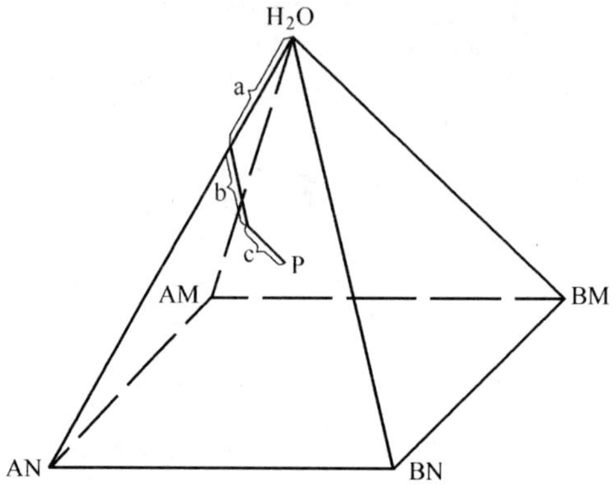

图 4-2 四元系非同离子盐在水溶液中的成分图

4.2 基本形式举例及盐的等温蒸发结晶过程分析

盐的水溶液在两种基本条件下可以使盐结晶出来，一种是降低温度，使溶液由不饱和变为饱和而结晶；另一种是等温蒸发，降低溶液中的水分，达到饱和而结晶。这里仅就等温蒸发结晶变化过程进行举例分析。

图 4-3 所示，是四元系非同离子偶对盐的水溶液等温蒸发结晶状态图。曲面 HbEc 是溶液结晶出 BM 盐的饱和面；KcEPd、LdPa 和 GaPEb 分别是 BN、AN 和 AM 结晶的饱和面。曲线 aP、bE、cE、dP、PE 分别是 AM 与 AN、AM 与 BM、BM 与 BN、AN 与 BN、AM 与 BN 的二元共晶线。P 点是三元包共晶（溶）点（L + AN⇌AM + BN）。E 点是三元共晶（溶）点（L⇌AM + BN + BM），也是含水量最低的饱和共晶点。

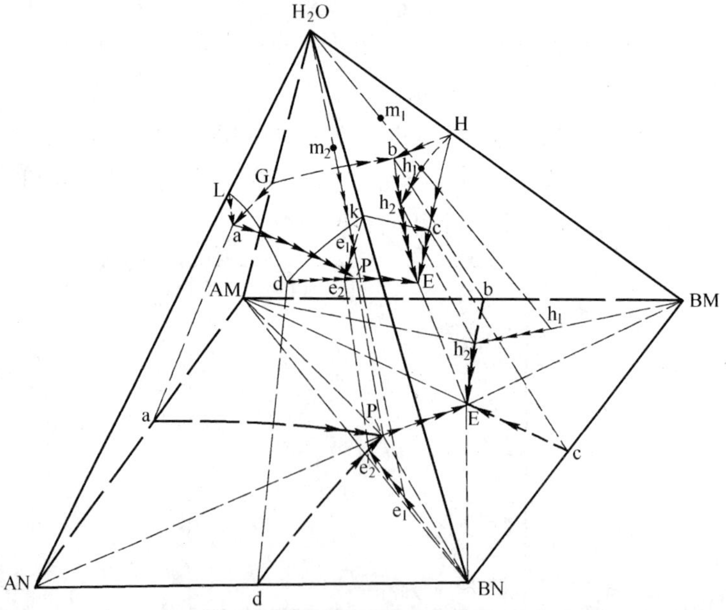

图 4-3 四元系非同离子偶对盐的水溶液等温蒸发结晶状态图

下面分析两个不同成分的非饱和溶液 m_1 和 m_2 的等温蒸发结晶变化过程和几何法则。

溶液 m_1 在等温蒸发过程中，随着水分的降低，沿 H_2O-m_1 线的引伸方向变化。当它变化到BM盐的饱和面HbEc上的 h_1 点上时，便开始结晶出BM，并在曲面上沿 Hh_1 的引伸方向向二元共晶线bE变化。当变化到bE线上的 h_2 点时，便转变为二元共晶L→AM + BM，并沿该二元共晶线向E点变化。当溶液达到E点时，产生三元共晶L→AM + BN + BM，其成分不再变化，一直将所有残余水分蒸发掉为止。

溶液 m_2 在等温蒸发过程中，随着水分的下降沿 H_2O-m_2 线的引伸方向向BN的饱和面KcEPd上变化。当变化到该曲面上的 e_1 点时，开始了BN的结晶，并在曲面上沿 ke_1 的引伸方向向dP线上变化。当溶液达到dP上的 e_2 点时，便转变为二元共晶L→AN + BN，并沿该线向P点变化。当变化到P点时，溶液与已结晶出来的AN盐共同作用，产生包共晶反应L + AN→AM + BN。经过包共晶反应，AN消失，于是溶液又随着水分的蒸发产生二元共晶（L→AM + BN）并沿PE线自P点向E点变化。当溶液变化到E点，便产生三元共晶L→AM + BN + BM，直到水分蒸发净尽为止。

图4-4是图4-3的等水图。自E点附近（含水分最低的三元饱和共晶点）起，所画的1，2，3，…等水线，标志着随着顺序数的增加其水分也相应增多。

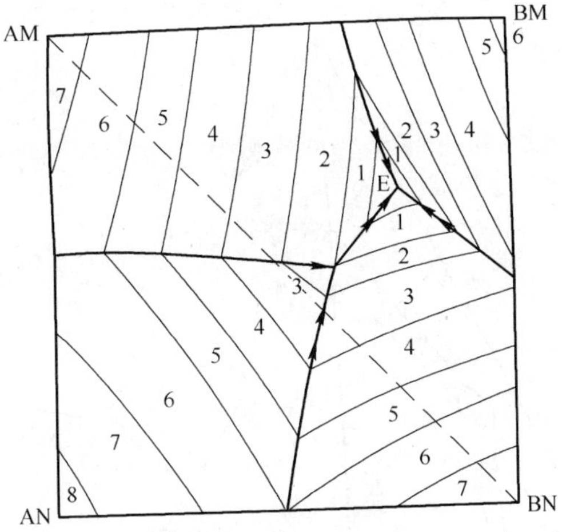

图4-4 图4-3的等水图

5 四元系相图实例

$CaO - 5CaO \cdot Al_2O_3 - 2CaO \cdot SiO_2 - 4CaO \cdot Al_2O_3 \cdot Fe_2O_3$ 相图分析。

图 5-1 所示，是四元系 $CaO - 5CaO \cdot Al_2O_3 - 2CaO \cdot SiO_2 - 4CaO \cdot Al_2O_3 \cdot Fe_2O_3$ 相图的基本形式，它是四元系 $CaO - Al_2O_3 - SiO_2 - Fe_2O_3$ 在靠近组元 CaO 的部分相图。它是在二元系 $CaO - Al_2O_3$ 成分线上以中间相 $5CaO \cdot Al_2O_3$ 为端点，在二元系 $CaO - SiO_2$ 成分线上以中间相 $2CaO \cdot SiO_2$ 为端点，在三元系 $CaO - Al_2O_3 - Fe_2O_3$ 成分面上取中间化合物 $4CaO \cdot Al_2O_3 \cdot Fe_2O_3$ 为一顶点，在空间连 $CaO - 5CaO \cdot Al_2O_3 - 2CaO \cdot SiO_2 - 4CaO \cdot Al_2O_3 \cdot Fe_2O_3$ 成为四元系的四面体相图。

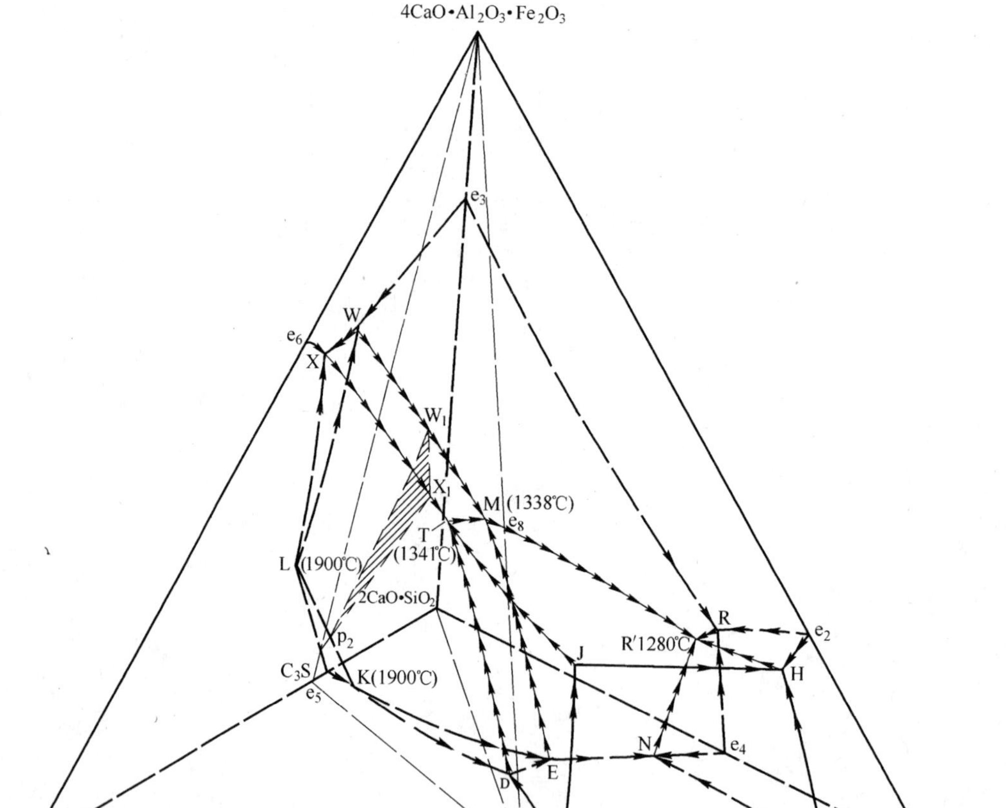

图 5-1 四元系 $CaO - 5CaO \cdot Al_2O_3 - 2CaO \cdot SiO_2 - 4CaO \cdot Al_2O_3 \cdot Fe_2O_3$ 相图的基本形式

该相图对研究硅酸盐材料具有重要意义。这里分析该相图主要依据是K·G·叶夫斯特罗比耶夫和H·A·托罗波夫合著的《硅化学与硅酸盐物理化学》一书中所提供的资料。

为减免化合物分子式书写的麻烦，图内的组元和中间相均以代号书写。对CaO、Al_2O_3、SiO_2、Fe_2O_3 分别用 C、A、S、F 表示，如 $4CaO \cdot Al_2O_3 \cdot Fe_2O_3$ 用 C_4AF 表示。

三元系 $CaO-C_2S-C_5A_3$ 成分面上 C_3S 初晶的液相面 K－E－D 在 C_3S 和 C_3A 连线的右侧，而在三元系 $CaO-C_2S-C_4AF$ 成分面上 C_3S 的液相面 L－W－X 却在 C_3S 和 C_4AF 连线的左侧。因而在四元系成分体内所构成 C_3S 初晶的液相体 L－X－T－D－K－E－M－W，在靠近三元系 $CaO-C_2S-C_4AF$ 的部分，位于四面体 $CaO-C_3A-C_3S-C_4AF$ 之内；而靠近三元系 $CaO-C_2S-C_5A_3$ 的部分，则位于五面体 $C_3S-C_3A-C_5A_3-C_4AF-C_2S$ 之内。$W_1-X_1-p_2$ 面是液相体被三角形面 $C_3S-C_3A-C_4AF$ 所交割的平面，那么液相体的下半部分 $p_2-W_1-X_1-T-M-E-D-K$ 就位于五面体内，上半部分 $p_2-W_1-X_1-X-W-L$，位于四面体 $CaO-C_3A-C_3S-C_4AF$ 之内。

组成 C_3S 初晶液相体的一个面 X－T－D－K－L，由于三角形 $C_3S-C_3A-C_4AF$ 的剖截，同一面上物理意义有别。$X-L-p_2-X_1$ 这一部分是二元共晶反应面（$L \rightleftharpoons CaO + C_3S$）；$D-K-p_2-X_1-T$ 部分是二元包晶反应面（$L + CaO \rightleftharpoons C_3S$）。同理，K－E－M－$W_1-p_2$这一部分是二元共晶面（$L \rightleftharpoons C_3S + C_2S$）；$W-L-p_2-W_1$ 部分是二元包晶面（$L + C_2S \rightleftharpoons C_3S$）。

这里值得讨论的还有图5-1中的M点的位置和 M－R′线的问题。

根据K·G·叶夫斯特罗比耶夫等人的说法，M点是四元共晶点（$L_M \rightleftharpoons C_3S + C_3A + C_2S + C_4AF$），其温度在1338℃，这说明M是在四面体 $C_3S-C_3A-C_2S-C_4AF$ 之内。R′也是四元共晶点（$L_{R'} \rightleftharpoons C_3A + C_5A + C_2S + C_4AF$），温度是1280℃。为符合M和R′两点的定义，曲线 M－R′与三角形面 $C_2S-C_3A-C_4AF$ 的交点 e_8 的温度是高于1338℃的，是 C_2S、C_3A、C_4AF 三元共晶线的分水点。e_8－M 的温度降低箭头自 e_8 向 M，e_8－R′线则自 e_8 向 R′。

几何要素及其物理意义见表5-1。

表 5-1 几何要素及其物理意义

组元	化合物	几何要素（点）		几何要素（线）		几何要素（面）		几何要素（体）	
		符号	物理意义	符号	物理意义	符号	物理意义	符号	物理意义
二元系	$CaO-C_5A_3$	e_1	$L\rightleftharpoons C_3A+C_5A_3$	$CaO-p_1$	$L\rightleftharpoons CaO$				
				p_1-e_1	$L\rightleftharpoons C_3A$				
		p_1	$L+CaO\rightleftharpoons C_3A$	$C_5A_3-e_1$	$L\rightleftharpoons C_5A_3$				
	$CaO-C_2S$	e_5	$L\rightleftharpoons CaO+C_2S$	$CuO-e_5$	$L\rightleftharpoons CaO$				
				C_2S-e_5	$L\rightleftharpoons C_2S$				
	$CaO-C_4AF$	e_6	$L\rightleftharpoons CaO+C_4AF$	$CaO-e_6$	$L\rightleftharpoons CaO$				
				C_4AF-e_6	$L\rightleftharpoons C_4AF$				
	C_2S-C_4AF	e_3	$L\rightleftharpoons C_2S+C_4AF$	C_2S-e_2	$L\rightleftharpoons C_2S$				
				C_4AF-e_2	$L\rightleftharpoons C_4AF$				
	$C_2S-C_5A_3$	e_4	$L\rightleftharpoons C_2S+C_5A_3$	C_2S-e_4	$L\rightleftharpoons C_2S$				
				$C_5A_3-e_4$	$L\rightleftharpoons C_5A_3$				
	$C_4AF-C_5A_3$	e_2	$L\rightleftharpoons C_5A_3+C_4AF$	$C_5A_3-e_2$	$L\rightleftharpoons C_5A_3$				
				C_4AF-e_2	$L\rightleftharpoons C_4AF$				
三元系	$CaO-C_2S-C_5A_3$	K	$L+CaO+C_2S\rightleftharpoons C_3S$	e_5-K	$L\rightleftharpoons CaO+C_2S$	$CaO-e_5-K-D-p_1$	$L\rightleftharpoons CaO$		
				$K-E$	$L\rightleftharpoons C_3S+C_2S$				
		D	$L+CaO\rightleftharpoons C_3S+C_3A$	$K-D$	$L+CaO\rightleftharpoons C_3S$	$C_2S-e_4-N-E-K-e_5$	$L\rightleftharpoons C_2S$		
				$D-E$	$L\rightleftharpoons C_3S+C_3A$	$K-E-D$	$L\rightleftharpoons C_3S$		
		E	$L+C_3S\rightleftharpoons C_2S+C_3A$	$E-N$	$L\rightleftharpoons C_2S+C_3A$				
				P_1-D	$L+CaO\rightleftharpoons C_3A$	$p_1-D-E-N-e_1$	$L\rightleftharpoons C_3A$		
		N	$L\rightleftharpoons C_3A+C_2S+C_5A_3$	e_1-N	$L\rightleftharpoons C_3A+C_5A_3$				
				e_4-N	$L\rightleftharpoons C_2S+C_5A_3$	$e_1-N-e_4-C_5A_3$	$L\rightleftharpoons C_5A_3$		
	$CaO-C_2S-C_4AF$	W	$L+C_2S\rightleftharpoons C_3S+C_4AF$	e_5-L	$L\rightleftharpoons CaO+C_2S$	$CaO-e_6-X-L-e_5$	$L\rightleftharpoons CaO$		
				e_6-X	$L\rightleftharpoons CaO+C_4AF$	$C_2S-e_5-L-W-e_7-e_3$	$L\rightleftharpoons C_2S$		
				$L-X$	$L\rightleftharpoons CaO+C_3S$	$L-W-X$	$L\rightleftharpoons C_3S$		
		X	$L\rightleftharpoons CaO+C_3S+C_4AF$	$L-W$	$L\rightleftharpoons C_2S+C_4AF$				
		L	$L+CaO+C_2S\rightleftharpoons C_3S$	$W-X$	$L\rightleftharpoons C_3S+C_4AF$	$C_4AF-e_3-e_7-W-X-e_6$	$L\rightleftharpoons C_4AF$		
				e_3-W	$L\rightleftharpoons C_2S+C_4AF$	$C_2S-e_4-R-e_3$	$L\rightleftharpoons C_2S$		
	$C_2S-C_5A_3-C_4AF$	R	$L\rightleftharpoons C_5S+C_5A_3+C_4AF$	e_2-R	$L\rightleftharpoons C_5A_3+C_4AF$	$C_5A_3-e_2-R-e_4$	$L\rightleftharpoons C_5A_3$		
				e_3-R	$L\rightleftharpoons C_2S+C_4AF$				
				e_4-R	$L\rightleftharpoons C_2S+C_5A_3$	$C_4AF-e_2-R-e_3$	$L\rightleftharpoons C_4AF$		
	$CaO-C_5A_3-C_4AF$	H	$L\rightleftharpoons C_3A+C_5A_3+C_4AF$	e_1-H	$L\rightleftharpoons C_3A+C_5A_3$	$C_5A_3-e_2-H-e_1$	$L\rightleftharpoons C_5A_3$		
		J	$L+CaO\rightleftharpoons C_3A+C_4AF$	p_1-J	$L+CaO\rightleftharpoons C_3A$	$e_2-H-J-p_1$	$L\rightleftharpoons C_3A$		
				$J-H$	$L\rightleftharpoons C_3A+C_4AF$	?	$L\rightleftharpoons C_4AF$		
		…	…	e_2-H	$L\rightleftharpoons C_5A_3+C_4AF$	?	$L\rightleftharpoons CaO$		

续表 5-1

组元	化合物	几何要素（点）		几何要素（线）		几何要素（面）		几何要素（体）	
		符号	物理意义	符号	物理意义	符号	物理意义	符号	物理意义
四元系	$CaO-C_2S-C_5A-C_4AF$	T	$L+CaO\rightleftharpoons C_3S+C_3A+C_4AF$	X－T	$L\rightleftharpoons CaO+C_3S+C_4AF$	e_5-K-L	$L\rightleftharpoons CaO+C_2S$	$CaO-e_6-X-L-e_5-K-D-T-J-p_1$	$L\rightleftharpoons CaO$
				W－M	$L+C_2S\rightleftharpoons C_3S+C_4AF$	W－X－T－M	$L\rightleftharpoons C_3S+C_4AF$	$C_5A_3-e_4-R-e_2H-R'-N-e_1$	$L\rightleftharpoons C_5A_3$
				D－T	$L+CaO\rightleftharpoons C_3S+C_3A$	T－M－E－D	$L\rightleftharpoons C_2S+C_3A$	$C_2S-e_4R-R'-N-E-M-W-L-K-e_5$	$L\rightleftharpoons C_2S$
		M	$L\rightleftharpoons C_3S+C_3A+C_2S+C_4AF$（M 点在四面体 $C_3S-C_3A-C_4AF-C_2S$ 之内）	E－M	$L+C_3S\rightleftharpoons C_3A+C_2S$	T－M－R′－H－J	$L\rightleftharpoons C_3A+C_4AF$	$C_4AF-e_2-R-e_3-e_7-W-M-R'-H-J-T-X-e_6$	$L\rightleftharpoons C_4AF$
						$e_2-R-R'-H$	$L\rightleftharpoons C_5A+C_4AF$	$L-X-T-D-K-E-M-W$	$L\rightleftharpoons C_3S$
				$e_8-M=MR'$ $e_8-R'=MR'$	$L\rightleftharpoons C_2S+C_3A+C_4AF$	$H-R'-N-e_1$	$L\rightleftharpoons C_3A+C_5A_3$	$p_1-D-E-N-R'-M-T-J-H-e_1$	$L\rightleftharpoons C_3A$
				T－M	$L\rightleftharpoons C_3S+C_3A+C_4AF$	$J-T-D-p_1$	$L+CaO\rightleftharpoons C_3A$		
				J－T	$L+CaO\rightleftharpoons C_3A+C_4AF$	M－R′－N－E	$L\rightleftharpoons C_3A+C_2S$		

续表 5-1

组元	化合物	几何要素（点）		几何要素（线）		几何要素（面）		几何要素（体）	
		符号	物理意义	符号	物理意义	符号	物理意义	符号	物理意义
四元系	$CaO-C_2S-C_5A-C_4AF$	e_8	$L \rightleftharpoons C_2S+C_3A+C_4AF$（$C_2S$、$C_3A$、$C_4AF$ 三元共晶线 e_8M 和 e_8R' 的分水点）	$N-R'$	$L \rightleftharpoons C_2S+C_3A+C_5A_3$	$e_3-R-R'-M-W$	$L \rightleftharpoons C_2S+C_4AF$		
						$X-T-D-K-L$ 的 $\begin{cases} X-L-p_2-X_1 \\ D-K-p_2-X_1-T \end{cases}$	$L \rightleftharpoons CaO+C_3S$ $L+CaO \rightleftharpoons C_3S$		
				$H-R'$	$L \rightleftharpoons C_3A+C_5A_3+C_4AF$	$W-M-E-K-L$ 的 $\begin{cases} K-E-M-W_1-p_2 \\ W-L-p_2-W_1 \end{cases}$	$L \rightleftharpoons C_3S+C_2S$ $L+C_2S \rightleftharpoons C_3S$		
		R'	$L_{R'} \rightleftharpoons CA + CA + CS + CAF$	$R-R'$	$L \rightleftharpoons C_2S+C_5A_3+C_4AF$	$R-R'-N-e_4$	$L \rightleftharpoons C_2S+C_5A_3$		

下篇　五元系及更多元系相图

6　五元系相图概论

6.1　五元系相图的成分表示法

已知四元系是以 4 个三元系成分三角形面组成的成分四面体来表示它的成分。同样道理，五元系是以四元系为基础，由 5 个四元系成分四面体组成一个五元系的成分四维空间体图。这里包括 10 个三元系和 10 个二元系。

图 6-1 所示，是五元系 A－B－C－D－E 的成分四维体图，它是由 5 个四元系成分三维体 ABCD、ABCE、ACDE、ABDE 及 BCDE 所组成。在四维体内的任一点代表五元系的某一定成分。例如，五元系 A－B－C－D－E 的某一成分：A% ＝a；B% ＝b；C% ＝c；D% ＝d；E% ＝100－（a＋b＋c＋d）。要确定该五组元在成分四维体内的位置（成分点）和图 1-2 的情形相似，采用组元百分数线段平行二元成分线的连接法。确定的方法过程这里就不再谈了。

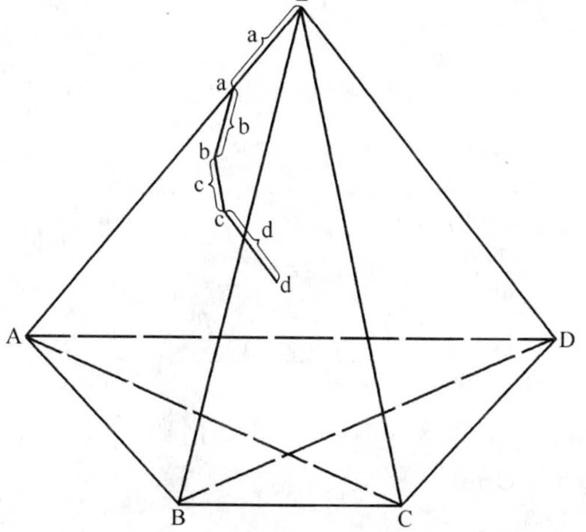

图 6-1　五元系 A－B－C－D－E 的成分四维体图

按三元系、四元系相图的习惯要求，三元系的成分面是正三角形，四元系成分体是正四面体，似乎五元系也应当是“正五角四维体”。这样就需要五元系内的所有 10 个二元系成分线长度都相等，所有 10 个三元系成分面都是相等的正三角形，所有 5 个四元系成分体都应是相等的正四面体。但实际上五元系的 5 个组元点在三维空间要构成成分四维体是达不到上述要求的。这和在平面上表示正四面体，不可能画出相等的六条二元系成分线和 4 个三元系正三角形是一样的情形。所以在三维空间表示成分四维体，各二元系成分线不可能全等，各三元系成分面不可能全是正三角形，各四元系成分体不可能全是正四面体。尽管如此，并不影响对各组元的成分表示，只是较长的成分线上的单位长度比较长一些而已。

由于在三维空间表示四维体，必然出现体与体（三维）的相互入侵，再加上温度条件（压力是常数）在成分四维体上的投影，所以五元系相图比四元系相图的抽象性更强。我们直接观察和分析研究五元系相图的全貌就显得非常困难。为此，我们可以对五元系以上相图取限制条件，层层减少空间维数。就像对三元系相图成分面取剖截线，对四元系成分体图取剖面一样，将五元系成分四维体取三维剖体图，并继续将三维剖体取二维剖面，最后在成分剖面上取剖截线，加上温度条件，成为成分—温度纵剖面图。对五元系四维体相图，经过第三级剖取，得成分—温度纵剖面图。对 n 元系相图，进行 $n-2$ 级剖取，便得成分—温度纵剖面图。

图 6-2 所示，在五元系 A－B－C－D－E 成分四维体图内，平行四元系 A－B－C－D 的成分四面体，过四条二元系成分线 EA、EB、EC、ED，取剖体 abcd（四面体），这是一个三维体，它是由 4 个剖面 abc、abd、acd 和 bcd 组成。这些剖面是分别在四元系 A－B－C－E、A－B－D－E、A－C－D－E 和 B－C－D－E 的成分体内，各平行 E 点的对面三角形面所剖的。在该四面体内，物系的限制条件使组元 E 保持常量不变。

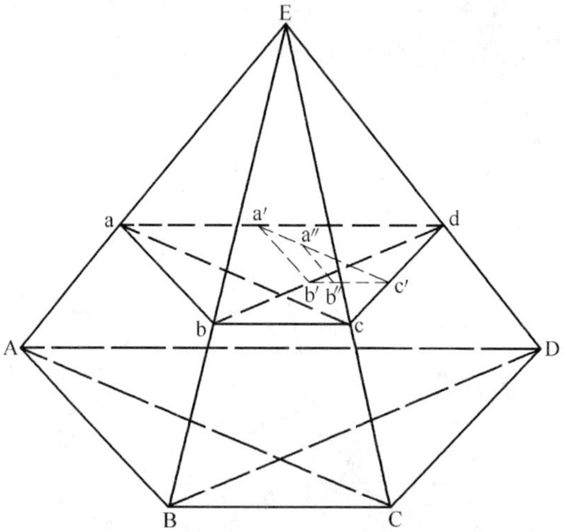

图 6-2　在成分四维体 ABCDE 内剖取的成分四面体图

再将四面体进行第二级剖取，如平行三角形面 abc，过 da、db、dc 三条线取剖面 a′b′c′，该剖面上的限制条件是组元 D 也保持常量不变。

在剖面 a′b′c′上再进行第三级剖截，如平行 a′b′，过 c′a′和 c′b′取截线 a″b″，那么在 a″b″线上的成分限制条件又使组元 C 变为常量，只有 A 和 B 的百分数互变。在 a″b″线上的成分关系为：

$$E\% = K_1 \text{（常量）}$$
$$D\% = K_2 \text{（常量）}$$
$$C\% = K_3 \text{（常量）}$$
$$(A+B)\% = K_4 \text{（常量）}$$

这里：

$$E\% = K_1 = \frac{Aa}{EA}\times 100\% = \frac{Bb}{EB}\times 100\% = \frac{Cc}{EC}\times 100\% = \frac{Dd}{ED}\times 100\%$$

$$D\% = K_2 = (1-K_1)\times\frac{aa'}{da}\times 100\% = (1-K_1)\times\frac{bb'}{db}\times 100\% = (1-K_1)\times\frac{cc'}{dc}\times 100\%$$

$$C\% = K_3 = [1-(K_1+K_2)]\times\frac{a'a''}{ca'}\times 100\% = [1-(K_1+K_2)]\times\frac{b'b''}{c'b'}\times 100\%$$

$$(A+B)\% = K_4 - [1-(K_1+K_2+K_3)]$$

在 a″b″线上，a″点表示 100% 的 A，b″表示 100% 的 B，若在该线的 60% A 和 40% B 点上，则 A 和 B 在五元系内的百分数为：

$$A\% = K_4 \times 60\%$$
$$B\% = K_4 \times 40\%$$

图 6-3 所示，在四维体 ABCDE 内取三维剖体 abcdef，该剖体是由两个三角形面 abc、def 和三个长方形面（实际上是平行四边形）abef、bcde、acdf 所组成的三棱柱体。三角形面 abc 是在四元系 A－B－C－D 的成分体内平行 BCD 面过 AB、AC、AD 线所剖得的；三角形面 def 是在四元系 E－B－C－D 的成分体内平行 BCD 面过 EB、EC、ED 线剖得的；长方形面 abef 是在四元系 E－A－B－C 的成分体内平行 AE 和 BC 剖取的平面；bcde 和 acdf 是分别在四元系 E－A－C－D 和 E－A－B－D 的成分体内，分别平行 EA 与 CD 及 EA 与 BD 所剖取的长方形面。在该三棱柱体内，物系成分的限制条件是两个组元 E 和 A 之和是常量，即 $(A+E)\% = K_1$。

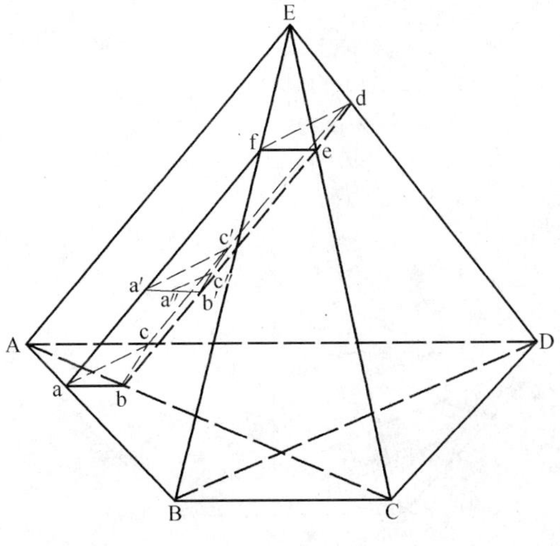

图 6-3 在成分四维体 ABCDE 内剖取的三维成分剖体图

由于三棱柱体是一个五面体，说明它在 5 个四元系成分体上都有剖面。

在剖体内，平行 abc 面取第二级剖面 a′b′c′，在该剖面上成分的限制条件为 $\frac{E}{A}=K_2$（常量）。

在剖面 a′b′c′上取截线 a″c″，在该截线上成分又增加的限制条件是组元 C 为常量，即 $C\%=K_3$，只有 B、D 二组元互变。

这些 K 值都与图中的某些几何要素有关：

$$K_1=\frac{aB}{AB}\times 100\%=\frac{bc}{AC}\times 100\%=\frac{cD}{AD}\times 100\%=\frac{fB}{EB}\times 100\%=\frac{eC}{EC}\times 100\%=\frac{dD}{ED}\times 100\%$$

$$K_2=\frac{a'a}{fa}=\frac{b'b}{eb'}=\frac{c'c}{dc'}$$

$$K_3=(1-K_1)\times\frac{a'a''}{a'b'}\times 100\%=(1-K_1)\times\frac{c'c''}{a'b'}\times 100\%$$

这里：

$$A\%=\frac{K_1}{K_2+1}$$

$$E\%=\frac{K_1K_2}{K_2+1}$$

$$C\%=K_3$$

$$(B+D)\%=1-(K_1+K_3)$$

只要具体定出与各 K 值有关的几何要素数值，各组元的百分数就可以具体定出。

图 6-4 所示，在五元成分四维体 ABCDE 内取剖体 abcdE，这是一个四棱锥体（长方或正方锥）。剖体中的长方形面（或方形）abcd，是在四元系 A－B－C－D 成分体内平行 BD 和 AC 两线所剖取的，4 个三角形面 Eab、Ebc、Ecd、Eda 是过 E 点分别在四元系 A－B－C－E、B－C－D－E、A－C－D－E、A－B－D－E 的成分四面体内的剖面。在该剖体内成分的限制条件是 A＋C 与 B＋D 之比值为一常数，即：

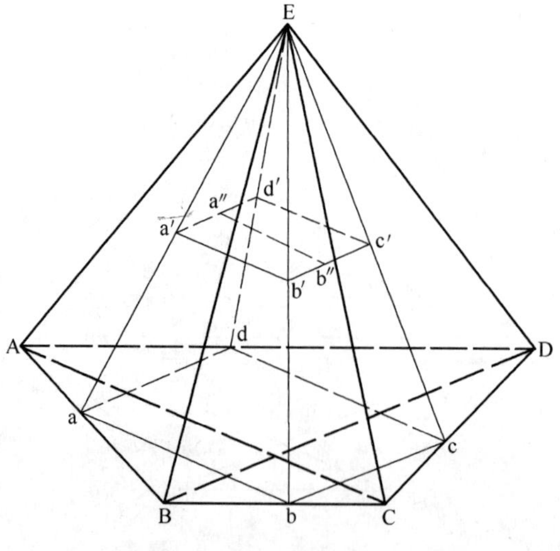

图 6-4　在成分四维体 ABCDE 内剖取四棱锥体图

$$\frac{A+C}{B+D}=K_1=\frac{Dc}{Cc}=\frac{Ba}{Aa}$$

若在四棱锥剖体内平行底面 abcd 取剖面 a′b′c′d′则在该剖面上的成分限制条件是组元 E 为常量，即：

$$E\% = K_2=\frac{aa'}{aE}\times 100\% = \frac{bb'}{bE}\times 100\% = \frac{cc'}{cE}\times 100\% = \frac{dd'}{dE}\times 100\%$$

在剖面 a′b′c′d′上再取平行 a′b′线的截线 a″b″，该线上又增加了 D 与 B 的比值是常数的限制条件，即：

$\frac{D}{B}=K_3=\frac{b'b''}{b'c'}=\frac{a'a''}{a'd'}$，只有 A 和 C 之间互变。

这里：

$$E\% = K_2$$

$$D\% = \frac{K_3(1-K_2)}{(1+K_3)(1+K_1)}$$

$$B\% = \frac{1-K_2}{(1+K_3)(1+K_1)}$$

$$(A+C)\% = \frac{K_1(1-K_2)}{1+K_1}=1-(E+D+B)$$

图 6-5 是在成分四维体 ABCDE 内剖取由三角形面 ECD、EaC、EaD 及 CaD 所组成的四面体 EaCD。这 4 个三角形面是分别在 4 个四元系 B－C－D－E、A－B－C－E、A－B－D－E及 A－B－C－D 的成分体内所剖取，而在 B－C－D－E 内的，就是其三元系成分面 ECD。在该四面体中的成分限制条件是组元 A 与 B 的比值为常数，即：

$$\frac{A}{B}=K_1=\frac{Ba}{Aa}$$

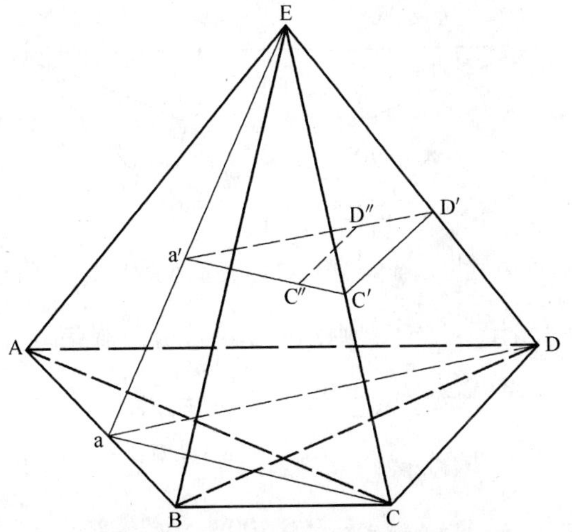

图 6-5 在成分四维体 ABCDE 内剖取的成分四面体 EaCD 图

平行 CaD 在四面体内取剖面 a′C′D′，剖面上的成分限制条件又是 E 为常量，即：

$$E = K_2 = \frac{CC'}{EC} \times 100\% = \frac{DD'}{DE} \times 100\% = \frac{aa'}{aE} \times 100\%$$

再在剖面 a′C′D′上平行 C′D′取截线 C″D″，在该截线上的成分限制条件又是 A + B 为常量，即：

$$A + B = K_3 = (1 - K_2) \times \frac{C'C''}{a'C'} \times 100\% = (1 - K_2) \times \frac{D'D''}{a'D'} \times 100\%$$

只有 C 与 D 的成分互变。
这里：

$$A\% = \frac{K_3 K_1}{K_1 + 1}$$

$$B\% = \frac{K_3}{K_1 + 1}$$

$$E\% = (C + D)\% = 1 - (K_2 + K_3)$$

图 6-6 是在成分四维体 ABCDE 内剖取四面体 abDE，四面体上的 4 个三角形面 abD、bDE、aDE 及 abE，是分别在 4 个四元系成分体 ABCD、BCDE、ABDE 及 ABCE 内剖取的。若 ab 线平行 AC 线，在该剖体内物系的成分限制条件是：

$$\frac{A + C}{B} = K_1(\text{常数}) = \frac{aB}{aA} = \frac{bB}{bC}$$

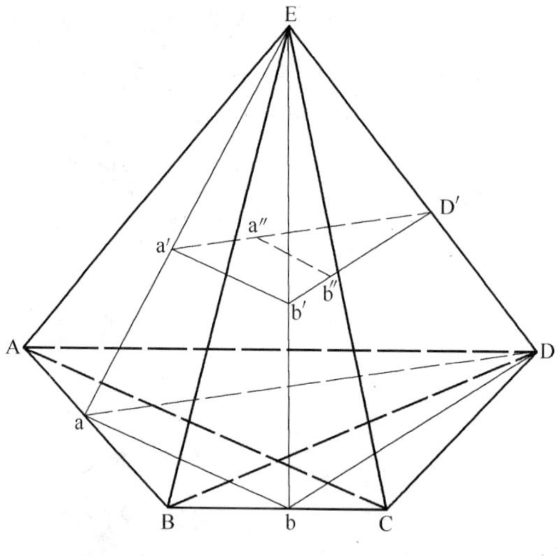

图 6-6　在成分四维体 ABCDE 内剖取的成分四面体 abDE 图

在剖体内平行 abD 取剖面 a′b′D′，则剖面上的成分限制条件 E 是常量，即：

$$E\% = K_2 = \frac{aa'}{aE} \times 100\% = \frac{D'D}{ED} \times 100\%$$

再在 a′b′D′面上平行 a′b′取截线 a″b″，则该线上的成分又使组元 D 为常量：

$$D\% = K_3 = (1 - K_2) \times \frac{a'a''}{D'a'} \times 100\% = (1 - K_2) \times \frac{b'b''}{D'b'} \times 100\%$$

只有 A 和 C 二组元成分互变。
这里：

$$E\% = K_2$$

$$D\% = K_3$$

$$B\% = 1 - \frac{K_2 + K_3}{K_1 + 1}$$

$$(A + C)\% = \frac{K_1(1 - K_2 - K_3)}{K_1 + 1} = 1 - (E\% + D\% + B\%)$$

五元系成分四维体内取剖体，其基本形式不外乎上述几种情况。其他的差别，如图6－4中的长方形为任意四边形，又如图6-6中的ab线不平行AC线等，只是在成分限制条件内相应的组元上出现必要的系数。假如图6-6中的ab不平行AC线，a和b两点上的同一组元成分不同，如组元B在AB线上a点的百分数为m，在BC线上b点的百分数为q，组元A和组元C分别在AC线上和BC线上的百分数各为n和p（$m + n = 100\%$，$p + q = 100\%$）。根据数学证明，其限制条件是：

$$\frac{mpA + qnC}{B} = np \text{（常量）}$$

不难看出，当ab平行AC时，便$q = m$，$p = n$，于是：

$$\frac{A + C}{B} = \frac{p}{m} \text{（常数）}$$

这又与图6-6的情形一样，其余类推。

对某种五元系欲制定其相图如果有符合上述有关成分剖体、剖面及成分—温度纵剖面条件的就可以制定五元系的三维成分剖体图、成分平面图或成分—温度纵剖面图。例如符合图6-2中情形的五元系中的某一组元为常量，其余4个组元为变量，就可以制定成分四面体图。这和制定四元系相图一样，如果有两个组元是常量，其余3个组元是变量，和制定三元系相图一样作成三角形图，如3个组元是常量，其余二组元为变量，就和制定二元系相图一样作成分—温度纵剖面图。其余类推。

6.2 五元系的相平衡

定压条件下，五元系内的共存相数按相律公式$f = C - P + 1$（f为自由度数，C为物系组元数，P为共存相数），其自由度数f为零时，其最多共存相数是6。单相状态的自由度数最多，$f = 5$。

图6-7所示，为单相α在五元系成分四维体内的存在形式。再加上温度条件，α相的存在域是五维空间。

双相平衡的自由度数是4，平衡相上的几何域是四维空间。若温度固定，两相在三维体内彼此平衡。图6-8所示，α相的abcd体与β相的$a_1b_1c_1d_1$体对应平衡。例如相体内的α_1与β_1对应平衡。α_1与β_1之间可以引连线以表示其对应平衡关系。

三相平衡的自由度数是3，平衡相上的几何域是三维空间。图6-9所示，在等温条件下，3个相α、γ、β上的几何域是一空间曲面。3个曲面间的对应平衡关系，对其上对应平衡的三点，用连线三角形表示。例如连线三角形aa_1a_2、bb_1b_2、cc_1c_2及$\alpha_1\gamma_1\beta_1$等，都是在α、γ、β 3个相的空间曲面上彼此对应平衡点的连线三角形。

四相平衡的自由度数是2，几何域应是空间曲面。若温度不变，平衡相上的几何域是一空间曲线。图 6-10 所示，为 4 个相 α、γ、β 及 δ 分别在成分曲线 $a\alpha_1a'$、$b\beta_1b'$、$c\gamma_1c'$ 及 $d\delta_1d'$ 上的对应平衡关系。这里 abcd、$\alpha_1\beta_1\gamma_1\delta_1$ 及 $a'b'c'd'$ 都是 4 个相点对应平衡的连线四面体。

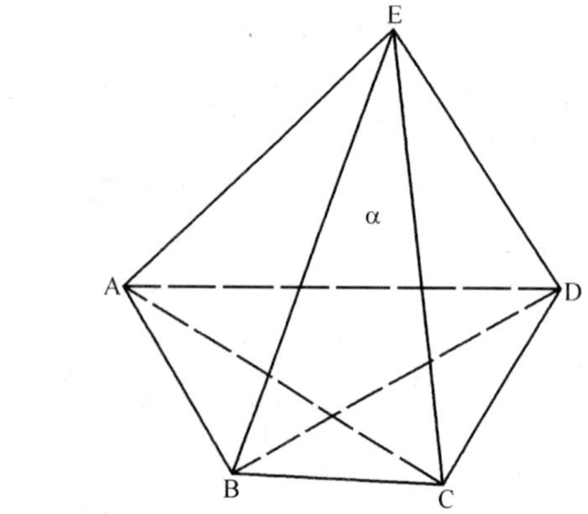

图 6-7 单相 α 在五元系成分四维体内的存在形式图

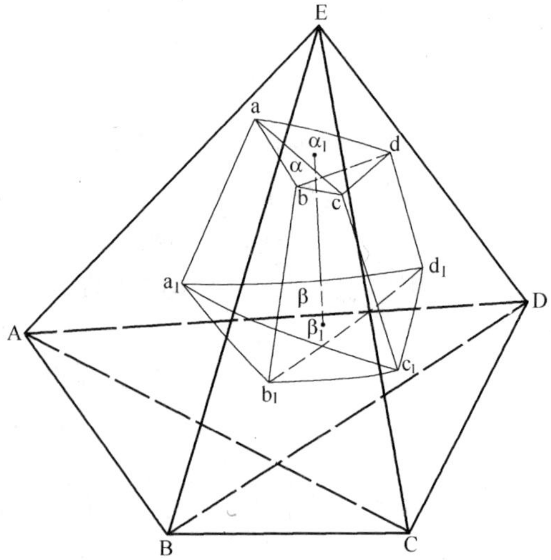

图 6-8 α、β 双向平衡对应图

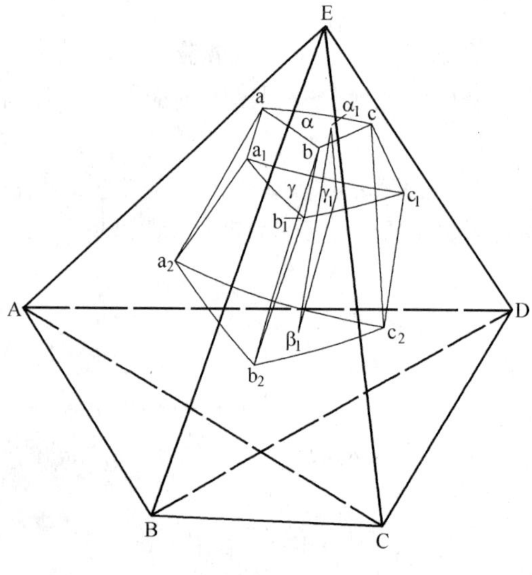

图 6-9 α、γ、β 三相平衡连线三角形图

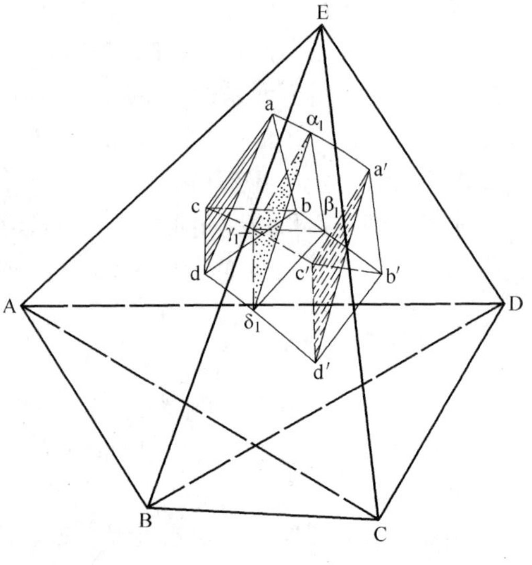

图 6-10 α、γ、β、δ 四相平衡连线四面体图

图 6-11 所示，是五相平衡在等温条件下的各相之间的五点连线四维体。这里 5 个相 α、γ、β、δ 及 ε 分别在 5 个成分点上保持平衡。若温度变化，其自由度数是 1，便是各相在它的空间曲线上对应平衡。

六相平衡是五元系中最多相数的平衡。六相平衡的自由度数是零，即 6 个相的成分和温度都是固定不变的。六相平衡常是等温发生相变的过程。如 6 个相 p_1、p_2、p_3、p_4、p_5 及 p_6，它们等温相变的反应式可以有以下五种情形：

(1) $p_1 \underset{热}{\overset{冷}{\rightleftharpoons}} p_2 + p_3 + p_4 + p_5 + p_6$

(2) $p_1 + p_2 \underset{热}{\overset{冷}{\rightleftharpoons}} p_3 + p_4 + p_5 + p_6$

(3) $p_1 + p_2 + p_3 \underset{热}{\overset{冷}{\rightleftharpoons}} p_4 + p_5 + p_6$

(4) $p_1 + p_2 + p_3 + p_4 \underset{热}{\overset{冷}{\rightleftharpoons}} p_5 + p_6$

(5) $p_1 + p_2 + p_3 + p_4 + p_5 \underset{热}{\overset{冷}{\rightleftharpoons}} p_6$

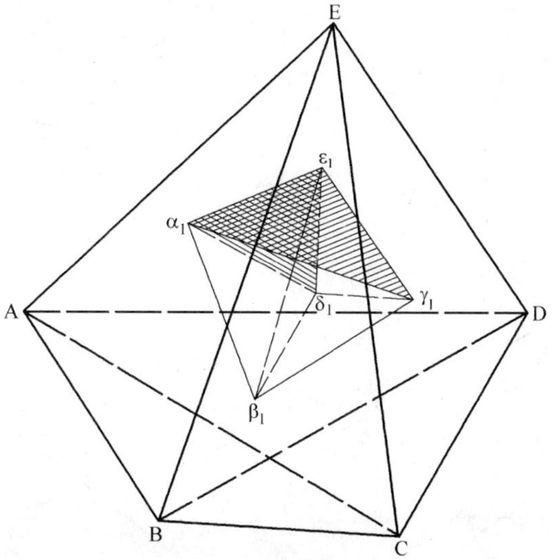

图6-11 α、γ、β、δ及ε五相平衡五点连线的四维体图

如果6个相中的 p_1 是液相，那么其余都是固相。上述五种等温反应形式，在反应之前和反应之后，各相的来龙去脉也不相同，如图6-12所示。

形式（1）是五元共晶（熔）等温反应（见图6-12a）。若从液态向固态凝固，p_1 相的位置居其余5个相连线四维体之内，p_1 相可有五条四元共晶线自较高温度随温度的下降汇集到一点，等温共晶凝固后，p_1 相全部消失。其所以有五条四元共晶线汇集一点，是因为五元系共有5个四元系，这与三元系有3个二元系因而有三条二元共晶线汇集一点，四元系有4个三元系因而有四条三元共晶线汇集一点是同一道理。其余5个固相假若都是固溶体，其固相点上的来龙去脉是“四来一去”，这是因为每个固溶体可有四条饱和曲线随温度下降汇集而来。这和三元系的三元共晶固溶体一样，每个固溶体可有两条饱和曲线汇集而来，以及和四元系的四元共晶每个固溶体可以有三条饱和曲线汇集而来是一样的道理。等温共晶凝固后，每个固溶体随温度下降各沿一条饱和曲线变化而去。

形式（2）是包共晶（熔）等温反应（见图6-12b）。p_1 和 p_2 相分别在 p_3、p_4、p_5、p_6 相连线四面体两侧。液相 p_1 等温反应前，可以有四条四元共晶线（包括包共晶线）随温度下降向 p_1 点汇集。等温反应后，如有剩余液相，则随温度下降沿一条四元共晶线产生非等温的四元共晶凝固。p_2 相（固溶体），在等温反应前可以有四条饱和曲线随温度下降汇集而来。等温反应后，如 p_2 相有剩余，随温度下降沿一条饱和曲线变化而去。其他 p_3、p_4、p_5 及 p_6 4个固相在等温反应之前随温度下降各有三条饱和曲线汇集而来。等温反应后，一个可能是液相 p_1 消失，随温度下降各沿一条饱和曲线变化而去；另一个可能是

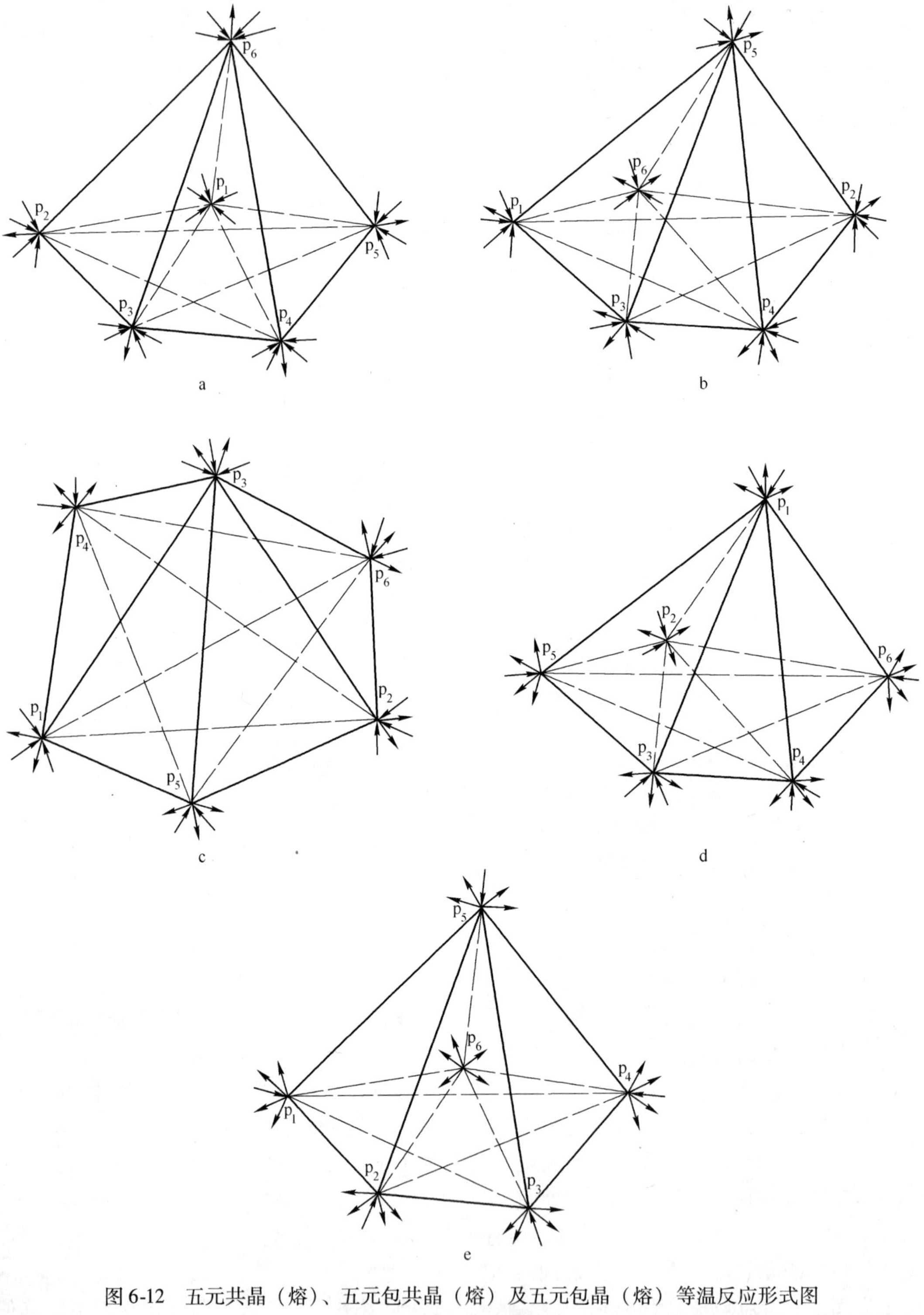

图 6-12 五元共晶（熔）、五元包共晶（熔）及五元包晶（熔）等温反应形式图

固相 p_2 消失而剩有 p_1；此后 p_1 随温度下降产生非等温的四元共晶凝固 $p_1 \to p_3 + p_4 + p_5 + p_6$，因而 p_3 等 4 个固相各沿另一条饱和曲线变化而去。因而该 4 个固相等温反应前后的来

龙去脉是“三来二去”。

形式（3）也属于包共晶（熔）型等温反应（见图6-12c）。它是从高温冷却到等温反应温度时液相 p_1 与两固相 p_2、p_3 发生作用，产生 p_4、p_5 及 p_6 3 个固相的反应。各相位置关系是 p_1、p_2、p_3 连线三角形与 p_4、p_5、p_6 连线三角形相交叉。液相 p_1 在等温反应前，随温度下降有三条四元共晶线（包括包共晶线）汇集而来。等温反应后有两种可能，一是反应后 p_2 相消失，剩余 p_1 和 p_3 相，于是随温度下降 p_1 和 p_3 继续产生非等温的包共晶凝固 $p_1 + p_3 \rightarrow p_4 + p_5 + p_6$，$p_1$ 相沿一条包共晶线变化而去；另一可能是等温反应后 p_3 消失，p_1 与 p_2 相随温度下降产生非等温包共晶凝固 $p_1 + p_2 \rightarrow p_4 + p_5 + p_6$，$p_1$ 相沿另一条包共晶线变化而去。p_2 和 p_3 相等温反应之前各有三条饱和曲线随温度下降汇集而来，等温反应后各有两种可能，一是液相 p_1 消失，各沿一条饱和曲线变化而去；二是其中之一消失，剩余者各单独与 p_1 产生非等温包共晶凝固，沿另一条饱和曲线变化而去。p_4、p_5、p_6 3 个相，等温反应前各有两条饱和曲线汇集而来，等温反应后由于上述 p_1、p_2、p_3 相的三种消剩情况而各沿三条饱和曲线变化而去。所以 p_1、p_2、p_3 相的来龙去脉是“三来二去”，p_4、p_5、p_6 相是“二来三去”。

形式（4）是 p_5、p_6 两相分别在 p_1、p_2、p_3、p_4 相连线四面体的两侧（见图6-12d）。p_1、p_2、p_3、p_4 4 个相等温反应前后的来龙去脉各是“二来三去”；p_5、p_6 两个相是“一来四去”。前者的“三去”因 p_1、p_2、p_3、p_4 4 个相在等温反应后各出现一消三剩情况（p_1 相消失，p_2、p_3、p_4 剩余；p_2 消失，p_1、p_3、p_4 剩余；p_3 消失，p_1、p_2、p_4 剩余；p_4 消失，p_1、p_2、p_3 剩余），所以 p_1 可沿三条包共晶线产生非等温凝固，p_2、p_3、p_4 各沿三条饱和曲线变化而去。

形式（5）是等温反应前后的情况，这是五元系包晶（熔）反应（见图6-12e）。p_6 相位于 p_1、p_2、p_3、p_4 及 p_5 相连线四维体之内，反应前后 p_1、p_2、p_3、p_4、p_5 相的来龙去脉各是“一来四去”，p_6 相是“五去”。前者 5 个相的“四去”和上述诸形式相似，是等温反应后出现四种不同形式的消剩；p_6 相的“五去”是等温反应后生成 p_6，由于 5 个相的五种不同形式的消剩，决定其沿另外五条饱和曲线变化。

五元系在成分四维体相图内相平衡的基本特点见表 6-1。

表 6-1 五元系在成分四维体相图内相平衡的基本特点

平衡相数	自由度数	平衡相存在的几何域	平衡相间的成分几何关系
单相	5	五维体	—
二相	4	四维体	二相点连线
三相	3	三维体	三相点连线三角形
四相	2	空间曲面	四相连线四面体（三维体）
五相	1	空间曲线	五相点连线四维体
六相	0	空间点	六相点连线四维体

6.3 五元系的杠杆及重心定理

表达五元系内各类平衡相间的数量关系，也采用杠杆定理和重心定理。

二相平衡、三相平衡及四相平衡，它们各相间的数量关系与四元系者相似，即两相间的连线为杠杆线，物系总成分为支点，利用杠杆原理确定两相的数量关系。三相平衡，利用三相点的连线三角形，三角形内的物系总成分为重心点，以求三相间的数量关系。四相平衡利用四相点的连线四面体，物系总成分在四面体内，作为四面体的重心点，以求四相间的数量关系。下边着重讨论一下五相平衡的杠杆和重心定理。

5 个相是五元系能够确定相间数量关系的最多相数。由 5 个平衡相点 α、β、γ、δ、ε 组成连线四维体，如图 6-13 所示。物系总成分 m 在连线四维体内。若五元系中的任一相 ε 为一方，它的对面的 α、β、γ、δ 四相之和为另一方，确定单相 ε 与四相 α、β、γ、δ 之间的数量关系，其杠杆原理是先取 εm 线并使其延伸穿经四面体 αβγδ，与其上的三角形面 αβδ 和 αβγ 分别相交于 a 和 b 点，然后在 ab 线上确定四相 α、β、γ、δ 的重心点 S。其方法是在四面体 αβγδ 内自任一顶点 γ 向四维体内之 m 引线，该线穿经四面体 αβδε 上的三角形面 βδε 和 αδε，其交点分别是 c 和 d，引 εc 线与 βδ 相交于 e，引 εd 线与 αδ 相交于 f，e、f、γ 三点相连成三角形面 eγf，该三角形面必然与 ab 相交于 S，这便是四面体 αβγδ 的重心点。于是：

$$\frac{\varepsilon}{\alpha+\beta+\gamma+\delta}=\frac{ms}{\varepsilon m} \quad 或 \quad \varepsilon\%=\frac{ms}{\varepsilon s}\times 100\%$$

$$(\alpha+\beta+\gamma+\delta)\%=\frac{\varepsilon m}{\varepsilon s}\times 100\%$$

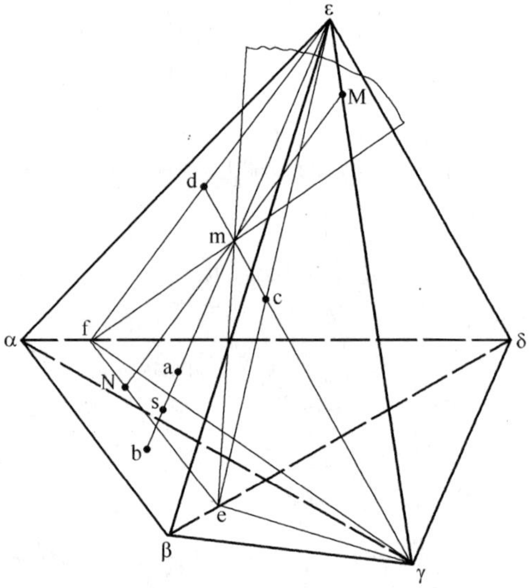

图 6-13 由 5 个平衡相点 α、β、γ、δ、ε 组成的连线四维体图

此外，也可根据 m 点的位置确定五相内任意 3 个相之和与另外两个相之和之间的数量关系。图 6-13 所示，如已求出 3 个相连线三角形 αβδ 上的 ef 线（该三相的重心点在该线上），欲求 α、β、δ 三相之和与另外两相 γ、ε 之和的比例，需定出 ef 上的三相重心点 N，经物系 m 直到二相连线 γε 上的 M 点，则 NM 便是杠杆线。其确定方法是自 e 与 f 两点分别向 m 引线，并自 m 分别向外延伸构成一平面与 βε 线相交割于 M。于是连接 Mm 并向 ef 线上延伸交于 N，则 NM 便是所求的杠杆线。于是：

$$\frac{\alpha+\beta+\delta}{\varepsilon+\gamma}=\frac{mM}{Nm} \quad 或 \quad (\alpha+\beta+\delta)\%=\frac{mM}{NM}\times 100\%$$

$$(\gamma+\varepsilon)\%=\frac{Nm}{NM}\times 100\%$$

7　少于六相共存的五元系相图

7.1　只有二相共存的相图

7.1.1　基本形式举例分析

五元系固态只形成一个连续固溶体相 ε，液态凝固过程或固态熔化过程，只出现液相 L 与固相 ε 的共存。还有一种情况，就是连续固溶体在某一定温度区间某一定成分区间出现固相转变，这些情况就是至多二相共存的例子。

五元系中的 10 个二元系、10 个三元系和 5 个四元系，都是连续固溶体型的合金，就会出现五元系的连续固溶体。

图 7-1 所示，为五元系连续固溶体在凝固（或熔化）过程中的某一等温体图。四维体 ABCDD′C′B′A′是 L 相相区，四维体 $EE'_1E'_2E'_3E'_4$是固溶体 ε 相区。在 L 相上的三维体

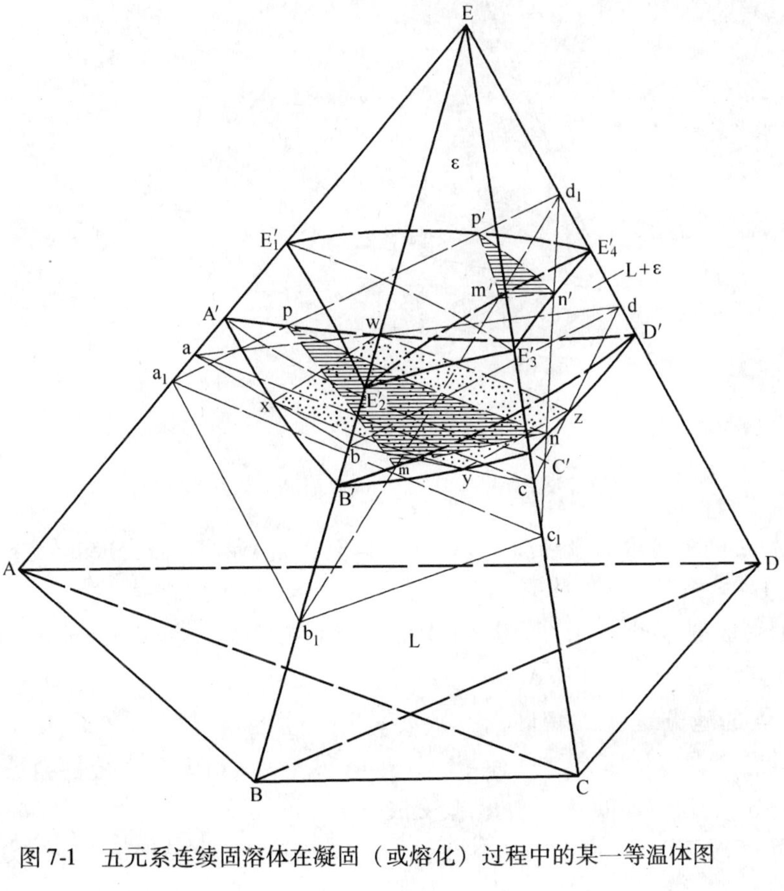

图 7-1　五元系连续固溶体在凝固（或熔化）过程中的某一等温体图

$A'B'C'D'$，也称液相体（比所谓的液相面多一维空间），它是由 4 个四元系（ABCE、ABDE、ACDE 及 BCDE）的 4 个液相面（$A'B'C'$、$A'B'D'$及 $B'C'D'$）所组成。在 ε 相上的三维体 $E_1'E_2'E_3'E_4'$，也称固相体（比所谓固相面增加一维空间），它是由 4 个四元系（A－B－C－E、A－B－D－E、A－C－D－E 及 B－C－D－E）的 4 个固相面（$E_1'E_2'E_3'$、$E_1'E_2'E_4'$、$E_1'E_3'E_4'$及 $E_2'E_3'E_4'$）所组成。在液相体与固相体之间的四维空间区域是 L + ε 相区。

7.1.2 剖体图、成分剖面—温度立体图及纵剖面图

在图 7-1 中取剖体 abcd，它的 abc、abd、acd 及 bcd 面分别是在四元系 A－B－C－E、A－B－D－E、A－C－D－E 及 B－C－D－E 上的剖面。该剖体剖经液相体 $A'B'C'D'$。abc 剖在液相体的液相面 $A'B'C'$上，其截交线是 xy；abd 剖在液相面 $A'B'D'$上，其截交线是 xw；acd 剖在液相面 $A'C'D'$上，其截交线是 wz；bcd 与液相面 $B'C'D'$相截交，其截交线是 yz。以上四条截交线构成一剖面 xyzw（液相面）。剖面 xyzw 在剖体 abcd 内也是分界 L 与 L + ε 相区的界面（见图 7-2）。剖体中的 dbxyzw 是 L + ε 相区，caxyzw 是 L 相区。

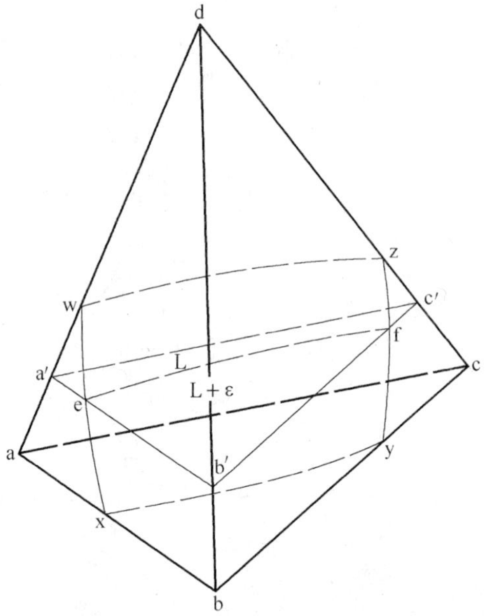

图 7-2 L 相与 L + ε 相区界面的分界线图

如在剖体 abcd 内再取二级剖面 $a'b'c'$，它与液相面 xyzw 相截交成 ef 线。ef 线是剖面 $a'b'c'$中 L 与 L + ε 相区的分界线。

图 7-1 中另取剖体 $a_1b_1c_1d_1$，该剖体上的 4 个面 $a_1b_1c_1$、$a_1b_1d_1$、$a_1c_1d_1$、$b_1c_1d_1$ 分别是在 4 个四元系 A－B－C－E、A－B－D－E、A－C－D－E 及 B－C－D－E 上的剖面。该剖体近 d_1 点的地方剖在 ε 相区内，接近 $a_1b_1c_1$ 面的地方便剖在 L 相区内。剖体的 $a_1b_1c_1$ 面，没有剖在液相体上，只有 $a_1b_1d_1$、$b_1c_1d_1$、$a_1c_1d_1$ 3 个面分别与液相体上的 3 个液相面 $A'B'D'$、$B'C'D'$及 $A'C'D'$相截交成 pm、mn 及 np 三条线，而这三条线构成三角形剖面 mnp（液相面）。以此类推，剖体接近 d_1 点处，在固相体 $E_1'E_2'E_3'E_4'$上的剖面

是 m′n′p′。剖体 $a_1b_1c_1d_1$ 上的 $d_1m'n'p'$是 ε 相区，$a_1b_1c_1nmp$ 是 L 相区。在 mnp 和 m′n′p′之间的地方是L + ε相区。

对五元系连续固溶体相图，以任何的形式取第三级成分—温度纵剖面图，都是如图 7-3 所示的形式。

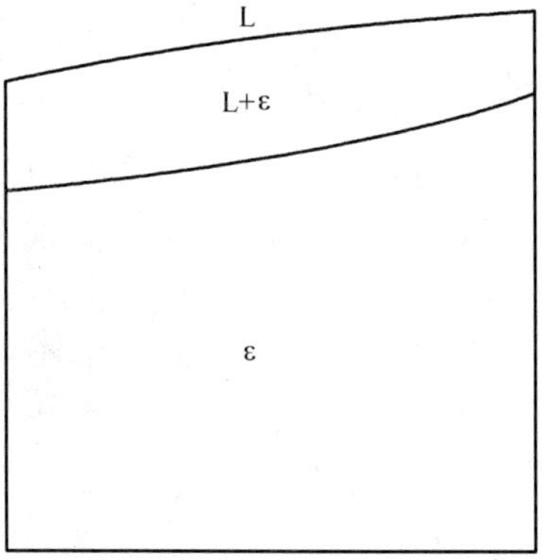

图 7-3 对五元系连续固溶体以任何形式取第三级成分—温度纵剖面图

7.2 只有三相共存的相图

7.2.1 基本形式举例分析

图 7-4 所示，在五元系 A－B－C－D－E 内，一个四元系 A－B－C－D 为连续固溶体型合金，其余 4 个四元系 A－B－C－E、A－B－D－E、A－C－D－E 及 B－C－D－E 是二元共晶（L⇌α + ε）有限固溶体型合金，便出现至多三相共存的五元系相图。

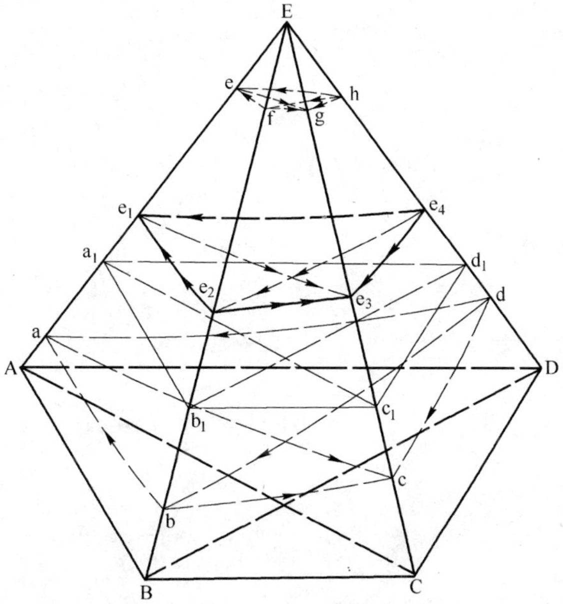

图 7-4 只有三相共存的五元系相图

图 7-4 中接近四元系 ABCD 的四维体 ABCDdcba 是固溶体 α 相区，四维体 Eefgh 是固溶体 ε 相区，在两固溶体 α 和 ε 相区之间的是 ε + α 相区，在 ε + α 四维体相区内有二元共晶三维体 $e_1e_2e_3e_4$，它是由 4 个四元系（A－B－C－E、A－B－D－E、A－C－D－E、B－C－D－E）的二元共晶面（$e_1e_2e_3$、$e_1e_2e_4$、$e_1e_3e_4$ 及 $e_2e_3e_4$）所组成。物系在固态下 α 相的饱和体 abcd 与 ε 相的饱和体 efgh（比所谓饱和曲面多一维空间）之间对应平衡。在二元凝固过程中（L→α + ε），L 相在二元共晶三维体上，α 及 ε 也分别在其饱和体上呈三相平衡。

7.2.2　剖体图、成分剖面—温度立体图及纵剖面图

在图 7-4 中取剖体（在饱和体 abcd 与二元共晶三维体 $e_1e_2e_3e_4$ 之间，截过 AE、BE、CE 及 DE 线）$a_1b_1c_1d_1$，如从高温液态冷却，首先从 L 相内结晶固溶体 α，然后产生非等温的二元共晶凝固（L→α + ε），直到 L 相全部消失。

图 7-5 所示，是在剖体 $a_1b_1c_1$ 上再取第二级剖的 $a_1'b_1'c_1'$ 成分剖面—温度立体图。如物系从高温液态冷却，首先冷经 α 相开始凝固的液相面 mn。当温度继续下降，剩余液体（在图 7-4 上看）变化到二元共晶三维体上时，在图 7-5 中即冷达二元共晶面 pqr 上时，便开始产生二元共晶凝固（L→α + ε），当温度达到 xwy 面时，L 相消失，物系凝固结束。

图 7-6 所示，取剖体 mnpqE，其第二级成分剖面、成分—温度立体图。图 7-7、图 7-8 所示，是在剖体 mnpqE 图中，取其第三级成分—温度纵剖面图。

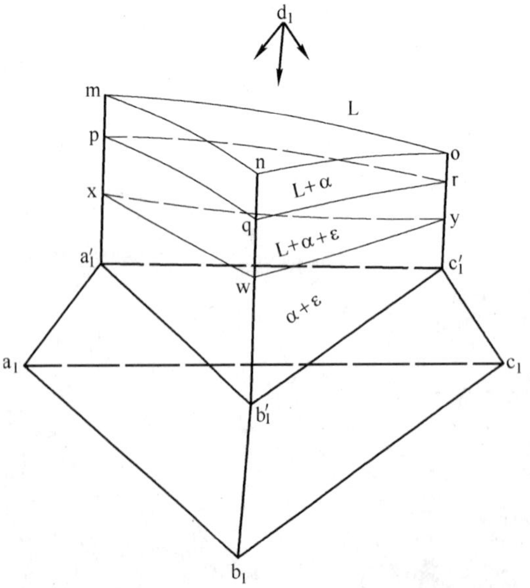

图 7-5　在图 7-4 中取剖体 $a_1b_1c_1$ 上再取第二级剖的 $a_1'b_1'c_1'$ 成分剖面—温度立体图

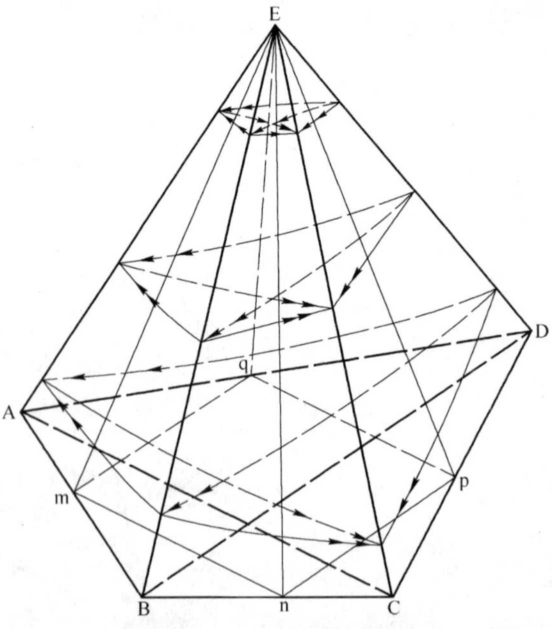

图 7-6　取剖体 mnpqE，其第二级成分剖面—温度立体图

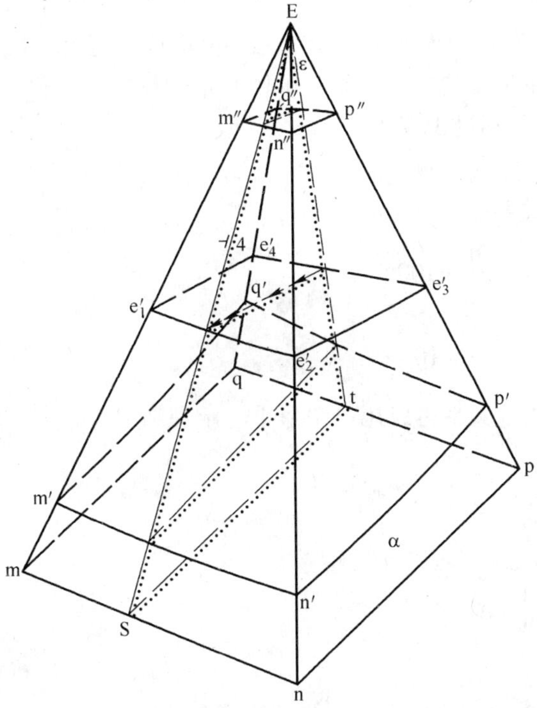

图 7-7 在剖体 mnpqE 中取第三级成分剖面图 ESt

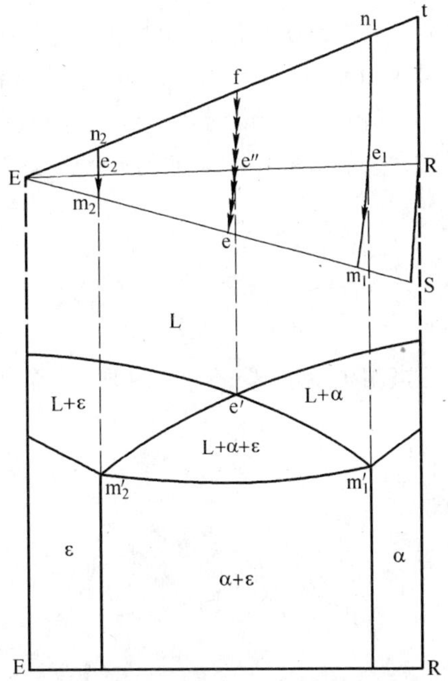

图 7-8 第三级成分剖面 ESt 及纵剖面图 E－R

图 7-8 所示，ε 和 α 初晶的液相面相交于 ef 线，即二元共晶曲线。自该曲线上降低温度随即进入 L + α + ε 相区，而产生非等温的二元共晶凝固，直到最后 L 相消失，进入 α + ε 相区。

若物系在二元共晶线 ef 与饱和曲线 n_1m_1（α 相的）或与 ε 相的饱和曲线 n_2m_2 之间从液态冷却时，前者首先结晶 α，后者首先结晶 ε。此后，单相凝固到一定程度便都产生二元共晶凝固，直到 L 相消失（见图 7-8 的 E－R 纵剖面图）。

在饱和曲线 n_1m_1 的右边及饱和曲线 n_2m_2 左端的物系，凝固过程不经过二元共晶过程，它们分别只是单相 α 及单相 ε 的凝固过程。

要理解图 7-8 中的情形，必须与图 7-6 相结合。在二元共晶三维体两侧（即上方、下方）的物系，冷却时首先产生 ε（或 α），随着单相结晶的增多，L 相逐渐趋向二元共晶三维体。一旦达到二元共晶三维体上，开始产生二元共晶凝固，这在图 7-8 中的成分—温度纵剖面图上的情形便是冷到 $e'm_1'$（或 $e'm_2'$）线上。

7.2.3 杠杆及重心定理

图 7-9 所示，是表示五元系某一物系 M 从液态到固态凝固过程有关相间的杠杆及重心定理法则。当 M 从高温液态冷却到 α 相的液相体上时，L 相内开始结晶 α 相，刚开始结晶的 α 相在 α 相初晶的液相体 abcd 内的 α_1 点上，随着温度的下降 α 不断结晶并在液相体内沿 $\alpha_1\alpha_2$ 变化。相对应的 L 相自 M 点沿 ML_2 移动。当 α 相成分达到 α_2 时，L 相变化到 L_2，L_2 点刚好在二元共晶体内的相应某一曲面上开始产生二元共晶凝固，$L_2 \rightarrow \alpha_2\varepsilon_2$。这时虽然

可以画出连线三角形$L_2\alpha_2\varepsilon_2$，但由于M仍处在$L_2\alpha_2$线上，证明二元共晶产物还没有出现。α_2和ε_2两点分别在它的液相体与饱和体（注）的界面上随着二元共晶凝固的进行，L、α及ε 3个相各在其自己的曲面上（该曲面并非组成二元共晶三维体和饱和体的4个面，例如组成abcd的abc、acd、abd及bcd面）分别沿L_2-L_3、$\alpha_2-\alpha_3$及$\varepsilon_2-\varepsilon_3$变化。当L、α、ε三相分别变化到$L_3\alpha_3\varepsilon_3$时，这时的M点落在$\alpha_3\varepsilon_3$连线上，证明L相在$L_3$点上消失，即二元共晶凝固结束。此时α与ε的数量关系是：

$$\alpha\% = \frac{\varepsilon_3 M}{\varepsilon_3 \alpha_3} \times 100\%$$

$$\varepsilon\% = \frac{\alpha_3 M}{\varepsilon_3 \alpha_3} \times 100\%$$

当M点在连线三角之内时，3个相的数量关系可以用三角形重心定理确定。

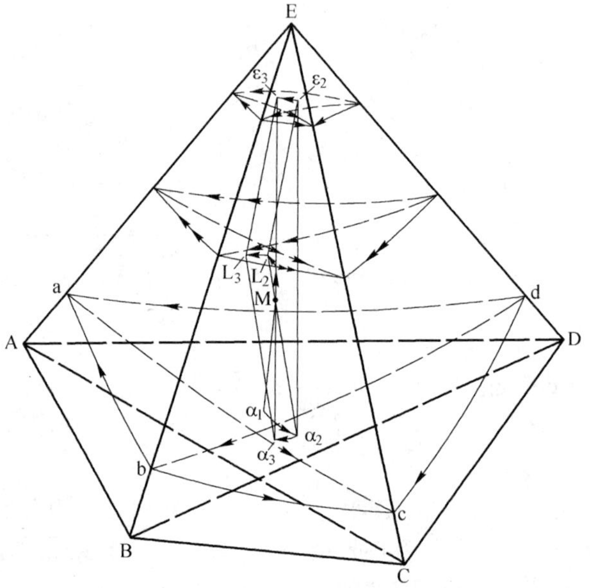

图7-9 五元系某一物系M从液态到固态凝固过程的杠杆及重心定理法则图

7.3 只有四相共存的相图

7.3.1 基本形式举例分析

图7-10所示，是出现至多四相共存的五元系相图的一例。五元系中的四元系A-B-C-D只有二元共晶凝固（至多三相共存），其余4个四元系都是三元共晶有限固溶体型合金。图7-11所示就是构成图7-10的5个四元系相图。各三元共晶型四元系内各出现一条三元共晶曲线（E_1E_3、E_3E_4、E_2E_4、E_1E_2）。这四条三元共晶曲线，在四维体内构成一个

注：液相体abcd与饱和体abcd符号相同概念不同，因为温度坐标投影在成分四维体上。液相体abcd指在较高温度下α相初晶与L相对应平衡的相体；饱和体abcd指在二元共晶凝固后α相与ε相对应平衡的相体。

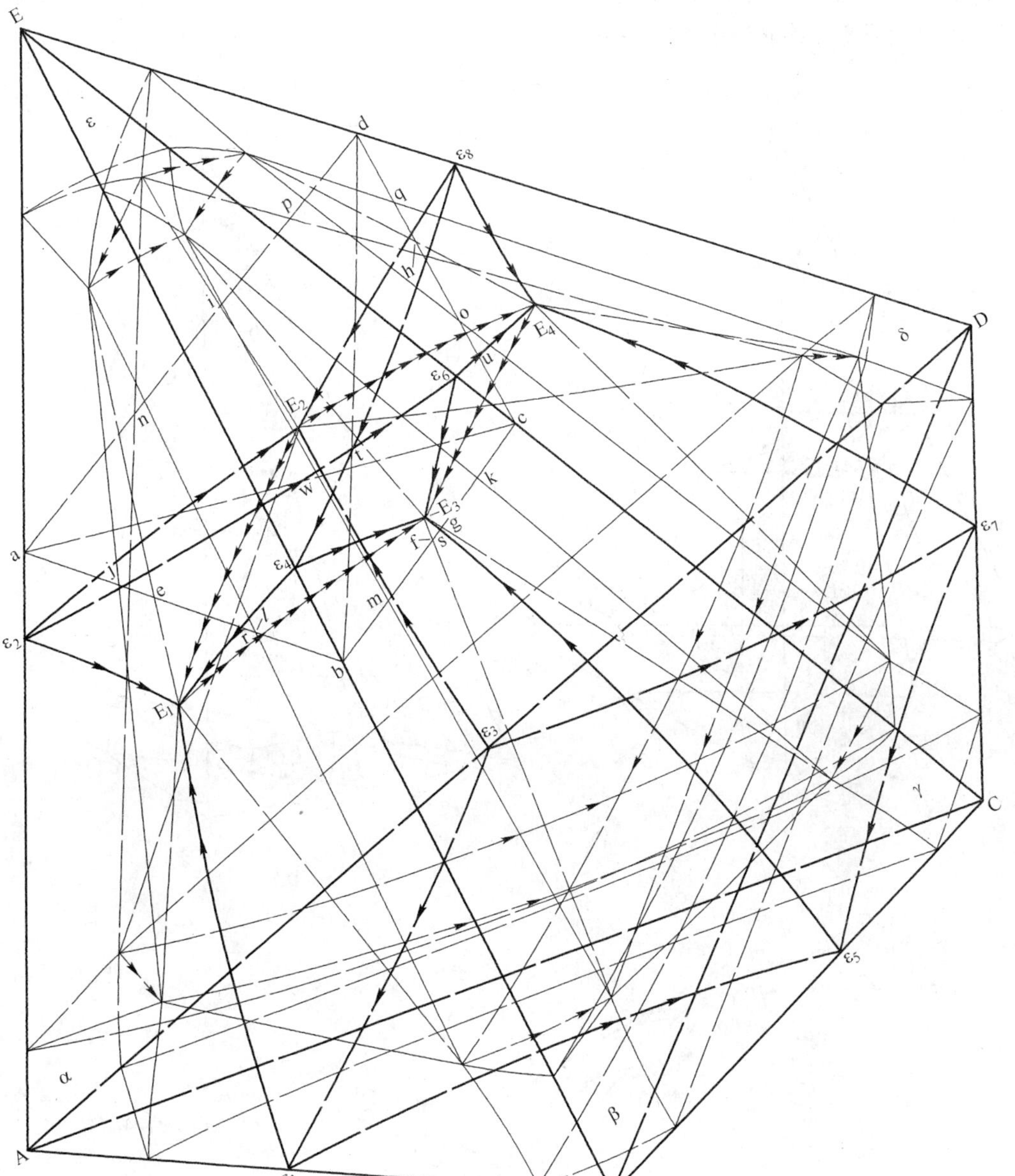

图 7-10 只有四相共存的五元系相图

三元共晶曲面 $E_1E_2E_4E_3$。在该曲面上的 L 相冷却时产生非等温的三元共晶凝固 L→α(或 γ)+β（或 δ)+ε。

E_1、E_2、E_3 及 E_4 4 个三元共晶点，分别是三元系 A－B－E、A－D－E、B－C－E 及 C－D－E 的三元有限固溶体的共晶点。其中 E_2 点温度最高，E_3 点温度最低。

由八条二元共晶线和四条三元共晶线组成二元共晶三维体 $\varepsilon_1\varepsilon_5\varepsilon_7\varepsilon_3E_2E_4E_3E_1$（见图 7-12a）是一个六面体。L 相在该体内产生二元共晶凝固 L→α(或 γ)+β（或 δ)；而在二元共晶三维体 $\varepsilon_2\varepsilon_6E_4E_3E_1E_2$（见图 7-12b）这个五面体中的 L 相产生 ε＋α(或 γ) 的共晶凝

固 L→ε + α(或 γ)；L 相在二元共晶三维体 $\varepsilon_8\varepsilon_4E_1E_3E_4E_2$ 内（见图 7-12c）是一个五面体，产生 ε + β（或 δ）共晶凝固 L→ε + β（或 δ）。

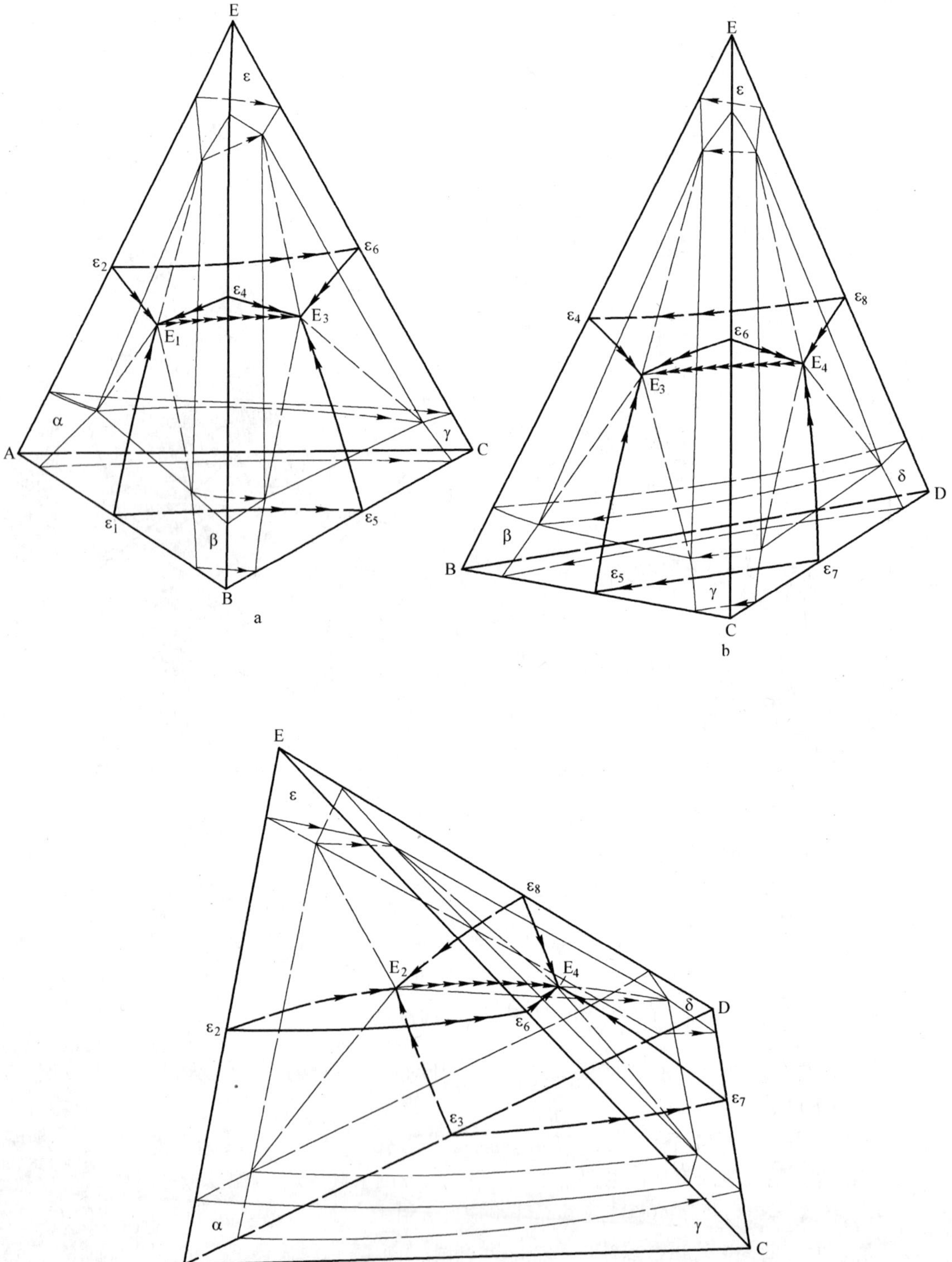

a　b　c

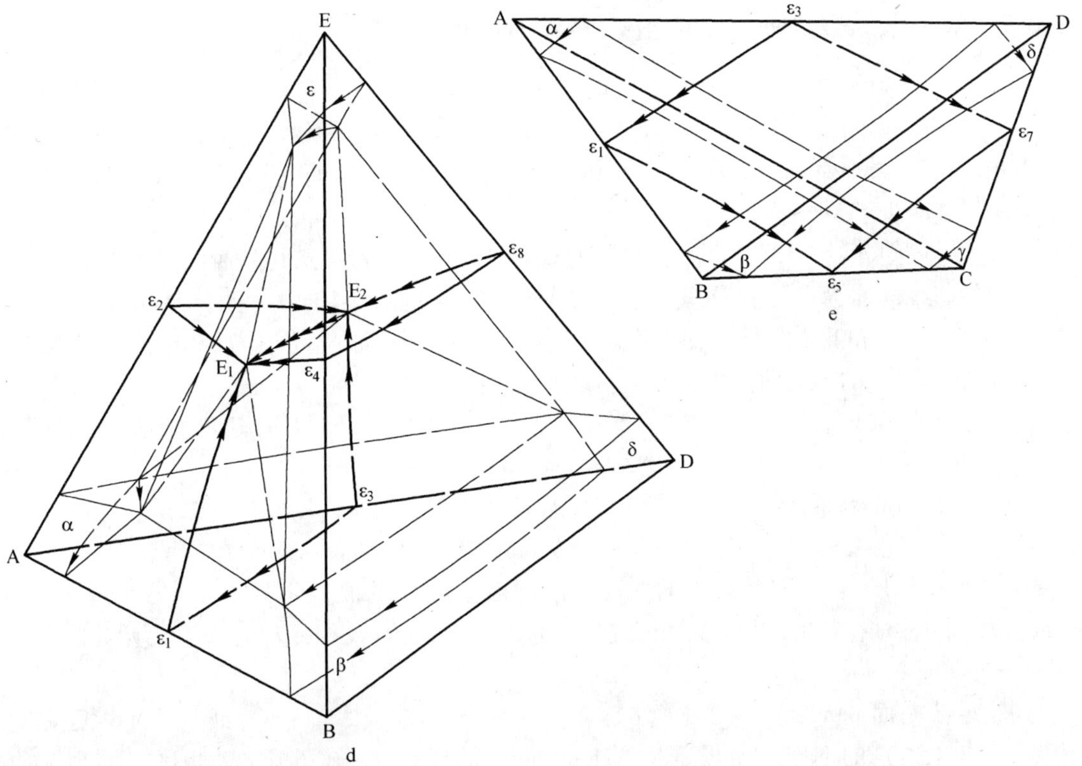

图 7-11 图 7-10 中的 5 个四元系相图

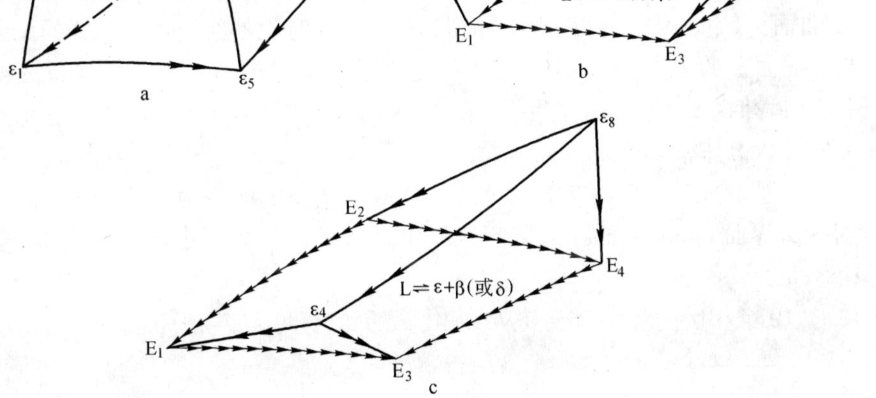

图 7-12 L 相的二元共晶三维体图

连接5个顶角固溶体的四维体，为各该固溶体首先从液态凝固的液相体（四维体）。

7.3.2 剖体图、成分剖面—温度立体图及纵剖面图

如图7-10中所示，过AE、BE、CE及DE取剖体图abcd，便出现图7-13的剖体图。

五元系的四维体图被剖出的三维体图，是以被剖的五元系内四元系成分体剖面为基础的。相同相区在剖体中必然构成连续的体。五元系四维体图中的几何要素，在三维剖体图中都相应地减少了一个空间维数。

按上述原则，图7-13中的密箭头曲线xy是图7-10中的三元共晶曲面$E_1E_2E_4E_3$被剖体所剖的截线，称为三元共晶截线。其中x、y两点是图7-10中三元共晶曲线E_1E_3和E_3E_4分别在abc和bcd内所剖截的截点。其箭头方向自x向y，从图7-10中假定E_1E_3的温度较高于E_3E_4的温度而体现出y点温度低于x点。

图7-13曲面trxy是剖体在图7-10内的二元共晶三维体$\varepsilon_8\varepsilon_4E_1E_3E_4E_2$上所剖的剖面，即图7-12c，称为二元共晶剖面。冷却时，L相在该曲面上产生二元共晶凝固L→ε+β（或δ）。曲面uwxy（图7-13）是在二元共晶三维体$\varepsilon_2\varepsilon_6E_4E_3E_1E_2$（图7-12b）上的剖面。该曲面上的L相凝固形式是L→ε+γ（或α）。图7-13曲面sxy是在二元共晶三维体$\varepsilon_1\varepsilon_5\varepsilon_7\varepsilon_3E_2E_4E_3E_1$（图7-12a）上的剖面。该剖面上L相的凝固形式是L→β（或δ）+γ（或α）。上述3个二元共晶曲面相交在xy上，在xy上的L相冷却时产生三元共晶凝固L→ε+β（或δ）+γ（或α）。

图7-13曲面pqm*l*是ε+β（或δ）双相区与ε+β（或δ）+γ（或α）三相区之间相区界体（注）的剖面。所以剖体图中的bdpqm*l*体是ε+β（或δ）相区。同理，曲面nokj是ε+γ（或α）相区与三固相区间相区界体的剖面，所以acokjn体是ε+γ（或α）相区。

图7-13曲面ihyxe是图7-10中四条三元共晶曲线E_1E_2、E_3E_4、E_2E_4及E_1E_3构成的三元共晶曲面与固溶体ε相的连线三维体（六面体）被剖的剖面。L相在该剖面上冷却时先凝固出ε相不经任何二元共晶凝固，直接产生三元共晶凝固L→ε+α（或γ）+β（或δ）。在该曲面两侧的体内，L相冷却时，便经过二元共晶凝固。如在ihym′qp*l*′rxe（图7-13）体内的L相，冷却时首先凝固出ε相，继而产生二元共晶凝固L→ε+β（或δ）最后产生三元共晶凝固L→ε+β（或δ）+γ（或α），直到L相消失。

图7-13曲面xyf和xyg与曲面ihyxe相似，L相冷却时也不经过任何形式的二元共晶凝固。在这两个曲面上的L相冷却时，前者首先凝固出β（或δ）相，后者首先凝固出γ（或α）相，然后都直接产生三元共晶凝固。因为曲面xyf是β（或δ）相与三元共晶曲面的连线三维体（六面体）被剖的剖面，曲面xyg是γ（或α）相与三元共晶曲面的连线三维体（六面体）被剖成的面。图7-13中的*l*′m′、w′u′两条曲线是两个二元共晶曲面trxy和uwxy分别对相区界面qp*l*m和nokj的交割线。正是这样，剖体图中被划分出10个不同形式的凝固相区来。

图7-13中10个相区的各相区及其从L相的凝固过程见表7-1。

注：在四元系中固溶体双相区与三相区之间的相区交界是曲面，简称“相区界面”，五元系四维体图内的这种两相区间的交界是三维体，故简称“相区界体”。

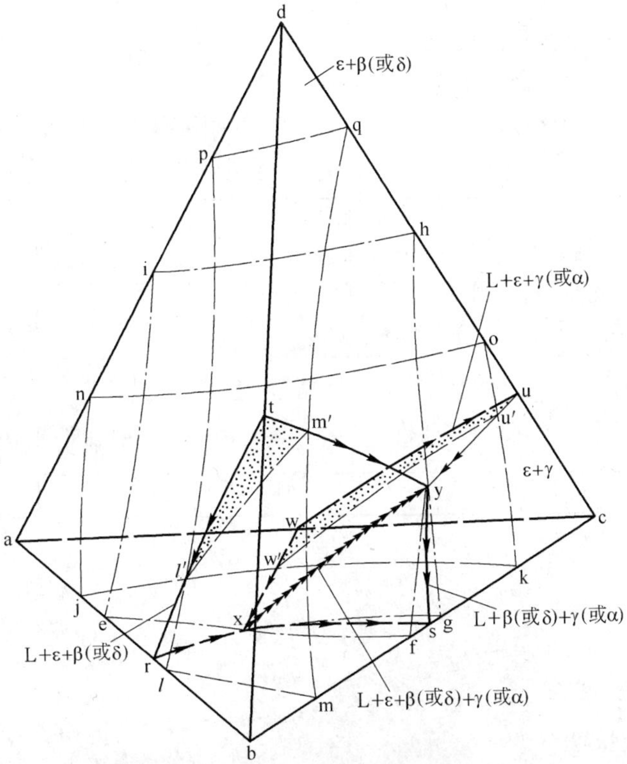

图 7-13　在图 7-10 中剖出的三维体图

表 7-1　图 7-13 的相区状态变化过程

相　　区	状态变化过程
aww′u′uonj	L→L + ε→L + ε + α→ε + α
cww′ku′u	L→L + γ→L + ε + γ→ε + γ（或 α）
dt*l*′m′qp	L→L + ε→L + ε + δ→ε + δ
bt*l*′m′m*l*	L→L + β→L + ε + β→ε + β（或 δ）
njeihyxw′u′o	L→L + ε→L + ε + α→L + ε + β + α→ε + β + α(或 γ)
iexr*l*′pqm′yh	L→L + ε→L + ε + β→L + ε + β + α→ε + β + α(或 γ)
l′r*l*mfxym′	L→L + β→L + ε + β→L + ε + β + α→ε + β + α(或 γ)
u′w′xygk	L→L + γ→L + γ + ε→L + ε + β + γ→ε + β + γ（或 α）
yxsg	L→L + γ→L + β + γ→L + ε + β + γ→ε + β + γ（或 α）
yxfs	L→L + β→L + β + γ→L + ε + β + γ→ε + β + γ（或 α）

在剖体图上平行 abc 面取第二级成分—温度立体图见图 7-14，该图顶端上出现 ε、β（或 δ）及 γ（或 α）3 个相首先结晶的液相面 a_1' – 10 – 11 – 4、b_1' – 4 – 11 – 5 及 c_1' – 10 – 11 – 5。曲线 10 – 11、4 – 11、5 – 11，分别是 ε 与 γ（或 α）、ε 与 β（或 δ）及 γ（或 α）与 β（或 δ）的二元共晶曲线。这三条二元共晶曲线的交会点 11，就是三元共晶点。这正是在五元系相图内各单相初晶的液相四维体，经过第一级取剖体，剖成液相三维体，第二级取剖面被剖成液相面，在具有温度坐标情况下就是空间曲面，这样一级一级地减少空间维数。同理，五元系图内的二元共晶三维体经过第二级剖取在具有温度

条件下变为空间曲线；五元系图内的三元共晶曲面，经过第二级剖取，在有温度条件下便是一个空间点。其他各几何要素类推。由于三元共晶凝固是非等温的，图 7-14 内的三元共晶结束面 1－9－6 是一个空间曲面。

图 7-14 中共有 10 个相区（全 L 相区除外），各相区存在的状态见表 7-2。

表 7-2 图 7-14 的相区状态

相 区	状 态	相 区	状 态
$a_1'-10-11-4-3-a_1''$	L＋ε	11－5－7－8	L＋β（或δ）＋γ（或α）
$b_1'-4-11-5-8-b_1''$	L＋β（或δ）	1－6－9－8－7－11－3－2	L＋β（或δ）＋γ（或α）＋ε
$c_1'-5-7-11-10-c_1''$	L＋γ（或α）	$1-6-9-2-2'-9'-6'-1'$	β（或δ）＋γ（或α）＋ε
$a_1''-10-c_1''-c_1'''-6-7-11-3-1-a_1'''$	L＋γ（或α）＋ε	$a_1'''-c_1'''-c_1-6'-6-1-1'-a_1$	γ（或α）＋ε
$b_1''-4-3-11-8-9-2-b_1'''$	L＋β（或δ）＋ε	$b_1'''-9-9'-b_1-2'-2$	β（或δ）＋ε

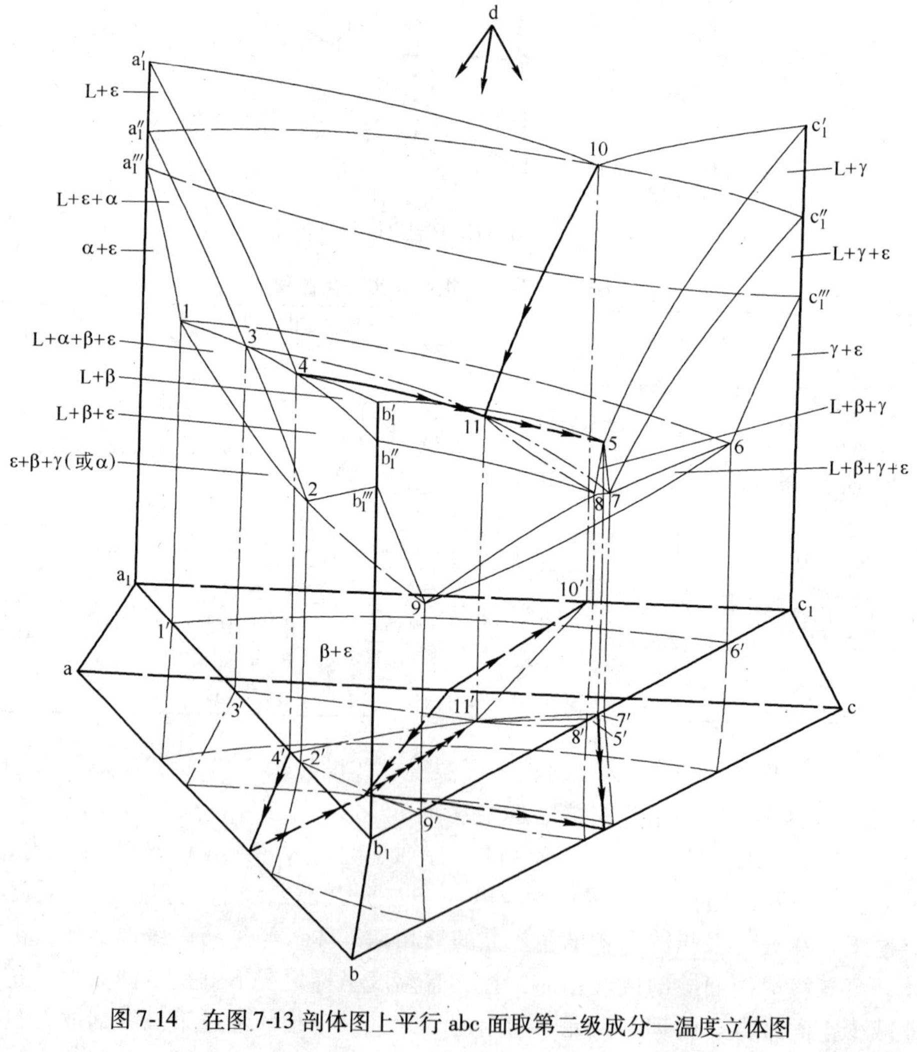

图 7-14 在图 7-13 剖体图上平行 abc 面取第二级成分—温度立体图

图 7-13 中共有 10 个相区，图 7-14 中也有 10 个相区，说明图 7-13 中的所有相区都被剖到。

过图 7-14 中成分剖面的 a_1b_1 和 b_1c_1 边平行 a_1b_1 边，取第三级成分—温度纵剖面图 X－Y（该剖面截过两条二元共晶线 4－11 和 5－11），便出现图 7-15 所示的情形。图中除 L 相区外共有 7 个相区。

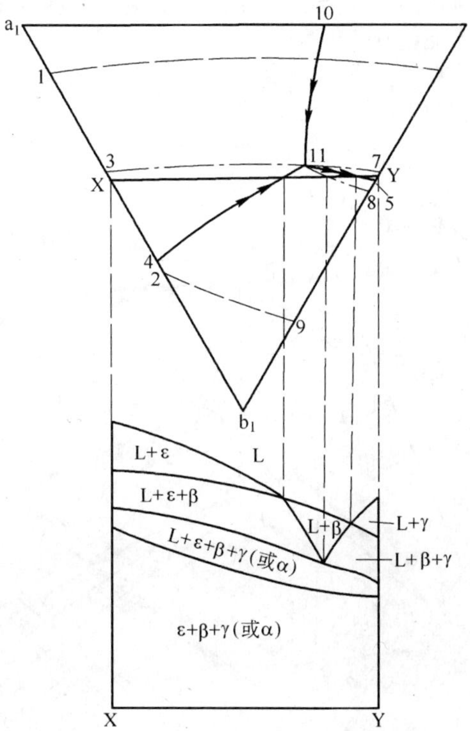

图 7-15 过图 7-14 平行 a_1b_1 边取第三级成分—温度纵剖面图

7.4 只有五相共存的相区

7.4.1 基本形式举例分析

至多五相共存的五元系相图，其形成的条件是有任意两个四元系 A－B－C－E 和 B－C－D－E 是四元有限固溶体共晶型的，其他 3 个四元系都是三元有限固溶体共晶型的。图 7-16 所示，便是一例，它是由图 7-17 中的 5 个四元系相图所组成。由于存在连续固溶体的二元系 A－D，致使与该二元系有关的三元系和四元系分别形成二元共晶和三元共晶形式。

在四维体内的四元共晶曲线 E_sE_n 上的 L 相冷却时产生非等温的共晶凝固 $L \rightarrow \beta + \gamma + \varepsilon + \alpha$（或 δ）。$E_n$ 点是 L 相存在的最低温度点。

曲面（图 7-16）$E_1E_7E_nE_s$、$E_6E_4E_nE_s$、$E_2E_5E_nE_s$ 及 $E_3E_nE_s$ 是四维体内的三元共晶曲面。L 相在这些曲面上冷却时分别产生非等温的三元共晶凝固 $L \rightarrow \beta + \varepsilon + \alpha$(或 δ)、$L \rightarrow \gamma + \varepsilon + \alpha$(或 δ)、$L \rightarrow \beta + \gamma + \alpha$(或 δ) 及 $L \rightarrow \beta + \gamma + \varepsilon$。

二元共晶三维体 $\varepsilon_1E_1E_7\varepsilon_6E_5E_nE_sE_2$（六面体，见图 7-18a）、$\varepsilon_3E_6E_4\varepsilon_5E_5E_nE_sE_2$（六面体，见图 7-18b）、$\varepsilon_4E_3E_sE_nE_5E_2$（五面体，见图 7-18c）、$\varepsilon_2\varepsilon_7E_4E_nE_7E_1E_sE_6$（六面体，见图 7-18d）、$E_1E_7E_nE_sE_3\varepsilon_8$（五面体，见图 7-18e）和 $E_4E_6E_sE_nE_3\varepsilon_9$（五面体，见图 7-18f）上的 L 相冷却时分别产生非等温二元共晶凝固 L→β + α（或 δ）、L→γ + α（或 δ）、L→β + γ、L→ε + α（或 δ）、L→β + ε 和 L→γ + ε。

除上述这些四维体内的几何要素外，各连接 5 个顶角固溶体的四维体，为各该固溶体首先从液相结晶的液相体（四维体）。

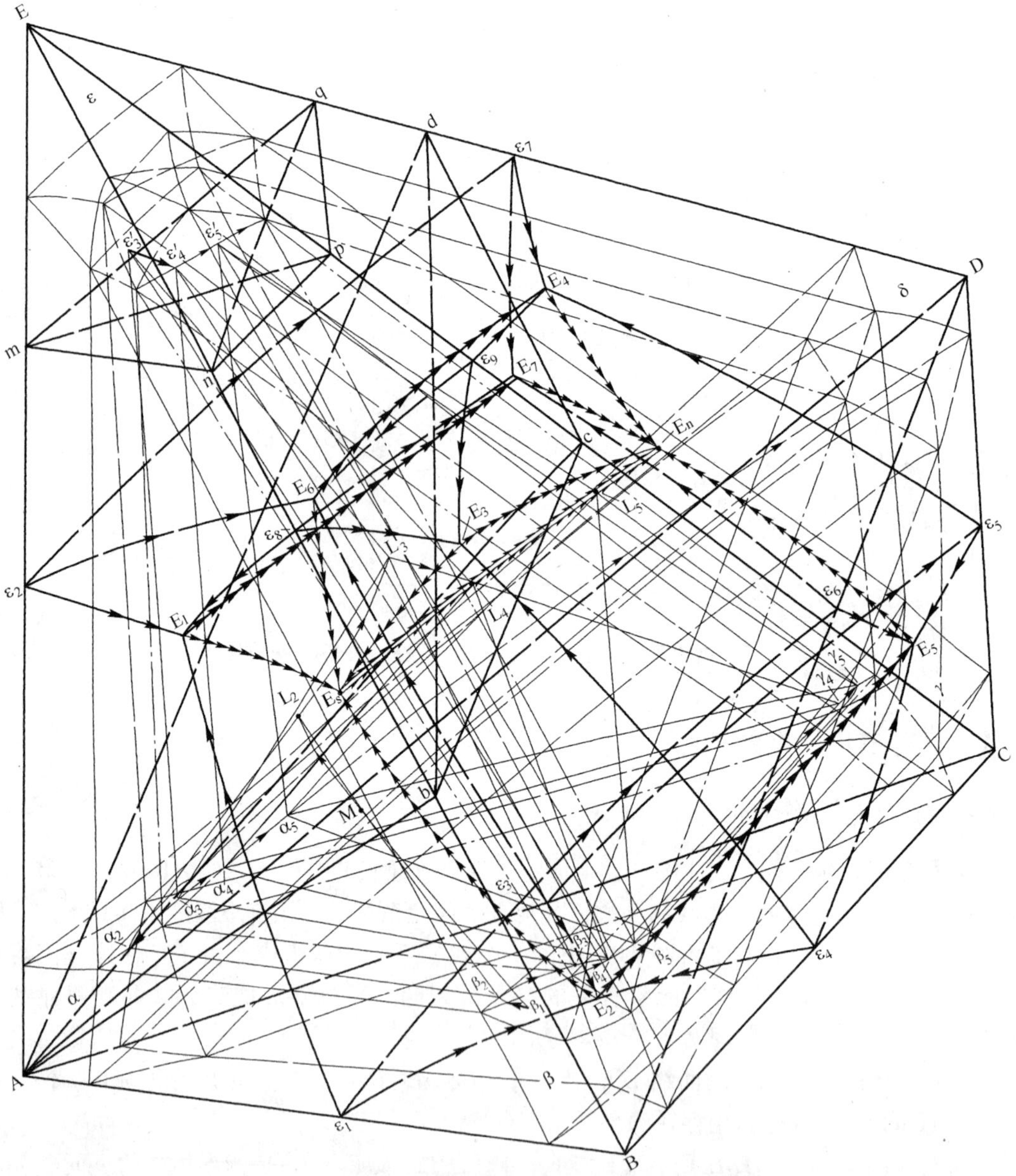

图 7-16　只有五相共存的五元系相图

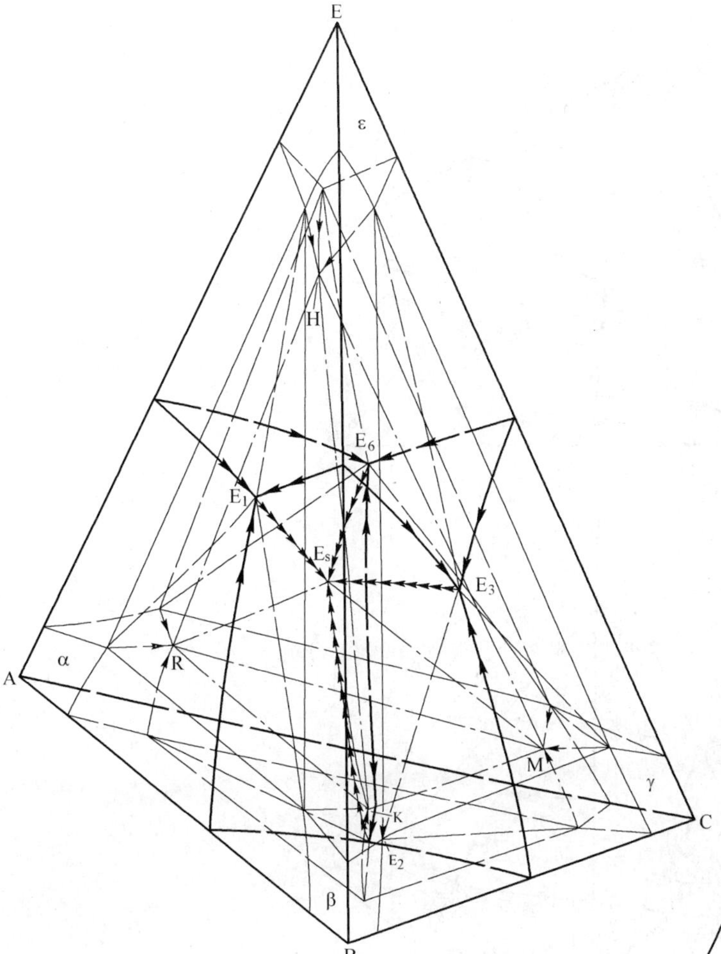

a

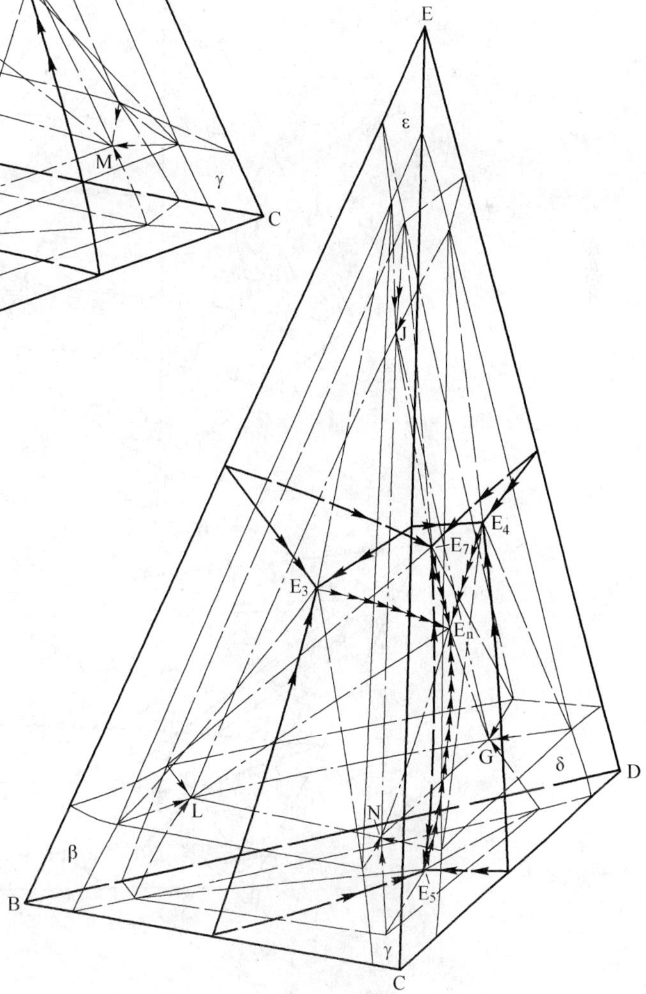

b

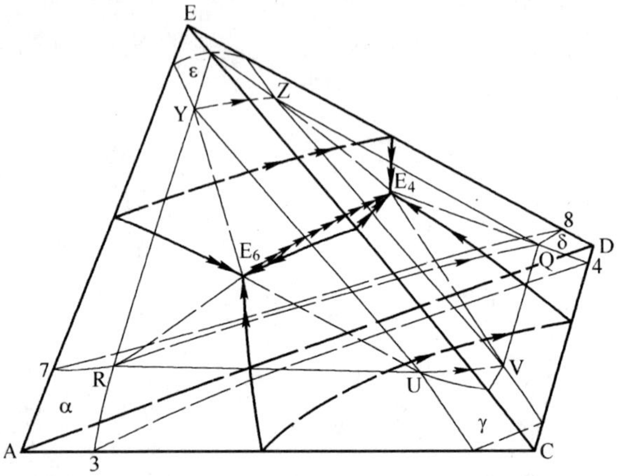

c

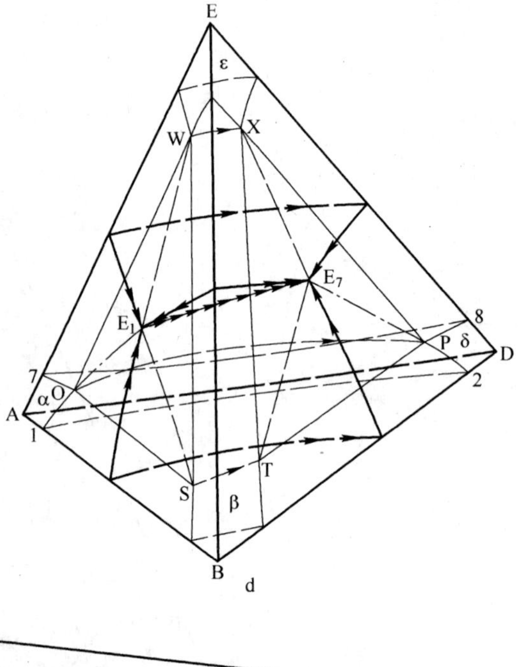

d

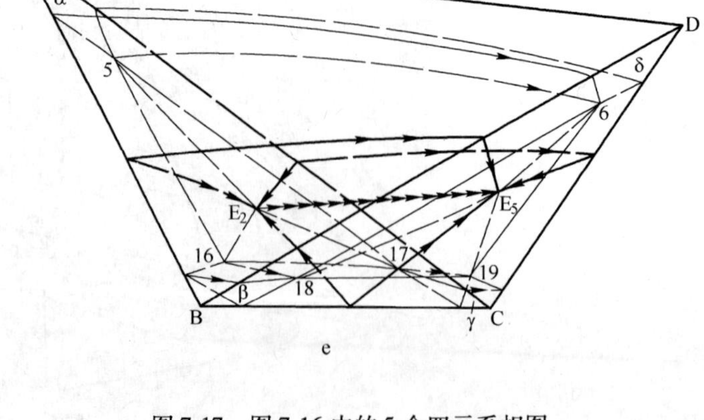

e

图 7-17　图 7-16 中的 5 个四元系相图

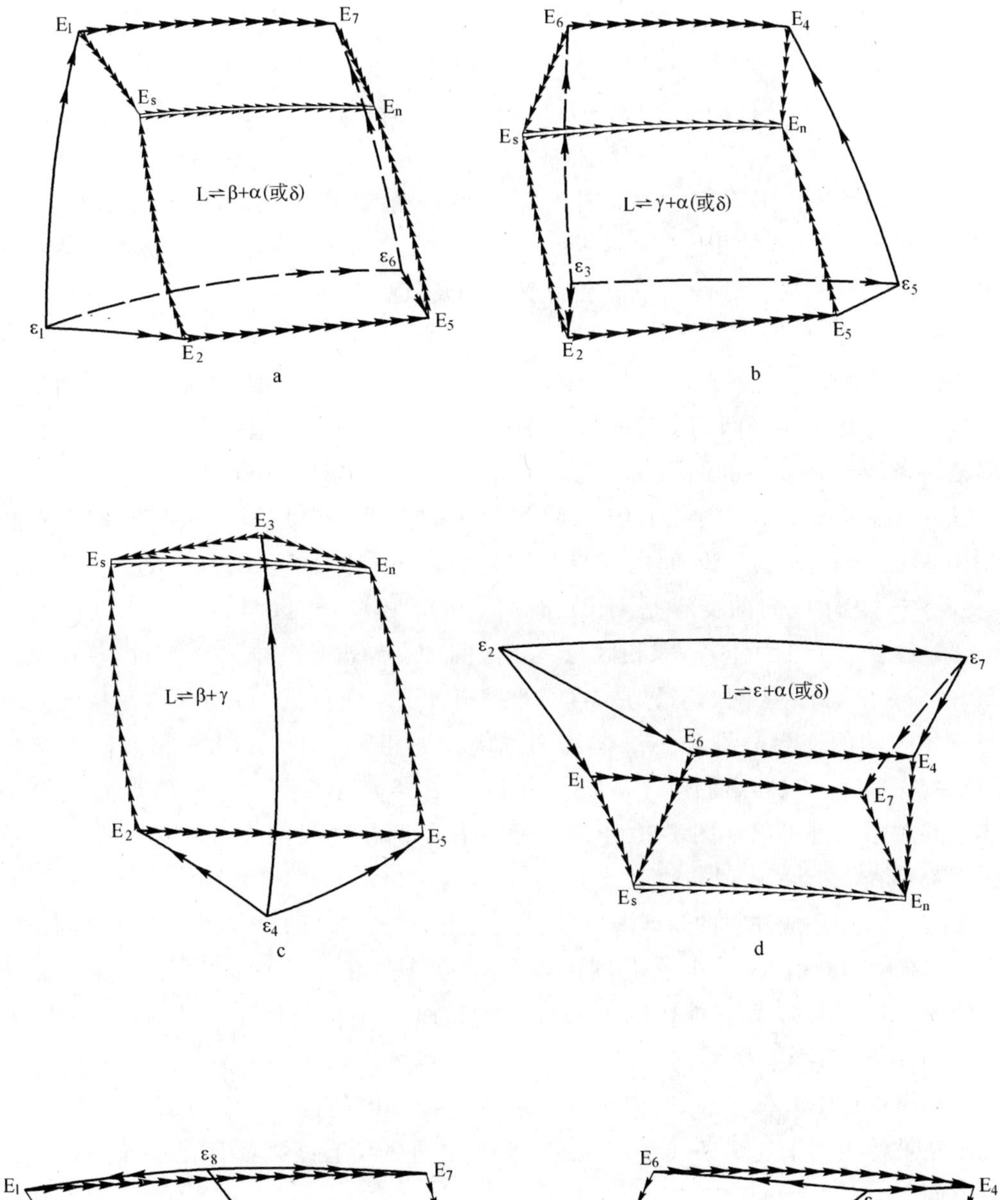

图 7-18　六个二元共晶三维体图

7.4.2 固态相图及相界问题

关于各固相相区，从图 7-19 中可以明显看出，这里有 4 个单固相区（α 与 δ 连通为一个），6 个二固相区、4 个三固相区 WOSTLKFHJGPX（α(δ)+β+ε）、YRUVNMF-HJGQZ（α(δ)+γ+ε）、13-14-15-MHKLNJ（β+γ+ε）和 5-16-17-M-KLN-19-18-6-GF（α(δ)+β+γ）以及一个四固相相区 HJLKMNGF（α(δ)+β+γ+ε）共计 15 个相区。这 15 个相区都是四维体。图 7-18 中的箭头曲线表示各固相凝固时的温度下降顺序。图 7-20 中的 a 图和 b 图分别表示单固相 ε 和 α(δ) 的相区；c 图所示为二固相 ε+α(δ) 的相区；d 图所示为三固相 α(δ)+β+ε 相区；e 图所示为四固相 α(δ)+β+γ+ε 相区。其他的单固相、双固相及其三固相区，读者自己可以从图 7-19 中找出来。

值得注意的是各相区间的交界问题。在五元系四维空间相区间的交界几何形式与四元系的三维体内相区间的交界不同，例如图 7-20e 是四固相区，它与单固相相区的交界是一条线（四元系的四相相区与单固相相区的交界是一个点）。以单固相 ε 相区和 α(δ) 相区来说，这两个相区与四固相相区的交界分别是 HJ 线和 FG 线。双相与四相相区、三相与四相相区间的交界分别是面和三维体。例如，ε+α(δ) 相区与 α(δ)+β+γ+ε 相区间的交界是 HJGF 面；α(δ)+β+ε 相区与该四相相区的交界是 HFKLGJ 三维体（五面体）。双相区与三相区间的交界也是三维体，例如 ε+α(δ) 相区与 α(δ)+β+ε 相区间的交界是 WOFH-JGPX（六面体）。单相区与双相区及单相区与三相区间的交界分别是三维体和面。例如 ε 相区与 ε+α(δ) 相区间的交界是 WHJX-10-ZY-9（六面体）；α(δ) 相区与 α(δ)+β+ε 相区间的界面是 OFGP。上述这些关系，都可以从图 7-20 中看出来。凡是两相区间的交界，必然在两个单独相区上都存在。

在图 7-19 中还应注意的是四条白条密箭头线 FG、HJ、KL 及 MN。唯独这四条线是在成分四维体内被引入，是区分各固相区区界不可缺少的线。其他的所有线都是组成五元系的 5 个四元系成分三维体图中所固有的，而其他这些线中只有 WX、YZ、OP、RQ、ST、UV、5-6、16-18 及 17-19 等 9 条线才存在于四元系的三维体内（参看图 7-17 中的 c 图、d 图、e 图）。所以，理解四维体内的四条密箭头线就像理解 3 个四元系三维体内的上述 9 条线是一样的。除此之外的所有线则都存在于各三元系成分三角形面上。

相界面、界线、界点容易理解，而如何理解相区间的交界体呢？道理也很简单，譬如 β 相区与 α(或 δ)+β+ε 三相区的相区界面 STLK，这个面既属于 β 相区也属于 α(或 δ)+β+ε 相区。在单独表示 β 相区时，该相区上必须有 STLK 面，在单独表示 α(或 δ)+β+ε 相区时，该相区上也必然有 STLK 面。由于是四维体相区间的交界，同样道理相区界体是属于两个相区的。单独表示任何一个相区时，相界体都在其上。例如 α(或 δ)+β+ε 三固相区与 β+ε 相区的相界体 WXJHKLTS，即在单独的 α(或 δ)+β+ε 相区上存在，又在单

独的 β + ε 相区上存在。

相区交界对多元系相图取剖体具有重要意义。如在五元系相图中的相区界体，经过第一级剖取，在剖体图内便成为相区界面；如原来是相界面，经过第一级剖取，在剖体图内便成为相区界线。因此，相区交界对剖体图内相区的划分是至关重要的。

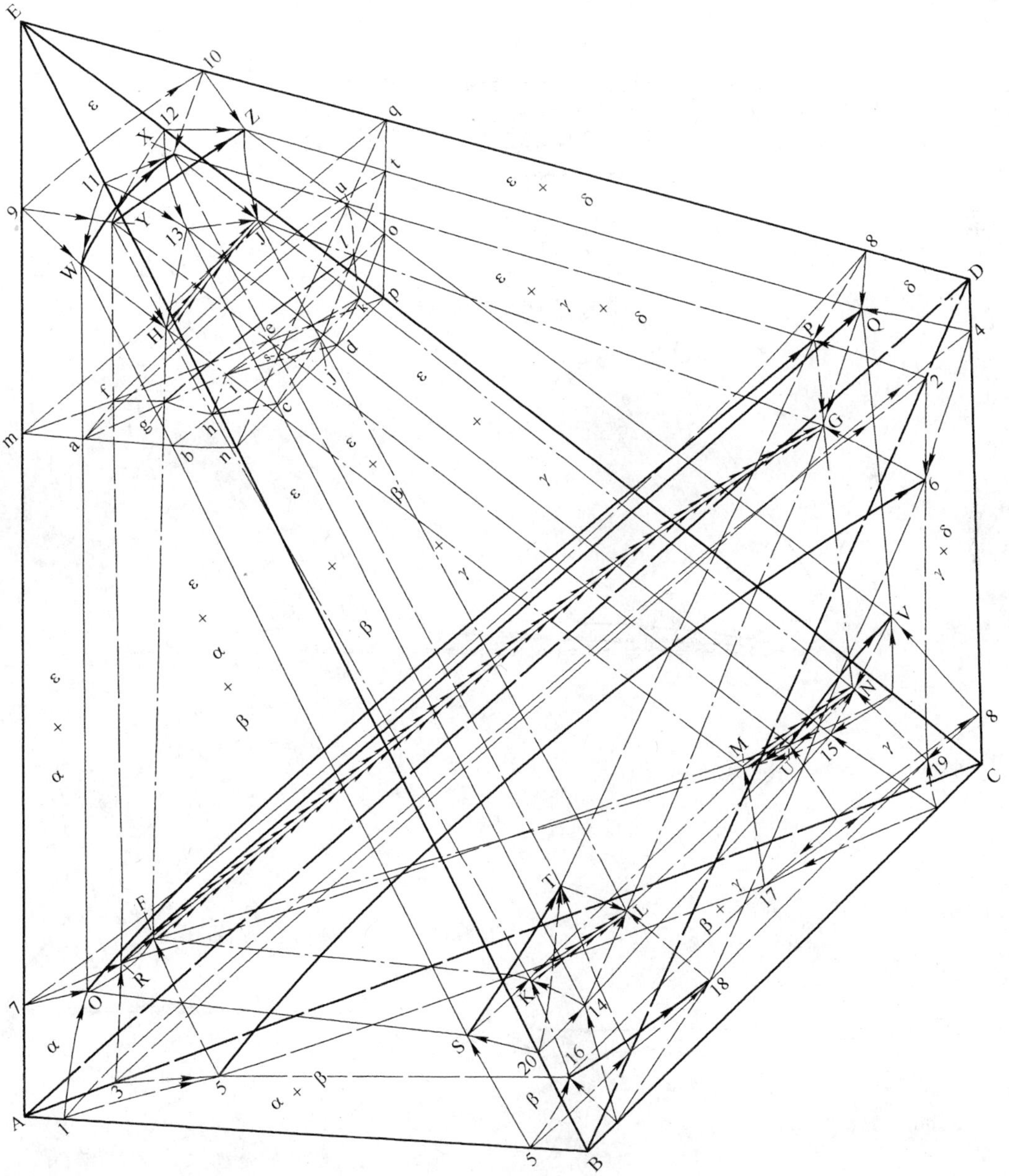

图 7-19　四维体的各固相相区交界体图

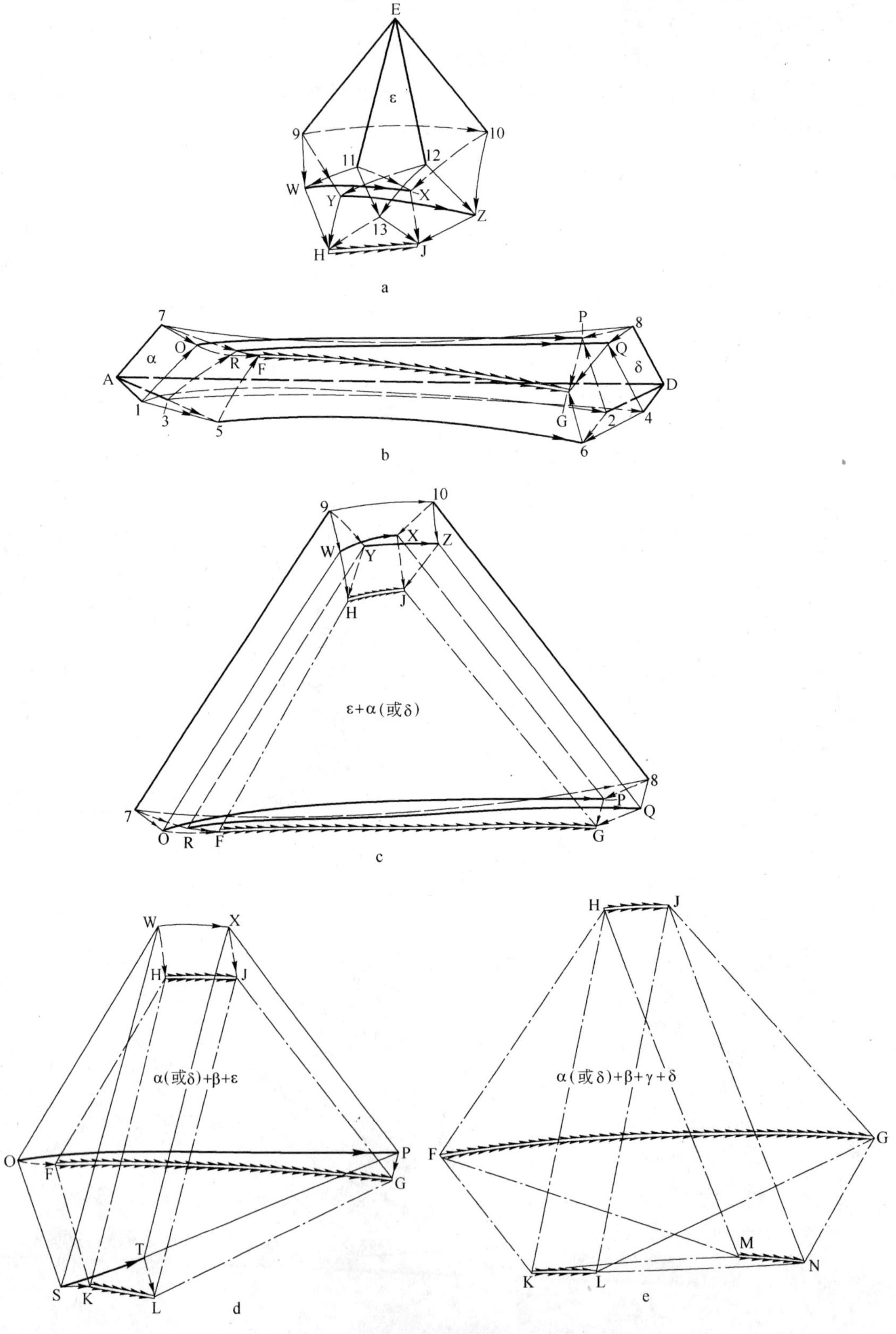

图 7-20　图 7-19 中的固相相区间的交界图

7.4.3 剖体图、成分剖面—温度立体图及纵剖面图

图7-21是在图7-16中取的剖体Abcd，该剖体图在固态共有10个相区（见表7-3）。

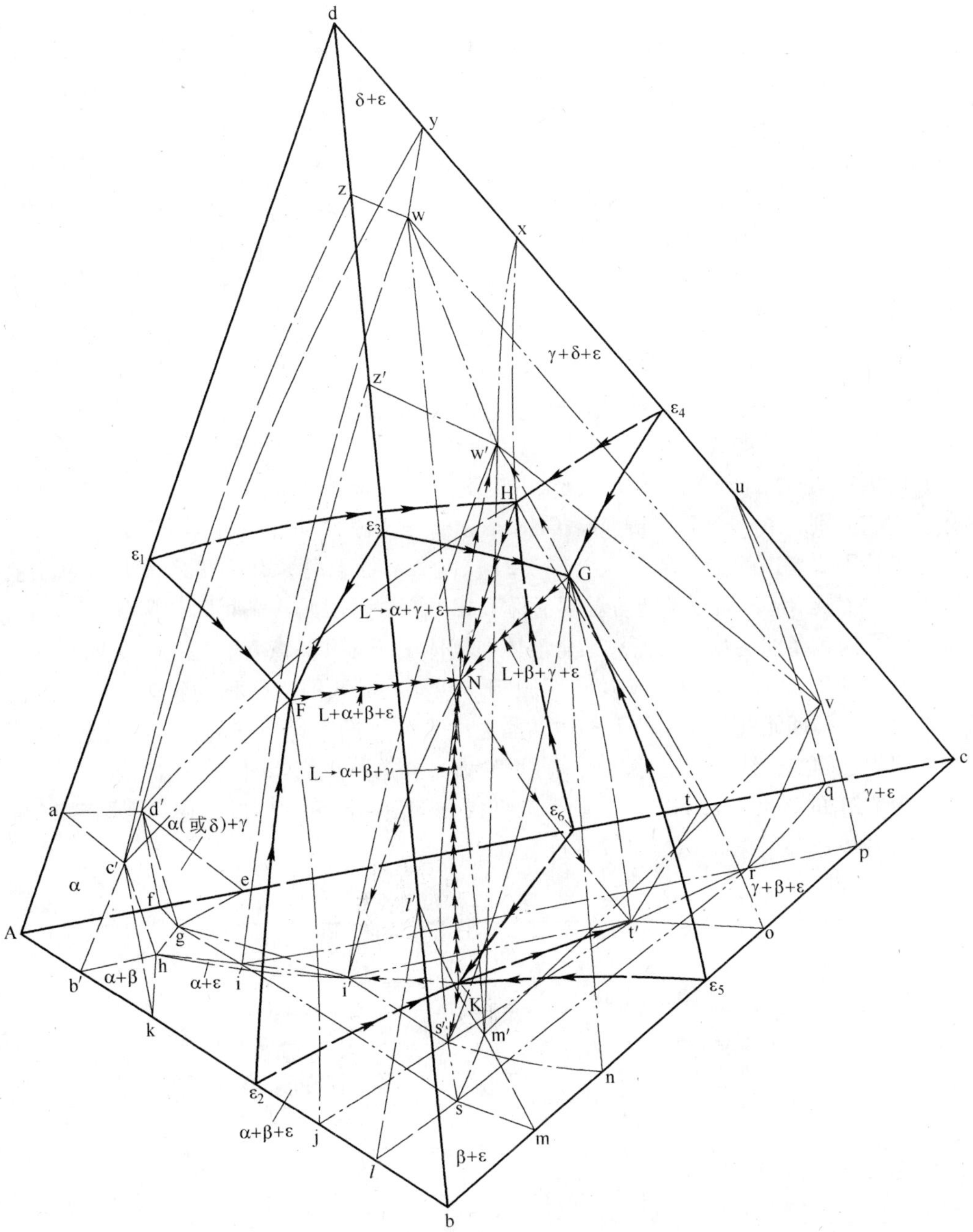

图7-21 在图7-16中取的剖体Abcd图

表 7-3　图 7-21 的相区状态

相　　区	状　　态	相　　区	状　　态
Ab′hgfd′c′a	α(或 δ)	cpvrqu	γ + ε
dywzc′higd′a	δ (或 α) + ε	wzc′khisll'm′	α(或 δ) + β + ε
b′c′kh	α(或 δ) + β	wyd′egirquv	γ + δ (或 α) + ε
ed′fg	α(或 δ) + γ	mm′vprs	γ + β + ε
bll'm′sm	β + ε	isrvm′w′	α(或 δ) + β + γ + ε

图 7-21 中的 N 点是五相共存点，其物理意义是 L 相在该点上产生非等温的四元共晶凝固 L→β + γ + ε + α(或 δ)。该点是图 7-16 中的四维体内曲线 E_sE_n 被该剖体所截的截点。

图 7-21 曲线 FN、HN、GN 和 KN 是三元共晶截线。这些线上的 L 相冷却时，分别产生非等温三元共晶凝固 L→β + ε + α(或 δ)、L→γ + ε + α(或 δ)、L→β + γ + ε 和 L→β + γ + α(或 δ)。其实这些曲线是剖体分别对图 7-16 中的三元共晶曲面 $E_1E_7E_nE_s$、$E_6E_4E_nE_s$、$E_3E_nE_s$ 和 $E_2E_5E_nE_s$ 的剖截线。

图 7-21 曲面 ε_1FNH、ε_2FNK、ε_3FNG、ε_4GNH、ε_5GNK 和 ε_6HNK 是二元共晶剖面，是剖体分别对图 7-16 中的二元共晶三维体 $\varepsilon_2\varepsilon_7E_4E_nE_7E_1E_sE_6$、$\varepsilon_1E_1E_7\varepsilon_6E_5E_nE_sE_2$、$E_1E_7E_nE_sE_3\varepsilon_8$、$E_4E_6E_sE_nE_3\varepsilon_9$、$\varepsilon_4E_3E_sE_nE_5E_2$ 和 $\varepsilon_3E_6E_4\varepsilon_5E_5E_nE_sE_2$ 的剖截面。L 相在这些曲面上各产生相应的二元共晶凝固 L→α(或 δ) + ε、L→α(或 δ) + β、L→β + ε、L→γ + ε、L→β + γ 和 L→γ + δ (或 α)。

在图 7-16 中的 α(或 δ)、β、γ 及 ε 相首先凝固的液相四维体，在剖体图 7-21 中是三维体。它们分别是 Aε_2FNKε_6Hε_1、bε_5GNKε_2Fε_3、cε_4Hε_6KNGε_5 及 dε_3GNFε_1Hε_4。

这里特别要指出的是，自 N 点（图 7-21）向 Abc 面上的 i′s′t′及 bcd 面上的 w′引曲线 Ni′、Ns′、Nt′及 Nw′，而且是随着温度下降 L 相不断进行四元共晶凝固，自 N 点出发而趋向各点的。这四条线的物理几何意义是液体在剖体中四元共晶点 N 上随着产生四元共晶凝固，它们分别是 α(或 δ)、β、γ 及 ε 四固相与四元共晶线的连线移动轨迹在剖体内的反映。换言之，即四元共晶线上的 L 相边共晶边沿 E_sE_n（图 7-16）移动，共晶线上移动的 L 相与各固相之间的连线也随之移动成一曲面轨迹，在第一级剖体图内便是曲线。

过图 7-21 的 A 和棱边 bd 及 cd 取第二级成分剖面—温度立体图，便出现图 7-22 的情形。该图内共有 23 个相区（见表 7-4）。

表 7-4　图 7-22 的相区状态

相　　区	状　　态	相　　区	状　　态
顶端的三个液相面以上	L	$b_1''b_1'''$sk − 4 − j	L + β + ε
A′hvzee′z′v′h′A	α(或 δ)	$l$km − 3 − 4 − o	L + β + γ
A′hi − o − 2 − vzef	L + α	c_1''gpc_1'''wt − 3 − m	L + γ + ε
$b_1'l$oij − 4 − kb_1''	L + β	nn′p′pww′u′u − 1 − 1′ − z′ − z	γ + ε + δ (或 α)
c_1'fgc_1''m − 3 − ol	L + γ	qb_1'''r − 1 − vv′ − 1′ − r′b_1q′	α + β + ε
hvqq′v′h′	α + β	qb_1'''j − 4 − s − r − 1 − 2 − v	L + β + ε + α(或 δ)
eznn′z′e′	α + γ	kstm − 3 − 4	L + β + γ + ε
vz − 1 − 1′ − z′v′	α + ε	gpwut − 3 − 2 − 1 − zn	L + γ + ε + δ (或 α)
pw$c_1'''c_1$w′p′	γ + ε	o − 2 − 3 − 4	L + β + γ + α(或 δ)
zv − 2 − 1	L + α + ε	u − 1 − rr′ − 1′ − u′	β + γ + ε + δ (或 α)
qhij − 4 − o − 2 − v	L + α + β	s − 4 − 2 − 3 − tu − 1 − r	L + β + γ + ε + α(或 δ)
engfo − 3 − 2 − z	L + α + γ		

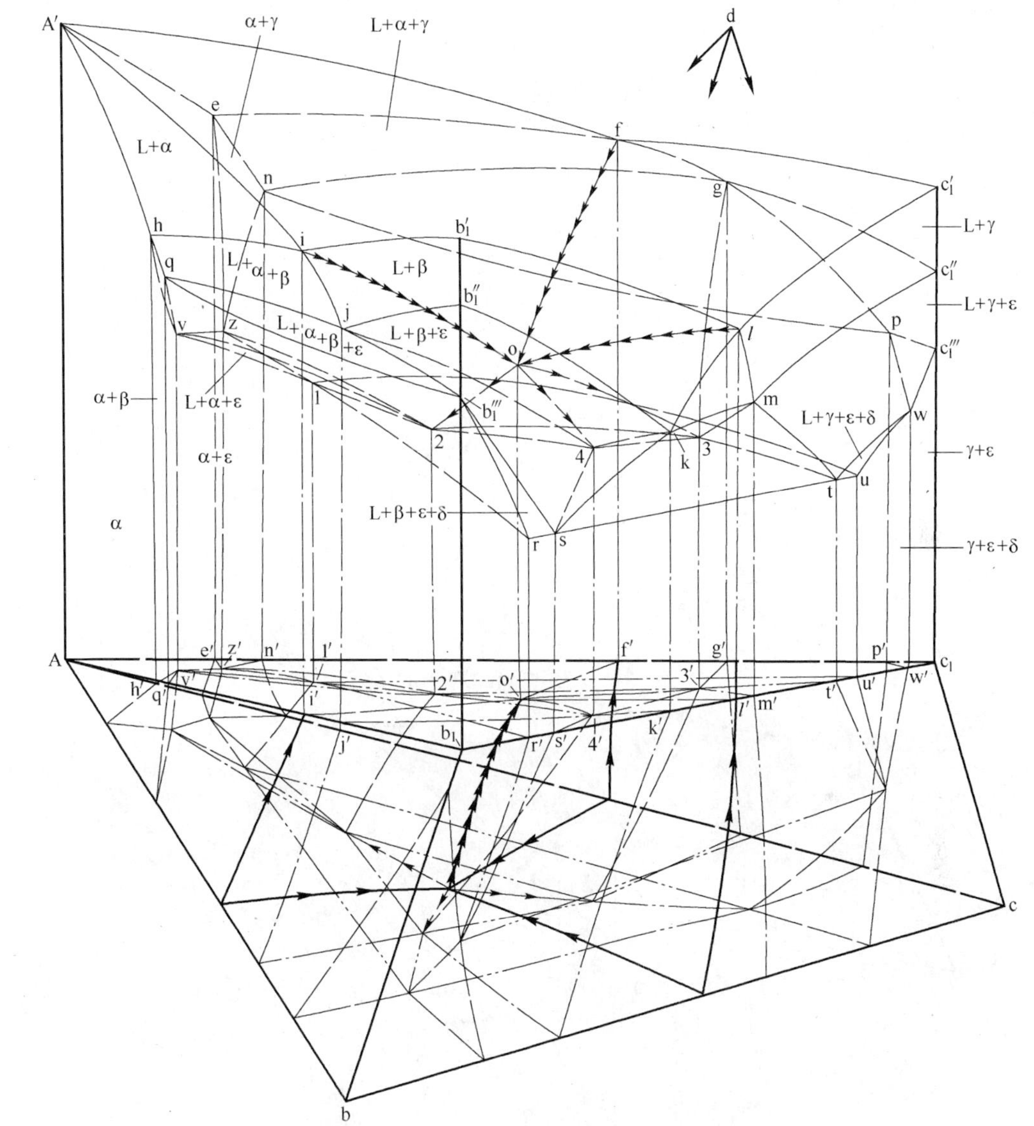

图 7-22 过图 7-21 取第二级成分—温度立体图

在图 7-16 中，靠近 ε 相区处，平行四元系 A－B－C－D 取剖体 mnpq（可参考图 7-19），便出现图 7-23 的剖体图。该剖体图的一个特点是合金在任何部位自液态冷却时都首先凝固 ε 相。图 7-23 以 4 个四元系剖面为基础，在体内只需画出四条曲线即可分清各不同相区的相界及各不同凝固过程的状态区。

图 7-23 剖体图中的 xv 线是四元共晶截线，是图 7-16 中四元共晶曲线 E_sE_n 与 ε 相的连线曲面被剖截的线。图 7-23 中的 3 个三元共晶剖面 e_1xve_4、e_3xve_5 和 e_2xv 相交于 xv。e_1xve_4 是图 7-16 中三元共晶曲面 $E_1E_7E_nE_s$ 与 ε 相的连线三维体的剖截面。L 相在该曲面上，冷却时产生非等温的三元共晶凝固 L→β＋ε＋α(或 δ)。同样，图 7-23 曲面 e_3xve_5 和 e_2xv 分别是图 7-16 中的三元共晶曲面 $E_6E_4E_nE_s$ 和 $E_3E_nE_s$ 与 ε 相的连线体被剖截的面。L 相在这两个曲面上分别产生三元共晶凝固 L→γ＋ε＋α(或 δ) 和 L→β＋ε＋γ。图 7-16 中

的3个三元共晶曲面与ε相构成的3个连线体（在四维体图中，三维体之间是可以互相入侵的）之间的界面，就是四元共晶线 E_sE_n 与ε相的连线曲面，所以在剖体中各减少了一个自由度，3个连线体被剖成3个面，三体之间的界面被剖成一条曲线xv。

图7-23剖体图中的曲线 *l*g、jh及ki分别是固态二相（参看图7-19）α(或δ)+ε、β+ε及γ+ε相区与四相α(或δ)+β+γ+ε相区相界面的剖截线。

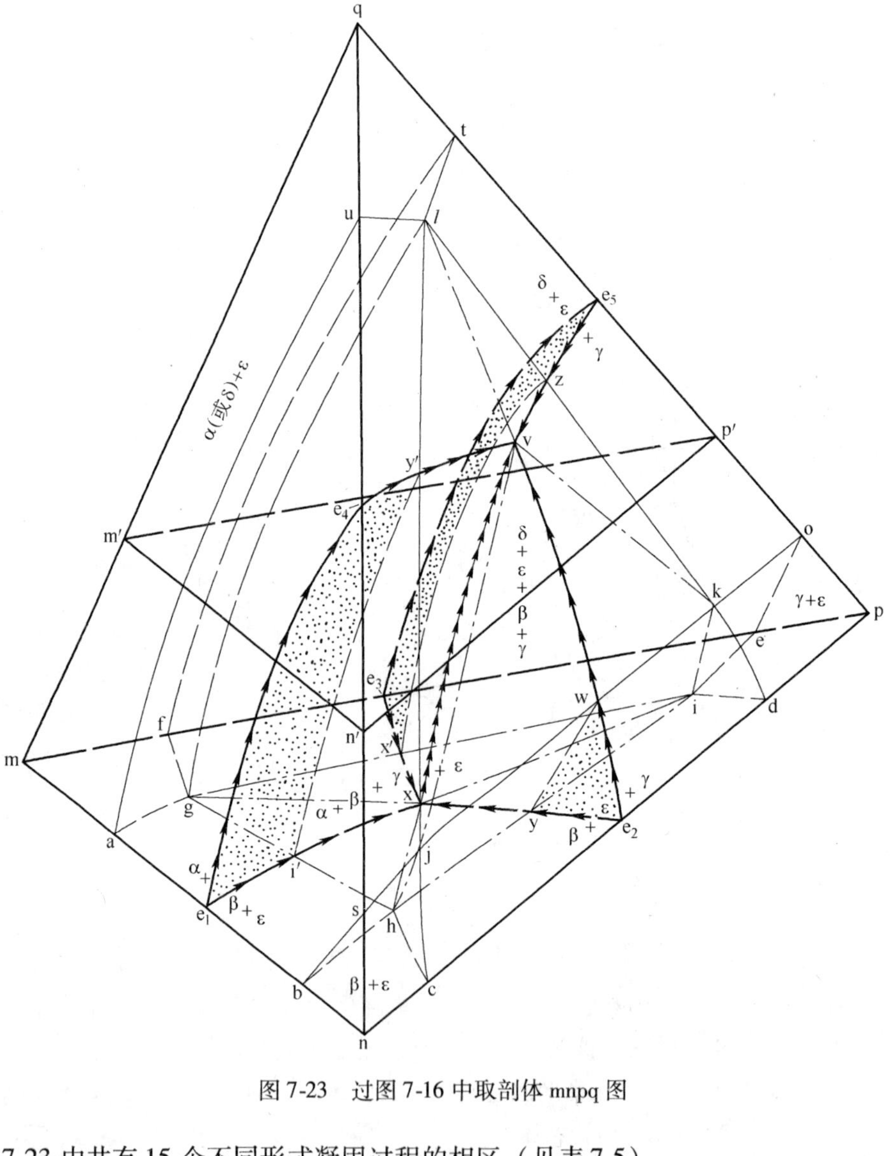

图7-23 过图7-16中取剖体mnpq图

图7-23中共有15个不同形式凝固过程的相区（见表7-5）。

表7-5 图7-23的相区凝固过程

相 区	凝 固 过 程
nchjsb	L→L+ε→L+ε+β→ε+β
magft*l*uq	L→L+ε→L+ε+α(或δ)→ε+α(或δ)
peidko	L→L+ε→L+γ+ε→ε+γ

续表 7-5

相　区	凝　固　过　程
cjhywe$_2$	L→L + ε→L + ε + β→L + ε + β + γ→β + γ + ε
dkiywe$_2$	L→L + ε→L + ε + γ→L + ε + γ + β→β + γ + ε
bsjhi′y′e$_4$e$_1$	L→L + ε→L + ε + β→L + ε + β + α(或 δ)→β + γ + ε
agl ue$_4$y′i′e$_1$	L→L + ε→L + ε + α(或 δ)→L + ε + α(或 δ) + β→β + ε + α(或 δ)
fgl te$_5$zx′e$_3$	L→L + ε→L + ε + δ（或 α)→L + ε + δ（或 α) + γ→ε + γ + δ（或 α)
eikoe$_5$zx′e$_3$	L→L + ε→L + ε + γ→L + ε + γ + δ（或 α)→ε + γ + δ（或 α)
xhywjv	L→L + ε→L + ε + β→L + ε + β + γ→L + ε + β + γ + α(或 δ)→ε + β + γ + α(或 δ)
xiywkv	L→L + ε→L + ε + γ→L + ε + γ + β→L + ε + γ + β + δ（或 α)→ε + β + γ + δ（或 α)
xhjvy′i′	L→L + ε→L + ε + β→L + ε + β + α(或 δ)→L + ε + β + α(或 δ) + γ→ε + β + γ + α(或 δ)
xi′gly′v	L→L + ε→L + ε + α(或 δ)→L + ε + α(或 δ) + β→L + ε + α(或 δ) + γ + β→ε + β + γ + α(或 δ)
xx′glzv	L→L + ε→L + ε + α(或 δ)→L + ε + α(或 δ) + γ→L + ε + α(或 δ) + γ + β→ε + β + γ + α(或 δ)
xx′ikzv	L→L + ε→L + ε + γ→L + ε + γ + δ（或 α)→L + ε + γ + δ（或 α) + β→ε + γ + β + δ（或 α)

平行图 7-23 的 mnp 面，取成分剖面 m′n′p′加温度坐标便出现图 7-24 所示的成分—温度立体图。

图 7-24 中共有 13 个相区状态（见表 7-6)。

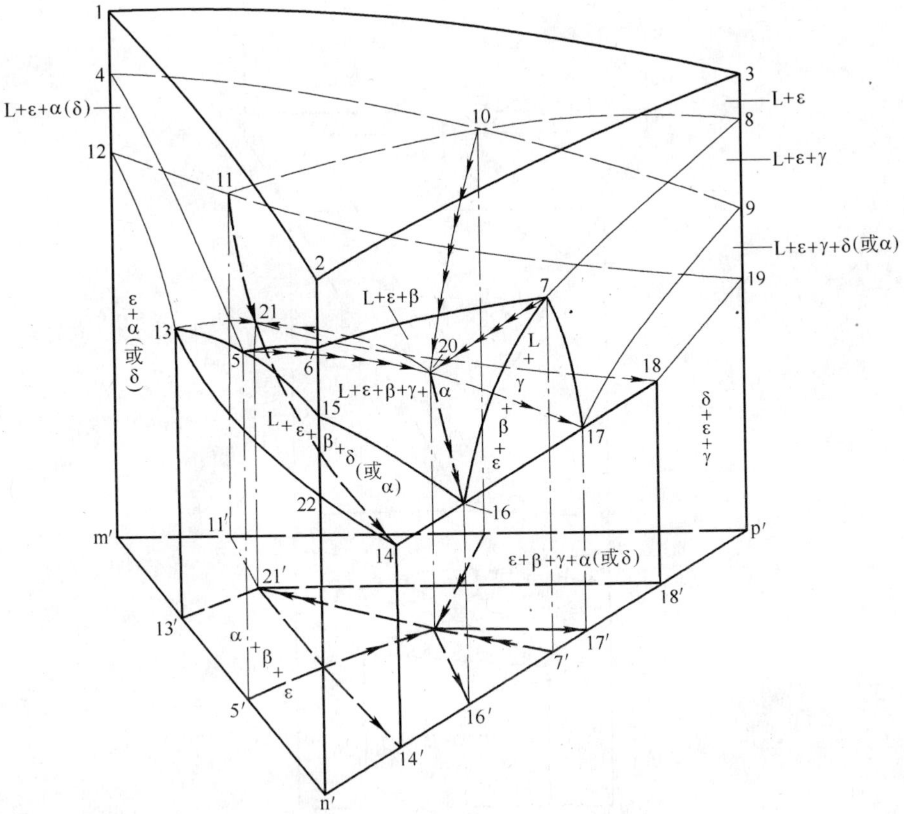

图 7-24　过图 7-23 取成分—温度立体图

表 7-6 图 7-24 的相区状态

相 区	状 态	相 区	状 态
1 - 2 - 3 曲面以上	L	9 - 17 - 18 - 19 - 11 - 21 - 20 - 10	L + ε + γ + δ（或 α）
1 - 2 - 3 - 8 - 10 - 20 - 7 - 6 - 5 - 4	L + ε	21 - 14 - 16 - 20 - 17 - 18	L + ε + β + γ + α(或 δ)
4 - 10 - 11 - 21 - 20 - 5 - 13 - 12	L + ε + α(或 δ)	12 - 11 - 21 - 13 - 13′ - 21′ - 11′ - m′	ε + α(或 δ)
8 - 10 - 20 - 7 - 17 - 9	L + ε + γ	13 - 21 - 14 - 22 - n′ - 14′ - 21′ - 13′	α(或 δ) + β + ε
6 - 7 - 20 - 16 - 15 - 5	L + ε + β	11 - 21 - 18 - 19 - p′ - 18′ - 21′ - 11′	ε + γ + δ（或 α）
13 - 5 - 15 - 22 - 14 - 16 - 20 - 21	L + ε + β + α(或 δ)	21 - 18 - 14 - 14′ - 18′ - 21′	β + γ + ε + α(或 δ)
7 - 20 - 16 - 17	L + γ + β + ε		

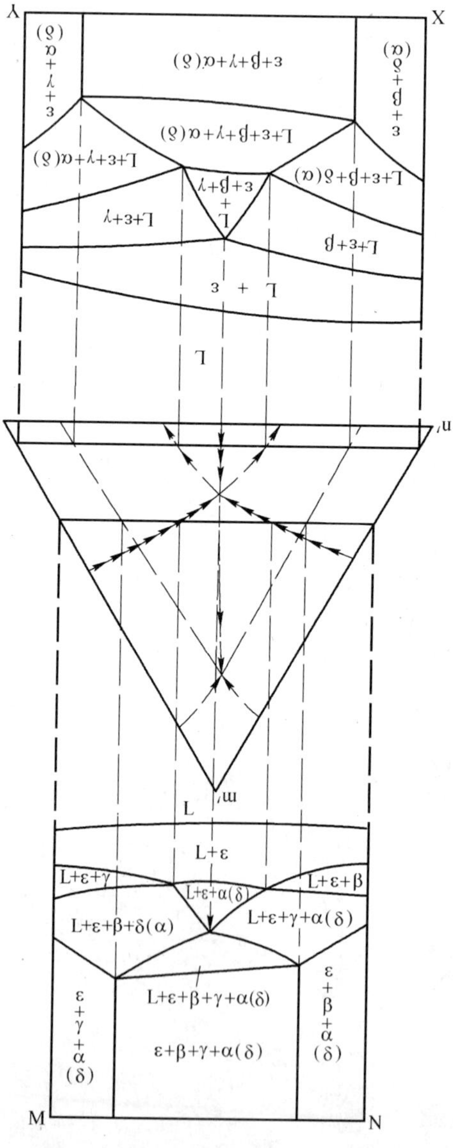

图 7-25 过图 7-24 取第三级成分—温度纵剖面图 X - Y 和 M - N

对图 7-24 过 m′n′和 m′p′两边，取第三级的成分—温度纵剖面图 X－Y 和 M－N，便出现图 7-25 所示的情形。如果在第一级成分剖体图 mnpq 中五元系的组元 E 为常量，第二级成分剖面 m′n′p′，组元 D 也为常量，在第三级成分—温度纵剖面图上，则 A 又为常量。那么纵剖面图 X－Y 和 M－N 是（组元 A、E、D 在五元系内为常量）组元 B 和 C 二者数量互变的相图。

7.4.4　典型合金凝固过程及显微组织变化示意图

再过图 7-22 的 Ab_1 和 b_1c_1 边取第三级成分—温度纵剖面图 X－Y，并在该纵剖面图上选一合金 M，它的凝固过程显微组织示意图如图 7-26 所示。

合金 M 的凝固过程状态变化是：

L→L＋β→L＋α(或 δ)＋β→L＋α(或 δ)＋β＋ε→L＋α(或 δ)＋β＋γ＋ε→α(或 δ)＋β＋γ＋ε

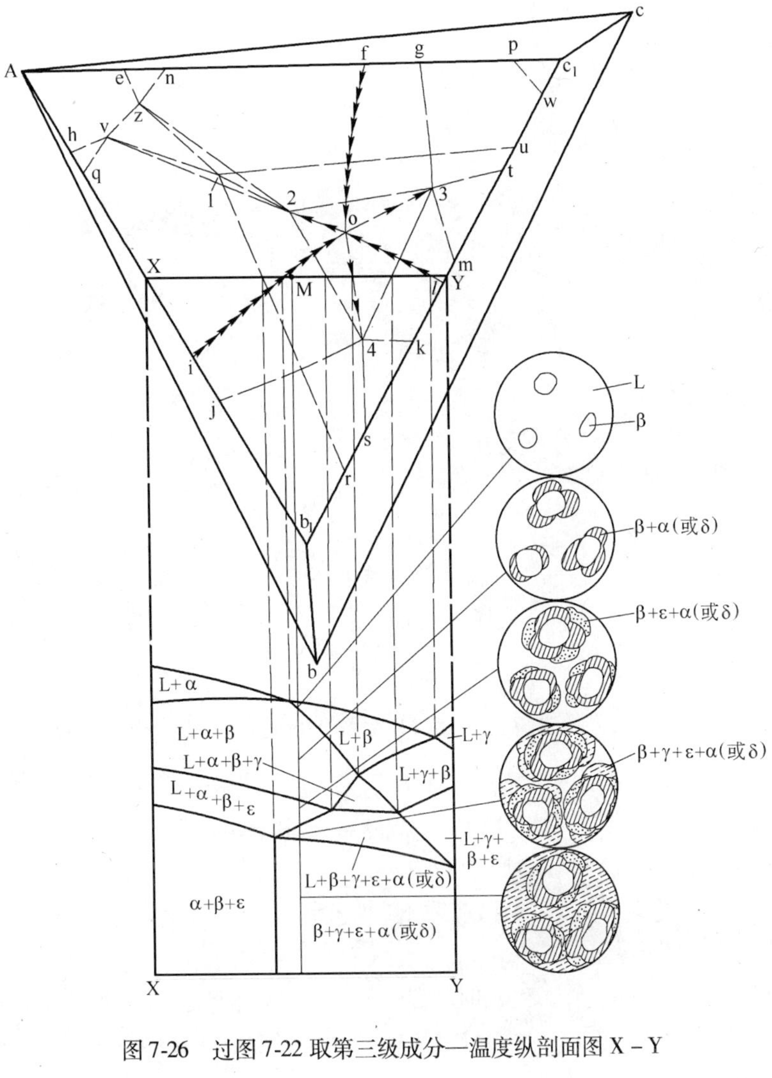

图 7-26　过图 7-22 取第三级成分—温度纵剖面图 X－Y

按状态变化可以看出，其低温固态组织（右最下方的组织图）在 β 晶体之外是二元共晶体 α(或 δ)+β，再往外是三元共晶体 α(或 δ)+β+ε，最外边的连续基体是四元共晶体 α(或 δ)+β+γ+ε。

7.4.5　凝固过程的几何法则

合金 M 凝固的几何法则，可回视图 7-16 所示的情形，并参看图 7-27。液态合金冷却到晶点，首先是 β 相在 β_1 上（四维体内）结晶。随温度的下降 L 相和 β 相分别沿 ML_2 和 $\beta_1\beta_2$ 变化。

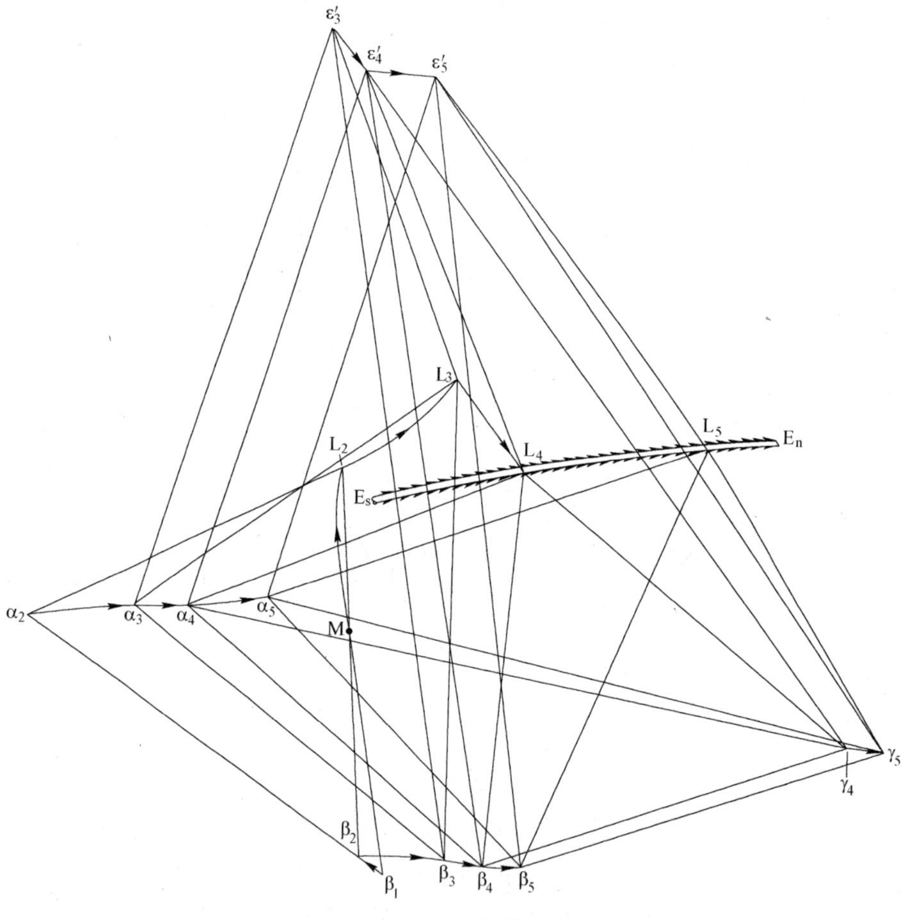

图 7-27　合金 M 凝固的几何法则

当 L 相与二元共晶三维体 $\varepsilon_1E_1E_7\varepsilon_6E_5E_nE_sE_2$ 在 L_2 点接触，便开始了二元共晶凝固L→β+α(或 δ)。于是 L、α 和 β 3 个相分别沿 L_2L_3、$\alpha_2\alpha_3$ 和 $\beta_2\beta_3$ 变化。

3 个相分别达到 L_3、α_3 和 β_3 时，因为 L_3 这时达到了三元共晶曲面 $E_1E_7E_nE_s$ 上，故 L 相又开始了三元共晶凝固 L→β+ε+α(或 δ)。于是 L、α、β 和 ε 4 个相又分别沿 L_3L_4、$\alpha_3\alpha_4$、$\beta_3\beta_4$ 和 $\varepsilon_3'\varepsilon_4'$变化。

当它们分别达到 L_4、α_4、β_4 和 ε_4'时，因为这时的 L_4 达到了四元共晶线 E_sE_n 上，所以又开始了四元共晶凝固 L→β+γ+ε+α(或 δ)。于是 5 个相 L、α、β、γ 及 ε 分别又沿 L_4L_5

（在 E_sE_n 上）、$\alpha_4\alpha_5$、$\beta_4\beta_5$、$\gamma_4\gamma_5$ 及 $\varepsilon_4'\varepsilon_5'$变化。

当它们分别达到 L_5、α_5、β_5、γ_5 和 ε_5'时，亦即 4 个固相点的连线四面体 $\alpha_5\beta_5\gamma_5\varepsilon_5'$对 M 点来说，正是四面体的重心点，L 相便在 L_5 点上消失，即凝固过程宣告结束。

在双相、三相、四相及五相共存时，各相间的比例或百分数即可按杠杆定理、重心定理确定，并用图 6-13 所描述的五元系的杠杆及重心定理进行计算五相共存时的数量关系。

8 具有六相共存的五元系相图

五元系中的所有 5 个四元系都是五相共存（四元系的最多共存相数），该五元系便会出现六相共存的相图。六相共存也是五元系定压下的最多共存相数。在第 6 章的相平衡一节内已经谈到，六相共存的等温反应形式不下五种，所以六相共存的相图形式也是很多的。在本章里重点解剖分析五元系简单共晶型相图，推论五元系有限固溶体型的相图，以及对具有二元系不一致熔化中间相的较复杂的五元系相图进行解剖分析。

8.1 五元系简单共晶型相图

8.1.1 基本形式分析

图 8-1 所示，是五元系 A－B－C－D－E 形成的简单共晶型的相图。其中所有的二元系、三元系和四元系都是简单共晶型的，这是构成五元系简单共晶型相图的基本条件。图 8-1 在四维成分体内有一个五元共晶点，五条四元共晶曲线，10 个三元共晶曲面，10 个二元共晶三维体和 5 个组元初晶的液相四维体。这些几何要素及其呈现的相平衡形式见表 8-1，并参看图 8-2。它是从图 8-1 中分离出来的 10 个二元共晶三维体图，以及图 8-3 的组元 A 初晶的四维体图。该五元系中，每组元的初晶四维体内部是由 4 个三维体所组成。图 8－3 中组元 A 的 4 个初晶三维体是 A－1－15－9－17－23－19－8、A－1－19－8－12－20－11－2、A－9－17－8－12－21－16－2 及 A－1－15－9－16－24－11－2（都是六面体）。作为一个四维体至少应由 5 个三维体所组成。很明显，从图 8-3 中可以看出，这里除了内部的 4 个三维体外，其边界（即与其他相区交界）则是又由 4 个三维体所组成。这里与 L⇌D 相区的相界三维体是 23－15－9－17－21－16－24－25；与 L⇌E 相区的相界三维体是 20－11－1－19－23－15－24－25；与 L⇌C 相区的相界三维体是 23－19－8－17－21－12－20－25；与 L⇌B 相区的相界三维体是 20－11－2－12－21－16－24－25。所以 L⇌A 相区是由 8 个三维体（全是六面体）所组成。其他 L⇌B、L⇌C、L⇌D 及 L⇌E 相区的情形依此类推。

这样就把简单共晶型相图的总面貌及其内部从点、线、面、三维体到四维体一切几何要素全部作了分析。

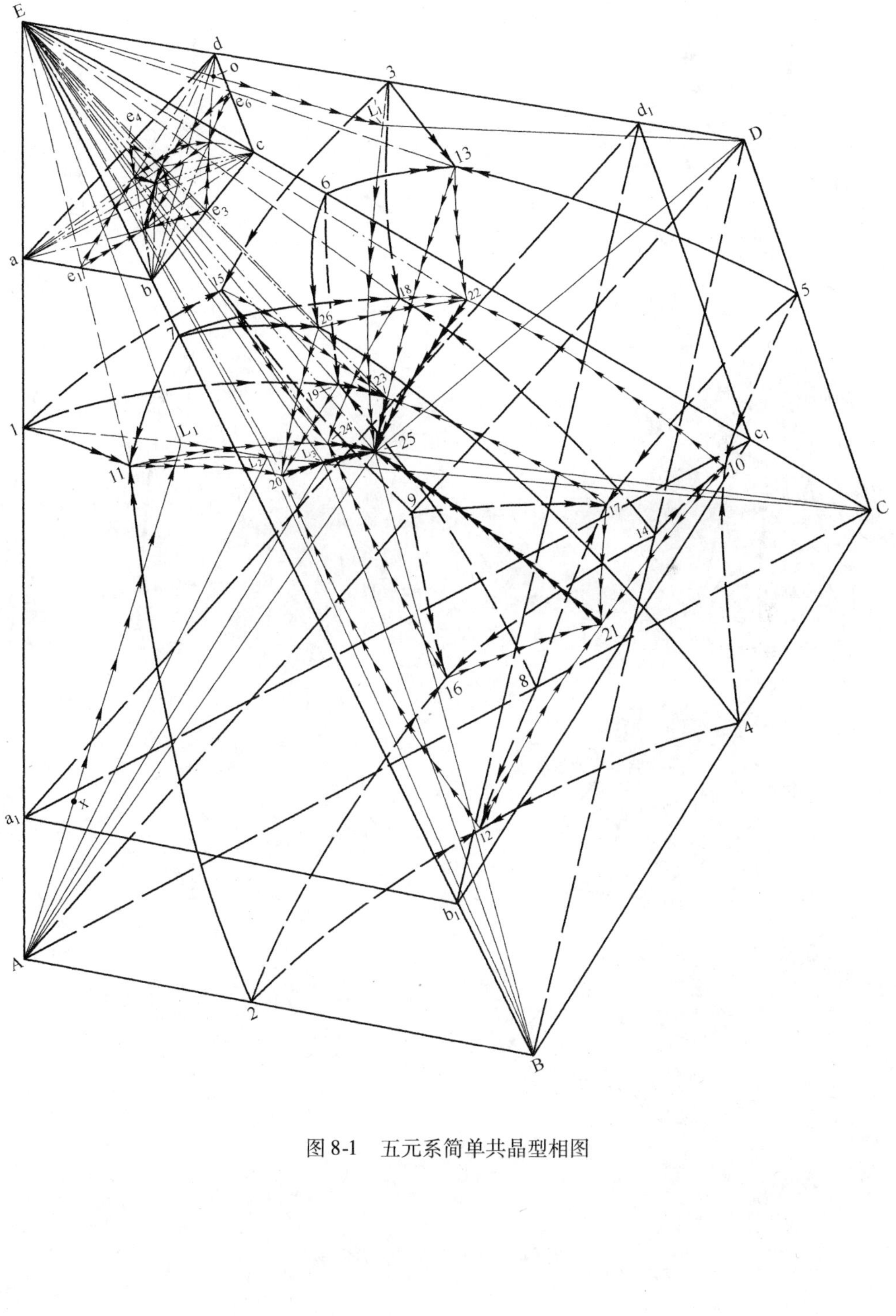

图 8-1 五元系简单共晶型相图

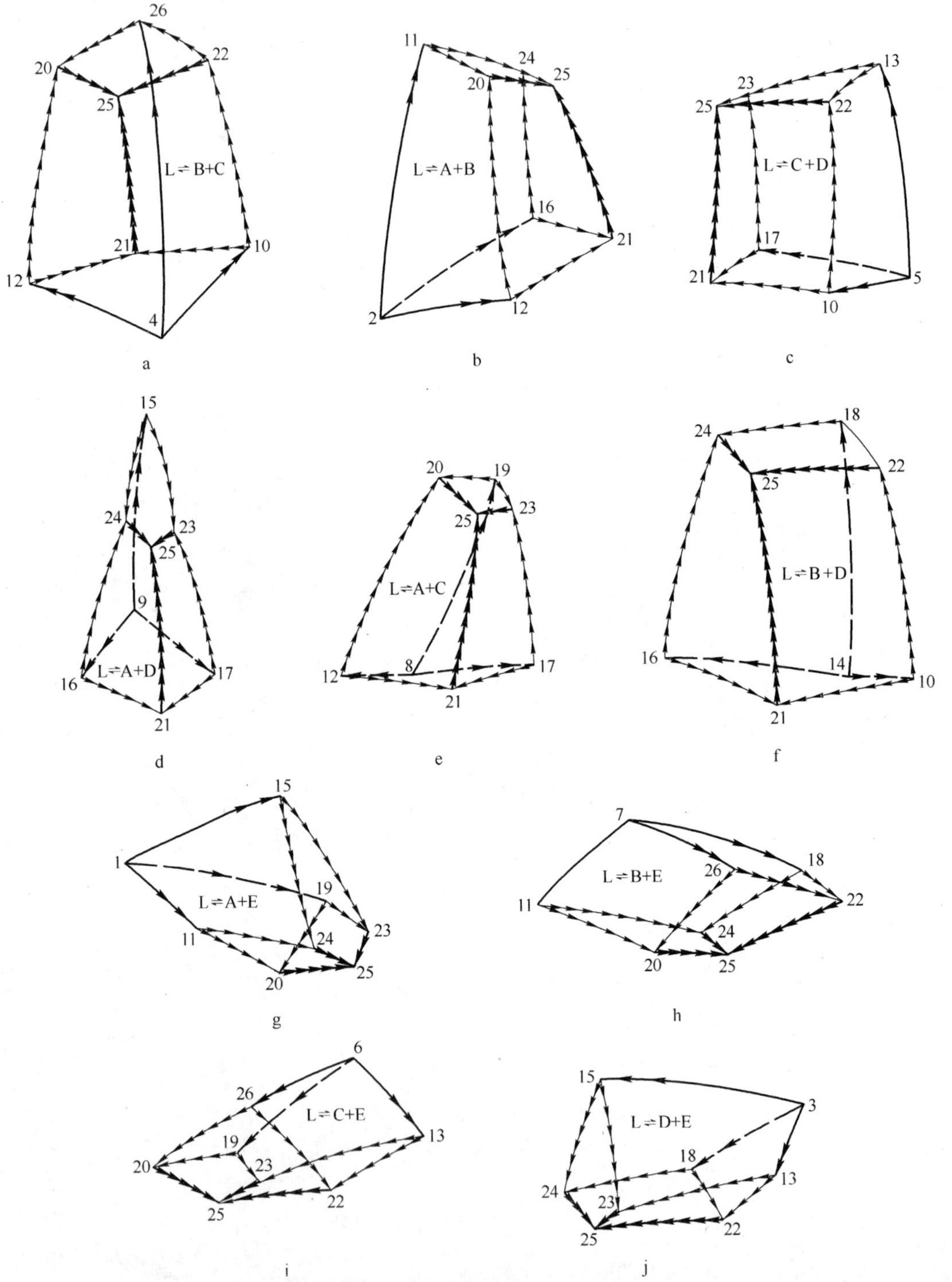

图 8-2　10 个共晶三维体图

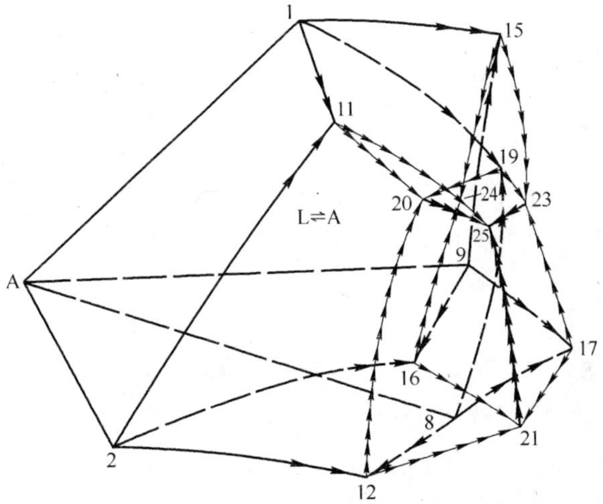

图 8-3　组元 A 初晶的四维体图

表 8-1　图 8-1 的相平衡形式

几何要素	符　　号	平衡相形式
曲　线	25	L⇌A + B + C + D + E
	20 - 25	L⇌A + B + C + E
	21 - 25	L⇌A + B + C + D
	22 - 25	L⇌B + C + D + E
	23 - 25	L⇌A + C + D + E
	24 - 25	L⇌A + B + D + E
曲　面	21 - 12 - 20 - 25	L⇌A + B + C
	21 - 16 - 24 - 25	L⇌A + B + D
	21 - 17 - 23 - 25	L⇌A + C + D
	21 - 10 - 22 - 25	L⇌B + C + D
	20 - 11 - 24 - 25	L⇌A + B + E
	22 - 26 - 20 - 25	L⇌B + C + E
	22 - 18 - 24 - 25	L⇌B + D + E
	22 - 13 - 23 - 25	L⇌C + D + E
	23 - 15 - 24 - 25	L⇌A + D + E
	23 - 19 - 20 - 25	L⇌A + C + E
三维体	20 - 12 - 4 - 26 - 22 - 10 - 21 - 25	L⇌B + C
	20 - 11 - 2 - 12 - 21 - 16 - 24 - 25	L⇌A + B
	22 - 13 - 5 - 10 - 21 - 17 - 23 - 25	L⇌C + D
	23 - 15 - 9 - 17 - 21 - 16 - 24 - 25	L⇌A + D
	23 - 19 - 8 - 17 - 21 - 12 - 20 - 25	L⇌A + C
	24 - 18 - 14 - 16 - 21 - 10 - 22 - 25	L⇌B + D
	20 - 11 - 1 - 19 - 23 - 15 - 24 - 25	L⇌A + E
	20 - 11 - 7 - 26 - 22 - 18 - 24 - 25	L⇌B + E
	22 - 26 - 6 - 13 - 23 - 19 - 20 - 25	L⇌C + E
	22 - 13 - 3 - 18 - 24 - 15 - 23 - 25	L⇌D + E
四维体	A - 9 - 16 - 2 - 12 - 8 - 17 - 21 - 25 - 20 - 11 - 24 - 15 - 23 - 19 - 1	L⇌A
	B - 2 - 12 - 4 - 10 - 14 - 16 - 21 - 25 - 22 - 18 - 24 - 11 - 20 - 26 - 7	L⇌B
	C - 4 - 10 - 5 - 17 - 8 - 12 - 21 - 25 - 22 - 26 - 20 - 19 - 23 - 13 - 6	L⇌C
	D - 5 - 10 - 14 - 16 - 9 - 17 - 21 - 25 - 24 - 15 - 23 - 13 - 22 - 18 - 3	L⇌D
	E - 1 - 11 - 7 - 26 - 6 - 19 - 20 - 25 - 24 - 15 - 23 - 13 - 22 - 18 - 3	L⇌E

8.1.2 等温体图

五元系的等温体图，是以5个四元系的等温体图为基础构成的。图8-4所示为五元系简单共晶相图的某一等温体图。它是由图8-5中的5个四元系等温体图所组成，该温度低于所有5个组元的晶点，除二元系C－D以外的其他各二元系的共晶点以及三元系A－C－E和A－B－C的三元共晶点，但比各四元系的四元共晶点和二元系C－D的二元共晶点高。

图8-4由5个四元系的L相三维体构成一个五元系的L相四维体1－3－2－16－4－13－14－15－23－17－18－19－20－22－21－25－24－9－26－27－8－7－6－11－12－10－5。图8-6所示，是5个四元系L相三维体的组合体。图8-4中各四维体相区A＋L、L＋B、L＋C、L＋D、L＋E均由3个三维体的同一相区组成。四维体相区A＋L＋E、E＋L＋B、E＋L＋C、E＋L＋D、A＋L＋B、B＋L＋C、A＋L＋C、A＋L＋D和B＋L＋D也均由3个三维体的同样相区所组成。A＋B＋C和A＋C＋E相区，只各在其三元系成分面上，A＋C＋E＋L和A＋B＋C＋L的两个四维体相区，各是由两个三维体的该相区所组成。

在这个由5个四元系组成的四维体等温体图中应注意的是两条曲线16－17和4－7，这两条曲线是在四维体内存在的，不是四元系三维体所原有的。16－17是两个三维体相区A＋C＋E＋L上的L相成分点的连线；4－7是两个三维体相区A＋B＋C＋L的L相成分点的连线。正因为有这两条线的存在，才能划分出四维体的L相及四维体的有关包括L相的二相、三相和四相相区间的界限来。它与四元系等温体图相似，例如其中的四元系B－C－D－E（见图8-5b）等温体图内的曲线21－22，是在两个三元系成分面上的E＋L＋D相区的L相成分点在该四元系三维体中的连线，以划分L相、L＋D、E＋L和E＋L＋D诸相区间的界限。

在图8-4中所以没有在三相区的L相成分点上引连线，是因为没有必要。例如E＋L＋D相区，前面已经讲过，在四元系B＋C＋D＋E中是在三维体内引有曲线21－22与L相分界，而对五元系来说，有个曲面已经存在，这就是四维体内的曲面20－21－22。

总之，对n元系统（$n=3$，4，5，6，…）的$n-1$维空间等温体图的确定，是以n个$n-1$元系的等温体图为基础，在$n-1$维空间图内引线的原则是n和$n-1$相数的相同相区中的L相成分点相连接。

过图8-4的棱边AE、BE、CE和DE，在近E点处取第一级成分剖体abcd，便出现图8-7所示的情形。

这里共出现L＋E、L＋A＋E、L＋B＋E、L＋C＋E、L＋D＋E及L＋A＋C＋E等6个相区。由于没有剖到单一L相区，故图8-7中不存在L相区。这种图也是以被剖到的四元系等温体图的剖面为基础来确定的。剖体内的ik线是对图8-4中的三角形曲面E－16－17的剖截线，该线在剖体内分界L相区和A＋C＋E＋L相区。

若该剖体图中的组元E量是固定的，同样若再在该图上平行三角形面abc取第二级剖面a′b′c′，则a′b′c′面上的组元D又是固定的。剖面图上出现4个相区（L＋E、L＋A＋E、L＋B＋E和L＋C＋E）。

如在图8-4靠近ABCD处另取剖体$a_1b_1c_1d_1$（没有剖到四元系A－B－C－D），便出现图8-8的情形（并对照参看图8-5的a～d图）。

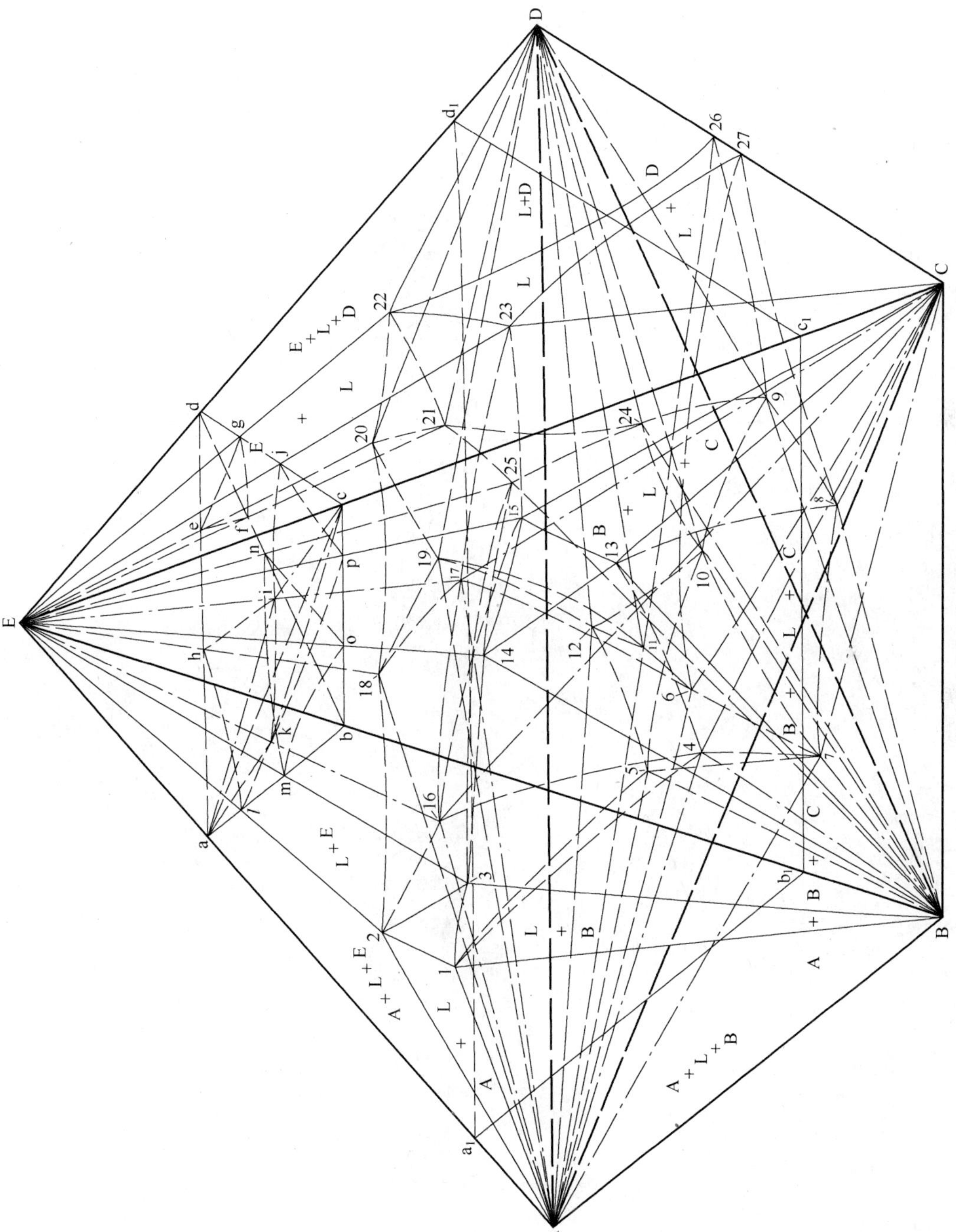

图 8-4 五元系简单共晶相图的某一等温体图

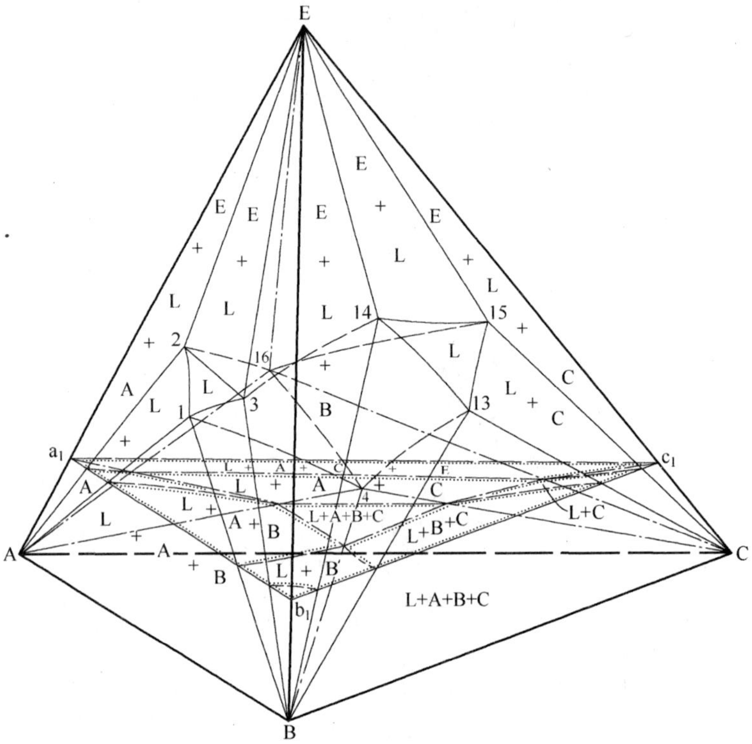
E
A
B
C
a1
b1
c1
1
2
3
4
13
14
15
16
L+A+B+C
L+B+C
L+C
L+A+B+C

a

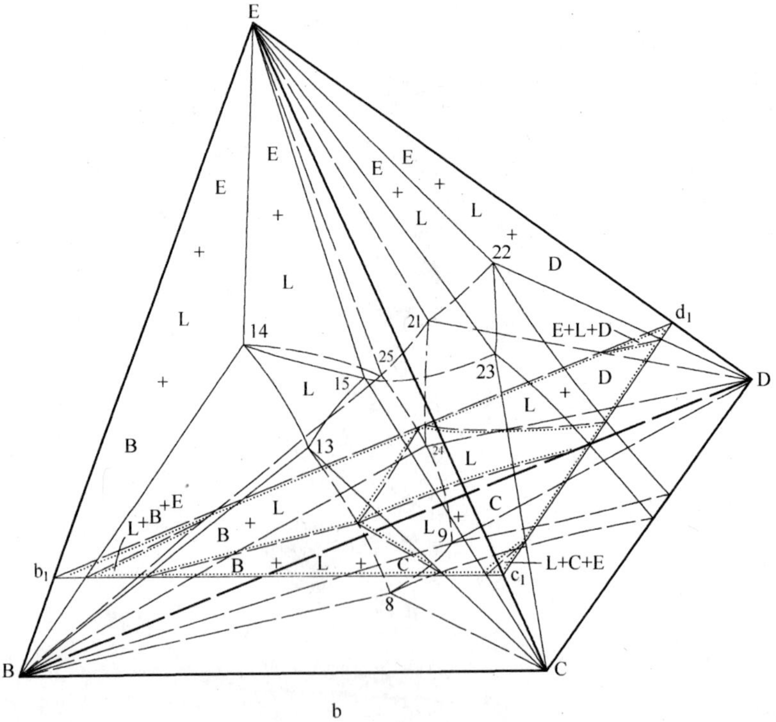
E
B
C
D
b1
c1
d1
8
9
13
14
15
21
22
23
24
25
L+B+E
E+L+D
L+C+E

b

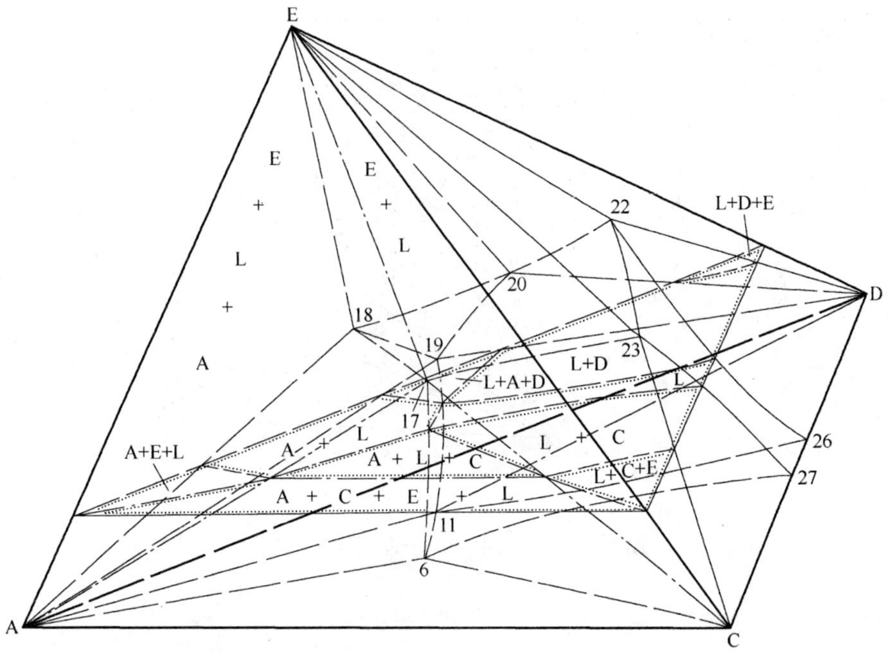
E
E
+
L
+
A
E
+
L
22
L+D+E
D
20
18
19
23
L+D
L+A+D
L
17
A+E+L
A + L
A + L + C
L + C
L+C+E
26
27
A + C + E + L
11
6
A
C

c

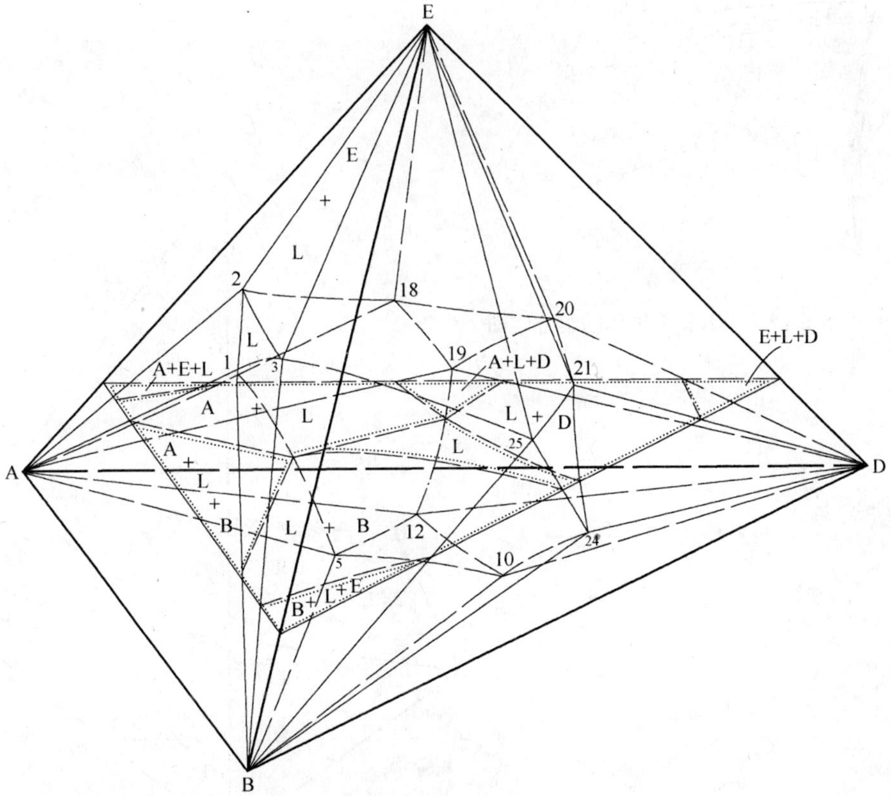
E
E
+
L
2
18
20
E+L+D
19
A+L+D
21
1
3
L
A+E+L
A + L
L + D
25
L
A + L + B
L + B
12
5
24
10
B+L+E
A
D
B

d

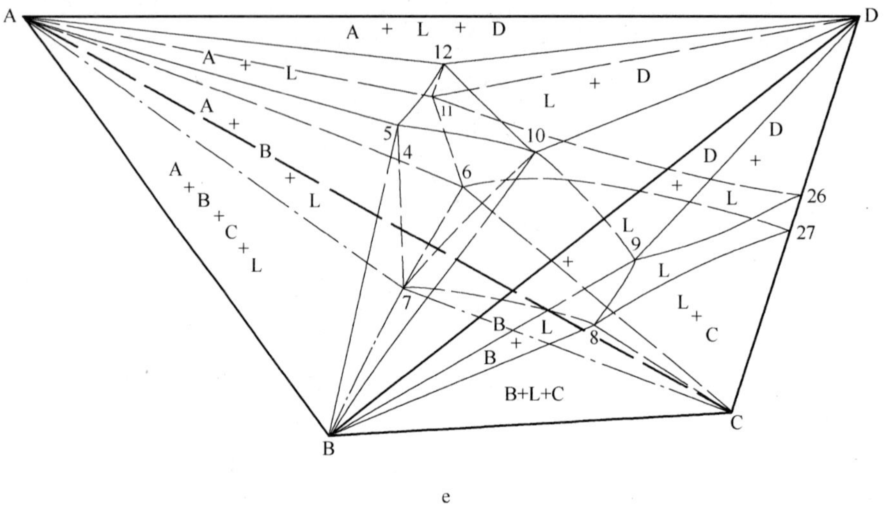

图 8-5　图 8-4 中的 5 个四元系等温体图

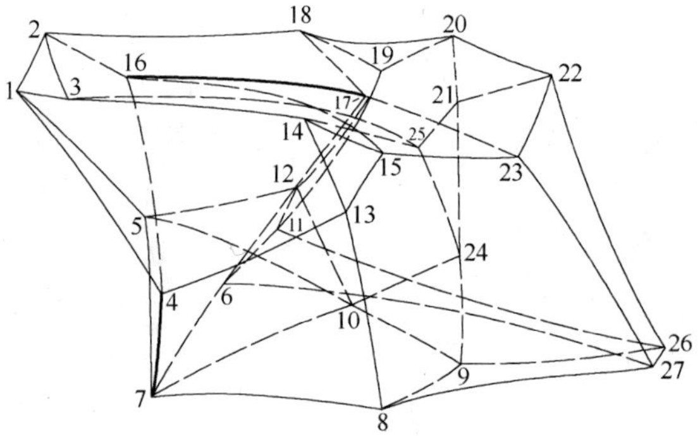

图 8-6　5 个四元系 L 相三维体的组合体图

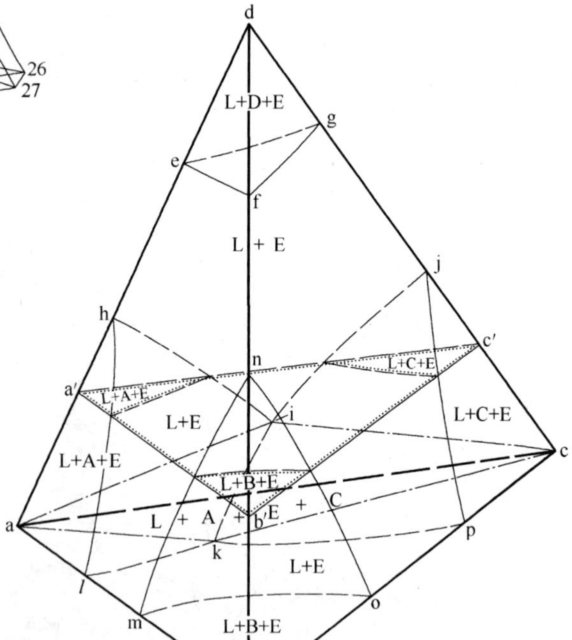

图 8-7　过图 8-4 靠近 E 点处取第一级成分剖体 abcd 图

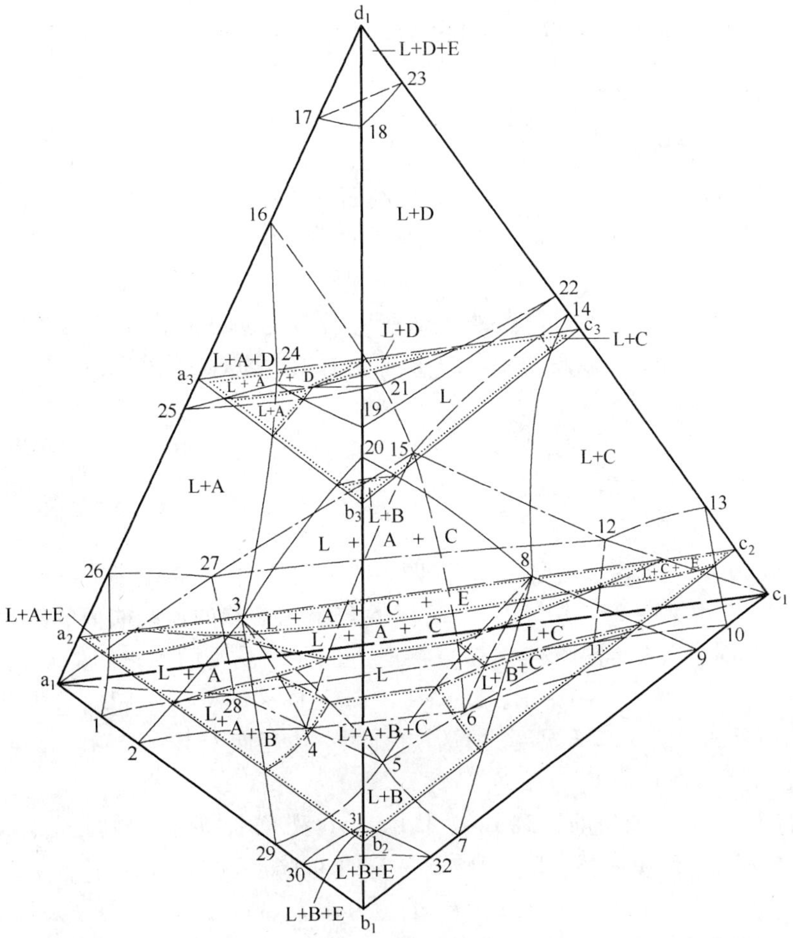

图 8-8 在图 8-4 中靠近 ABCD 处另取剖体 $a_1b_1c_1d_1$ 图

这里共计出现了 15 个相区（见表 8-2），其中 L + A + B + C 相区是一个平面（在 $a_1b_1c_1$ 面上），这是因为被剖的 L + A + B + C 相区仅是四元系 A – B – C – E 中的相区（图 8-4 中三维体 A – B – C – 4）。

表 8-2 图 8-8 的相区状态

相 区	状 态	相 区	状 态
a_1 – 1 – 26 – 27 – 28	L + A + E	17 – 18 – 23 – 22 – 19 – 24 – 21 – 16	L + D
b_1 – 31 – 32 – 30	L + B + E	14 – 22 – 19 – 24 – 21 – 15 – 6 – 4 – 5 – 3 – 20 – 8	L
c_1 – 10 – 13 – 12 – 11	L + C + E	20 – 3 – 29 – 30 – 31 – 32 – 7 – 5 – 8	L + B
d_1 – 17 – 18 – 23	L + D + E	25 – 24 – 21 – 15 – 4 – 3 – 2 – 1 – 28 – 27 – 26	L + A
16 – 24 – 21 – 25	L + A + D	14 – 15 – 6 – 8 – 9 – 10 – 11 – 12 – 13	L + C
2 – 3 – 4 – 5 – 29	L + A + B	12 – 15 – 27 – 28 – 4 – 6 – 11	L + A + C
7 – 8 – 5 – 6 – 9	L + B + C	4 – 5 – 6（平面）	L + A + B + C
a_1c_1 – 12 – 11 – 28 – 27	L + A + C + E		

在图 8-8 平行 $a_1b_1c_1$ 面取 $a_2b_2c_2$ 及 $a_3b_3c_3$ 两个第二级剖面图，在 $a_2b_2c_2$ 面上共剖出 11 个相区来，在 $a_3b_3c_3$ 面上共剖出 6 个相区来。

8.1.3 四维体图的解剖分析

这里对五元系简单共晶四维体图的解剖，不妨列举如图 6-2、图 6-3 及图 6-4 所示的三种形式的取第一级剖体图、第二级成分剖面—温度立体图及第三级成分—温度纵剖面图。并重点分析第一级剖体图与四维体图的关系、剖体内部的几何形式及物理意义等。

图 8-9 所示为在图 8-1 靠近 E 点处（即在组元 E 的初晶液相四维体上）平行四元系 A－B－C－D 取剖体 abcd。该图的特点是任何部位的合金从高温液态冷却时，必须首先凝固出组元 E。

图 8-9 中 E_1 点是图 8-1 内组元 E 与五元共晶点连线上的截点。L 相在该点上首先凝固 E，然后直接产生等温的五元共晶凝固 L→A＋B＋C＋D＋E，这里也可称为五元共晶点。

图 8-9 中的 ε_1E_1、ε_2E_1、ε_3E_1 及 ε_4E_1 四条四元共晶截线是剖体在图 8-1 内分别对四条四元共晶线 20－25、23－25、24－25 及 22－25 与组元 E 点的连线曲面的剖截线。L 相在这四条线上冷却时，首先凝固 E。然后直接产生四元共晶凝固，它们的凝固形式分别是 L→A＋B＋C＋E、L→A＋C＋D＋E、L→A＋B＋D＋E 及 L→B＋C＋D＋E（非凝固的最终过程）。L 相在这四条线上，随温度的下降边凝固，边趋向于 E_1 点。在 E_1 点上产生等温的五元共晶凝固 L→A＋B＋C＋D＋E。

图 8-9 自 E_1 点向 4 个角的连线 E_1a、E_1b、E_1c 及 E_1d，它们分别是剖体对（图 8-1）A－25－E、B－25－E、C－25－E 及 D－25－E 的 4 个连线面的截线。

图 8-9 曲面 $e_1\varepsilon_1E_1\varepsilon_3$、$e_2\varepsilon_1E_1\varepsilon_2$、$e_3\varepsilon_1E_1\varepsilon_4$、$e_4\varepsilon_2E_1\varepsilon_3$、$e_5\varepsilon_3E_1\varepsilon_4$ 和 $e_6\varepsilon_2E_1\varepsilon_4$ 是三元共晶剖面，是剖体分别对图 8-1 中的三元共晶曲面 20－11－24－25、23－19－20－25、22－26－20－25、23－15－24－25、22－18－24－25 及 22－13－23－25 与 E 点的 6 个连线体的剖截面。L 相在这些曲面上，冷却时首先凝固 E，然后产生非等温的三元共晶凝固，它们的共晶形式分别是 L→A＋B＋E、L→A＋C＋E、L→B＋C＋E、L→A＋D＋E、L→B＋D＋E 及 L→C＋D＋E。根据物系在面上的部位，各面上的 L 相可能向两条四元共晶线奔趋而产生非等温的四元共晶凝固，最后奔趋到 E_1 产生等温的五元共晶凝固，使 L 相消失。

图 8-9 中的三维体 $ae_1\varepsilon_1E_1\varepsilon_3e_4\varepsilon_2e_2$、$be_1\varepsilon_1E_1\varepsilon_3e_5\varepsilon_4e_3$、$ce_2\varepsilon_1E_1\varepsilon_2e_6\varepsilon_4e_3$ 和 $de_4\varepsilon_3E_1\varepsilon_2e_6\varepsilon_4e_5$ 是二元共晶剖体，是剖体分别对图 8-1 中的二元共晶三维体 20－11－1－19－23－15－24－25、20－11－7－26－22－18－24－25、22－26－6－13－23－19－20－25 及 22－13－3－18－24－15－23－25 与 E 点连线四维体的剖体。L 相在这些剖体内冷却时首先凝固 E，然后分别产生二元共晶凝固 L→A＋E、L→B＋E、L→C＋E 及 L→D＋E。再后就是三元共晶（每个体可有三种三元共晶形式）、四元共晶（每个体可有三种四元共晶形式），最后是等温的五元共晶。

其实图 8-9 和四元系简单共晶型相图极为相似，只是图 8-9 中先有组元 E 的初晶过程，以及图内的几何要素在凝固时各比四元系增多了一个组元。如图 8-9 中所示的 6 个三元共晶曲面相当于四元系的二元共晶曲面。

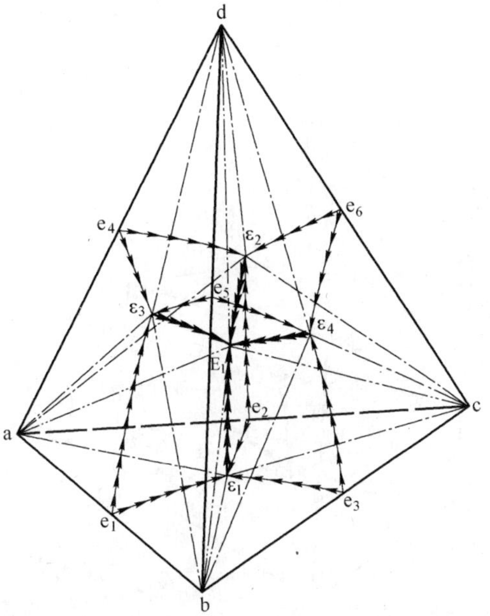

图 8-9 过图 8-1 平行四元系 A－B－C－D 取剖体 abcd 图

过图 8-9 的棱边 ad、bd 和 cd，平行 abc，在二元共晶三维体上取第二级成分—温度立体图，便出现图 8-10 所示的情形。

该立体图的特点，有两个相层界面覆盖在顶端。无疑的第一层是组元 E 的初晶液相面，第二层是 E 和 D 的二元共晶曲面。这两个曲面显然是第二级成分剖面分别对第一级成分剖体图中的 E 的初晶三维体和 E＋D 的二元共晶三维体的剖截面。这两个三维体在成分剖体图内是重合的，而在第二级剖面图上加温度坐标就显示出二者的温度差别。

图 8-10 三条曲线 xo、yo、zo 分别是对图 8-9 中的 ε_3E_1、ε_4E_1、ε_2E_1 三条四元共晶截线与 d 点（代表 D＋E）的连线面的剖截线。

o 点是图 8-9 中 E_1 点与 d 点的连线在图 8-10 中的截点。该成分—温度立体图，如果去掉顶端的两个覆盖面，在形式上和一个三元系简单共晶型相图完全一样。

在图 8-10 中过 a′b′、b′c′边和 o 点取第三级成分—温度纵剖面图 X－Y 和 M－N 以及在 M－N 的 o 点上的物系结晶过程显微组织示意图见图 8-11。该物系的凝固过程是：

$$L \to L+E \to L+E+D \to L+A+B+C+D+E \to A+B+C+D+E$$

其低温固态组织是 E 相之外有一层二元共晶体 E＋D，再外层的连续基体就是五元共晶体 A＋B＋C＋D＋E。

合金 o 凝固过程的几何法则，可回视图 8-1。在 L 相初晶组元 E 的凝固过程中 L 相自 o 点沿 Eo 线引伸方向，向二元共晶三维体 22－13－3－18－24－15－23－25 变化。当 L 相达到三维体中的 L_1'时，便开始二元共晶凝固（L→D＋E），并在一曲面上沿 3－L_1'的引伸方向直接奔向五元共晶点 25。在 25 点上产生等温的五元共晶凝固。

靠近图 8-10 的 abc 面并平行 abc 面取第二级成分—温度立体图，便出现图 8-12 所示的情形。

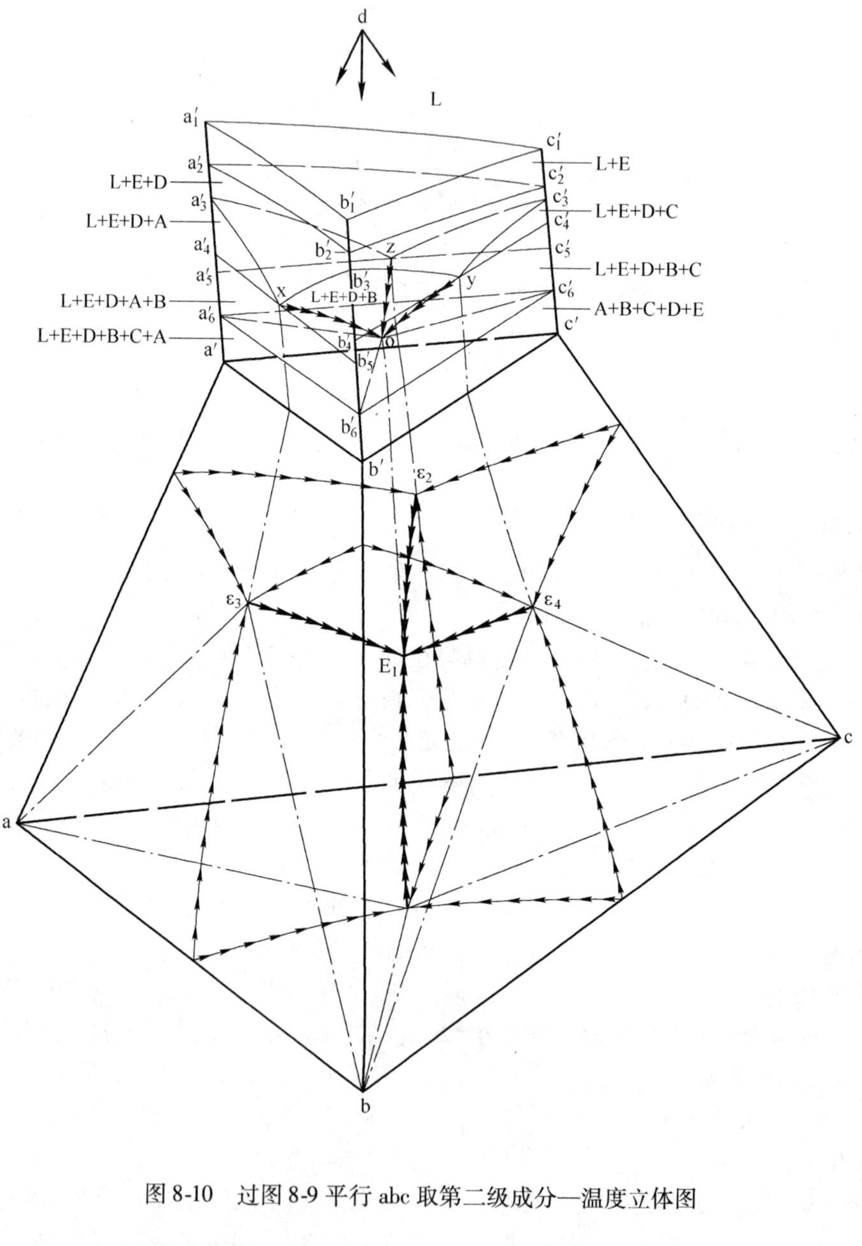

图 8-10　过图 8-9 平行 abc 取第二级成分—温度立体图

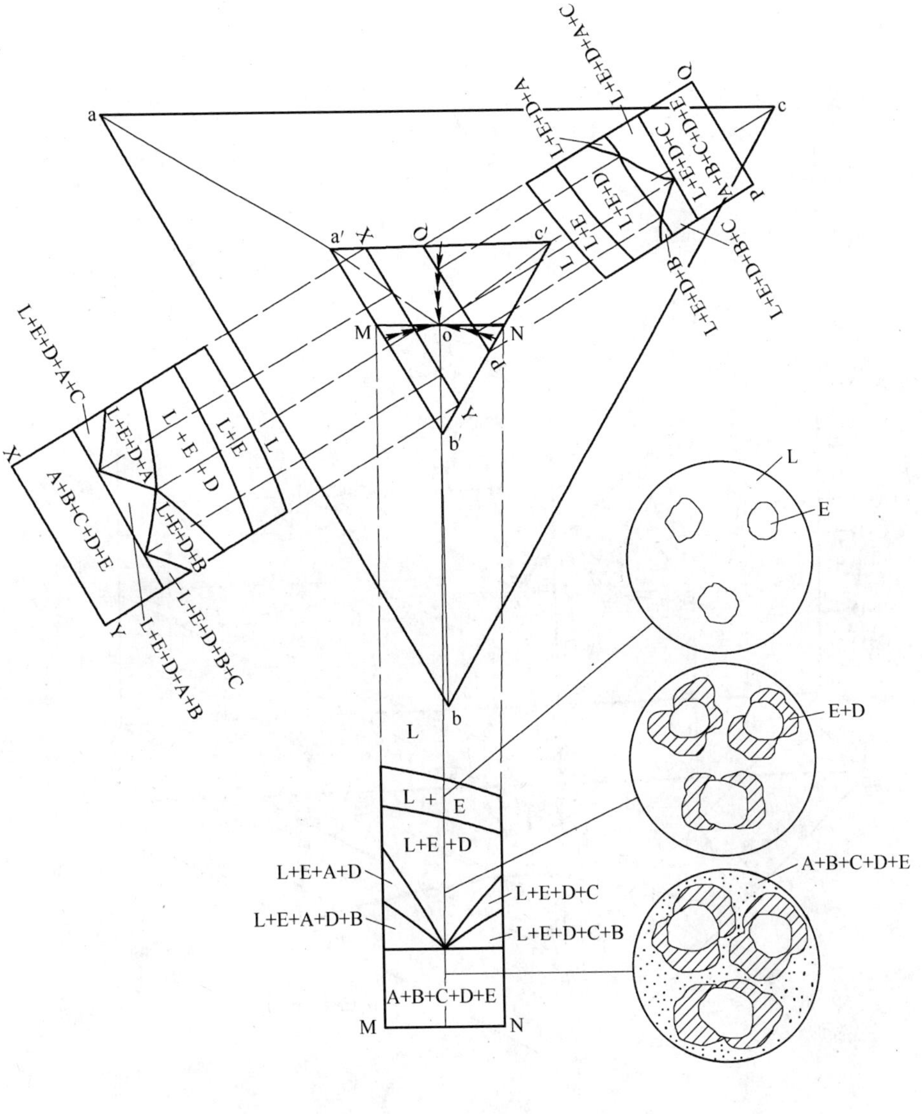

图 8-11 在图 8-10 中取第三级成分—温度纵剖面图

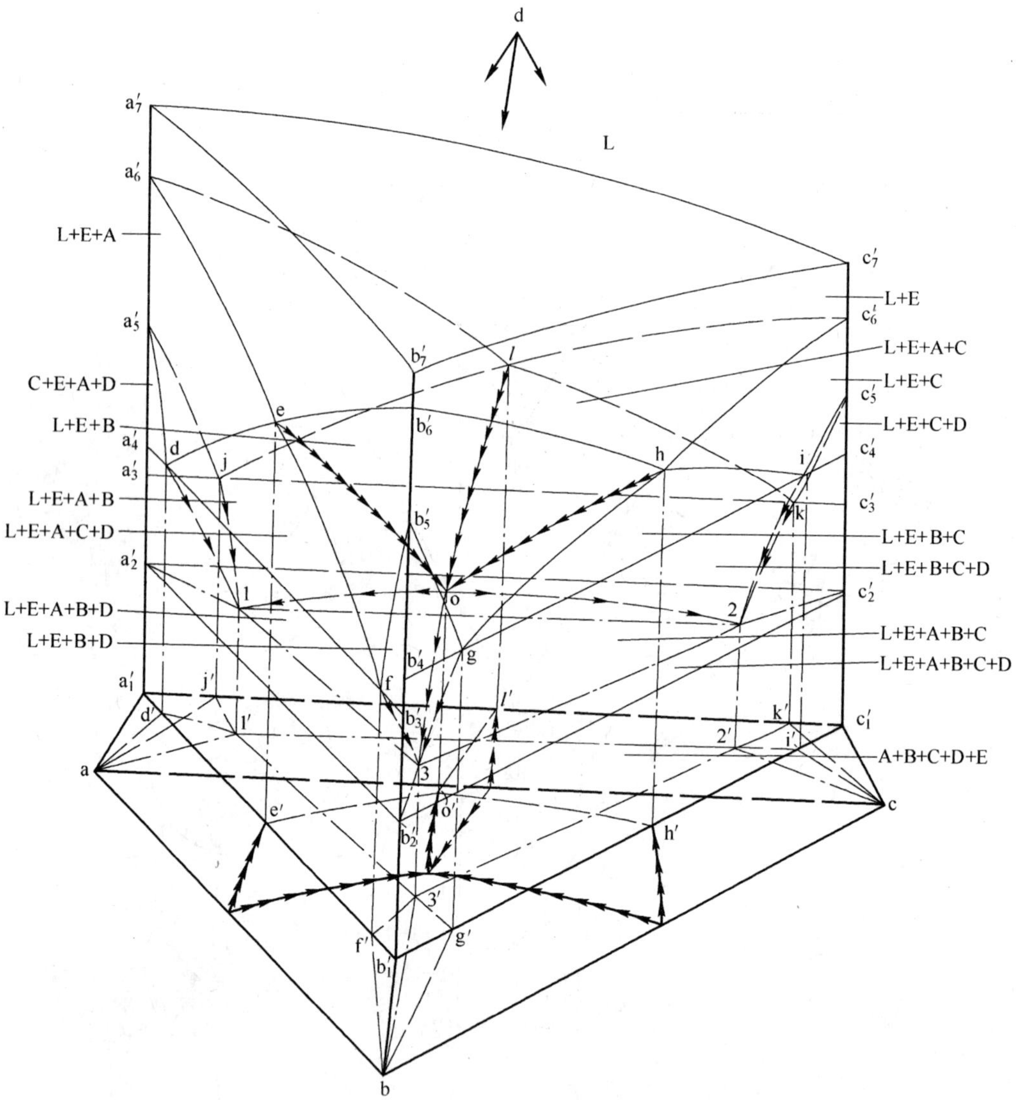

图 8-12　平行图 8-10 中 abc 面取第二级成分—温度立体图

图 8-12 共有 17 个相区（见表 8-3）。

表 8-3 图 8-12 的相区状态

相区	状态	相区	状态
液相面 $a_7'b_7'c_7'$以上	L	$b_5'b_4'g-3-b_2'b_3'f$	L + E + B + D
$a_7'b_7'c_7'c_6'hb_6'eola_6'$	L + E	$klj-1-o-2$	L + E + A + C
		$o-1-2-3$	L + E + A + B + C
$a_6'a_5'deo-1-jl$	L + E + A	$gb_4'b_2'-3-2-c_2'c_4'i$	L + E + B + C + D
$b_6'b_5'gho-3-fe$	L + E + B	$da_4'a_2'-1-3-b_2'b_3'f$	L + E + A + B + D
$c_6'c_5'iho-2-kl$	L + E + C	$ja_3'a_2'-1-2-c_2'c_3'k$	L + E + A + C + D
$a_5'a_4'd-1-a_2'a_3'j$	L + E + A + D	$a_2'b_2'c_2'c_1'b_1'a_1'$	A + B + C + D + E
$def-3-o-1$	L + E + A + B	$a_2'b_2'c_2'$（水平面）	L + E + A + B + C + D
$ghi-2-o-3$	L + E + B + C	$c_5'c_4'i-2-c_2'c_3'k$	L + E + C + D

过图 8-12 的 $a_1'a$ 和 $b_1'c_1'$边取纵剖面 X－Y 和 M－N 便出现图 8-13 所示的情形。

在图 8-1 中，接近并平行四元系 A－B－C－D 取剖体图 $a_1b_1c_1d_1$，便出现图 8-15 所示的情形。它是由 4 个四元系中的 4 个形式相似的剖面（见图 8-14a ~ d）所组成。

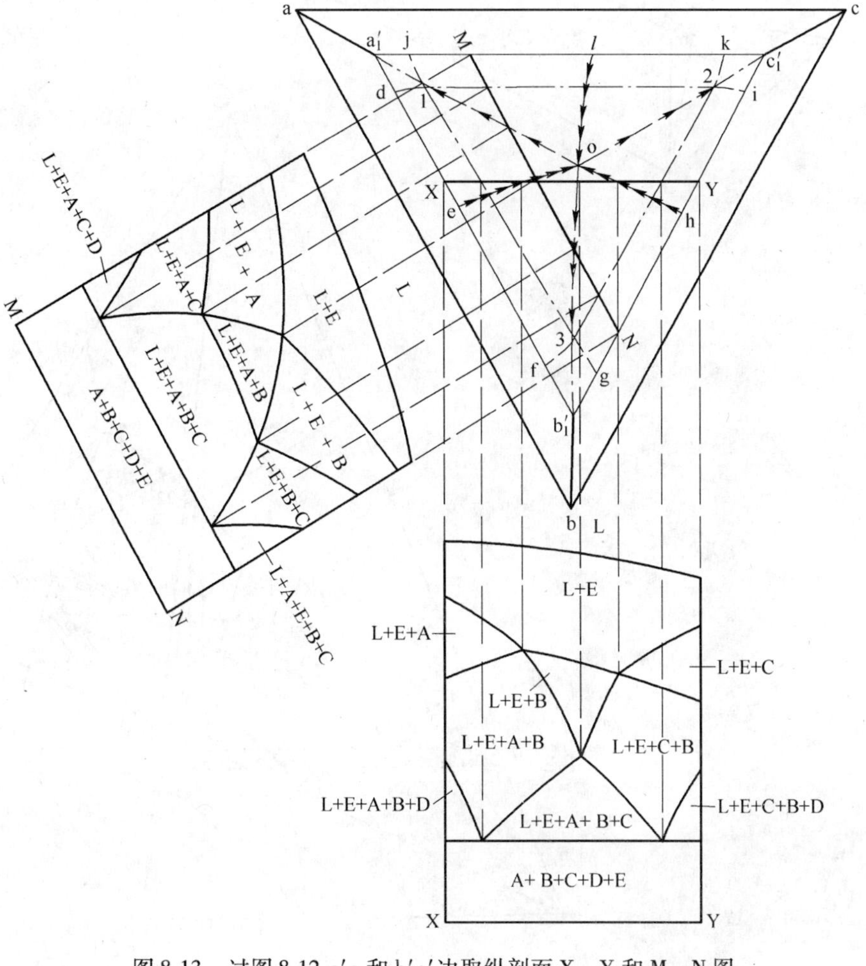

图 8-13 过图 8-12 $a_1'a$ 和 $b_1'c_1'$边取纵剖面 X－Y 和 M－N 图

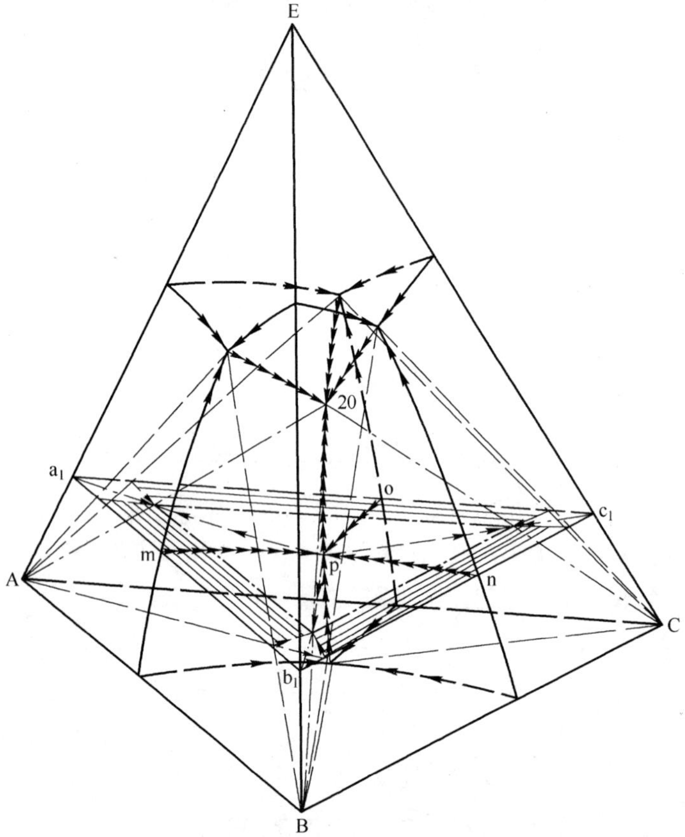

a

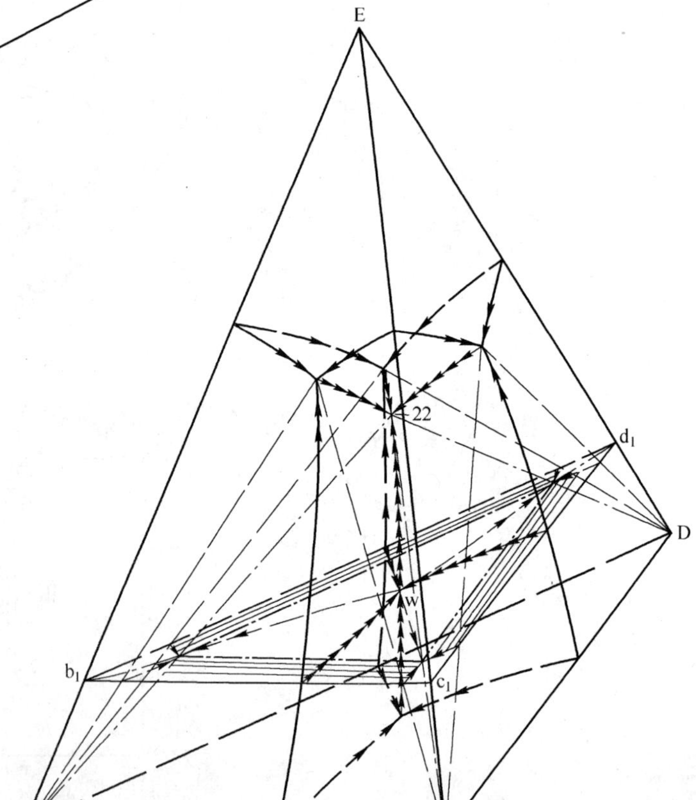

b

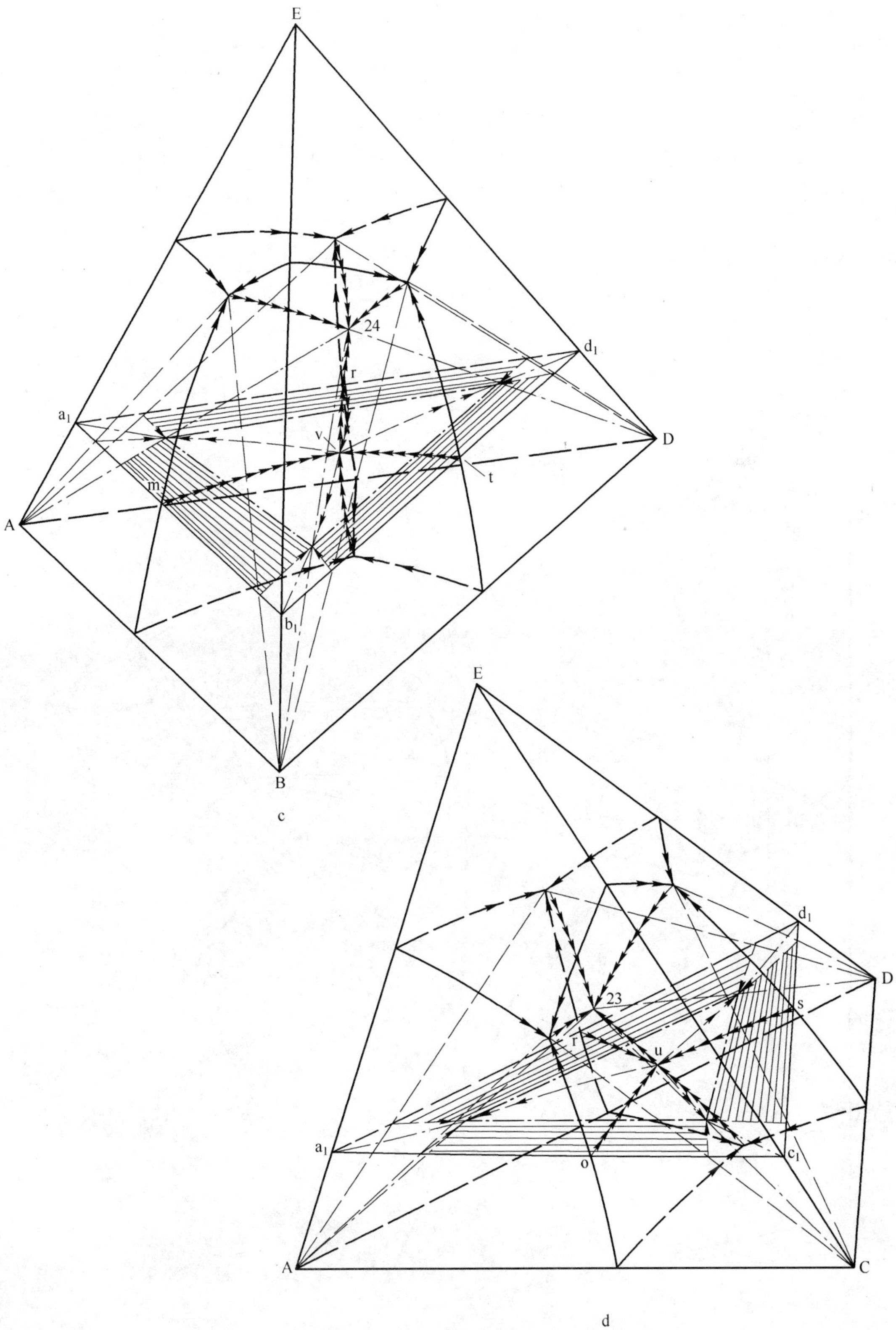

图 8-14 图 8-1 内的四元系中 4 个形式相似的剖面图

图 8-15 中的 z 点是剖体在图 8-1 中的四元共晶曲线 21 – 25 上的截点。L 相在该点上，冷却时先产生非等温的四元共晶凝固 L→A + B + C + D，然后产生等温的五元共晶凝固 L→A + B + C + D + E。

四条曲线 zf、zh、zg 和 zi 是 L 相自 z 点产生非等温四元共晶凝固当中分别与组元 A、B、C 和 D 的连线移动轨迹（曲面）在图 8-15 中的截线。随四元共晶凝固的进行，它们自 z 点分别向 f、g、h、i 点移动。当他们分别达到该四点时，便开始了等温的五元共晶凝固。

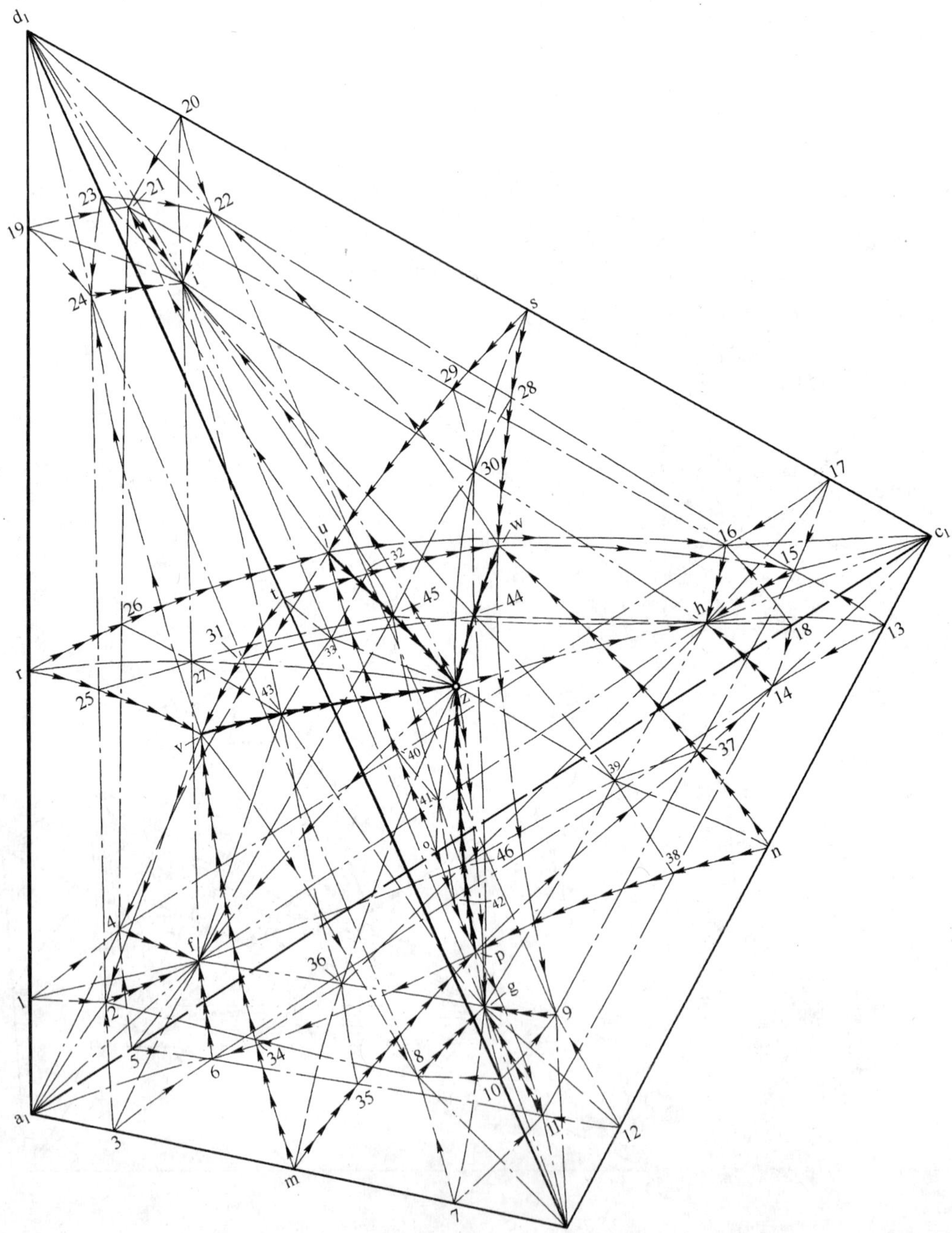

图 8-15 平行图 8-1 中四元系 A – B – C – D 取剖体 $a_1b_1c_1d_1$ 图

图 8-15 曲线 pz、uz、vz 和 wz 是三元共晶线，是剖体图在图 8-1 中分别对三元共晶曲面 20－12－21－25、23－17－21－25、24－16－21－25 和 22－10－21－25 的截线。L 相在这些线上首先分别产生三元共晶凝固 L→A＋B＋C、L→A＋C＋D、L→A＋B＋D 和 L→B＋C＋D 然后是四元共晶凝固和等温的五元共晶凝固。

图 8-15 曲面 mvzp、ouzp、nwzp、ruzv、twzv 和 swzu 是二元共晶剖面，是在图 8-1 中分别对二元共晶三维体 11－2－12－20－25－21－16－24、20－12－21－25－23－17－8－19、26－20－12－4－10－21－25－22、15－9－16－24－25－21－17－23、24－16－21－25－22－10－14－18 和 25－21－10－22－13－5－17－23 的剖面。在这些截面上的 L 相，首先分别产生二元共晶凝固L→A＋B、L→A＋C、L→B＋C、L→A＋D、L→B＋D 和 L→C＋D，然后是三元共晶凝固，四元共晶凝固，最后是等温的五元共晶凝固。

图 8-15 三维体 $a_1$mvruzpo、$b_1$tvmpzwn、$c_1$swnpzuo 和 $d_1$twsuzvr 分别是组元 A、B、C 和 D 初晶的液相剖体。

图 8-15 中剖出的几何要素的来源和物理意义，可以从图 8-16 中进行了解。

图 8-16 z 点是四元共晶线 21－25 在剖体中的截点。有阴影面的四面体 fghi 是五元共晶点 25 与 A、B、C、D 连线四维体在剖体图中的剖体。z 点就在四面体 fghi 之内。

图 8-16 由于 z 点是在四元共晶线 21－25 上的截点，L 相从 z 点开始产生非等温的四元共晶凝固，随温度下降沿 z－25 向 25 点奔趋。从 z 到 25 的变化过程中，z－25 这段四元共晶线与组元 A、B、C 及 D 的连线轨迹是 4 个曲面。所以这 4 个曲面在剖体中被剖成四条曲线，这四条曲线分别是 zf、zg、zh 和 zi，且其温度下降的箭头方向自 z 点分别向 f、g、h 和 i 点奔趋。

下面仅就图 8-16 在四元系 A－B－C－E 和 B－C－D－E 中的两个剖面 $a_1b_1c_1$ 和 $b_1c_1d_1$ 上的几何要素与五元系剖体图内部的几何要素关系进行一些分析。

在图 8-16 五元系四维体图中的三元共晶曲面 21－12－20－25（L→A＋B＋C）和21－10－22－25（L→B＋C＋D）在剖体图中的两条截线分别是 pz 和 wz，而 p 和 w 两点分别是四元系 A－B－C－E 的三元共晶线 12－20 和四元系 B－C－D－E 的三元共晶线 10－22 在 $a_1b_1c_1$ 和 $b_1c_1d_1$ 面上的截点，这就是图 8-15 中 pz 和 wz 三元共晶截线的来源。

图 8-16 四元系 A－B－C－E 的四元共晶线 20－25 分别与 A、B、C 的连线曲面 A－20－25、B－20－25、C－20－25 在剖体图中被剖的截线分别是 6－f、11－g 及 14－h。同样，四元共晶线 22－25 与 B、C、D 的连线曲面在剖体图内的截线分别是 9－g、15－h 和 23－i。当然，上述 L 相在这些截线上的凝固过程是：

$$\left.\begin{array}{l}6-f：L\rightarrow L+A\rightarrow L+A+B+C+E\\ 11-g：L\rightarrow L+B\rightarrow L+A+B+C+E\\ 14-h：L\rightarrow L+C\rightarrow L+A+B+C+E\\ 9-g：L\rightarrow L+B\rightarrow L+B+C+D+E\\ 15-h：L\rightarrow L+C\rightarrow L+B+C+D+E\\ 23-i：L\rightarrow L+D\rightarrow L+B+C+D+E\end{array}\right\}\rightarrow L+A+B+C+D+E\rightarrow A+B+C+D+E$$

在图 8-1 中的二元共晶三维体 20－12－4－26－22－10－21－25 在这里被剖成一曲面 nwzp（见图 8-16）。L 相在该曲面上的凝固过程是：

L→L＋B＋C（二元共晶）→L＋B＋C＋A（或 L＋B＋C＋D）（三元共晶）→L＋B＋C＋A＋D（四元共晶）→L＋A＋B＋C＋D＋E（五元共晶）→A＋B＋C＋D＋E

当然，由于该曲面与其他曲面的交截在剖体图中出现面间的交截线，如 n－39 是与 25－BCE 连线体的剖面 b_1ghc_1 的交截线，39－z 是与 zgh 曲面的交截线，39－46 是与四面体 fghi 的 fgh 曲面的交截线，39－44 是与 ghi 曲面的交截线。此外，37－39 和 38－39 分别是与 9－15－hg 和 11－14－hg 的交截线。

图 8-16 中的四面体 4 个角 f、g、h、i 分别与剖体 4 个角 a_1、b_1、c_1、d_1 的连线 fa_1、gb_1、hc_1、id_1 是剖体分别对图 8-1 中 A－25－E、B－25－E、C－25－E 及 D－25－E 4 个连线面的截线。

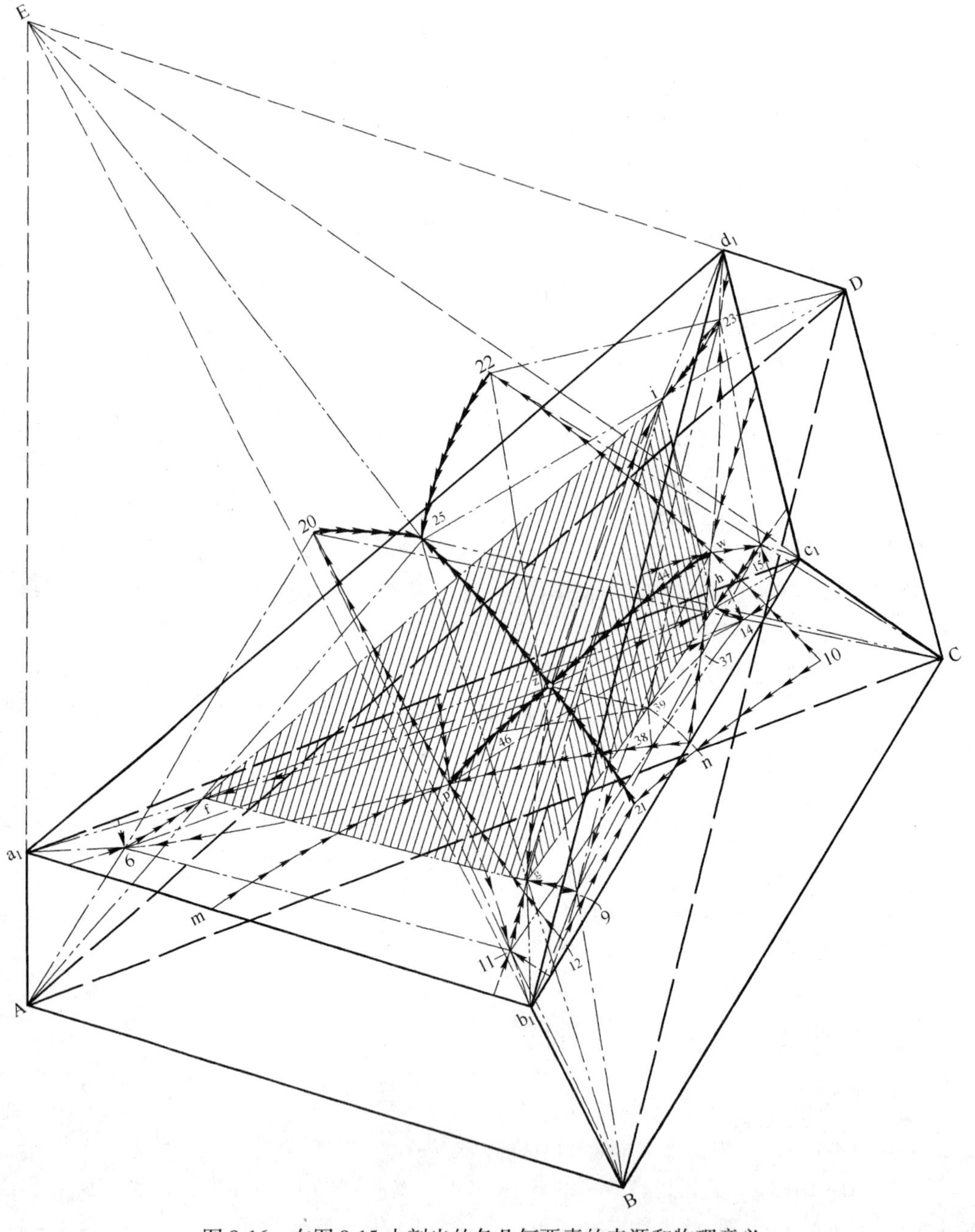

图 8-16　在图 8-15 中剖出的各几何要素的来源和物理意义

除了上述剖体图中从点、线到面的各几何要素的来源及其物理意义的分析外，至于这些几何要素以外的三维体，必然是四元系内有关组元（这里有 A、B、C、D 4 个组元）初晶的液相四维体的剖体。

图 8-16 是表示图 8-15 的 $a_1b_1c_1$ 和 $b_1c_1d_1$ 两个面向剖体中所引的几何要素。由于其他两个四元系 A－B－D－E、A－C－D－E 的剖面 $a_1b_1d_1$、$a_1c_1d_1$ 都与 $a_1b_1c_1$ 和 $b_1c_1d_1$ 相似，其与剖体内的关系也必然是相似的。图 8-17 是离开五元系相图的剖体 $a_1b_1c_1d_1$，只要相似地加填 $a_1b_1d_1$、$a_1c_1d_1$ 两四元系剖面及其与剖体图内的几何要素到剖体图内并适当转动一下方位，便成了图 8-15。

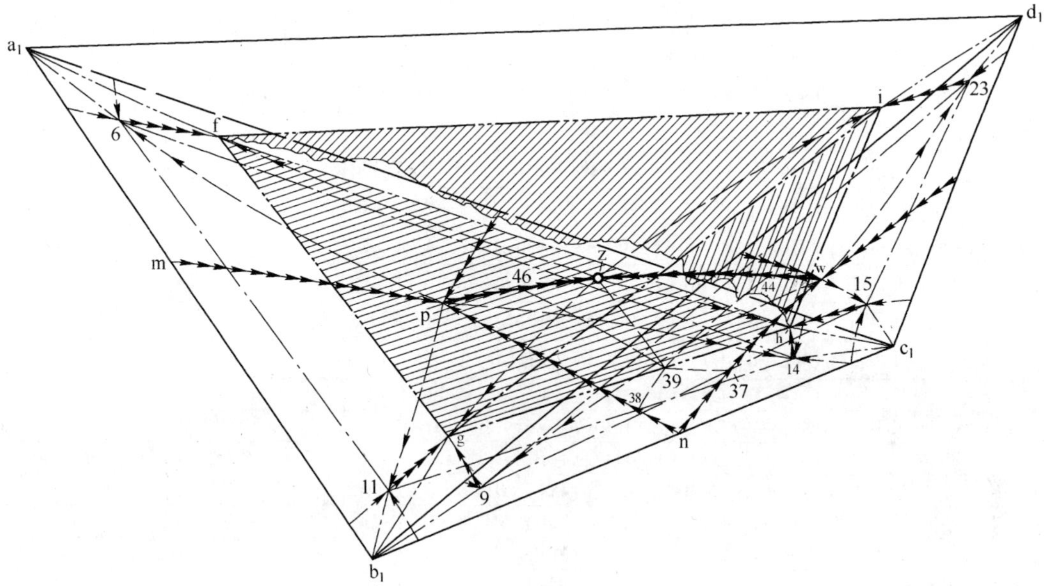

图 8-17　图 8-16 中的剖体 $a_1b_1c_1d_1$ 图

从液态到固态，图 8-15 中共有 96 个不同形式的凝固区（见表 8-4）。

表 8-4　图 8-15 的相区过程状态变化

相　区	凝固的状态变化过程	
a_1－3－2－f	L→L＋A→L＋A＋E→L＋A＋B＋E→L＋A＋B＋D＋E	
a_1－5－4－f	L→L＋A→L＋A＋E→L＋A＋C＋E→L＋A＋C＋D＋E	
a_1－2－1－f	L→L＋A→L＋A＋E→L＋A＋D＋E→L＋A＋B＋D＋E	
a_1－4－1－f	L→L＋A→L＋A＋E→L＋A＋D＋E→L＋A＋C＋D＋E	
a_1－3－f－6	L→L＋A→L＋A＋E→L＋A＋B＋E→L＋A＋B＋C＋E	
a_1－5－f－6	L→L＋A→L＋A＋E→L＋A＋C＋E→L＋A＋B＋C＋E	→L＋A＋B＋C＋D＋E→A＋B＋C＋D＋E
b_1－12－9－g	L→L＋B→L＋B＋E→L＋B＋E＋C→L＋B＋E＋C＋D	
b_1－7－8－g	L→L＋B→L＋B＋E→L＋B＋E＋A→L＋B＋E＋A＋D	
b_1－9－10－g	L→L＋B→L＋B＋E→L＋B＋E＋D→L＋B＋E＋D＋C	
b_1－8－10－g	L→L＋B→L＋B＋E→L＋B＋E＋D→L＋B＋E＋D＋A	
b_1－12－g－11	L→L＋B→L＋B＋E→L＋B＋E＋C→L＋B＋E＋C＋A	

续表 8-4

相 区	凝固的状态变化过程	
b_1 -7-g-11	L→L+B→L+B+E→L+A+B+E→L+A+B+C+E	
c_1 -18-16-h	L→L+C→L+C+E→L+C+E+A→L+C+E+A+D	
c_1 -13-15-h	L→L+C→L+C+E→L+C+E+B→L+C+E+B+D	
c_1 -16-17-h	L→L+C→L+C+E→L+C+E+D→L+C+E+D+A	
c_1 -15-17-h	L→L+C→L+C+E→L+C+E+D→L+C+E+D+B	
c_1 -18-h-14	L→L+C→L+C+E→L+C+E+A→L+C+E+A+B	
c_1 -13-h-14	L→L+C→L+C+E→L+C+E+B→L+C+E+B+A	
d_1 -19-24-i	L→L+D→L+D+E→L+D+E+A→L+D+E+A+B	
d_1 -20-22-i	L→L+D→L+D+E→L+D+E+C→L+D+E+C+B	
d_1 -24-23-i	L→L+D→L+D+E→L+D+E+B→L+D+E+B+A	
d_1 -22-23-i	L→L+D→L+D+E→L+D+E+B→L+D+E+B+C	
d_1 -19-i-21	L→L+D→L+D+E→L+D+E+A→L+D+E+A+C	
d_1 -20-i-21	L→L+D→L+D+E→L+D+E+C→L+D+E+C+A	
3-2-f-36-34-m	L→L+A→L+A+B→L+A+B+E→L+A+B+E+D	
7-8-g-36-34-m	L→L+B→L+B+A→L+B+A+E→L+B+A+E+D	
3-6-f-36-35-m	L→L+A→L+A+B→L+A+B+E→L+A+B+E+C	
7-11-g-36-35-m	L→L+B→L+B+A→L+B+A+E→L+B+A+E+C	
12-9-g-39-37-n	L→L+B→L+B+C→L+B+C+E→L+B+C+E+D	
13-15-h-39-37-n	L→L+C→L+C+B→L+C+B+E→L+C+B+E+D	
12-11-g-39-38-n	L→L+B→L+B+C→L+B+C+E→L+B+C+E+A	
13-14-h-39-38-n	L→L+C→L+C+B→L+C+B+E→L+C+B+E+A	→L+A+B+C+D+E→A+B+C+D+E
10-8-g-33-31-t	L→L+B→L+B+D→L+B+D+E→L+B+D+E+A	
23-24-i-33-31-t	L→L+D→L+D+B→L+D+B+E→L+D+B+E+A	
10-9-g-33-32-t	L→L+B→L+B+D→L+B+D+E→L+B+D+E+C	
23-22-i-33-32-t	L→L+D→L+D+B→L+D+B+E→L+D+B+E+C	
1-2-f-27-25-r	L→L+A→L+A+D→L+A+D+E→L+A+D+E+B	
19-24-i-27-25-r	L→L+D→L+D+A→L+D+A+E→L+D+A+E+B	
1-4-f-27-26-r	L→L+A→L+A+D→L+A+D+E→L+A+D+E+C	
19-21-i-27-26-r	L→L+D→L+D+A→L+D+A+E→L+D+A+E+C	
5-4-f-41-40-o	L→L+A→L+A+C→L+A+C+E→L+A+C+E+D	
18-16-h-41-40-o	L→L+C→L+C+A→L+C+A+E→L+C+A+E+D	
5-6-f-41-42-o	L→L+A→L+A+C→L+A+C+E→L+A+C+E+B	
18-14-h-41-42-o	L→L+C→L+C+A→L+C+A+E→L+C+A+E+B	
17-16-h-30-29-s	L→L+C→L+C+D→L+C+D+E→L+C+D+E+A	
20-21-i-30-29-s	L→L+D→L+D+C→L+D+C+E→L+D+C+E+A	
17-15-h-30-28-s	L→L+C→L+C+D→L+C+D+E→L+C+D+E+B	
20-22-i-30-28-s	L→L+D→L+D+C→L+D+C+E→L+D+C+E+B	
v-2-34-36-f-43	L→L+A→L+A+B→L+A+B+D→L+A+B+D+E	
v-8-34-36-g-43	L→L+B→L+B+A→L+B+A+D→L+B+A+D+E	
v-25-2-f-27-43	L→L+A→L+A+D→L+A+D+B→L+A+D+B+E	
v-25-24-i-27-43	L→L+D→L+D+A→L+D+A+B→L+D+A+B+E	
v-31-8-g-33-43	L→L+B→L+B+D→L+B+D+A→L+B+D+A+E	
v-31-24-i-33-43	L→L+D→L+D+B→L+D+B+A→L+D+B+A+E	
p-35-6-f-36-46	L→L+A→L+A+B→L+A+B+C→L+A+B+C+E	
p-35-11-g-36-46	L→L+B→L+B+A→L+B+A+C→L+B+A+C+E	

续表 8-4

相　区	凝固的状态变化过程	
p-42-6-f-41-46	L→L+A→L+A+C→L+A+C+B→L+A+C+B+E	
p-42-14-h-41-46	L→L+C→L+C+A→L+C+A+B→L+C+A+B+E	
p-38-11-g-39-46	L→L+B→L+B+C→L+B+C+A→L+B+C+A+E	
p-38-14-h-39-46	L→L+C→L+C+B→L+C+B+A→L+C+B+A+E	
w-37-9-g-39-44	L→L+B→L+B+C→L+B+C+D→L+B+C+D+E	
w-37-15-h-39-44	L→L+C→L+C+B→L+C+B+D→L+C+B+D+E	
w-37-9-g-33-44	L→L+B→L+B+D→L+B+D+C→L+B+D+C+E	
w-32-22-i-33-44	L→L+D→L+D+B→L+D+B+C→L+D+B+C+E	
w-28-15-h-30-44	L→L+C→L+C+D→L+C+D+B→L+C+D+B+E	
w-28-22-i-30-44	L→L+D→L+D+C→L+D+C+B→L+D+C+B+E	
u-40-4-f-41-45	L→L+A→L+A+C→L+A+C+D→L+A+C+D+E	
u-40-16-h-41-45	L→L+C→L+C+A→L+C+A+D→L+C+A+D+E	
u-26-4-f-27-45	L→L+A→L+A+D→L+A+D+C→L+A+D+C+E	
u-26-21-i-27-45	L→L+D→L+D+A→L+D+A+C→L+D+A+C+E	
u-29-16-h-30-45	L→L+C→L+C+D→L+C+D+A→L+C+D+A+E	
u-29-21-i-30-45	L→L+D→L+D+C→L+D+C+A→L+D+C+A+E	
f-36-43-Z	L→L+A→L+A+B→L+A+B+D→L+A+B+D+C	
g-36-43-Z	L→L+B→L+B+A→L+B+A+D→L+B+A+D+C	
g-39-44-Z	L→L+B→L+B+C→L+B+C+D→L+B+C+D+A	
h-39-44-Z	L→L+C→L+C+B→L+C+B+D→L+C+B+D+A	
f-36-46-Z	L→L+A→L+A+B→L+A+B+C→L+A+B+C+D	→L+A+B+C+D+E→A+B+C+D+E
g-36-46-Z	L→L+B→L+B+A→L+B+A+C→L+B+A+C+D	
g-39-46-Z	L→L+B→L+B+C→L+B+C+A→L+B+C+A+D	
h-39-44-Z	L→L+C→L+C+B→L+C+B+D→L+C+B+D+A	
f-41-46-Z	L→L+A→L+A+C→L+A+C+B→L+A+C+B+D	
h-41-46-Z	L→L+C→L+C+A→L+C+A+B→L+C+A+B+D	
f-41-45-Z	L→L+A→L+A+C→L+A+C+D→L+A+C+D+B	
h-41-45-Z	L→L+C→L+C+A→L+C+A+D→L+C+A+D+B	
f-27-43-Z	L→L+A→L+A+D→L+A+D+B→L+A+D+B+C	
i-27-43-Z	L→L+D→L+D+A→L+D+A+B→L+D+A+B+C	
g-33-43-Z	L→L+B→L+B+D→L+B+D+A→L+B+D+A+C	
i-33-43-Z	L→L+D→L+D+B→L+D+B+A→L+D+B+A+C	
g-33-44-Z	L→L+B→L+B+D→L+B+D+C→L+B+D+C+A	
i-33-44-Z	L→L+D→L+D+B→L+D+B+C→L+D+B+C+A	
h-30-44-Z	L→L+C→L+C+D→L+C+D+B→L+C+D+B+A	
i-30-44-Z	L→L+D→L+D+C→L+D+C+B→L+D+C+B+A	
i-27-45-Z	L→L+D→L+D+A→L+D+A+C→L+D+A+C+B	
f-27-45-Z	L→L+A→L+A+D→L+A+D+C→L+A+D+C+B	
i-30-45-Z	L→L+D→L+D+C→L+D+C+A→L+D+C+A+B	
h-30-45-Z	L→L+C→L+C+D→L+C+D+A→L+C+D+A+B	

在靠近并平行图 8-15 的 $a_1b_1c_1$ 面取第二级成分—温度立体图，便是图 8-18 的情形。图中共有 23 个相区（见表 8-5）。

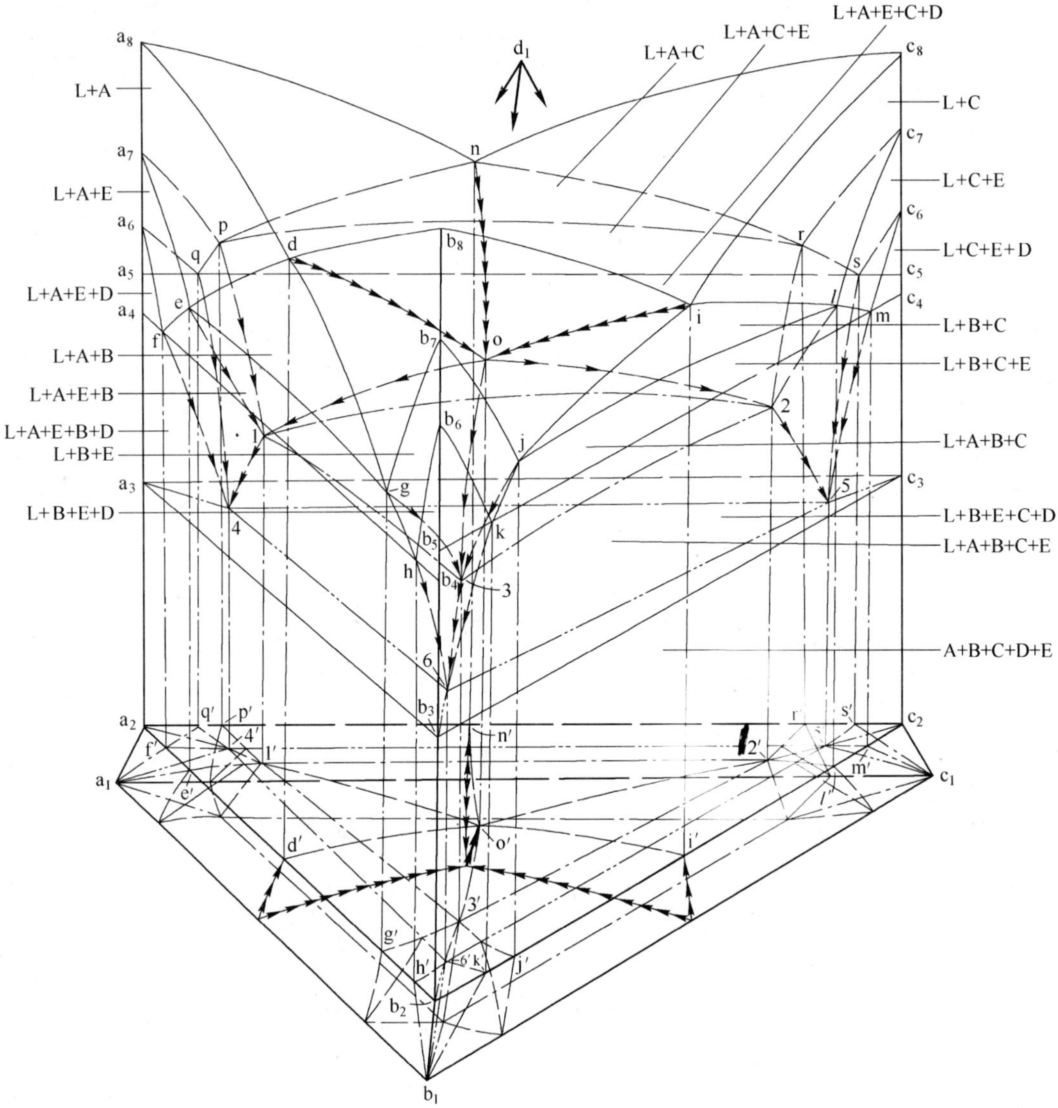

图 8-18 平行图 8-15 的 $a_1b_1c_1$ 面取第二级成分—温度立体图

表 8-5 图 8－18 的相区状态

相 区	状 态	相 区	状 态
顶端的三个液相截面以上	L	$b_6b_5k-6-b_3b_4h$	L + B + E + D
$a_8a_7edo-1-pn$	L + A	$jkml-2-5-6-3$	L + B + E + C
$b_8b_7gdo-3-ji$	L + B	$c_6c_5s-5-c_3c_4m$	L + C + E + D
$c_8c_7lio-2-rn$	L + C	$pqsr-2-5-4-1$	L + A + C + E
$a_7a_6fe-1-4-qp$	L + A + E	$o-1-2-3$	L + A + B + C
$deg-3-1-o$	L + A + B	$a_4a_3-4-6-b_3b_4hf$	L + A + E + B + D
$b_7b_6hg-3-6-kj$	L + B + E	$c_4c_3-5-6-b_3b_5km$	L + B + E + C + D
$c_7c_6ml-2-5-sr$	L + C + E	$a_5a_3-4-5-c_3c_5sq$	L + A + E + C + D
$ijl-2-3-o$	L + B + C	$1-2-3-6-5-4$	L + A + B + C + E
$npr-2-1-o$	L + A + C	$a_3b_3c_3c_2b_2a_2$	A + B + C + D + E
$efhg-3-6-4-1$	L + A + E + B	$a_3b_3c_3$（等温水平面）	L + A + B + C + D + E
$a_6a_5q-4-a_3a_4f$	L + A + E + D		

平行并靠近图 8-18 中的 a_2c_2 边取第三级成分—温度纵剖面图 X_1-Y_1，出现图 8-19 所示的情形。若在该纵剖面上选一合金 X，其从液态到固态的结晶变化过程及 5 个显微组织，反映了它依次从单元结晶到五元共晶的凝固过程。

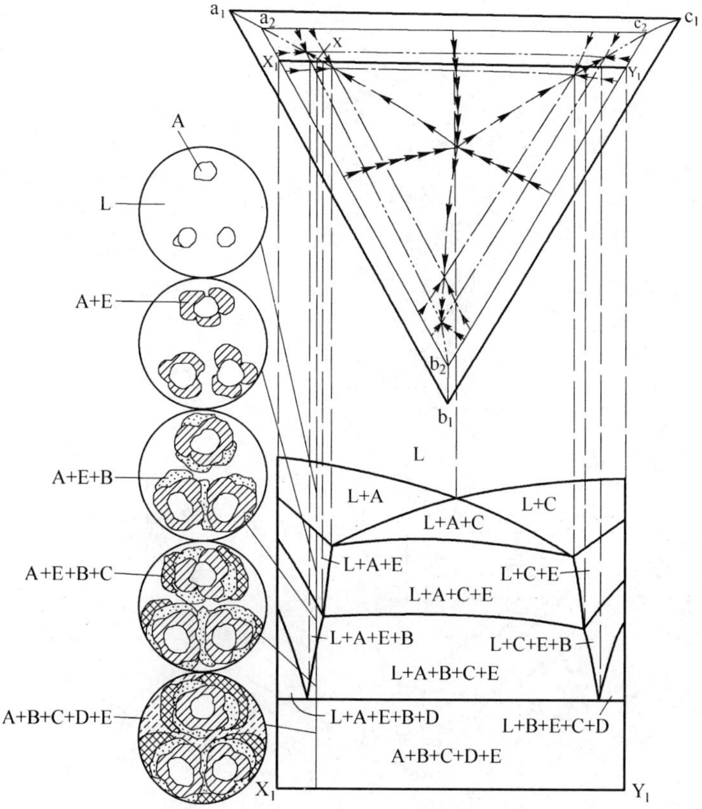

图 8-19　平行图 8-18 平行 a_2c_2 边取第三级成分—温度纵剖面图 X_1-Y_1

X 的凝固过程的几何法则，可回视图 8-1。当液态合金冷达晶点时，组元 A 首先结晶出来，随温度的下降，L 相沿 Ax 的引伸线段 xL_1 变化。

当 L 相达到 L_1 点，该点是在二元共晶三维体 20 - 11 - 1 - 19 - 23 - 15 - 24 - 25 内，L 相便开始了二元共晶凝固 L→A + E，于是 L 相在该三维体内的一曲面上沿 L_1L_2 变化（在 $1-L_1$ 的引伸方向上）。

L 相达到 L_2 时（L_2 在三元共晶曲面 20 - 11 - 24 - 25 上），就又开始了三元共晶凝固 L→A + B + E，并在该曲面上沿 L_2L_3 变化。

当 L 相达到四元共晶曲线 20 - 25 上的 L_3 时，就又开始了四元共晶凝固 L→A + B + C + E，并沿该曲线向三元共晶点 25 变化。

L 相达到五元共晶点 25 时，残余的 L 相产生等温的五元共晶凝固 L→A + B + C + D + E 而全部消失，凝固过程结束。从图 8-19 中看出，五元共晶凝固后便进入 A + B + C + D + E 相区。

在离图 8-15 中 $a_1b_1c_1$ 面更远一些的地方（在 1、10、17 三点以上）平行 $a_1b_1c_1$ 取第二级成分—温度立体图，便出现图 8-20 的情形。该图也出现 23 个相区，其形式也与图 8-19 相似，但某些相区的状态是不一样的（见表 8-6）。

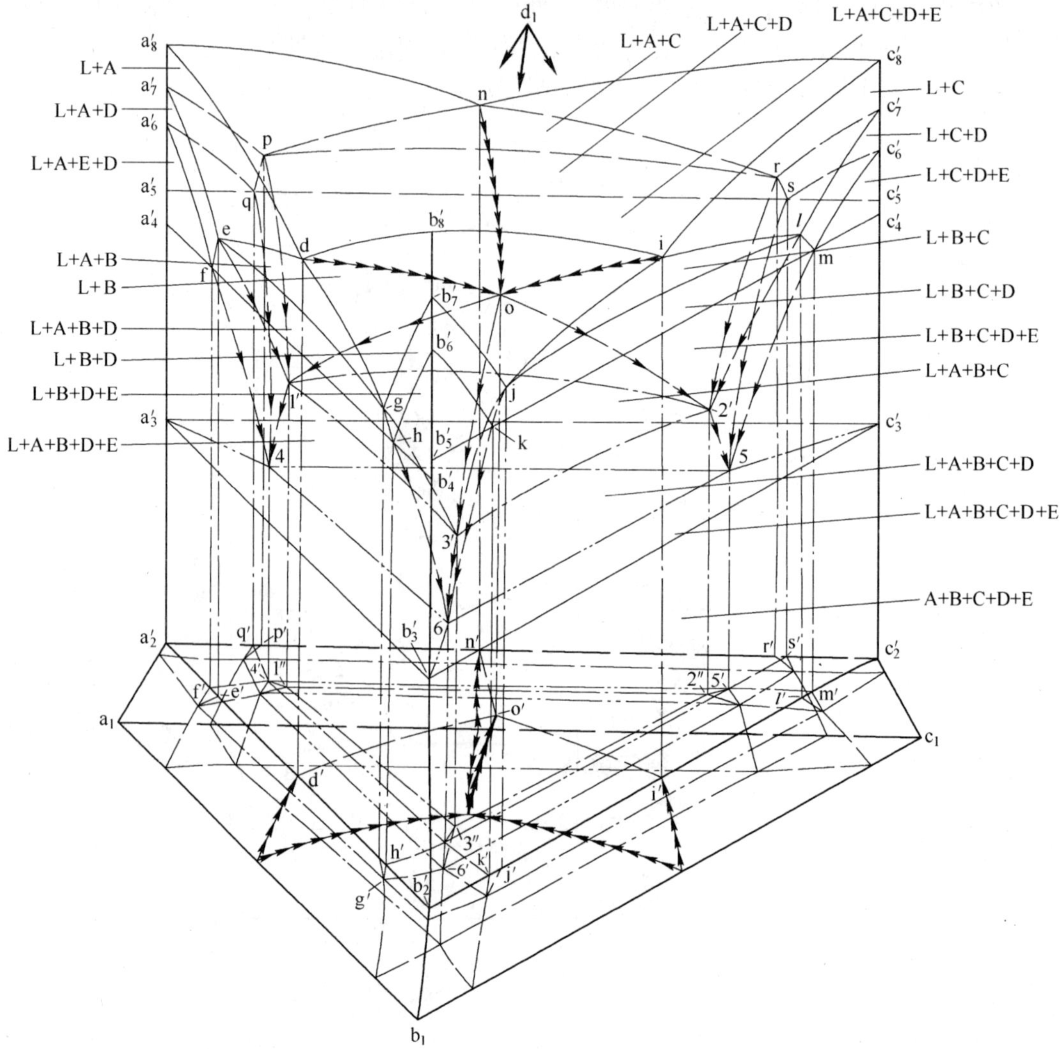

图 8-20 平行图 8-15 中 $a_1b_1c_1$ 取第二级成分—温度立体图

表 8-6 图 8-20 的相区状态

相区	状态	相区	状态
顶端 3 个液相截面以上	L	$c'_6c'_5s-5-c'_3c'_4m$	L + C + E + D
$a'_8a'_7edo-1'-pn$	L + A	$efhg-3'-6-4-1'$	L + A + B + D
$b'_8b'_7gdo-3'-ji$	L + B	$jkml-2'-5-6-3'$	L + B + C + D
$c'_8c'_7lio-2'-rn$	L + C	$pqsr-2'-5-4-1'$	L + A + D + C
$a'_7a'_6fe-1'-4-qp$	L + A + D	$o-1'-2'-3'$	L + A + B + C
$b'_7b'_6hg-3'-6-kj$	L + B + D	$a'_4a'_3-4-6-b'_3b'_4hf$	L + A + B + D + E
$c'_7c'_6ml-2'-5-sr$	L + C + D	$c'_4c'_3-5-6-b'_3b'_5km$	L + B + C + D + E
$npr-2'-1'-o$	L + A + C	$a'_5a'_3-4-5-c'_3c'_5sq$	L + A + C + D + E
$deg-3'-1'-o$	L + A + B	$1'-2'-3'-6-5-4$	L + A + B + C + D
$ijl-2'-3'-o$	L + B + C	$a'_3b'_3c'_3c'_2b'_2a'_2$	A + B + C + D + E
$a'_6a'_5q-4-a'_3a'_4f$	L + A + E + D	$a'_3b'_3c'_3$（等温水平面）	L + A + B + C + D + E
$b'_6b'_5k-6-b'_3b'_4h$	L + B + E + D		

在图 8-20 中平行 $a_2'c_2'$取第三级成分—温度纵剖面 M－N 及同时截过两条二元共晶截线取纵剖面 M_1-N_1，便出现图 8-21 所示的情形。

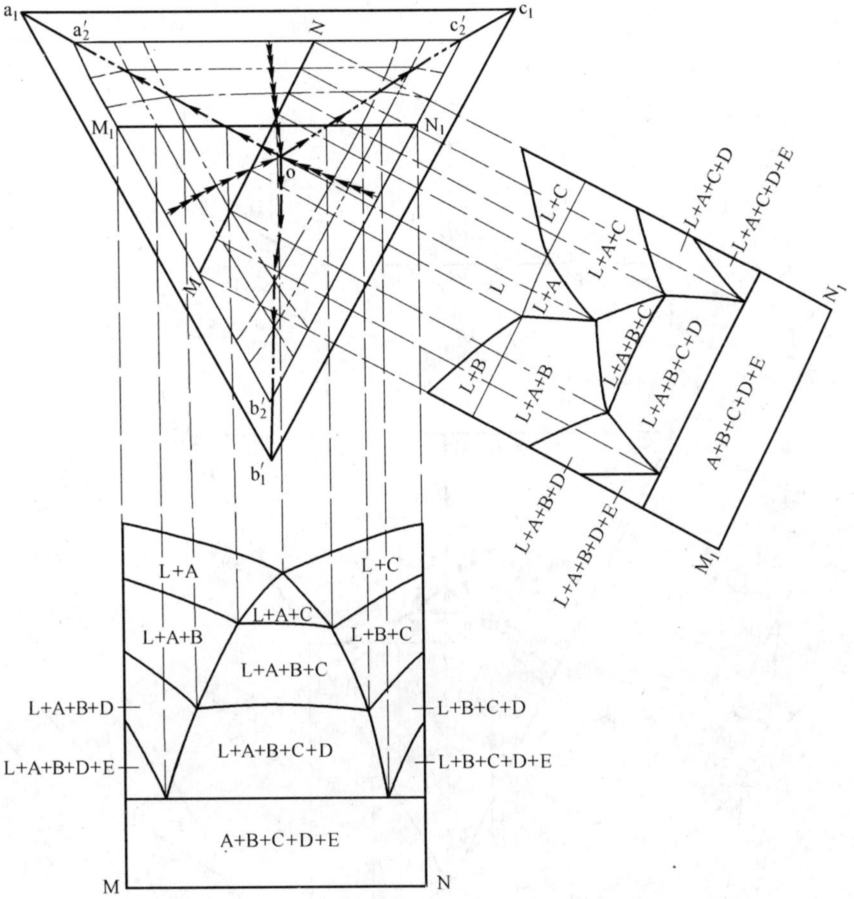

图 8-21 平行图 8-20 $a_2'c_2'$取第三级成分—温度纵剖面图 M－N 及 M_1-N

再在图 8-15 中的 z 点位置之上很小一点距离，平行 $a_1b_1c_1$ 面，取剖面 $a_3'b_3'c_3'$，该剖面同时截到三条三元共晶截线 vz、wz 和 uz，便出现图 8-22 的情形。在图 8-22a 上平行 $a_3'c_3'$边同时截过两条二元共晶截线 fp 和 qg（在图 8-15 中对 mvzp 和 nwzp 面的截线）取纵剖面 M－N，它的形式也是对称的，但与图 8-21 中的纵剖面 M_1-N_1 是有区别的。

对图 8-1 取三棱柱五面体剖体图 abcdef，如图 8-23 所示的情形。这里的剖体 abcdef 在五元系简单共晶型相图中，在四维体内剖到的几何要素是二元共晶三维体（L→A＋E），在剖体图内被剖的曲面为 4－5－6 和一条五元共晶点 25 与 A、E 的连线面 A－25－E 的截线 p_1p_2 以及对连线面 A－25－B、A－25－C、A－25－D、E－25－B、E－25－C 和 E－25－D 的截线 P_1a、P_1b、P_1c、P_2f、P_2e 及 P_2d。

在图 8-23 中四元系 A－B－C－D 上的成分剖面 abc 及在四元系 B－C－D－E 上的成分剖面与前面讨论过的图 8-9 中的 4 个四元系剖面情形一样。其他 3 个四元系剖面是彼此相

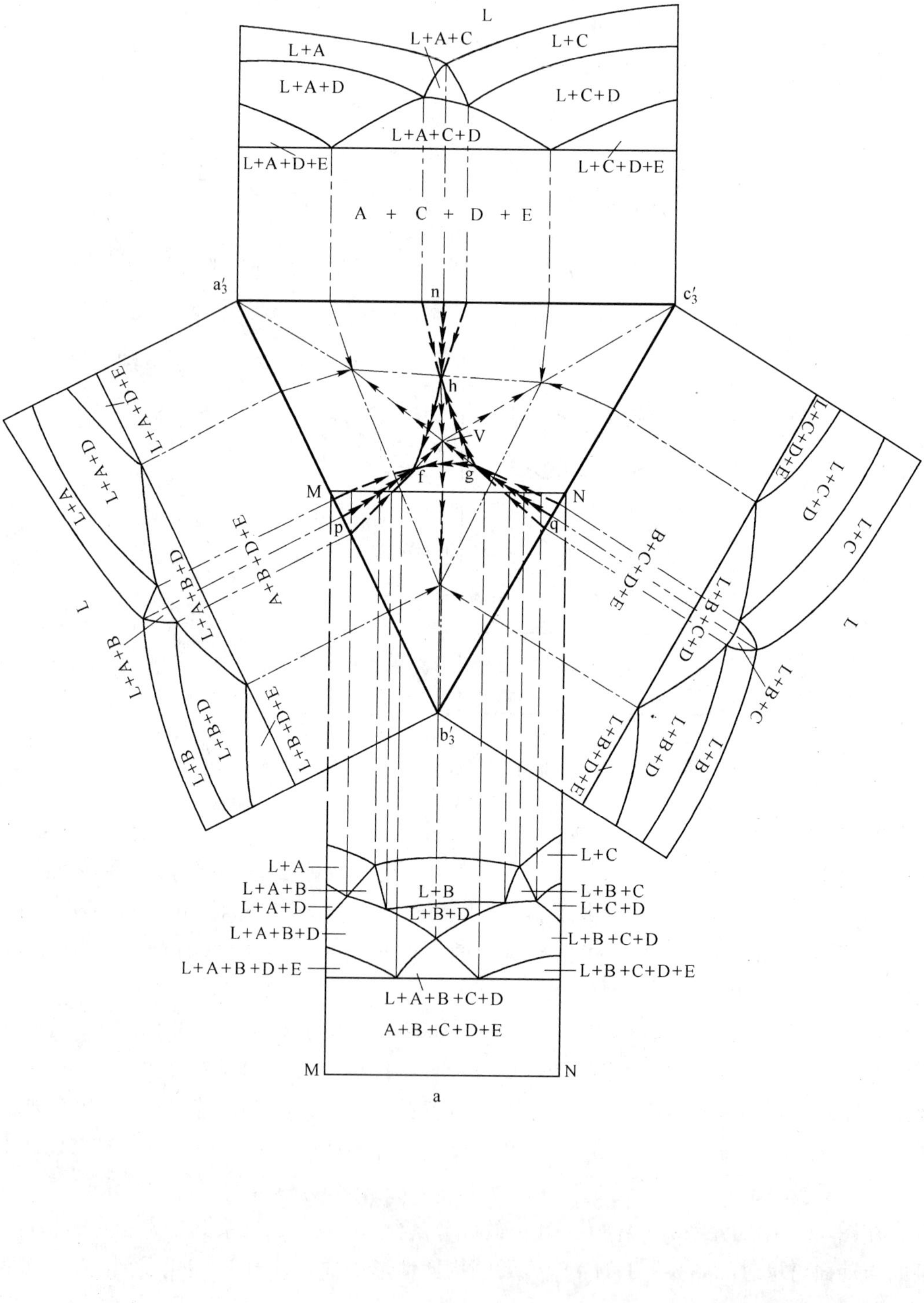

L
L+A+C
L+A
L+C
L+A+D
L+C+D
L+A+C+D
L+A+D+E
L+C+D+E
A + C + D + E
a_3'
n
c_3'
h
V
f
g
M
N
p
q
b_3'
L+A
L+A+D
L+A+D+E
L+A+B+D
A+B+D+E
L+A+B
L+B+D
L+B+D+E
L+B
L
L+C+D+E
L+C+D
L+C
B+C+D+E
L+B+C+D
L+B+C
L+B+D+E
L+B+D
L+B
L+A
L+A+B
L+A+D
L+A+B+D
L+A+B+D+E
L+B
L+B+D
L+C
L+B+C
L+C+D
L+B+C+D
L+B+C+D+E
L+A+B+C+D
A+B+C+D+E
M
N

a

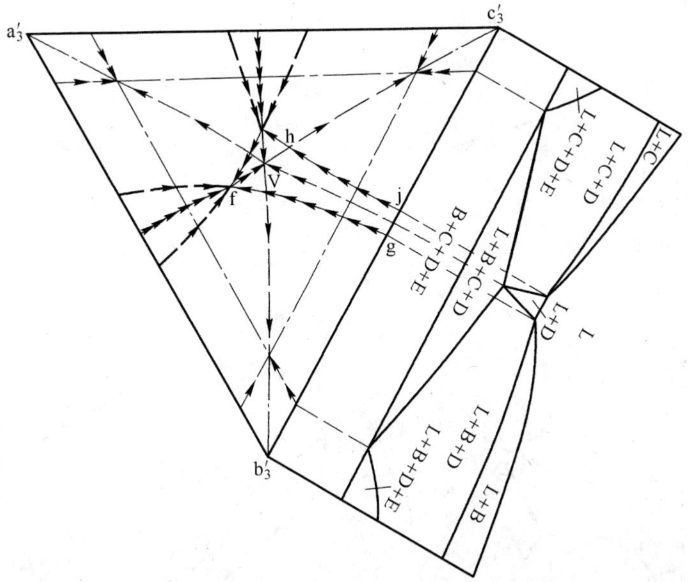

b

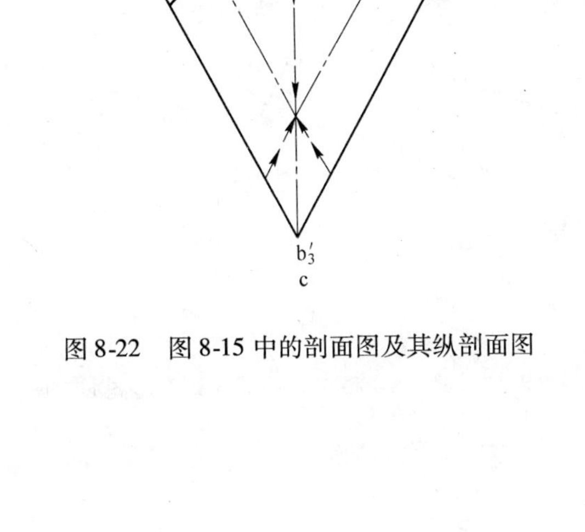

c

图 8-22 图 8-15 中的剖面图及其纵剖面图

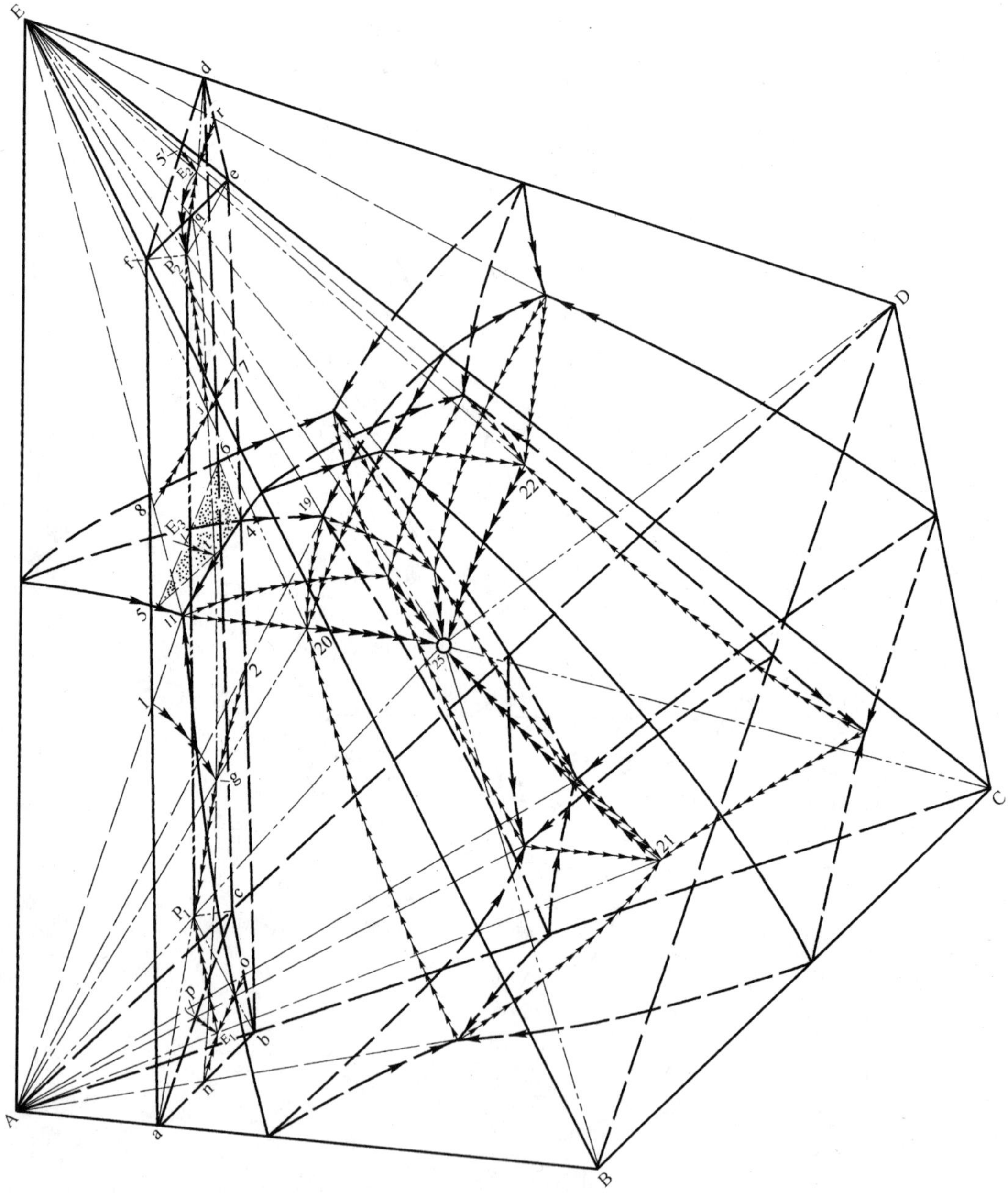

图 8-23　对图 8-1 取三棱柱五面体剖体图 abcdef

似的另一种形式。如对四元系 A－B－C－E（图 8-23）上的剖面 abef 这一长方形剖面上，有一条对二元共晶曲面（L→A＋E）的截线 5－4，有对四元共晶点 20 与 A、E 连线面的截线 gj，以及对 A－11－20、A－19－20、E－11－20 及 E－19－20 四个三元共晶连线曲面的截线 1－g、2－g、8－j 和 7－j。

四元系剖面 abef 与剖体图内部的关系，这里也可以清楚地看出来，有曲线 gP_1 和 jP_2 向三维体内引入分别交在截线 P_1P_2 的两个端点 P_1 与 P_2 上。其实 gP_1 和 jP_2 分别是四维体内的四元共晶线与 A、E 连线曲面 A－20－25 和 E－20－25 在剖体图内的截线。L 相在这两条线上的凝固过程是：

gP_1：L→L＋A→L＋A＋B＋C＋E→L＋A＋B＋C＋D＋E→A＋B＋C＋D＋E

jP_2：L→L＋E→L＋A＋B＋C＋E→L＋A＋B＋C＋D＋E→A＋B＋C＋D＋E

其他的两个在四元系上剖的长方形面 acdf 及 bcde 与剖体内部的关系和 abef 情形完全相似。

三棱柱体的二端面 abc 和 edf 与剖体内的关系各只有一条线，分别是 E_1P_1 和 E_2P_2。其实这两条线是剖体分别对 A－21－25、E－22－25 两条四元共晶线的连线曲面的截线。L 相在这两条截线上的凝固过程是：

E_1P_1：L→L＋A→L＋A＋B＋C＋D→L＋A＋B＋C＋D＋E→A＋B＋C＋D＋E

E_2P_2：L→L＋E→L＋E＋B＋C＋D→L＋A＋B＋C＋D＋E→A＋B＋C＋D＋E

只要相似地添加上 acdf 及 bcde 两个面上与剖体内的线的关系，便出现图 8-24 所示的一个剖体图的全貌。

在图 8-24 中 L 相凝固时共有 48 个不同形式的凝固相区（见表 8-7）。

在图 8-24 中平行 abc 面在二元共晶截面的上方不远处取第二级成分剖面 a′b′c′，便出现图 8-25 所示的成分—温度立体图。

再在立体图上平行 a′b′边截过二元共晶截线 mn 取第三级纵剖面图 a″－c″，便出现图 8-26 所示的情形。

像图 6-4 那种对五元系简单共晶型相图取剖体形式，如图 8-27 所示。

在图 8-27 中剖体图 abcdE 内部被剖出来的几何要素有五元共晶点 25 与各顶角 A、B、C、D、E 的连线三角形面的截线 HK（A－25－C 上的截线）、Ha（在 A－25－B 上）、Hd（在 A－25－D 上）、Kb（在 B－25－C 上）、Kc（在 C－25－D 上）、HE（在 A－25－E 上）及 KE（在 C－25－E 上），此外就是自 5 个面向体内的引线。

图 8-27 仅就 3 个典型面 Eab、Ead 及 abcd 与剖体内的引线关系，可以清楚看出，自 Eab 面可有两条曲线 rH 和 qK 分别与剖体内的 HK 线两个端点 H 和 K 相接，这两条线是四元共晶线 20－25（L→A＋B＋C＋E）分别与 A 和 C 的连线面 A－25－20 和 C－25－20 在剖体内的截线。

自 Ead 面只有一条曲线 l'－H 引入剖体与 HK 线的端点 H 相接，该曲线是四元共晶线 24－25（L→A＋B＋D＋E）与 A 的连线曲面在剖体内的截线。

自 abcd 面可有两条曲线 o′H 和 z′K 分别与 HK 线的两端点 H 和 K 相接。这两条线是四元共晶线 21－25（L→A＋B＋C＋D）分别与 A 和 C 的连线曲面 A－25－21 和 C－25－21 在剖体内的截线。

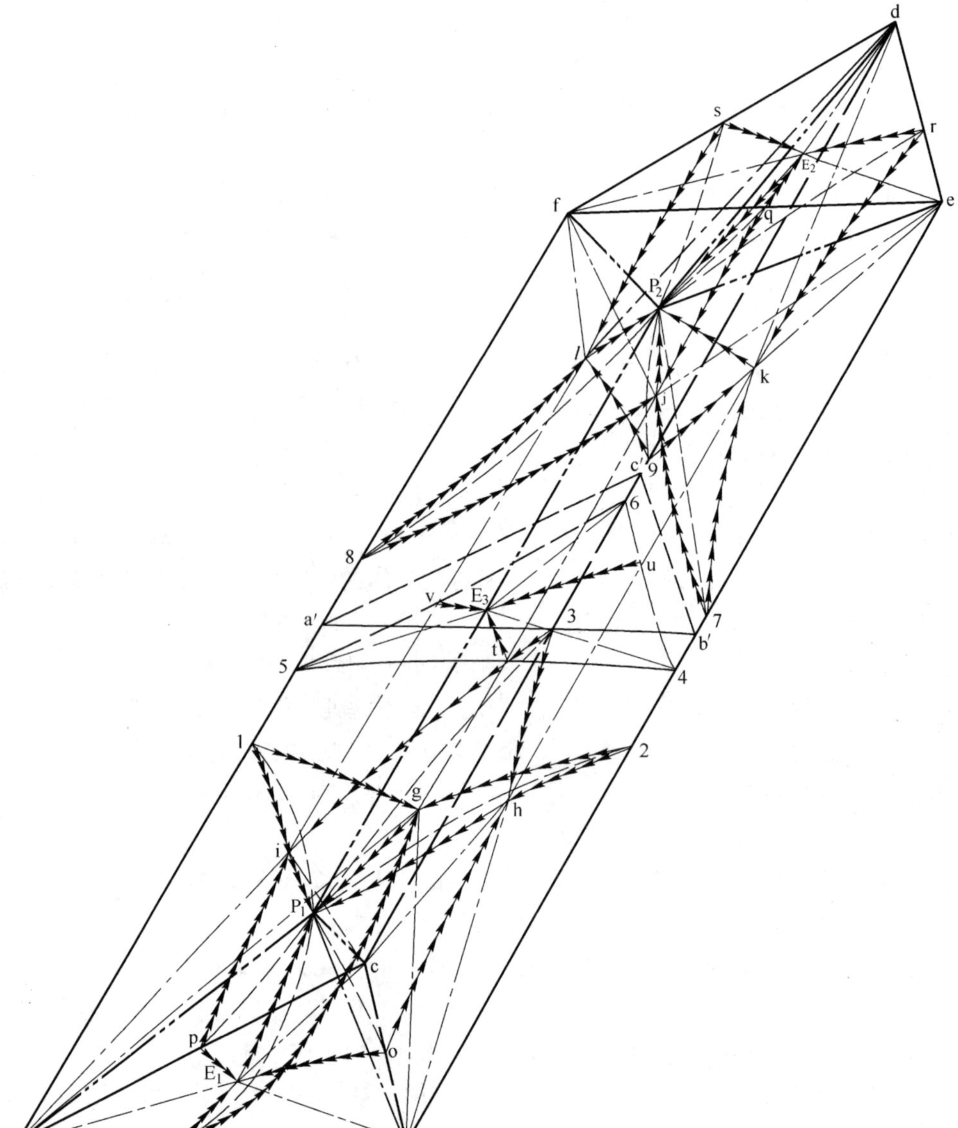

图 8-24 过图 8-23 中取剖体图 abedf

表 8-7 图 8-24 的相区凝固状态变化过程

相 区	凝固的状态变化过程	
aE_1P_1n	L→L + A→L + A + B→L + A + B + C→L + A + B + C + D	
aE_1P_1p	L→L + A→L + A + B→L + A + B + D→L + A + B + D + C	
aP_1i-1	L→L + A→L + A + B→L + A + B + E→L + A + B + E + D	
aP_1g-1	L→L + A→L + A + B→L + A + B + E→L + A + B + E + C	
aP_1gn	L→L + A→L + A + B→L + A + B + C→L + A + B + C + E	
aP_1ip	L→L + A→L + A + B→L + A + B + D→L + A + B + D + E	
bE_1P_1n	L→L + A→L + A + C→L + A + C + B→L + A + C + B + D	
bE_1P_1o	L→L + A→L + A + C→L + A + C + D→L + A + C + D + B	
bP_1h-2	L→L + A→L + A + C→L + A + C + E→L + A + C + E + D	
bP_1g-2	L→L + A→L + A + C→L + A + C + E→L + A + C + E + B	
bP_1gn	L→L + A→L + A + C→L + A + C + B→L + A + C + B + E	
bP_1ho	L→L + A→L + A + C→L + A + C + D→L + A + C + D + E	
cE_1P_1o	L→L + A→L + A + D→L + A + D + C→L + A + D + C + B	
cE_1P_1p	L→L + A→L + A + D→L + A + D + B→L + A + D + B + C	
cP_1h-3	L→L + A→L + A + D→L + A + D + E→L + A + D + E + C	
cP_1i-3	L→L + A→L + A + D→L + A + D + E→L + A + D + E + B	
cP_1ip	L→L + A→L + A + D→L + A + D + B→L + A + D + B + E	
cP_1ho	L→L + A→L + A + D→L + A + D + C→L + A + D + C + E	
fE_2P_2q	L→L + E→L + E + B→L + E + B + C→L + E + B + C + D	
fE_2P_2s	L→L + E→L + E + B→L + E + B + D→L + E + B + D + C	
fP_2l-8	L→L + E→L + E + B→L + E + B + A→L + E + B + A + D	
fP_2j-8	L→L + E→L + E + B→L + E + B + A→L + E + B + A + C	
fP_2jq	L→L + E→L + E + B→L + E + B + C→L + E + B + C + A	
fP_2ls	L→L + E→L + E + B→L + E + B + D→L + E + B + D + A	
eE_2P_2q	L→L + E→L + E + C→L + E + C + B→L + E + C + B + D	→L + A + B + C + D + E→A + B + C + D + E
eE_2P_2r	L→L + E→L + E + C→L + E + C + D→L + E + C + D + B	
e_2P_2j-7	L→L + E→L + E + C→L + E + C + A→L + E + C + A + B	
eP_2k-7	L→L + E→L + E + C→L + E + C + A→L + E + C + A + D	
eP_2jq	L→L + E→L + E + C→L + E + C + B→L + E + C + B + A	
eP_2kr	L→L + E→L + E + C→L + E + C + D→L + E + C + D + A	
dE_2P_2s	L→L + E→L + E + D→L + E + D + B→L + E + D + B + C	
dE_2P_2r	L→L + E→L + E + D→L + E + D + C→L + E + D + C + B	
dP_2kr	L→L + E→L + E + D→L + E + D + C→L + E + D + C + A	
dP_2ls	L→L + E→L + E + D→L + E + D + B→L + E + D + B + A	
dP_2l-9	L→L + E→L + E + D→L + E + D + A→L + E + D + A + B	
dP_2k-9	L→L + E→L + E + D→L + E + D + A→L + E + D + A + C	
$5-E_3tgP_1-1$	L→L + A→L + A + E→L + A + E + B→L + A + E + B + C	
$5-E_3viP_1-1$	L→L + A→L + A + E→L + A + E + B→L + A + E + B + D	
$5-E_3tjP_2-8$	L→L + E→L + E + A→L + E + A + B→L + E + A + B + C	
$5-E_3vlP_2-8$	L→L + E→L + E + A→L + E + A + B→L + E + A + B + D	
$4-E_3tgP_1-2$	L→L + A→L + A + E→L + A + E + C→L + A + E + C + B	
$4-E_3uhP_1-2$	L→L + A→L + A + E→L + A + E + C→L + A + E + C + D	
$4-E_3tjP_2-7$	L→L + E→L + E + A→L + E + A + C→L + E + A + C + B	
$4-E_3ukP_2-7$	L→L + E→L + E + A→L + E + A + C→L + E + A + C + D	
$6-E_3viP_1-3$	L→L + A→L + A + E→L + A + E + D→L + A + E + D + B	
$6-E_3uhP_1-3$	L→L + A→L + A + E→L + A + E + D→L + A + E + D + C	
$6-E_3vlP_2-9$	L→L + E→L + E + A→L + E + A + D→L + E + A + D + B	
$6-E_3ukP_2-9$	L→L + E→L + E + A→L + E + A + D→L + E + A + D + C	

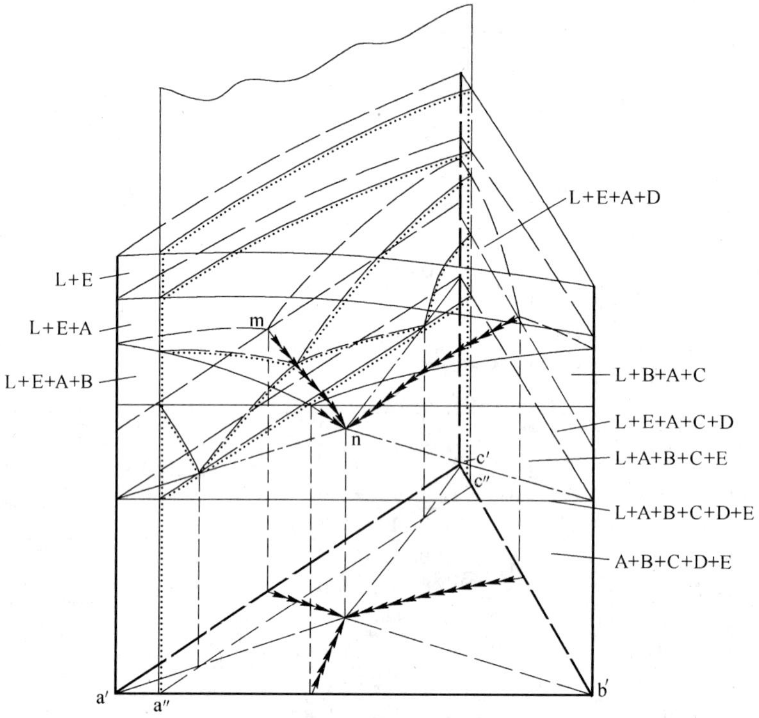

图 8-25 过图 8-24 中平行 abc 面取第二级成分剖面 a′b′c′—温度立体图

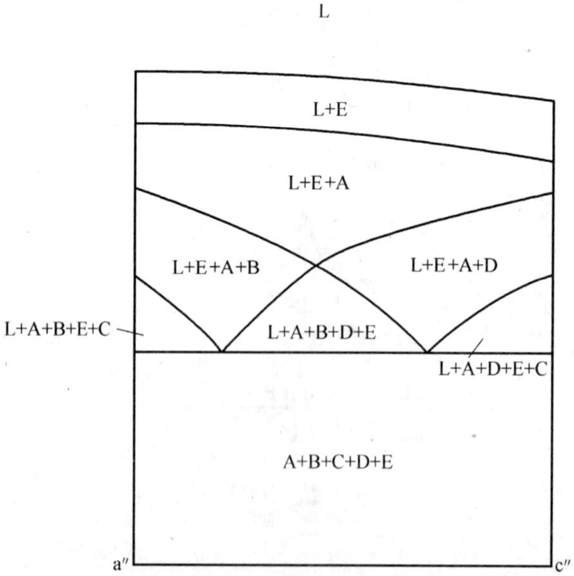

图 8-26 平行图 8-25a′b′边取第三级纵剖面图 a″－c″

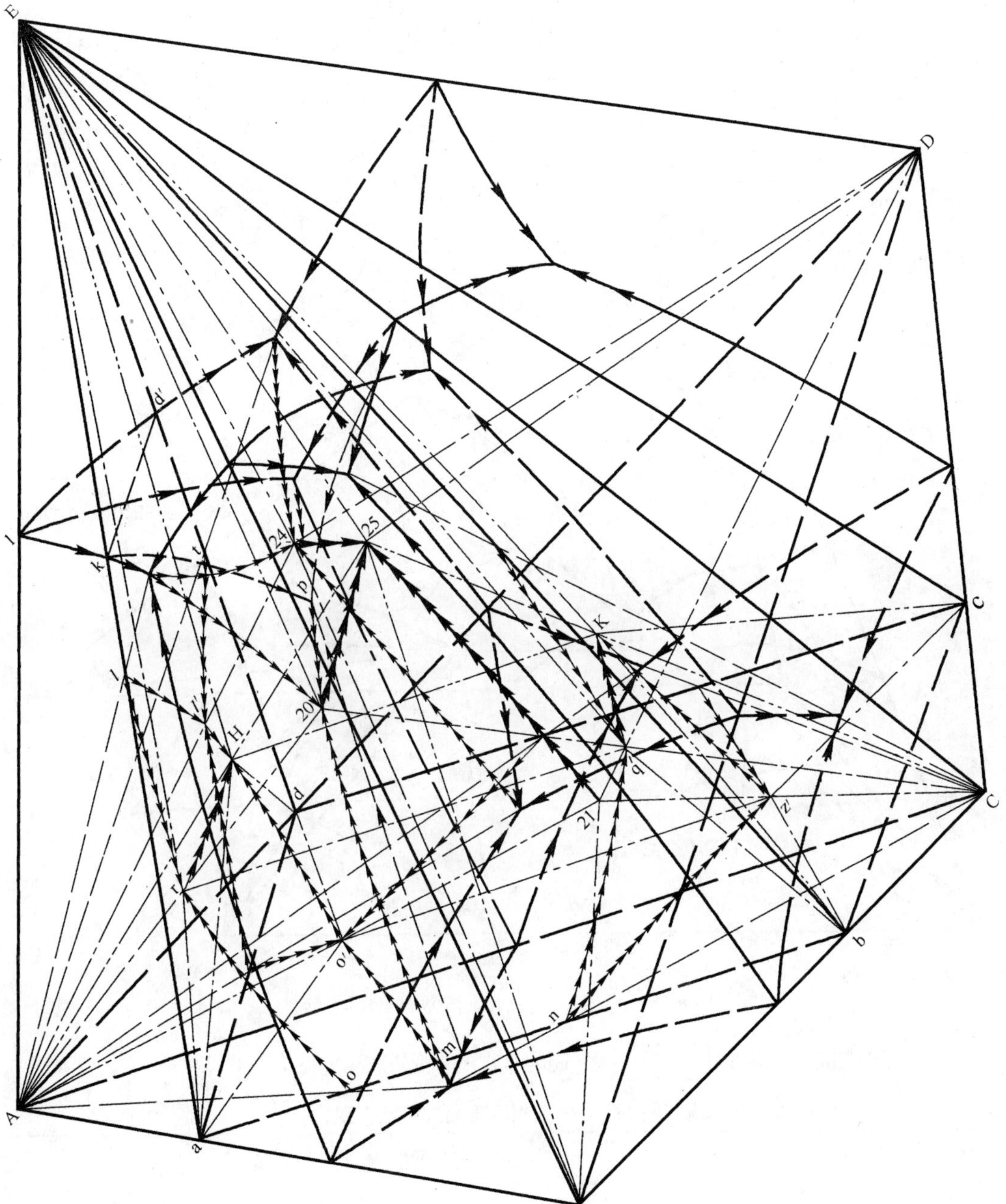

图 8-27　对五元系简单共晶型相图取剖体 abcdE 图

其他两个面 Edc 和 Ebc 分别与 Eab 和 Ead 相似也各有两条和一条曲线引入，后者一条线的是与 H 点相接。

将图 8-27 中的剖体图，添上 Edc 和 Ebc 两面与剖体图内的关系线，便出现图 8-28 所示的该剖体图的全貌（其顶端比图 8-27 中的剖体向前倾斜一些）。

图 8-28 中应该注意的是 pv 线。该线是显示和区分体内 3 个二元共晶截面（ksvp、gfvp 和 myvp）的分界线。它原是五元系四维体图中 3 个二元共晶三维体的界面在剖体图中的截线。3 个二元共晶三维体在剖体中就成为二元共晶截面。

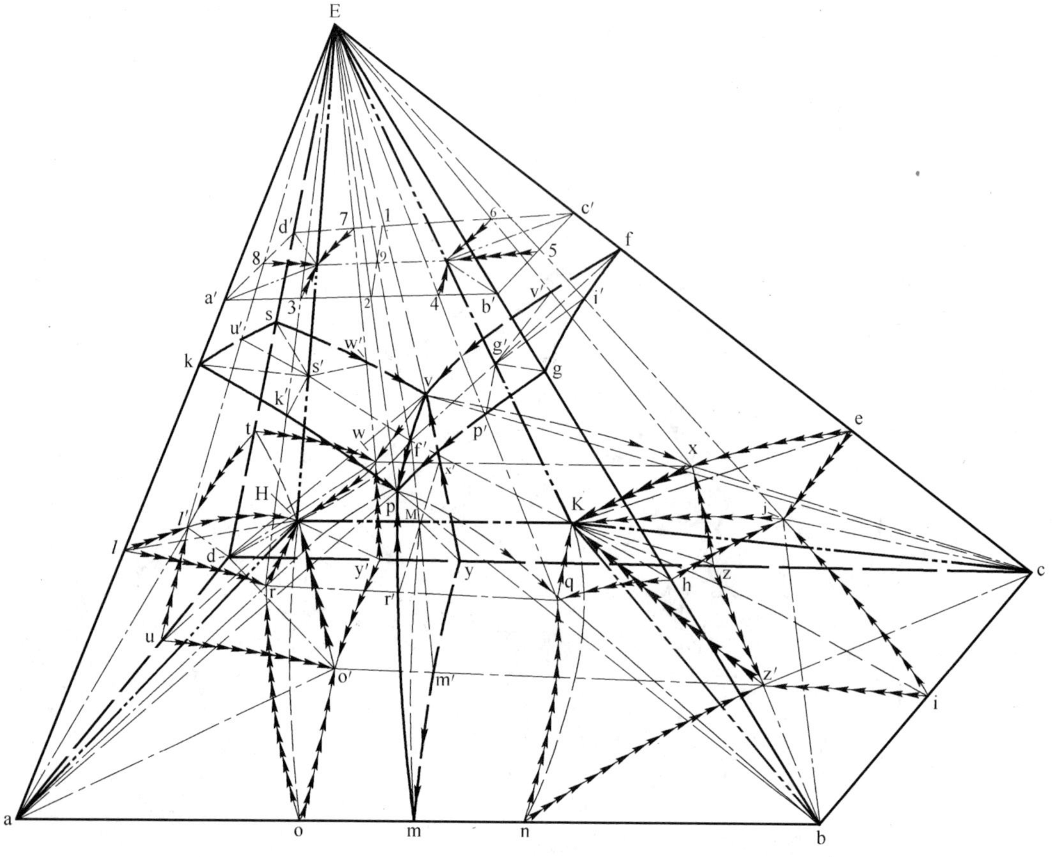

图 8-28　过图 8-27 中取剖体图 abcE 的全貌

从液态冷却时图 8-28 中共有 60 个不同形式的凝固相区（见表 8-8）。

表 8-8　图 8-28 的相区凝固过程状态变化

相　　区	凝固过程状态变化	
Efg′v′	L→L + E→L + E + C→L + E + C + D→L + E + C + D + A	
Efg′i′	L→L + E→L + E + C→L + E + C + D→L + E + C + D + B	
Egg′i′	L→L + E→L + E + C→L + E + C + B→L + E + C + B + D	
Egg′p′	L→L + E→L + E + C→L + E + C + B→L + E + C + B + A	→L + A + B + C + D + E→A + B + C + D + E
Eks′k′	L→L + E→L + E + A→L + E + A + B→L + E + A + B + C	
Eks′u′	L→L + E→L + E + A→L + E + A + B→L + E + A + B + D	
Ess′u′	L→L + E→L + E + A→L + E + A + D→L + E + A + D + B	

续表 8-8

相　区	凝固过程状态变化	
Ess'w'	L→L + E→L + E + A→L + E + A + D→L + E + A + D + C	
Evf's'w'	L→L + E→L + E + A→L + E + A + C→L + E + A + C + D	
Evf'g'v'	L→L + E→L + E + C→L + E + C + A→L + E + C + A + D	
Epf'g'p'	L→L + E→L + E + C→L + E + C + A→L + E + C + A + B	
Epf's'k'	L→L + E→L + E + A→L + E + A + C→L + E + A + C + B	
fv'g'Kxe	L→L + C→L + C + E→L + C + E + D→L + C + E + D + A	
fi'g'Kje	L→L + C→L + C + E→L + C + E + D→L + C + E + D + B	
gi'g'Kjh	L→L + C→L + C + E→L + C + E + B→L + C + E + B + D	
gp'g'Kqh	L→L + C→L + C + E→L + C + E + B→L + C + E + B + A	
kk's'Hrl	L→L + A→L + A + E→L + A + E + B→L + A + E + B + C	
ku's'Hl'l	L→L + A→L + A + E→L + A + E + B→L + A + E + B + D	
su's'Hl't	L→L + A→L + A + E→L + A + E + D→L + A + E + D + B	
sw's'Hwt	L→L + A→L + A + E→L + A + E + D→L + A + E + D + C	
Hrpk's'f'	L→L + A→L + A + E→L + A + E + C→L + A + E + C + B	
pf'MHrr'	L→L + A→L + A + C→L + A + C + E→L + A + C + E + B	
Hww'vf's'	L→L + A→L + A + E→L + A + E + C→L + A + E + C + D	
vf'MHwx'	L→L + A→L + A + C→L + A + C + E→L + A + C + E + D	
KMf'vx'x	L→L + C→L + C + E→L + C + E + A→L + C + E + A + D	
Kqpp'g'f'	L→L + C→L + C + E→L + C + E + A→L + C + E + A + B	
vf'MKxx'	L→L + C→L + C + A→L + C + A + E→L + C + A + E + D	
pf'MKqr'	L→L + C→L + C + A→L + C + A + E→L + C + A + E + B	
ecKx	L→L + C→L + C + D→L + C + D + E→L + C + D + E + A	
ecKj	L→L + C→L + C + D→L + C + D + E→L + C + D + E + B	
hbKj	L→L + C→L + C + B→L + C + B + E→L + C + B + E + D	
hbKq	L→L + C→L + C + B→L + C + B + E→L + C + B + E + A	
cjKi	L→L + C→L + C + D→L + C + D + B→L + C + D + B + E	
bjKi	L→L + C→L + C + B→L + C + B + D→L + C + B + D + E	→L + A + B + C + D + E→A + B + C + D + E
laHr	L→L + A→L + A + B→L + A + B + E→L + A + B + E + C	
laHl'	L→L + A→L + A + B→L + A + B + E→L + A + B + E + D	
tdHw	L→L + A→L + A + D→L + A + D + E→L + A + D + E + C	
tdHl'	L→L + A→L + A + D→L + A + D + E→L + A + D + E + B	
auHl'	L→L + A→L + A + B→L + A + B + D→L + A + B + D + E	
duHl'	L→L + A→L + A + D→L + A + D + B→L + A + D + B + E	
czKx	L→L + C→L + C + D→L + C + D + A→L + C + D + A + E	
bnKq	L→L + C→L + C + B→L + C + B + A→L + C + B + A + E	
czz'K	L→L + C→L + C + D→L + C + D + A→L + C + D + A + B	
cz'iK	L→L + C→L + C + D→L + C + D + B→L + C + D + B + A	
bz'iK	L→L + C→L + C + B→L + C + B + D→L + C + B + D + A	
bnz'K	L→L + C→L + C + B→L + C + B + A→L + C + B + A + E	
dy'Hw	L→L + A→L + A + D→L + A + D + C→L + A + D + C + E	
aoHr	L→L + A→L + A + B→L + A + B + C→L + A + B + C + E	
aoo'H	L→L + A→L + A + B→L + A + B + C→L + A + B + C + D	
ao'uH	L→L + A→L + A + B→L + A + B + D→L + A + B + D + C	
do'uH	L→L + A→L + A + D→L + A + D + B→L + A + D + B + C	
dy'o'H	L→L + A→L + A + D→L + A + D + C→L + A + D + C + B	
mMr'rHo	L→L + A→L + A + C→L + A + C + B→L + A + C + B + E	
mm'MHo'o	L→L + A→L + A + C→L + A + C + B→L + A + C + B + D	
mMr'qKn	L→L + C→L + C + A→L + C + A + B→L + C + A + B + E	
mm'MKz'n	L→L + C→L + C + A→L + C + A + B→L + C + A + B + D	
yMx'wHy'	L→L + A→L + A + C→L + A + C + D→L + A + C + D + E	
ym'MHo'y'	L→L + A→L + A + C→L + A + C + D→L + A + C + D + B	
yMx'xKz	L→L + C→L + C + A→L + C + A + D→L + C + A + D + E	
ym'MKz'z	L→L + C→L + C + A→L + C + A + D→L + C + A + D + B	

在图 8-28 接近顶端平行 abcd 面取第二级成分—温度立体图，如图 8-29 所示。并在该图内平行 a′b′边取第三级成分—温度纵剖面图 X – Y，从图 8-29 中可以看出，由于没有直接剖到二元共晶截面，而直接剖在组元 E 初晶的液相体上，所以该图内任何地方的 L 相凝固时首先结晶组元 E。因而在立体图及纵剖面图的顶端分别有一个 E 相初的液相剖面和一条液相截线。

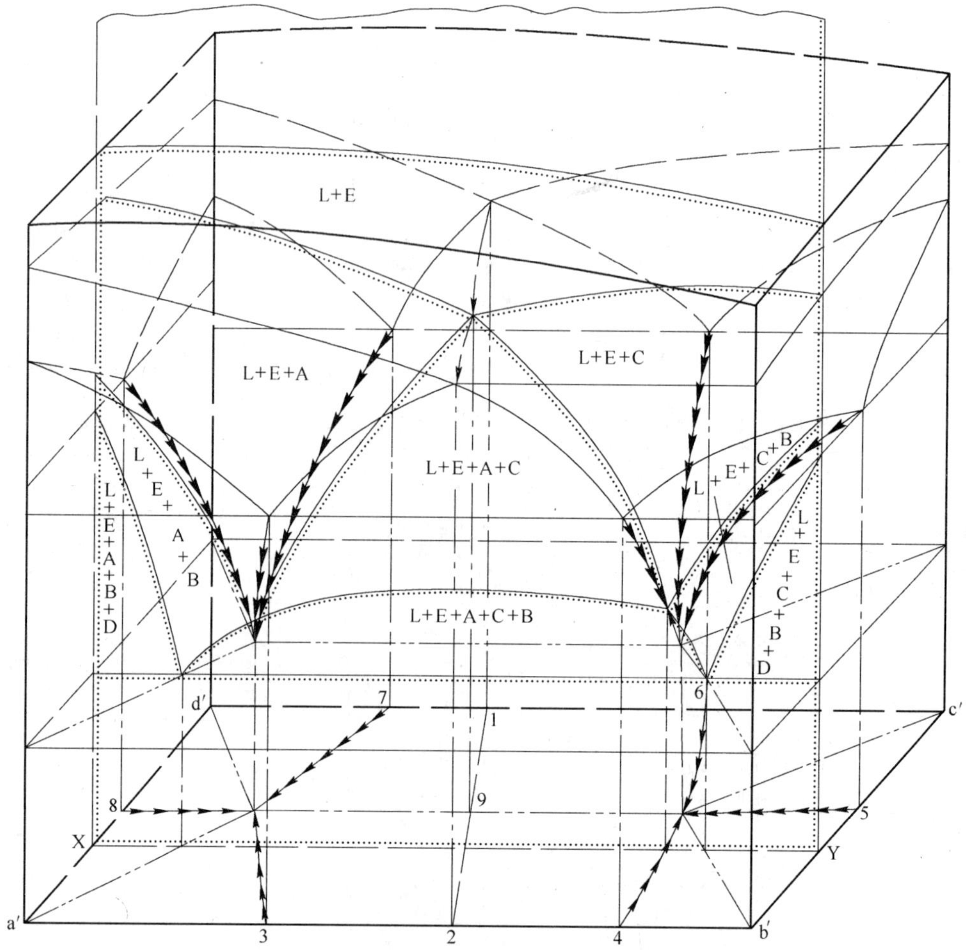

图 8-29　平行图 8-28abcd 面取第二级成分—温度立体图，并在该图内平行 a′b′边取第三级成分—温度纵剖面图 X – Y

8.2　五元系有限固溶体共晶型相图

有限固溶体共晶型的物系，其 L 相的凝固过程与简单共晶型的完全相同。其不同之点就是在固态下有限固溶体在相图内占有一定相区。一个五元系的所有 10 个二元系、10 个三元系和 5 个四元系都是有限固溶体共晶型，便会出现五元的有限固溶体共晶型物系。

图 8-30 所示，是五元系有限固溶体共晶的固态相图。组元 A、B、C、D 和 E 各分别溶解其他 4 个组元形成的 α、β、γ、δ 和 ε，各在顶角处占有一个四维体区域。各两固溶体之间占有各该两固溶体的四维体双相区，各三相之间占有各该三固溶体四维体相区，各四相之间占有各该四相的四维体相区。五相共存相区只有一个即 RSTUV 这个四维体相区。

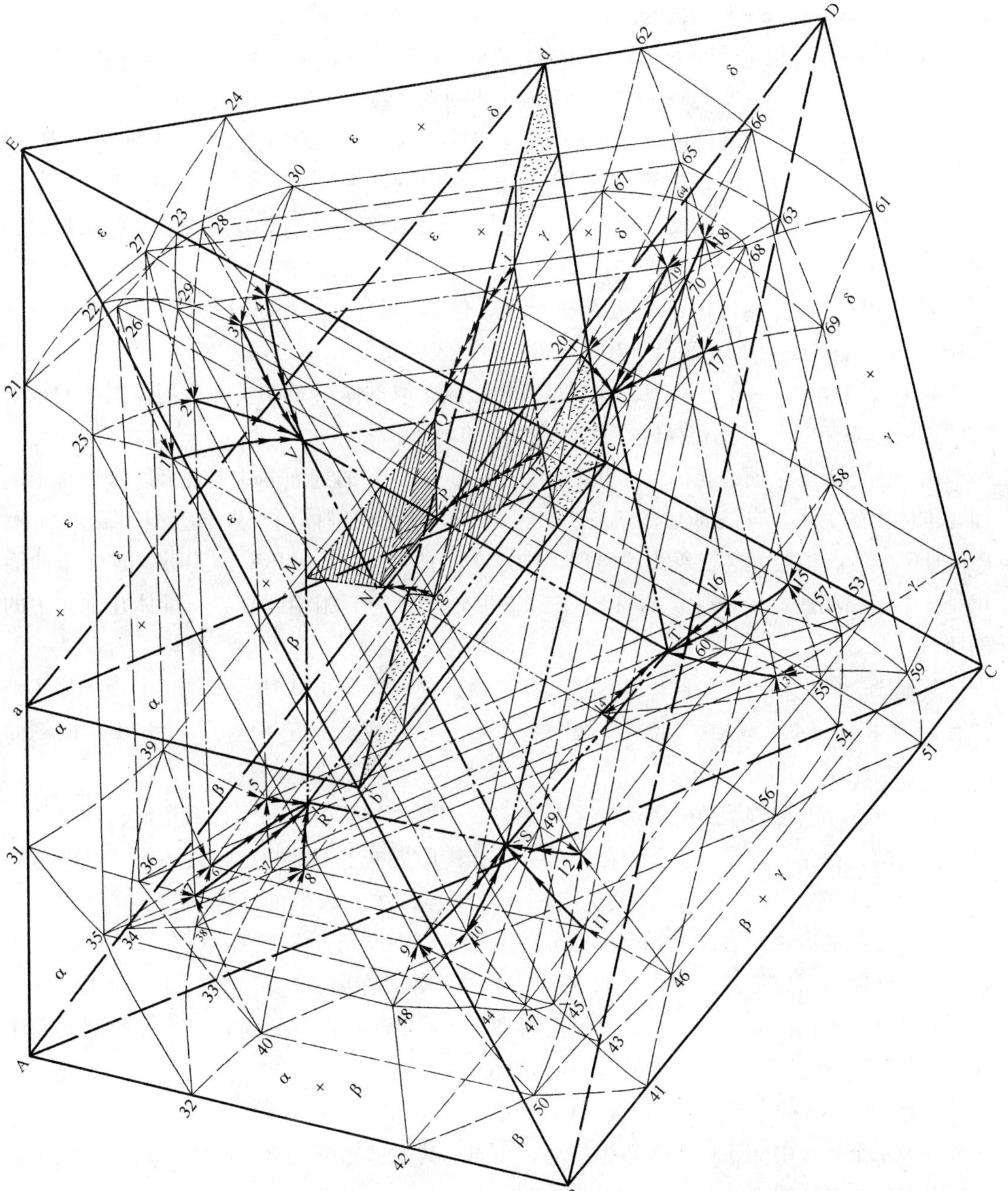

图 8-30　五元系有限固溶体共晶的固态相图

总之，该固态相图，计有 5 个单相区、10 个双相区、10 个三相区、5 个四相区，共计 31 个四维体相区。

五元系相区交界问题在 7.4 节中已经讨论了一部分，这里只讨论关于五相相区分别与四相、三相、二相及单相相区的交界和四相相区与四相相区的交界。

五相相区与四相相区的交界是三维体。例如，α + β + γ + ε 相区、1 – 7 – 9 – 14 – TSRV 与 α + β + γ + δ + ε 相区的交界是 1 – 7 – 14 – TRV（三棱柱五面体）。

五相相区与三相相区间的交界则是一个面。例如，α + β + ε 相区 25 – 35 – 48 – 10 – S – 9 – 7 – R – 6 – 2 – V – 1 与 α + β + γ + δ + ε 相区间的交界是平面 RSV。

五相相区与双相相区间的交界是一条线。例如，α + ε 相区 21 – 27 – 3 – 26 – 1 – V – 2 – 25 – 35 – 7 – 36 – 5 – R – 6 – 39 – 31 与 α + β + γ + δ + ε 相区的交界线是 VR。

五相相区与单相相区的交界只在一个点上，例如，R、S、T、U、V 五个点就是分别与五个单相区 α、β、γ、δ、ε 的相区界点。

四相相区与四相相区间的交界是一个面，例如，α + β + γ + ε 相区 1 – 7 – 9 – 14 – TSRV 与 α + γ + δ + ε 相区 2 – 6 – 10 – SURV 的相区界面是 RSV。

若平行四元系 A – B – C – D，并剖过五相相区，取剖体图 abcd。在该剖体图中的划阴影的四面体 MNPQ 就是五相相区在该剖体图内的剖体。

由于剖体上 4 个面的相似性，从四元系 B – C – D – E 的剖面 bcd 上就可以看出每个剖面与剖体内的关系。自该面上有三条线 gN、hP 和 iQ 引向剖体内分别与五相四面体的 N、P 和 Q 3 个顶点相接。这三条线的出现，构成 3 个曲面 gNPh、hPQi 和 iQNg。这 3 个曲面正是 3 个三相相区（β + γ + ε、γ + δ + ε 和 β + δ + ε）与五相相区相界三维体在剖体中的剖面。

其他 3 个面也相似地各向体内添进三条曲线，便成为图 8-31 所示的情形。该剖体图中共有 15 个相区（4 个双相区、6 个三相区、4 个三相区和 1 个五相区）。图 8-31 中的剖面 $a_1b_1c_1$，共剖出 7 个相区来。

由于五元系有限固溶体共晶型物系的液态凝固形式与简单共晶型物系相似，这里就不做更多的解剖讨论。但是，由于有限固溶体在相图中占据了一定相区，其各级解剖图与简单共晶型有所区别。例如图 8-20 变为有限互溶固体的第二级剖的成分—温度立体图，那么，第三级剖的有限固溶体共晶型的成分—温度纵剖面图与图 8-21 中的 M – N 和 M_1 – N_1 两个纵剖面图的对应形式，如图 8-32 所示。另外，如果在离 $a_2'c_2'$较近处平行 $a_2'c_2'$取 X – Y 纵剖面，其有关相区与 M – N 不同。靠近而平行 $a_2'c_2'$边，在没有剖到五相区（只剖到四相共存的相区），便出现图 8-32 中的 X_1 – Y_1 纵剖面图。

图 8-32 从 M – N、M_1 – N_1 及 X – Y 3 个纵剖面中可以清楚看出来，剖面上的边际固溶体数目为 4 个，比中间 5 个固溶体少一个。而简单共晶型相图的纵剖面图，其边际的 4 个混合固相集中在边线上。

图 8-32 从 X_1 – Y_1 上可以看出，这里没有等温线，固态最多是 4 个固溶体。其边际固溶体相区各为 3 个相。

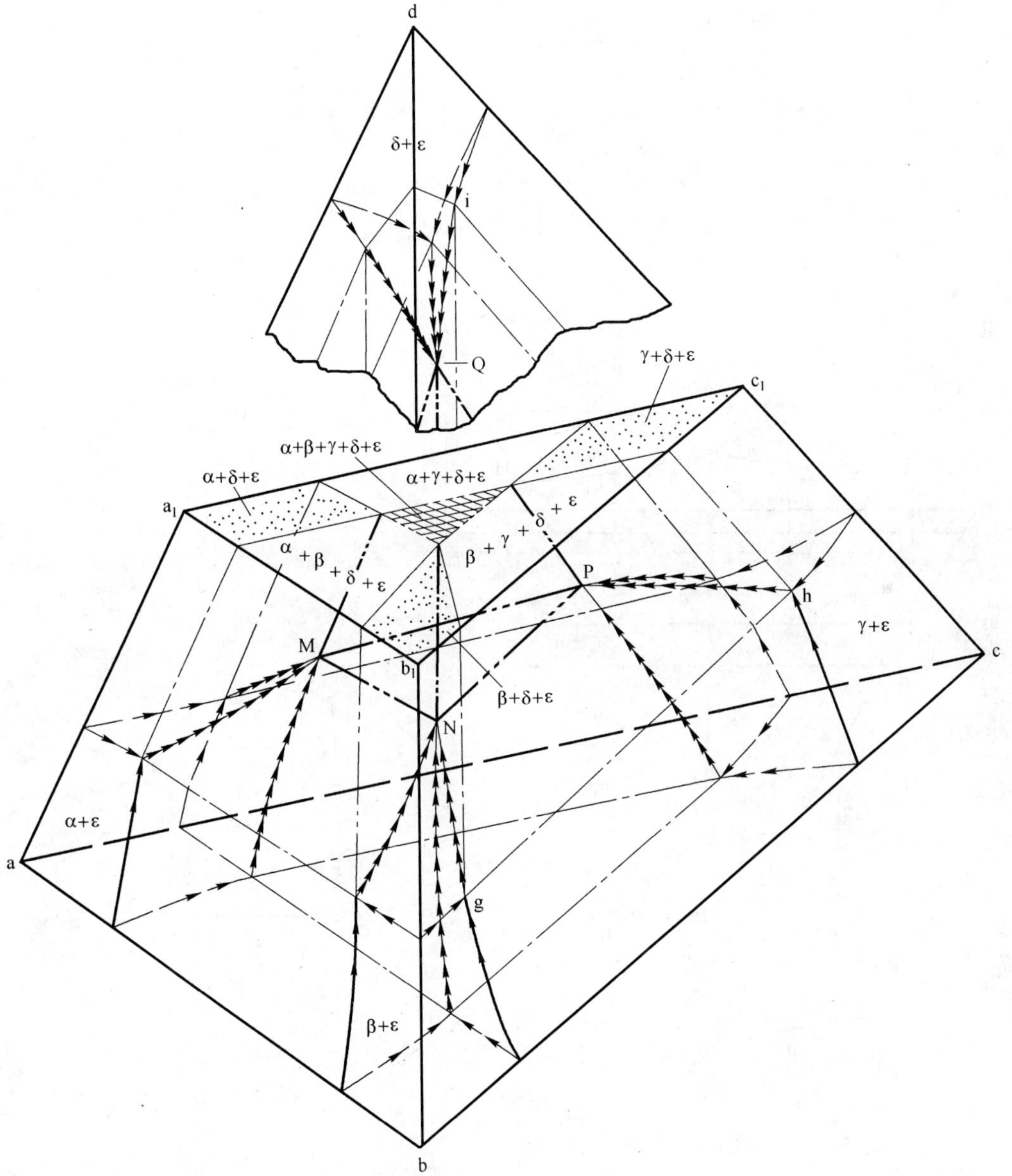

图 8-31 过图 8-30 中取的剖体图 abcd

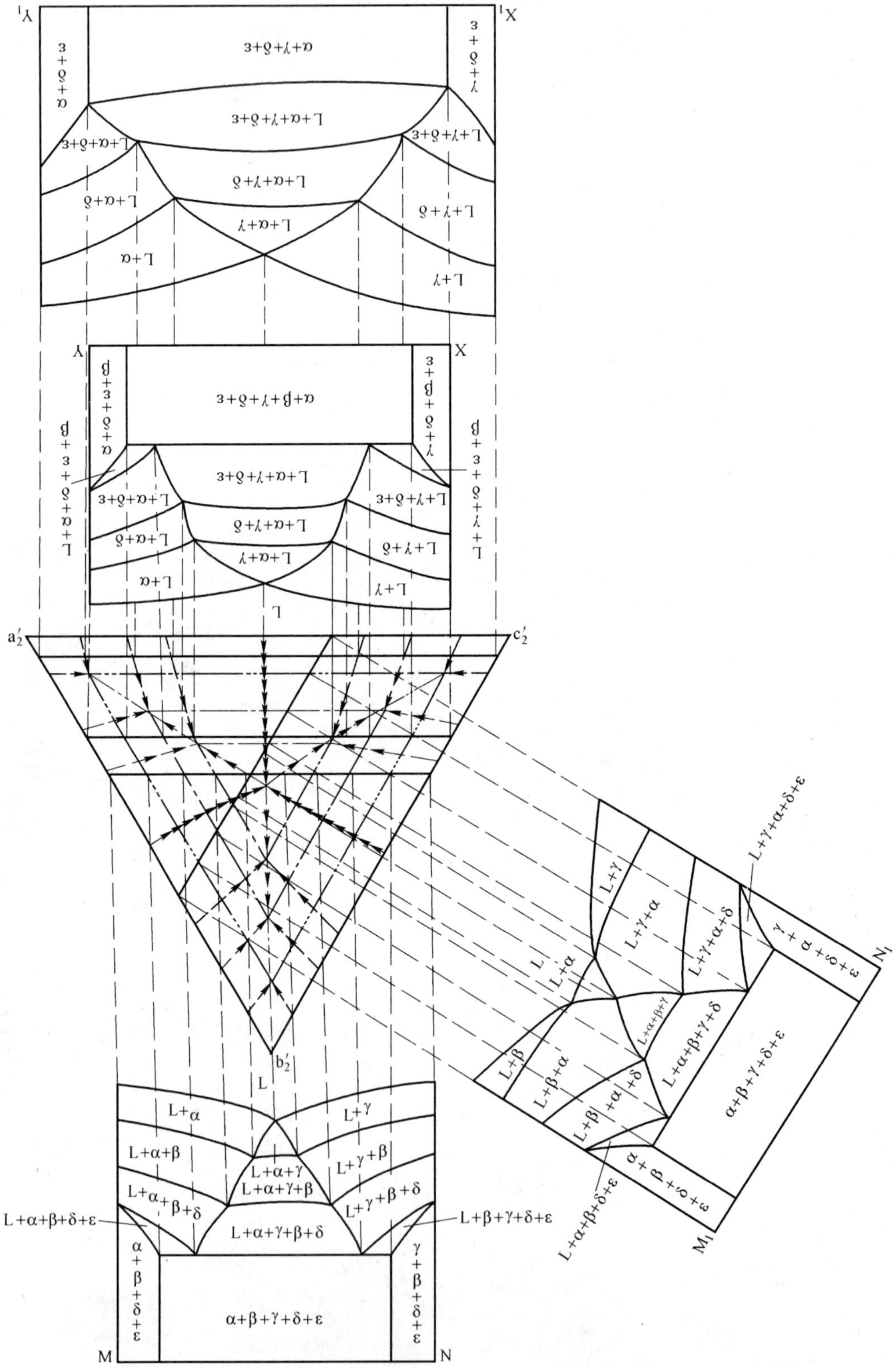

图 8-32 过图 8-20 中取第三级剖的有限固溶体共晶型的成分—温度纵剖面图

8.3 具有中间相的五元系相图举例

五元系的中间相种类更多，单就其组成的组员数，从二组元到五组元的都出现。研究五元系有中间相的相图其方式和对四元系一样，只是增加了空间维数。对于一致熔化的中间相相图，无论是二组元的还是多组元的中间相，形式比较简单，把它当作独立组元来看，把它与各有关组元（包括其他中间相）之间的凝固关系，以连线（面及体）为界在相图中进行局部分析。对于不一致融化的中间相相图，情况就比较复杂。下面仅就五元系具有二组元 A－B 的不一致熔化中间相 M 和二组元、三组元、四组元共三个不一致熔化的中间相 M 的两种形式供读者探讨。

注：作者在这一节中用了图 8-33～图 8-35 三个图来解剖分析五元系具有二元系不一致熔化的中间相 M 的相图。由于该图没有找到，只好将本章节的文字删掉。从另一册《多元系用低维图的表达和预测问题》图本中选出两种形式具有不一致熔化中间相 M 的五元系相图供读者探讨。这里只提供图和作者对图的简单说明，提供不了对图的解剖分析。

图 8-33 具有二元 A－B 形成不一致熔化中间相的五元系 A－B－C－D－E 形式图。四维图内的 P_o 点的等温反应形式为：

$$L + A \rightleftharpoons M + E + C + D$$

E_o 点的等温形式为：

$$L \rightleftharpoons M + B + C + D + E$$

图 8-34 是具有不一致熔化中间相 M 的四元系相图及其不同部位、方位的解剖位置和组元置换。

图 8-35 是平行图 8-33 中 A－B－C－D 取剖体图 $a_1b_1c_1d_1$，其两种不同形式剖面图 $a_1b_1c_1$ 和 $b_1c_1d_1$ 与剖体图 $a_1b_1c_1d_1$ 内的解剖关系。

图 8-36 是具有不一致熔化二元中间相 M 的四元系 $a_1b_1c_1d_1$ 相图形式。

图 8-37 是图 8-36 内部形式及在 N－O 线下方平行 $a_1b_1c_1$ 取剖面图（密点线图）。

图 8-38 是六元系的第二级剖体图内部形式及在 N－O 线下方取第三级剖面图形式。

图 8-39 是图 8-33 中靠近 E 点位置所取第一级解剖图形式，全图为组元 E 的初晶体所覆盖。

图 8-40 是图 8-39 中靠近 $a_1'b_1'c_1'$ 所取第二级剖面图 $a_2'b_2'c_2'$ 及第三级纵剖面图 X－Y 的形式图。

图 8-41 是图 8-39 中靠近 d_1' 点所取第二级剖面图 $a_3'b_3'c_3'$ 及纵剖面图 M－N 的形式图。

图 8-42 在一个五元系 A－B－C－D－E 内同时具有一个二元中间相 M_1（A_mB_n）、一个四元中间相 M_2（$A_xB_yC_z$）和一个三元中间相 M_3（$B_fC_gD_h$）共三个不一致熔化的中间相。

图 8-43 是在图 8-42 中取的第一级解剖图 $a_1b_1c_1d_1$ 的形式简图。

图 8-44 是在图 8-43 中取第二级剖面图 $a'b'c'$ 的形式详图及纵剖面 X－Y 形式图。

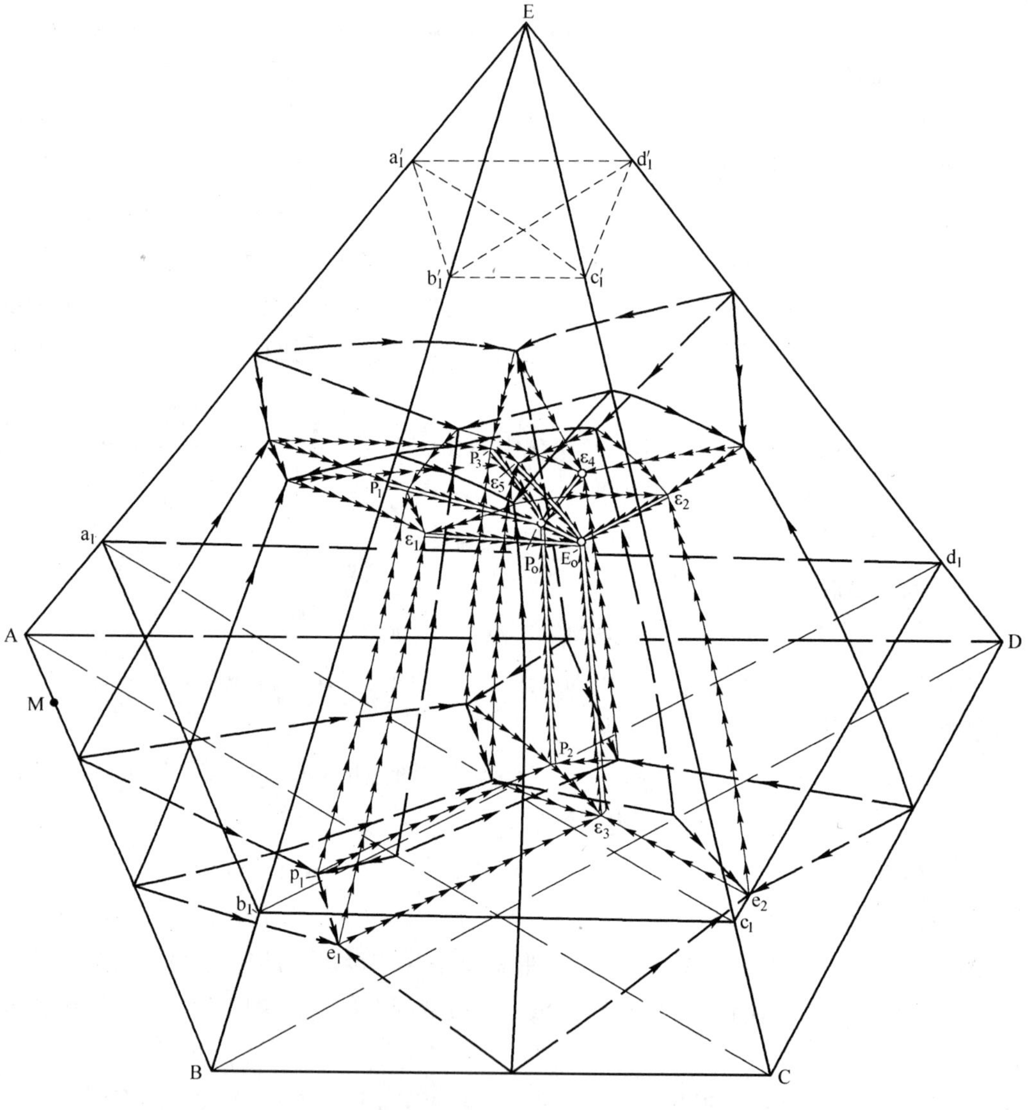

图 8-33　具有二元 A－B 形成不一致熔化中间相 M 的五元系相图

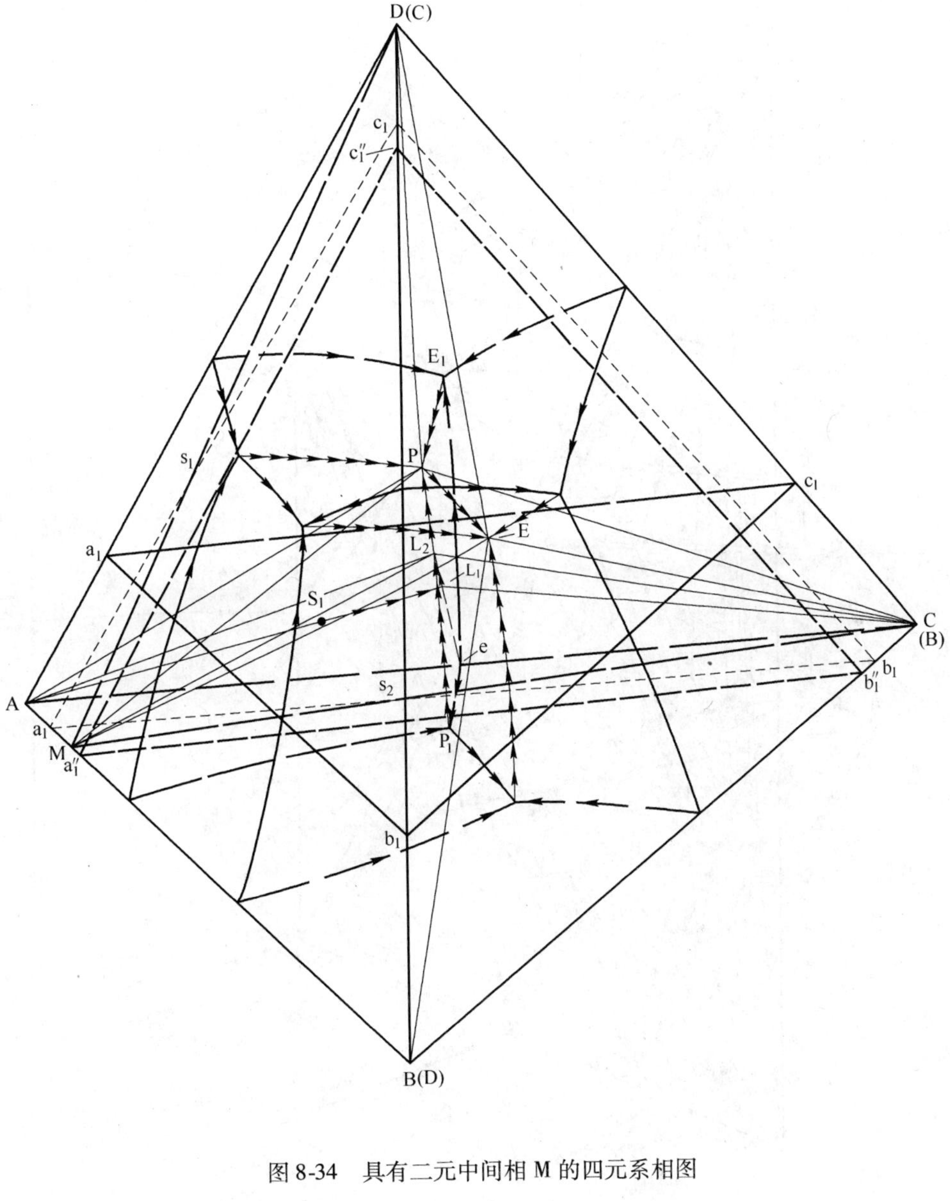

图 8-34 具有二元中间相 M 的四元系相图

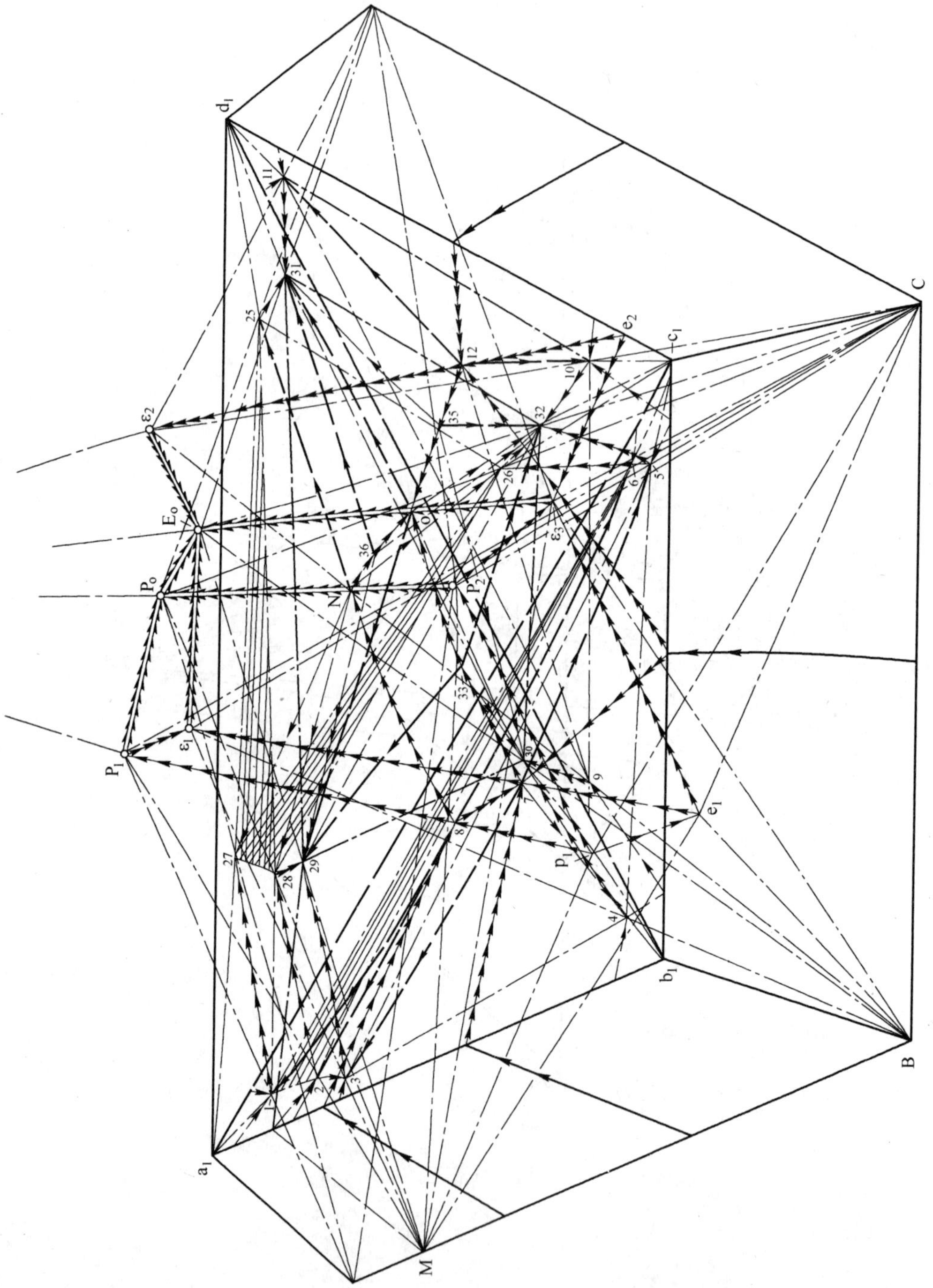

图 8-35　平行图 8-33 中 A－B－C－D 取剖体图 $a_1b_1c_1d_1$

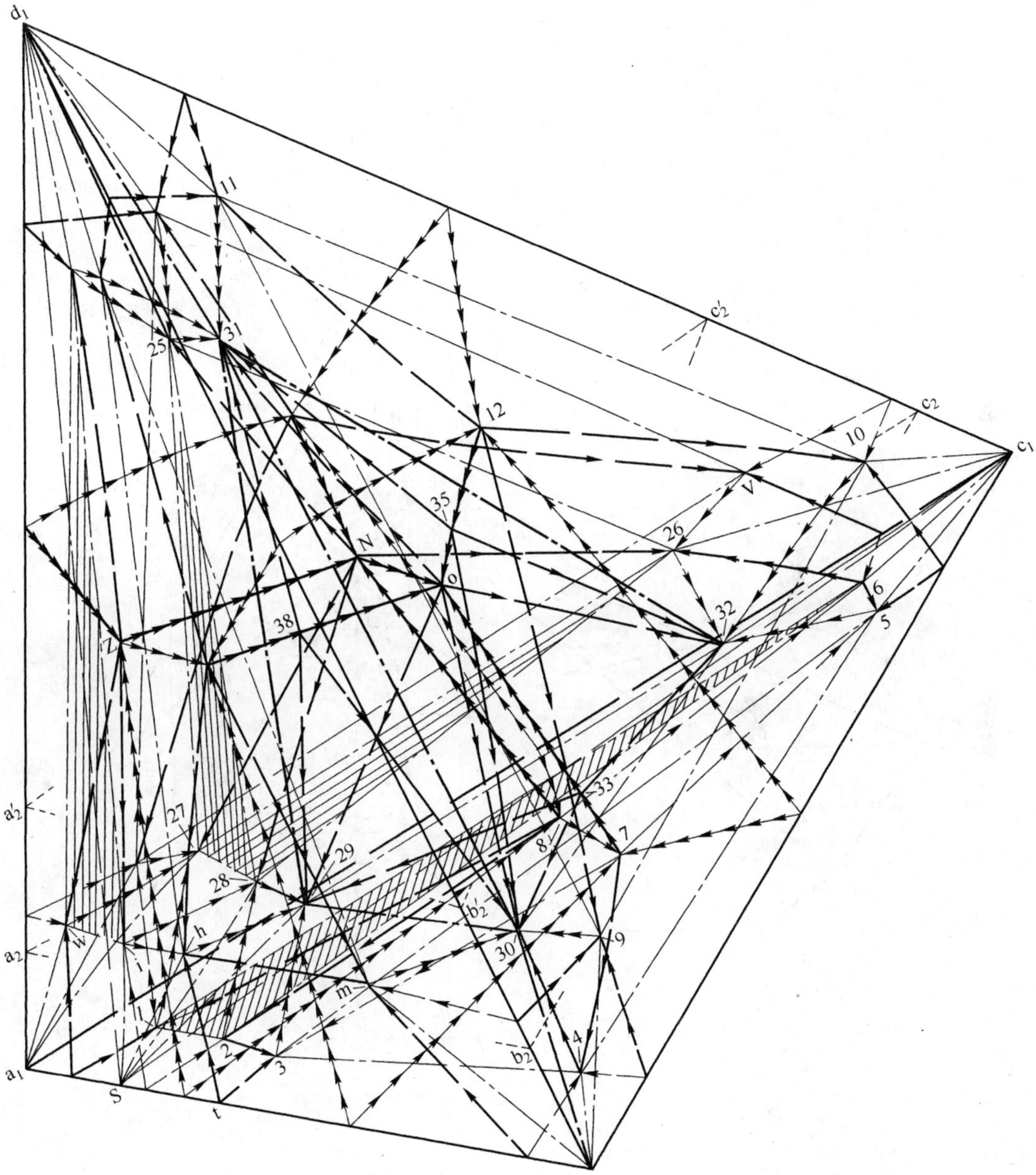

图 8-36 过图 8-35 中的解剖图 $a_1b_1c_1d_1$ 的全貌图

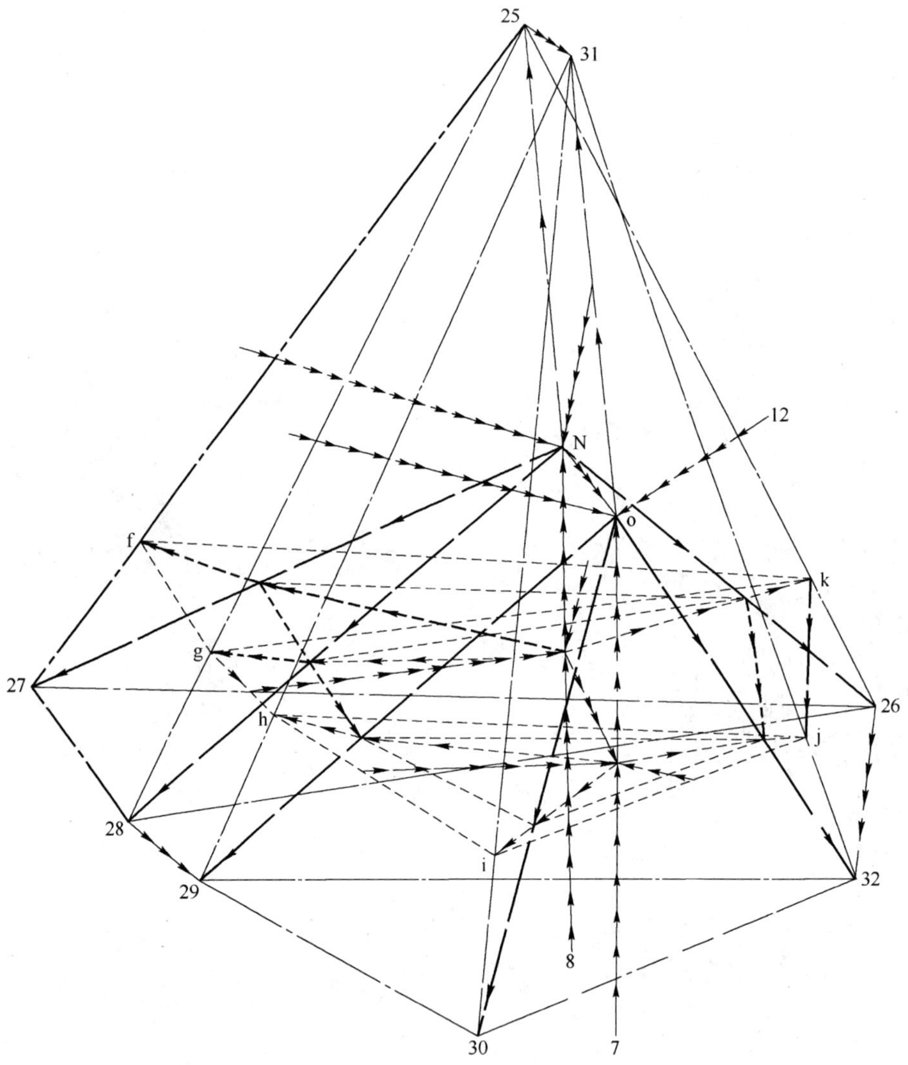

图 8-37　过图 8-36 中的剖面图

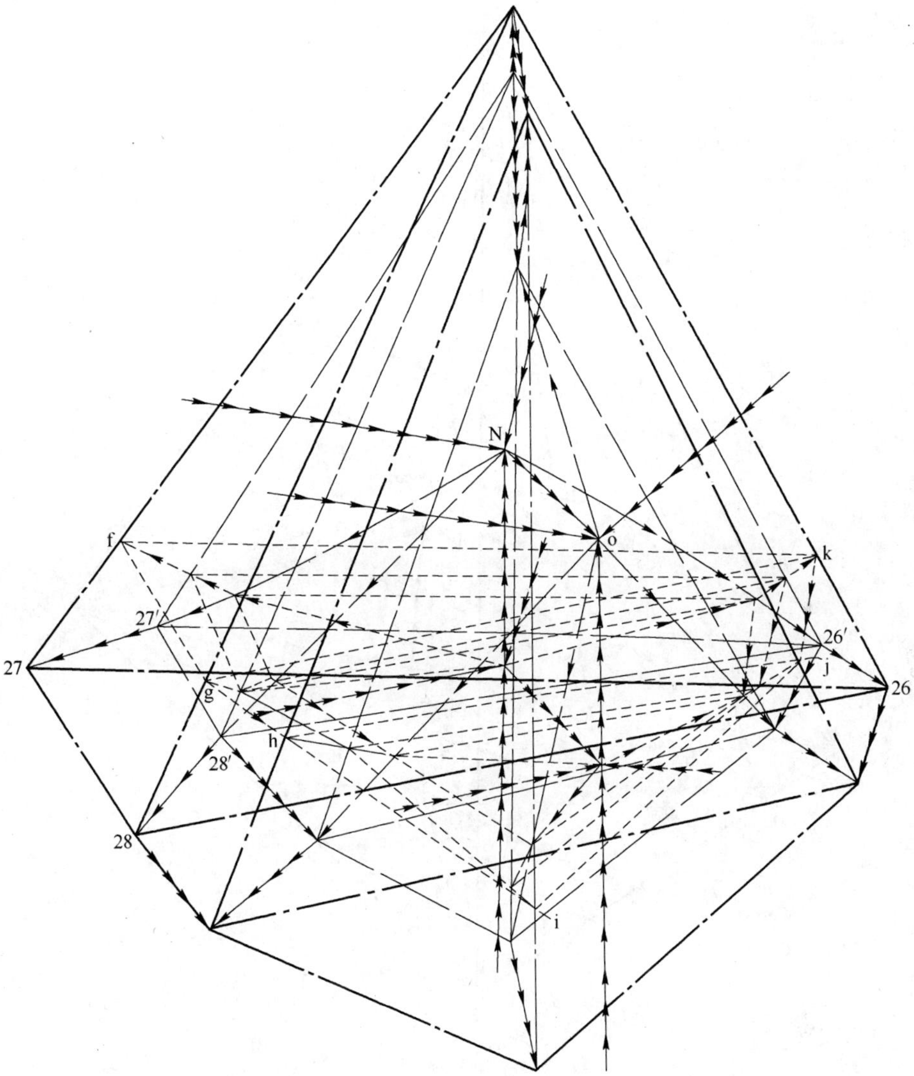

图 8-38 过图 8-37 中第二级剖体第三级剖面图

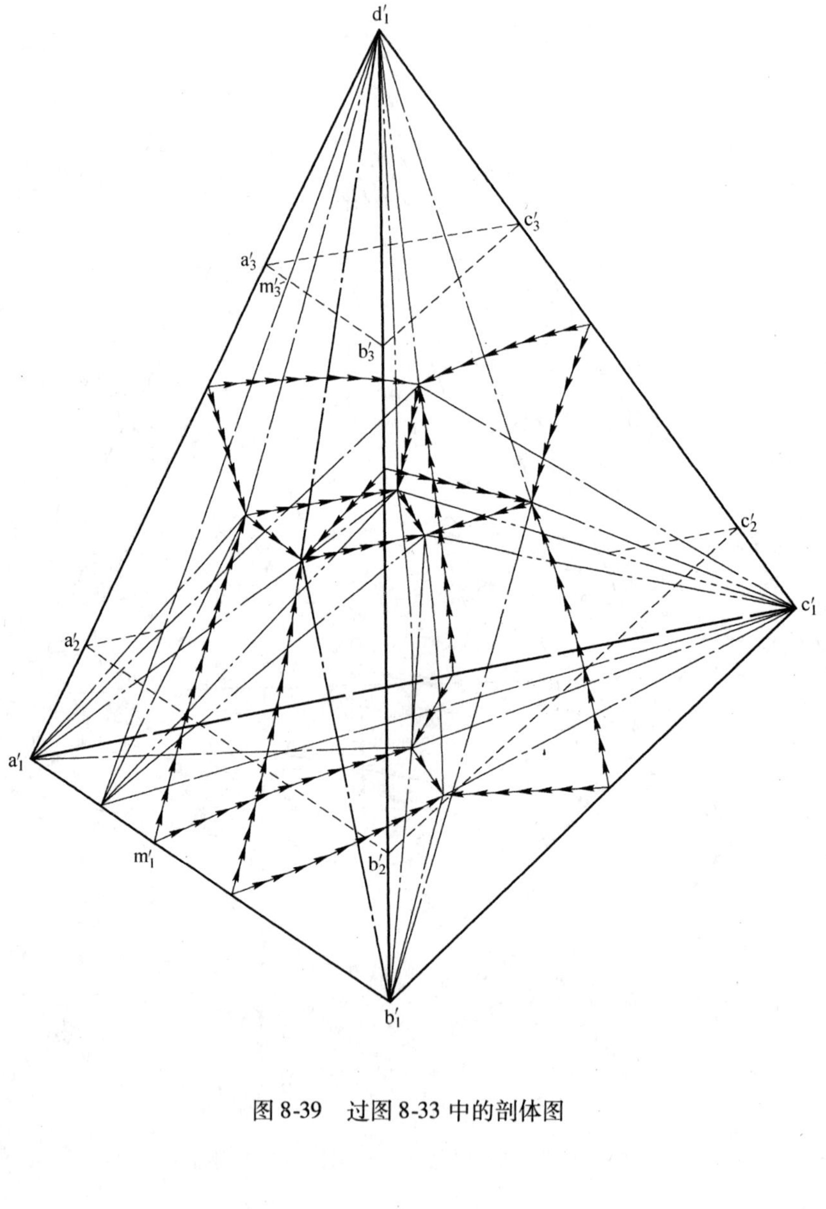

图 8-39　过图 8-33 中的剖体图

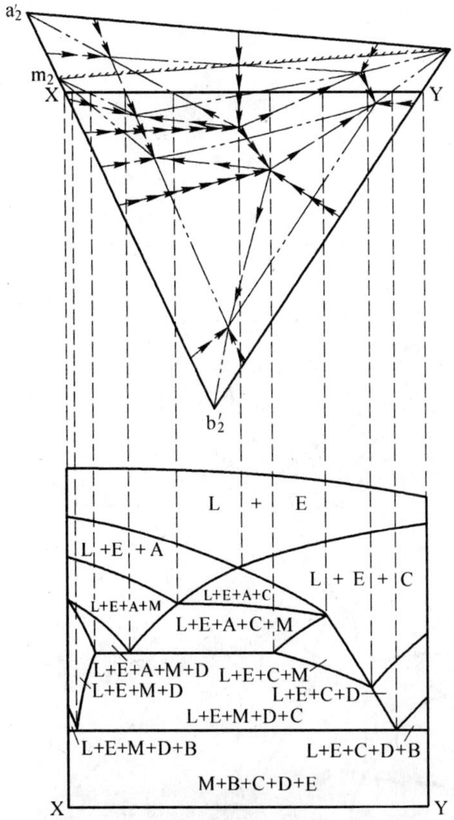

图 8-40 过图 8-39 中的剖面图 $a_2'b_2'c_2'$ 及纵剖面图 X－Y

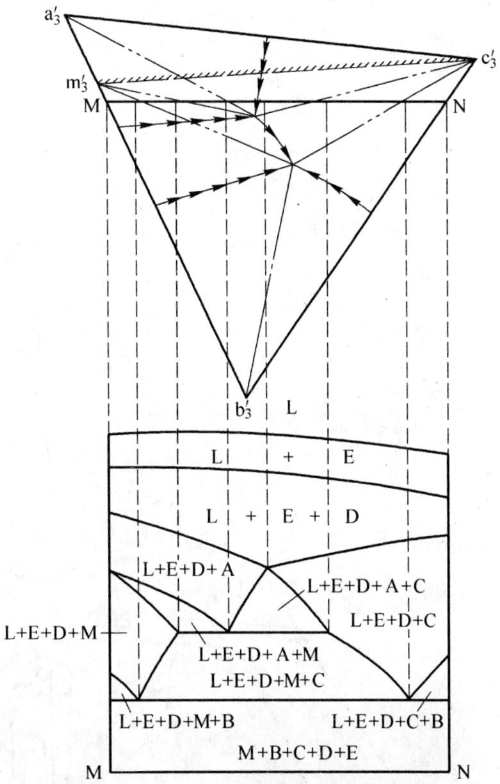

图 8-41 过图 8-39 中的剖面图 $a_3'b_3'c_3'$ 及纵剖面图 M－N

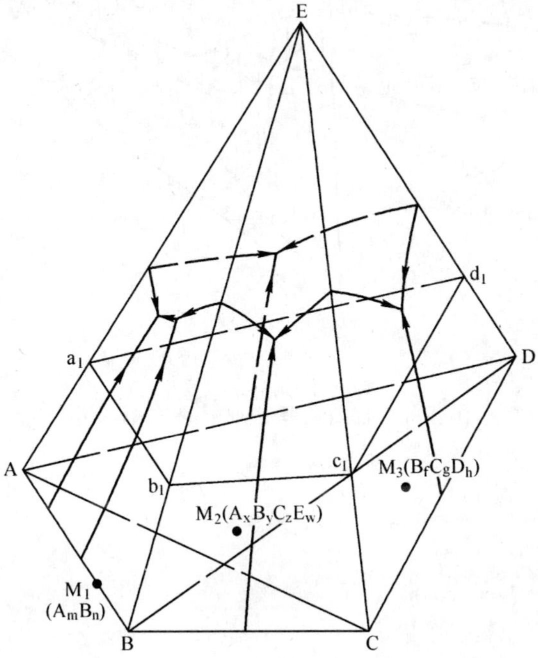

图 8-42 同时具有二元、三元、四元中间相 M 的五元系相图

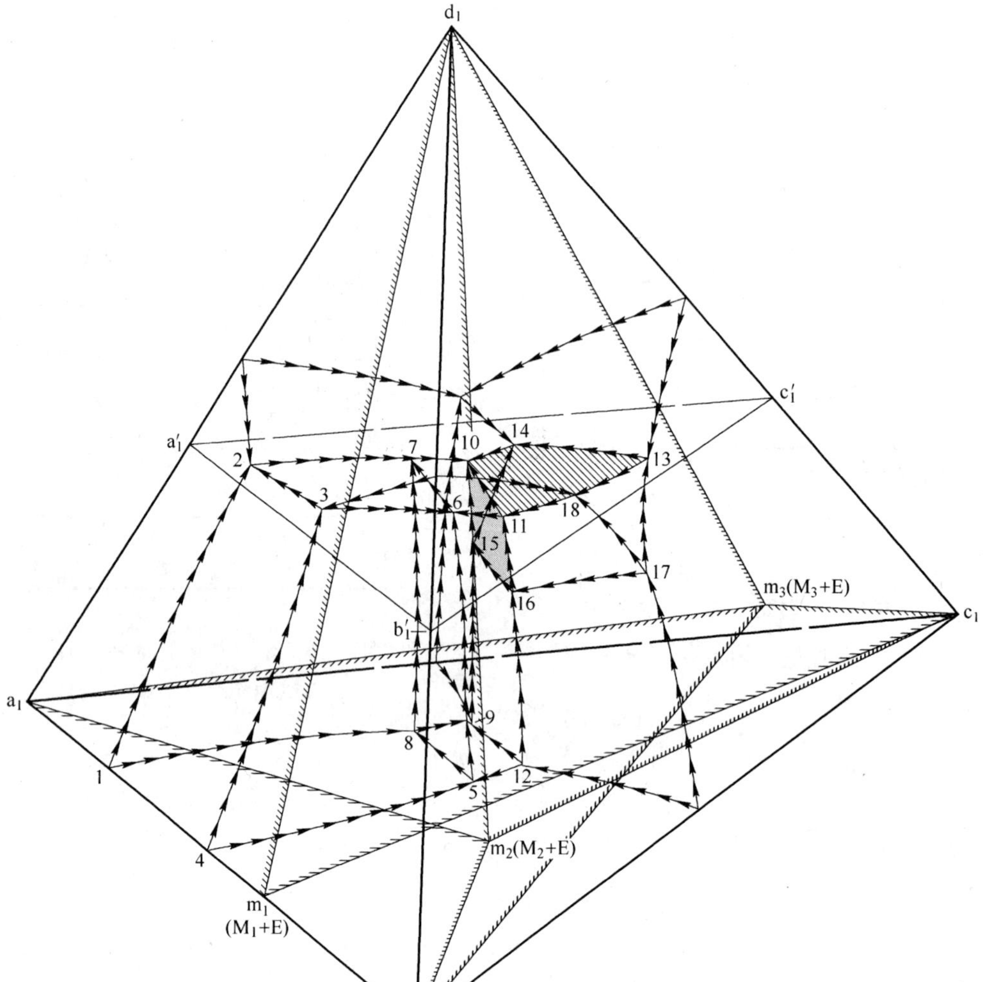

图 8-43　过图 8-42 中取解剖图 $a_1b_1c_1d_1$

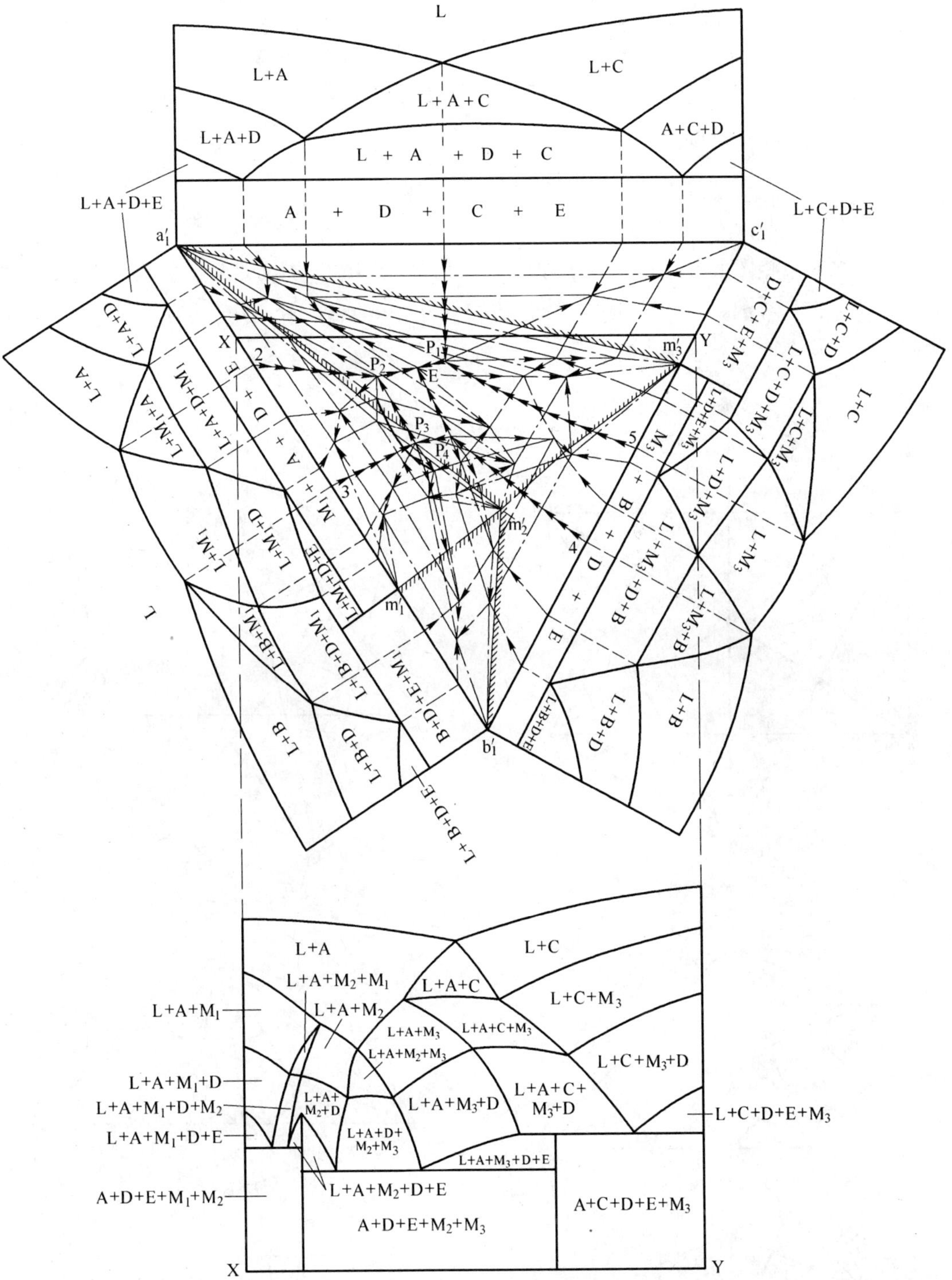

图 8-44　过图 8-43 取第二级剖面图及纵剖面图 X－Y

9　六元系相图

9.1　概述

表达多元系相图的空间维数，随组元数的增多而增多，图 9-1 至图 9-5，依次是六元系、七元系、八元系、九元系和十元系相图的成分表示形式，它们依次是五维、六维、七维、八维和九维体图。

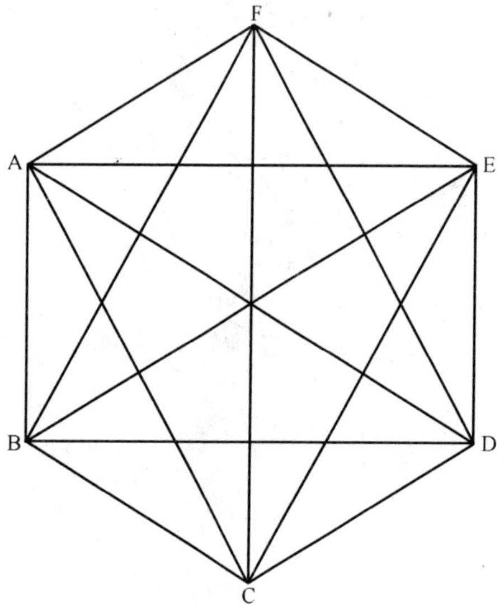

图 9-1　六元系相图

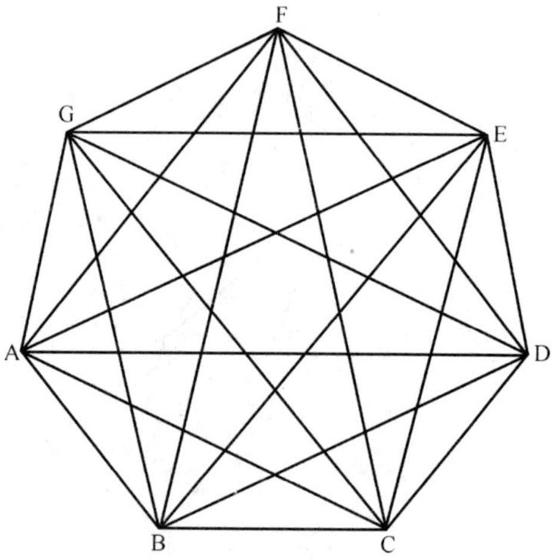

图 9-2　七元系相图

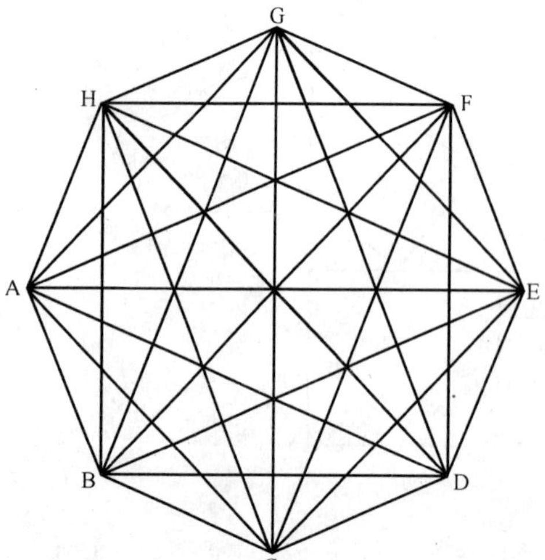

图 9-3　八元系相图

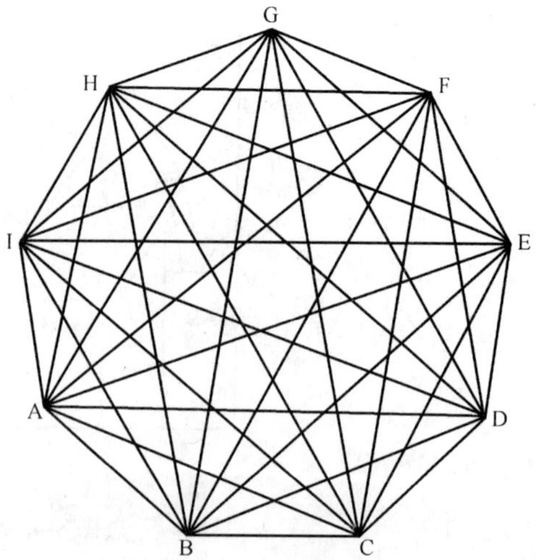

图 9-4　九元系相图

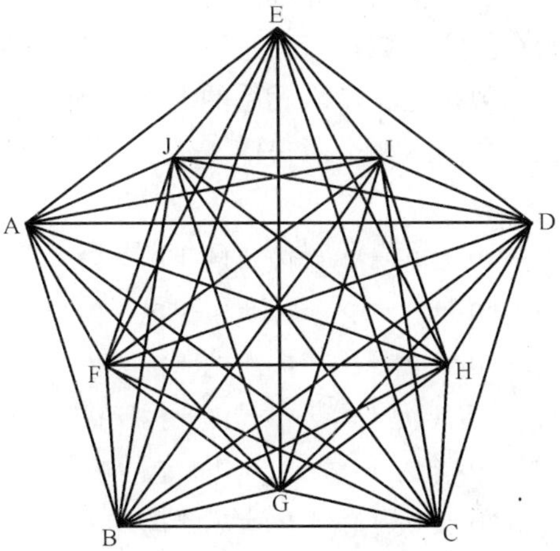

图 9-5 十元系相图

六元系相图是由 15 个二元系、20 个三元系、15 个四元系和 6 个五元系相图组成。

六元系相图的成分表示和五元系相似，采用把组元百分数平行二元系成分线连接法，引入五维体内来确定六元系某一成分在成分五维体内的位置。图 9-6 所示，六元系 A－B－C－D－E－F 将 A、B、C、D 和 E 的百分数依次在二元系 F－A 线上定出 a 点、Fa 为六元系组元 A 的百分数在 F－A 线上的相应线段。连接 a 点平行 FB 向三角形 A－B－C 内引相当于组元 B 的百分数线段长 ab（以 FB 长为标准）；连接 b 点平行 FC，向四面体 ABCF 引相当于 C 的百分数长（以 FC 长为标准）的线段 bc；连接 C 点平行 FD，向四维体 ABCDF 内引相当 D 的百分数长（以 FD 长为标准）的线段 cd；最后接 d 点平行 FE 向五维体内引相当 E 的百分数长（以 FE 长为标准）的线段 de，则 e 点便是该六元系在五维体成分体内的成分点。

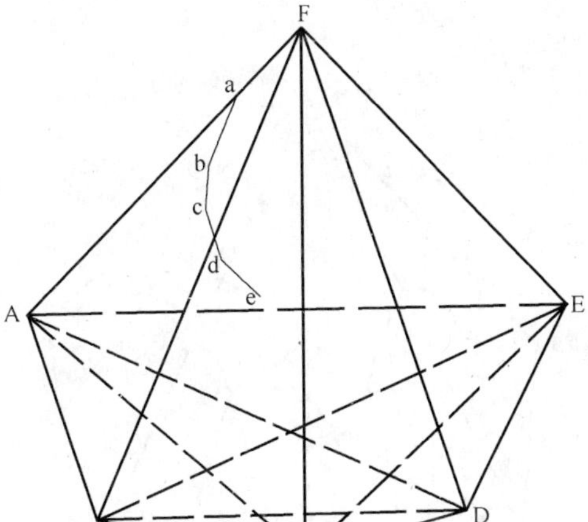

图 9-6 用成分线连接法确定六元系某一成分在成分五维体内的位置

六元系的相平衡比五元系相应增加了一个自由度。在成分四维体内五元系的单相、双相、三相、四相、五相和六相平衡，各类平衡相所在的空间域依次是四维体、三维体、空间曲面、空间曲线和空间点上，而在成分五维体内六元系的单相、双相、三相、四相、五相和六相平衡各类平衡相所在的空间域，依次是五维体、四维体、三维体、空间曲面及空间曲线。六元系的最多共存相数是七相。六元系的七相平衡是在空间点上。

六元系的七相平衡和五元系的六相平衡一样，是进行等温反应的暂时平衡。其等温反应的形式共有以下六种：

$$p_1 \rightleftharpoons p_2 + p_3 + p_4 + p_5 + p_6 + p_7$$
$$p_1 + p_2 \rightleftharpoons p_3 + p_4 + p_5 + p_6 + p_7$$
$$p_1 + p_2 + p_3 \rightleftharpoons p_4 + p_5 + p_6 + p_7$$
$$p_1 + p_2 + p_3 + p_4 \rightleftharpoons p_5 + p_6 + p_7$$
$$p_1 + p_2 + p_3 + p_4 + p_5 \rightleftharpoons p_6 + p_7$$
$$p_1 + p_2 + p_3 + p_4 + p_5 + p_6 \rightleftharpoons p_7$$

9.2　简单共晶型六元系相图

9.2.1　形势分析和五维体图的解剖分析

六元系的相平衡类型比五元系更多，这里仅就简单共晶型的六元系相图，做一些分析。

形成简单共晶型六元系的主要条件是其中的所有二元系、三元系、四元系和五元系都是简单共晶型的。

鉴于六元系相图更为复杂，表示图内相间关系的线条更为繁多，在五维体图中表达六元系相图的全貌是很困难的。图 9-7 是一个简单共晶型六元系相图的外貌图。

六元系五维成分体图，经过第一级剖取，便得到四维成分剖体图；将四维成分剖体图进行第二级剖取，得到三维成分体图；对三维体图进行第三级剖取，得到成分剖面图。成分剖面加温度坐标是立体图。将成分—温度立体图进行第四级剖取便得到成分—温度纵剖面图。

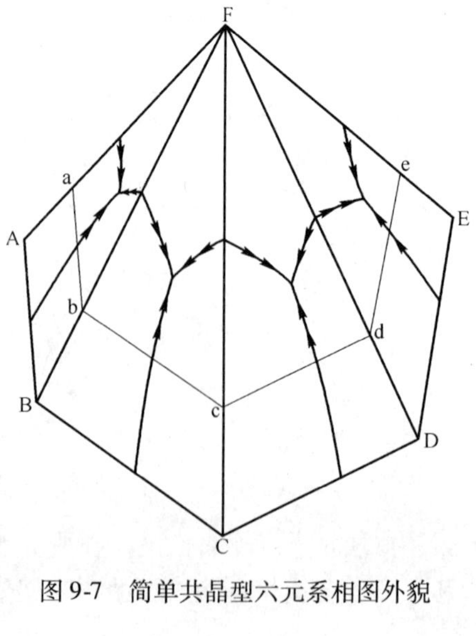

图 9-7　简单共晶型六元系相图外貌

在图9-7上平行五元系A－B－C－D－E在被剖的所有有F在内的三元共晶点、四元共晶点、五元共晶点的下方位置，取第一级四维剖体图，便得到图9-8的四维剖体图。它剖过10个二元共晶四维体（A－B、A－C、A－D、A－E、B－C、B－D、B－E、C－D、C－E、D－E），6个三元共晶三维体（A－B－C、A－B－D、A－B－E、B－C－D、B－C－E、C－D－E），5个四元共晶面（A－B－C－D、A－B－C－E、B－C－D－E、A－C－D－E、A－B－D－E）和一条五元共晶线（A－B－C－D－E）。

平行图9-8的abcd三维体在与e点形成三角形上的所有三元共晶截点，各四面体内的四元共晶截点，在该四维体中的五元共晶截点的下方，取第二级三维剖体图a′b′c′d′，便出现图9-9所示的情形。它剖过图9-8中的6个二元共晶剖体（A－B、A－C、A－D、B－C、B－D、C－D），4个三元共晶剖面（A－B－C、A－C－D、B－C－D、A－B－D）和一条四元共晶截线（A－B－C－D）。

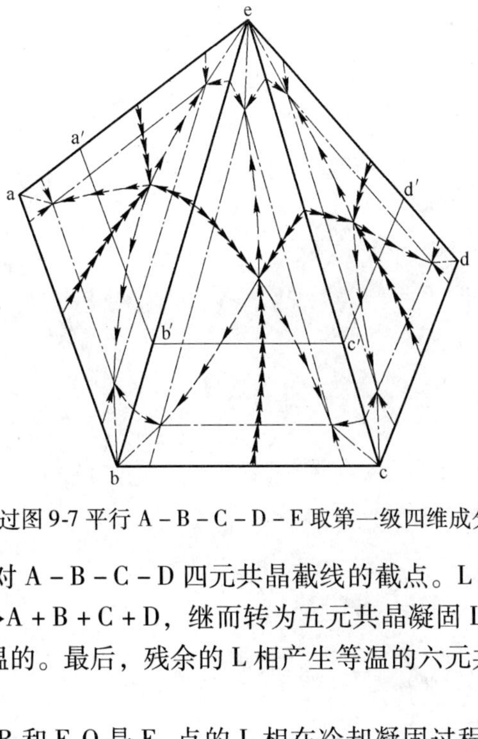

图9-8 过图9-7平行A－B－C－D－E取第一级四维成分剖体图

图9-9中的E_1点是对A－B－C－D四元共晶截线的截点。L相在E_1点上冷却时，首先产生四元共晶凝固L→A＋B＋C＋D，继而转为五元共晶凝固L→A＋B＋C＋D＋E，这两种共晶凝固都是非等温的。最后，残余的L相产生等温的六元共晶凝固L→A＋B＋C＋D＋E＋F而消失。

曲线E_1S、E_1N、E_1R和E_1Q是E_1点的L相在冷却凝固过程中分别与组元A、B、C和D的连线位移轨迹（在图9-7中是三维体，在图9-8中是面），经过第二级剖取而出现的截线。E_1点的L相进行四元共晶凝固时，由于L相的成分不断变化，反映在该图中的情形是自E_1点分别向S、N、R、Q点移动而成四条线。当它们分别达到这些点时，L相便由四元共晶凝固转变为五元共晶凝固。

曲线SH、NM、RJ和QK，是L相在五元共晶凝固当中分别与组元A、B、C和D的连线移动轨迹（L相与组元E的连线并没有在本图中截到）。L相进行五元共晶凝固的过程，亦即各连线自S、N、R、Q分别向H、M、J、K位移的过程。当它们分别达到这些点上时，五元共晶凝固结束，转变为等温的六元共晶凝固。Ha′、Mb′、Jc′、Kd′四条连线（直线）则是六元共晶点分别与组元A、B、C、D的连线三维体（六元共晶点与六个组元的连线五维体中的一部分），经过第二级剖截而得到的截线。

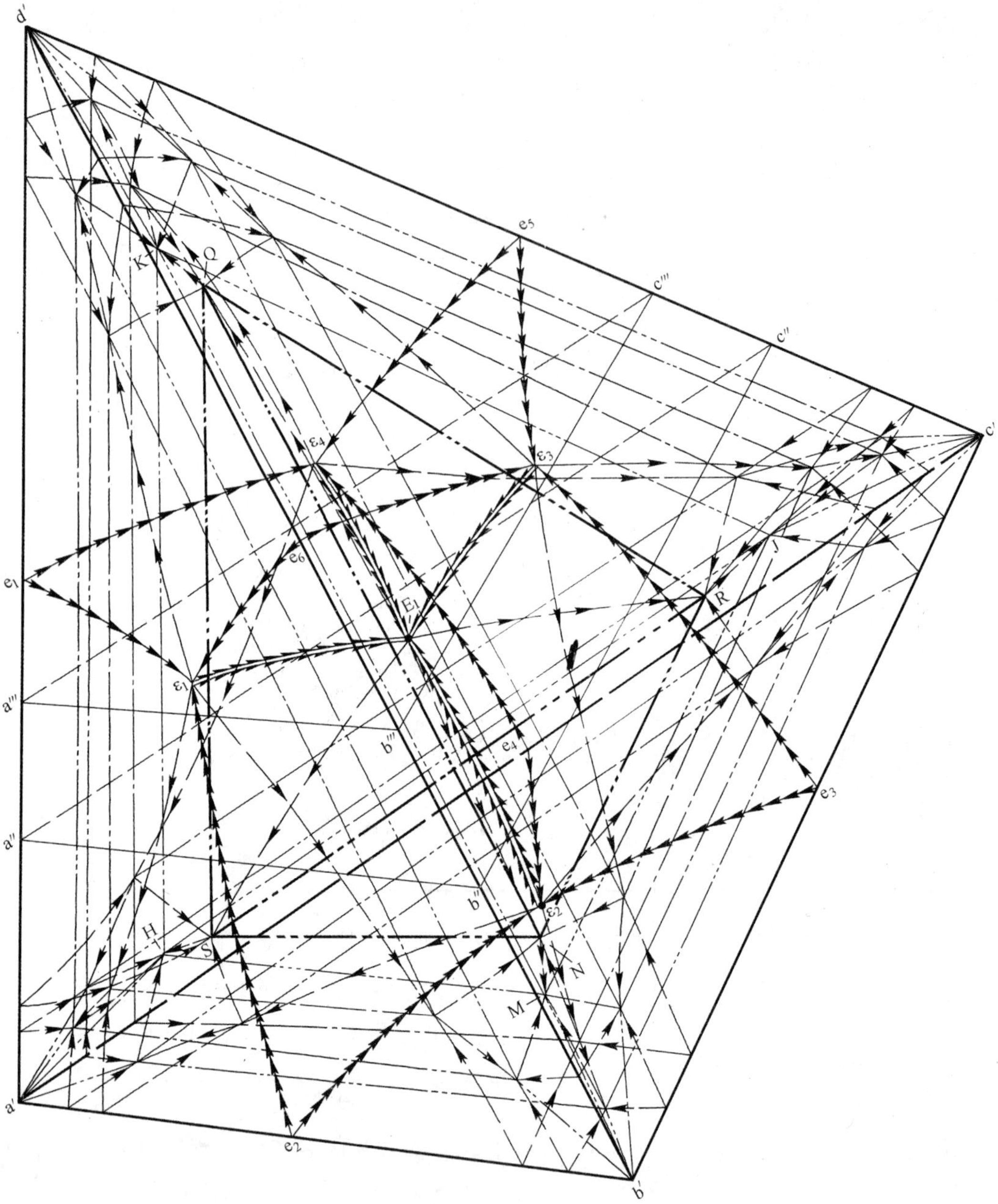

图 9-9　过图 9-8 取第二级三维成分剖体图 a′b′c′d′

曲线 ε_1E_1、ε_2E_1、ε_3E_1、ε_4E_1 是在图 9-8 三元共晶剖面上的截线。这些曲线上的 L 相冷却时首先分别产生三元共晶凝固：L→A + B + D、L→A + B + C、L→B + C + D 及 L→A + C + D，继而依次产生四元共晶凝固 L→A + B + C + D、五元共晶凝固 L→A + B + C + D + E，最后是等温的六元共晶凝固。

曲面 $e_1\varepsilon_1E_1\varepsilon_4$、$e_2\varepsilon_1E_1\varepsilon_2$、$e_3\varepsilon_2E_1\varepsilon_3$、$e_4\varepsilon_2E_1\varepsilon_4$、$e_5\varepsilon_3E_1\varepsilon_4$ 及 $e_6\varepsilon_1E_1\varepsilon_3$ 是二元共晶剖面，在这些剖面上的 L 相冷却时，分别首先产生二元共晶凝固 L→A + D、L→A + B、L→B + C、L→A + C、L→C + D 及 L→B + D，继而依次产生三元共晶凝固：L→A + B + D（或 L

→A + C + D)、L→A + B + C（或 A + B + D)、L→B + C + D（或 L→A + B + C)、L→A + C + D（或 L→A + B + C)、L→C + D + B（或 L→C + D + A）及 L→B + C + D（或 L→B + D + A)、四元共晶凝固 L→A + B + C + D、五元共晶凝固 L→A + B + C + D + E，最后产生等温的六元共晶凝固。

三维体 $a'e_1\varepsilon_1e_2\varepsilon_2E_1\varepsilon_4e_4$、$b'e_2\varepsilon_1e_6\varepsilon_3E_1\varepsilon_2e_3$、$c'e_3\varepsilon_3e_5\varepsilon_4E_1\varepsilon_2e_4$ 及 $d'e_1\varepsilon_1e_6\varepsilon_3E_1\varepsilon_4e_5$ 内的 L 相，首先分别凝固是 A、B、C 和 D，然后根据物系所在部位，各可能进行多种不同的二元共晶凝固、三元共晶凝固、四元共晶、五元共晶和最后等温的六元共晶凝固而告终。

平行图 9-9 的 a'b'c'面在 ε_1、ε_3、ε_4 点及 E_1 点的下方取第三级成分—温度立体图，便出现图 9-10 所示的情形。该立体图中共有 30 个相区（见表 9-1)。

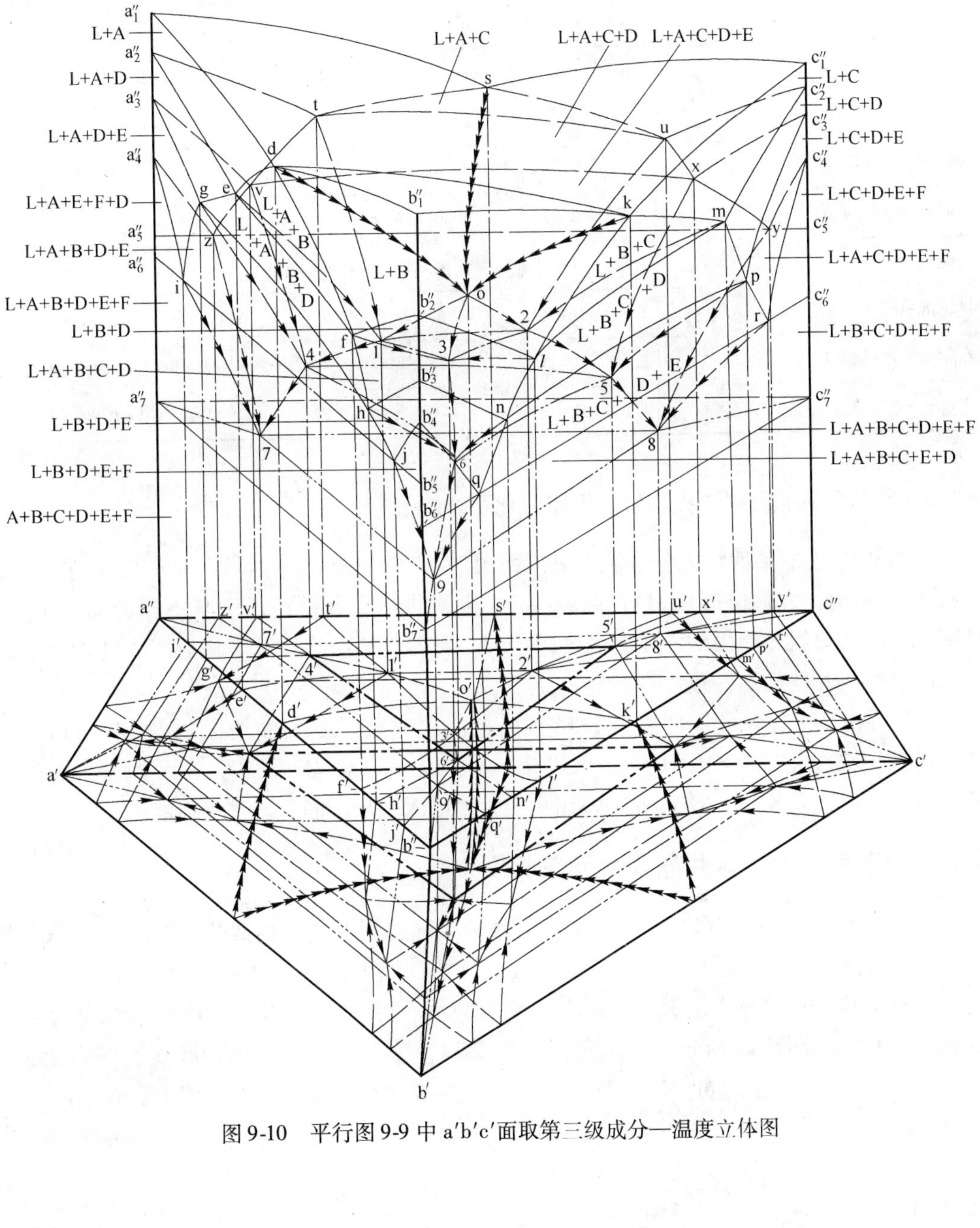

图 9-10　平行图 9-9 中 a'b'c'面取第三级成分—温度立体图

表 9-1 图 9-10 的相区状态

相区	状态	相区	状态
液相面 $a_1''dos$、$b_1''dok$ 及 $c_1''kos$ 以上	L	tvxu - 2 - 5 - 4 - 1	L + A + C + D
$a_1''a_2''edo-1-ts$	L + A	o - 1 - 2 - 3	L + A + B + C
$b_1''b_2''fdo-3-lk$	L + B	$a_4''a_5''z-7-a_7''a_6''i$	L + A + E + F + D
$c_1''c_2''mko-2-us$	L + C	gijh - 6 - 9 - 7 - 4	L + A + B + D + E
$a_2''a_3''ge-1-4-vt$	L + A + D	$b_4''b_5''j-9-6-qb_6''b_7''$	L + B + E + F + D
def - 3 - 1 - o	L + A + B	nqrp - 5 - 8 - 9 - 6	L + B + C + E + D
$b_2''b_3''hf-3-6-nl$	L + B + D	$c_4''c_5''y-8-c_7''c_6''r$	L + C + D + E + F
klm - 2 - 3 - o	L + B + C	1 - 2 - 3 - 6 - 5 - 4	L + A + B + C + D
$c_2''c_3''pm-2-5-xu$	L + C + D	vzyx - 5 - 8 - 7 - 4	L + A + C + D + E
stu - 2 - 1 - o	L + A + C	$ia_6''a_7''-7-9-b_7''b_5''j$	L + A + B + D + E + F
$a_3''a_4''ig-4-7-zv$	L + A + D + E	$qb_6''b_7''-9-8-c_7''c_6''r$	L + B + C + D + E + F
eghf - 3 - 6 - 4 - 1	L + A + B + D	$za_5''a_7''-7-8-c_7''c_5''y$	L + A + C + D + E + F
$b_3''b_4''jh-6-9-qn$	L + B + D + E	4 - 5 - 6 - 9 - 8 - 7	L + A + B + C + E + D
lnpm - 2 - 5 - 6 - 3	L + B + C + D	$a_7''b_7''c_7''c''b''a''$	A + B + C + D + E + F
$c_3''c_4''rp-5-8-yx$	L + C + D + E	$a_7''b_7''c_7''$（等温水平面）	L + A + B + C + D + E + F

9.2.2 典型合金的凝固过程及显微组织变化示意图

在图 9-10 上取第四级成分—温度纵剖面图 X - Y，如图 9-11 所示，并在该纵剖面上取一物系 x_1 和 y_1，它们的凝固过程显微组织变化的共同之点是经过六步不同的凝固形式，且都是依次从单组元凝固到六元共晶凝固。但二者各步的结晶物除了最后凝固的六元共晶体相同以外，其他都不一致。

如果在图 9-9 上取另一剖面 $a'''b'''c'''$，该剖面同时截过三条曲线 ε_1E_1、ε_3E_1 和 ε_4E_1，便出现图 9-12 的情形。在图 9-12 上取成分—温度纵剖面 M - N 和 M_1—N_1。由于二者的方位不同，其形式也各异，但是 M - N 和图 9-11 中的 X - Y 在形式上是相似的。

9.3 关于有限固溶体共晶型六元系相图

有限固溶体共晶型和简单共晶型的六元系的凝固过程形式是相似的，不同之点是固态相图中有固溶体占据一定相区，所以在各级剖体及剖面上也有固溶体及混合固溶体相区。如果图 9-12 中的成分—温度纵剖面图 M - N 及 M_1-N_1 是有限固溶体型的，其对应的形式便是如图 9-13 和图 9-14 所示。在图 9-13 和图 9-14 中各有边际固溶体相区（5 个固相混合相区），而在图 9-12 中的 M - N 和 M_1-N_1，其边际 5 个固相都集中在边线上，在图内不占据相区面积。

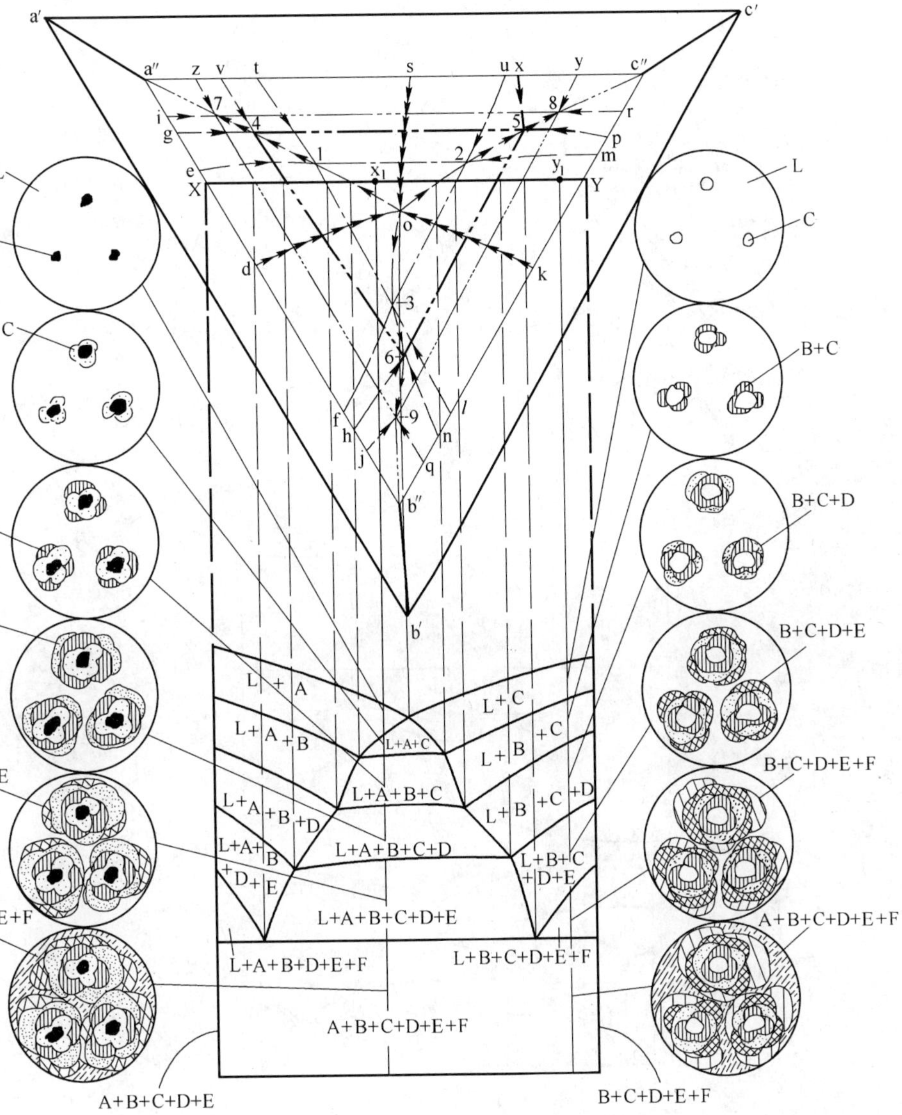

图 9-11 在图 9-10 上取第四级成分—温度纵剖面图 X－Y

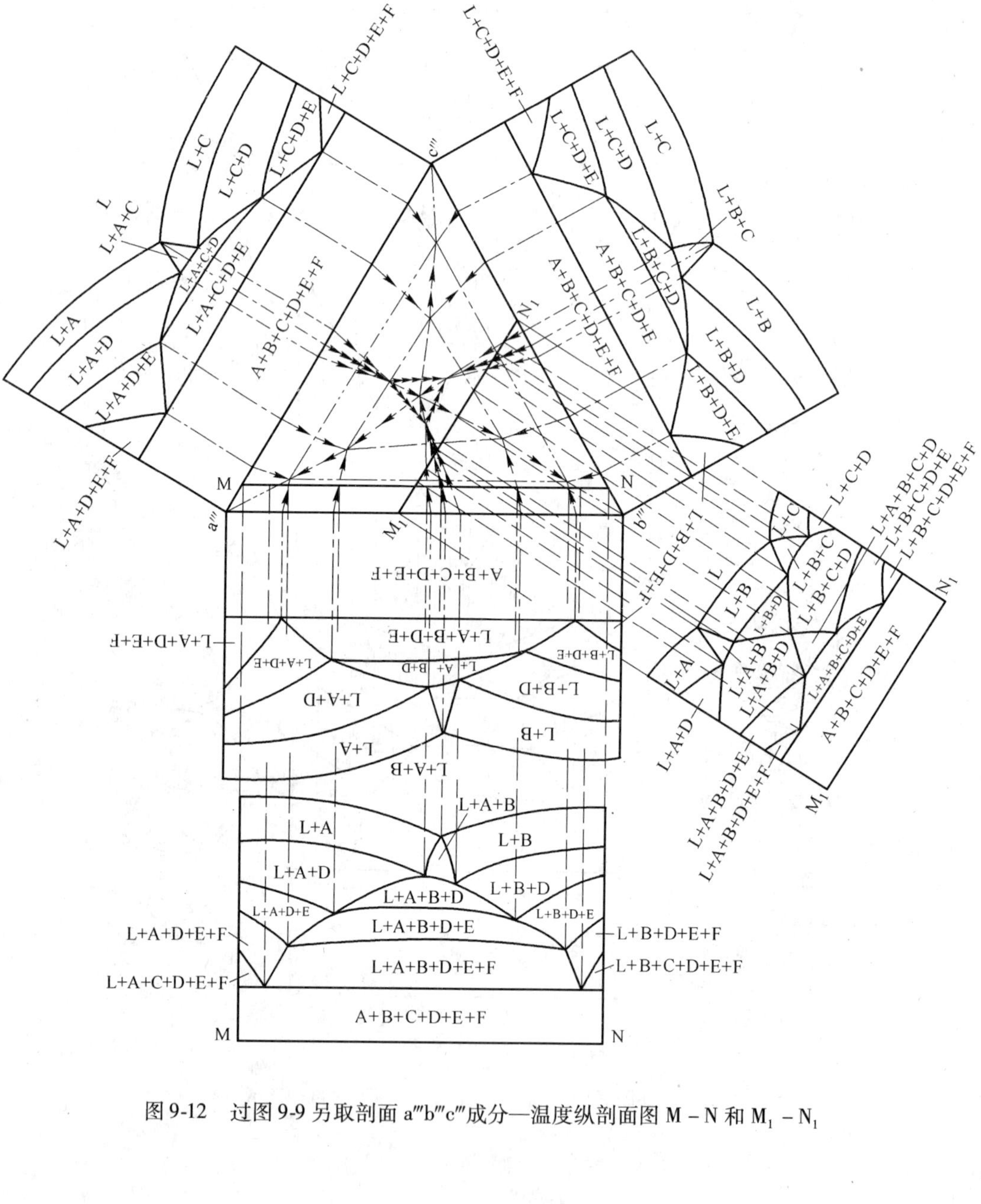

图 9-12 过图 9-9 另取剖面 a‴b‴c‴成分—温度纵剖面图 M－N 和 M_1-N_1

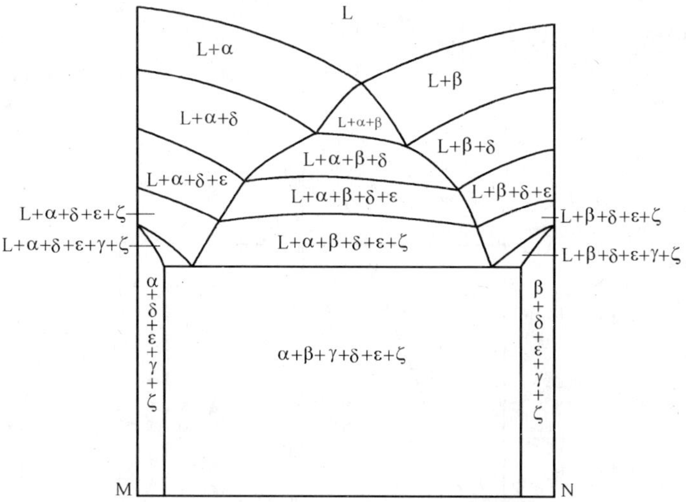

图 9-13 有限固溶体型的成分—温度纵剖面图 M – N

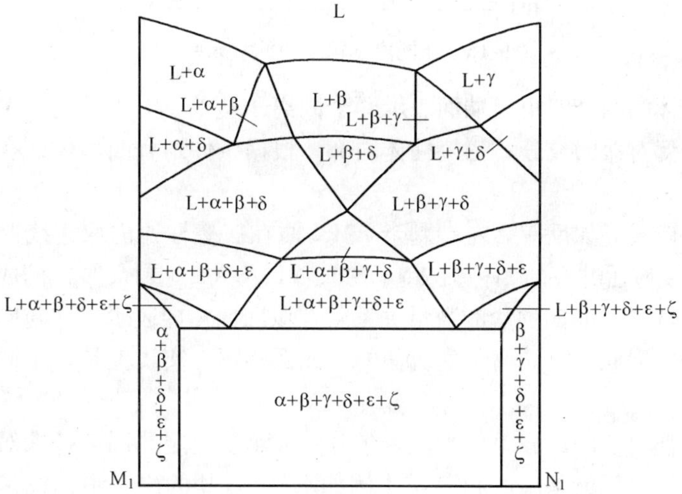

图 9-14 有限固溶体型的成分—温度纵剖面图 M_1 – N_1

9.4 非同离子偶对盐的六元系相图

9.4.1 成分表示的几何法则

已知非同离子偶对盐的四元系相图，其成分表示是在一个四角形面上。由于两种盐间产生化学反应，阴阳离子互相置换，产生两种新盐。只有在反应过程中，化学式两端共有的四种盐共存。所以这类四元系成分用四角形面表示为宜。根据这一道理，若三种盐之间产生化学反应，阴阳离子互相置换产生三种新盐，所以在反应过程中共有六种盐共存。如 A、B 为两种阳离子，M、N、P 为三种阴离子，其反应式为：

$$AM + 2BN + AP \rightleftharpoons 2AN + BM + BP$$

但在化学反应之后至多有四种物质存在（除 AN、BM、BP 以外，有可能在反应式左端剩余某一种盐）。所以这种暂时六元系平衡和稳定的四元系平衡，其成分用一正三棱柱体（三维体）表示极为合理（见图9-15）。

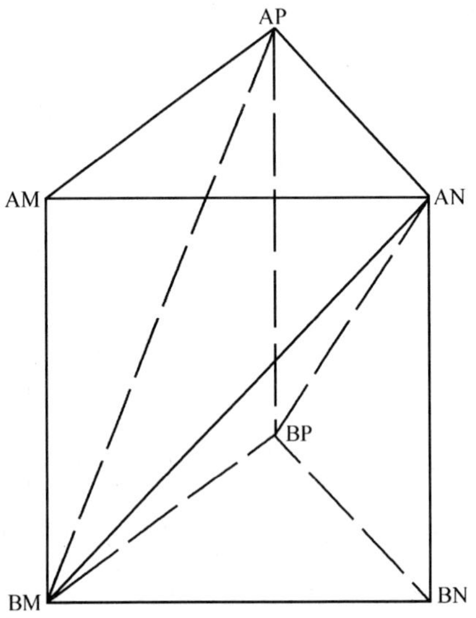

图9-15　非同离子偶对盐的六元系相图

该正三棱柱体的两个三角形端面表示两个同离子盐的三元系成分，3 个正方形面上表示 3 个非同离子偶对盐的成分。三棱柱体内部，根据条件划分四面体，在某四面体内表示各有关盐的成分。

根据上述反应式，如反应后左端剩余 AM，便在三棱柱体内取连线四面体 AN－BM－AM－BP 来表示反应后共存的四种盐 AN、BM、BP 及 AM（剩余的）的成分。

AN、BM、AM 及 BP 四种盐的数量关系就在该四面体内表示，这与同离子四元系成分表示法完全相同。因此，非同离子偶对盐的六元系相图，实质上是一个同离子四元系三维体图。

对非同离子偶对盐的成分单位常用摩尔分数表示。决定非同离子偶对盐状态变化的客观因素，在等压情况下就是温度和溶剂（例如水）。在盐的生产中，或是等水情况下的加热和冷却，或是等温下的蒸发和加水，所以同一物系有两种相图表示，即一种是等水的成分—温度图，另一种是等温的成分—水分图。

不管哪一种形式，都可以与以前所讲的同离子物系情况一样，将温度或水分对盐溶液的状态变化影响投影到成分体图上。温度的变化在成分体图上的有关曲线以箭头方向表示（温度的下降趋势），水分的变化同样也在成分体图上的有关曲线上用箭头表示（水分降低的趋势）。

9.4.2　形式举例分析

图9-16 所示，是假如这是一个等温下水分蒸发的相图。两个同离子三元系成分三角形面上都是三元简单共晶型的，3 个非同离子四元系成分面上都是以一对角线为分界，分成两个三角形，三角形内各形成三元共晶型结晶。在成分三棱柱体内出现 AM、BN、AP 的三元共晶点 E_9（在三角形面 AM－BN－AP 上），出现两个四元共晶点 ε_1（L$\rightleftharpoons$AM＋BN

$+BP+AP$)、ε_2（$L \rightleftharpoons AM+BN+AN+AP$）和一个四元包共晶点 P_1（$L+BM \rightleftharpoons AM+BN+BP$）。

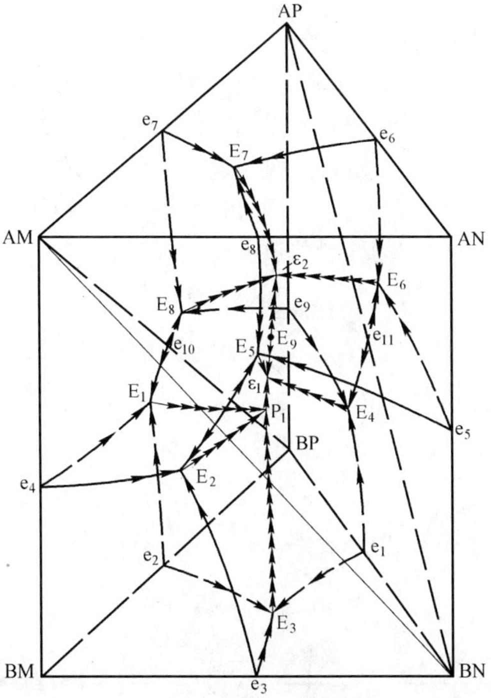

图 9-16 等温时水分蒸发相图

图 9-16 中的四元共晶点 ε_1 是四条三元共晶线 $E_5\varepsilon_1$、$P_1\varepsilon_1$、$E_4\varepsilon_1$、$E_9\varepsilon_1$ 的汇交点。盐溶液在这四条线上，随着水分的蒸发分别产生三元共晶反应 $L \to AM+AN+BN$、$L \to BP+AM+BN$、$L \to AP+BN+BP$、$L \to AM+BN+AP$。四元共晶点 ε_1 是在四面体 AM－BN－AP－BP 之内，所以四元共晶产物必然是 AM＋BN＋BP＋AP。

图 9-16 中的四元共晶点 ε_2，是四条三元共晶线 $E_9\varepsilon_2$、$E_6\varepsilon_2$、$E_7\varepsilon_2$、$E_8\varepsilon_2$ 的汇交点，盐溶液在这些三元共晶线上随着水分的蒸发，分别产生三元共晶反应 $L \to AM+BN+AP$、$L \to BN+AP+AN$、$L \to AM+AN+AP$、$L \to AM+BP+AP$。由于 ε_2 点在四面体 AM－BN－AN－AP 之内，故其四元共晶物是 AM＋BN＋AN＋AP。

图 9-16 中的四元包共晶点 P_1 是由三条二元共晶线汇交，并有一条三元共晶线自 P_1 出发。汇交而来的三元共晶线 E_1P_1、E_2P_1、E_3P_1，溶液在其上分别产生三元共晶 $L \to AM+BM+BP$、$L \to AM+BM+BN$、$L \to BM+BN+BP$；自 P_1 点出发的三元共晶线 $P_1\varepsilon_1$ 的共晶是 $L \to AM+BN+BP$。

图 9-16 中的四元包共晶与共晶不同，这里已经结晶出来的 BM 与溶液内的物质发生化学变化而结晶出 AM、BN 及 BP 的混合盐来。如果原始溶液成分在四面体 AM－BN－BP－BM 之内，包共晶反应后，溶液内的盐分先消耗净尽，BM 结晶物尚有剩余，直到水分蒸发干了没有别的变化。若原始溶液成分在四面体 AM－BN－BP－AP 之内，在包共晶反应中，BM 先消耗净尽，溶液内尚有剩余盐分，于是溶液随着水分的蒸发沿 $P_1\varepsilon_1$ 线产生三元共晶反应 $L \to AM+BN+BP$；溶液达到 ε_2 点时，又产生四元共晶反应 $L\varepsilon_2 \to AM+BN+$

BP + AP。此后直到水分蒸发干涸不再产生什么变化。

9.4.3　等温蒸发盐结晶过程的几何法则

下边再来讨论一下溶液蒸发过程的结晶变化、几何法则及杠杆、重心定理的应用。

若某一盐溶液 M_1，其成分位于四面体 AM - BN - BP - AP 之内，并在 BN 的初晶相区中（见图 9-17）。当水分蒸发到饱和程度，首先结晶的是 BN。随着水分的蒸发，M_1 沿 BN - M_1 线的引伸方向向对面的二元共晶面 $e_1E_3P_1\varepsilon_1E_4$ 移动。当溶液达到二元共晶面上的 M_2 时，由 BN 的单独结晶开始转变为 BP 和 BN 的二元共晶 L→BP + BN。在刚达到 M_2 的溶液和已经结晶出来的 BN 之间的数量关系可用杠杆原理计算：

$$\text{溶液 L\%} = \frac{BN - M_1}{BN - M_2} \times 100\%$$

$$BN\% = \frac{M_1 - M_2}{BN - M_2} \times 100\%$$

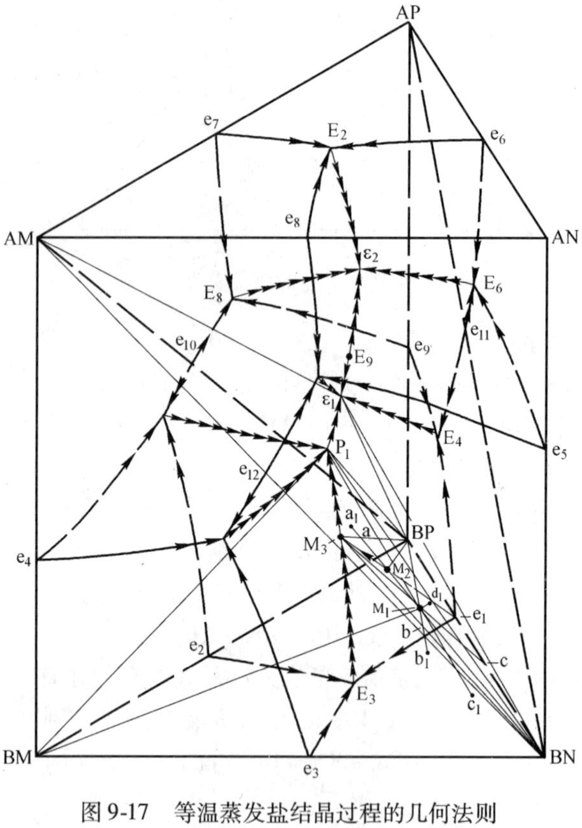

图 9-17　等温蒸发盐结晶过程的几何法则

在二元共晶面上的溶液在二元共晶过程中沿 e_1M_2 线引伸方向向 E_3P_1 线上变化。当溶液刚达到 E_3P_1 上的 M_3 时，溶液 LM_3、结晶物 BN 及 BP 三者间的数量关系可用连线三角形的重心定理来确定，连线三角形为 BP - M_3 - BN，M_1 必然在其内作为重心点。自 BN、BP 及 M_3 各引线通过 M_1 与各对边分别相交于 a、b、c，于是：

$$BN\% = \frac{M_1 - a}{BN - a} \times 100\%$$

$$BP\% = \frac{M_1 - b}{BP - b} \times 100\%$$

$$LM_3\% = \frac{M_1 - c}{M_3 - c} \times 100\%$$

溶液从 M_3 点开始，由二元共晶转变为三元共晶 L→BP + BN + BM，并沿 E_3P_1 向 P_1 变化。当溶液刚变化到 P_1 时，若计量溶液 LP_1 结晶物 BP、BN 及 BM 的数量，可利用连线四面体的重心定理来计算。这时 M_1 必然在连线四面体 P_1 - BN - BM - BP 之内，M_1 作为重心点，自 4 个顶点 P_1、BN、BP 及 BM 分别引线通过 M_1 各与对面三角形面相交于 $c_1a_1b_1$ 及 d_1，于是：

$$LP_1\% = \frac{M_1 - C_1}{P_1 - C_1} \times 100\%$$

$$BN\% = \frac{M_1 - a_1}{BN - a_1} \times 100\%$$

$$BP\% = \frac{M_1 - b_1}{BP - b_1} \times 100\%$$

$$BM\% = \frac{M_1 - d_1}{BM - d_1} \times 100\%$$

P_1 点上的溶液，继续蒸发时，就由三元共晶转变为四元包共晶反应 LP_1 + BM→AM + BN + BP。因为 M_1 在四面体 AM - BN - BP - AP 之内，反应的结果 BM 消失，溶液内还有剩余盐分。于是随着水分的蒸发溶液又不断产生三元共晶 L→AM + BN + BP，并沿 $P_1\varepsilon_1$ 线向 ε_1 点变化。

当溶液达到 ε_1 点时，又产生四元共晶反应 L→AM + BN + BP + AP，此后溶液不再变化，直到水分最后干涸。这时的物系是 AM、BN、BP、AP 四种盐结晶物的混合体。

10　多元系（n 元）相图的某些基本规律和法则

10.1　多元系相图的一些基本规律

10.1.1　相图空间域（几何域）的各级组成要素

研究多元系相图，必须建立多维空间概念，空间维数的递增与其组成要素见表 10-1。

表 10-1　空间维数的递增与组成要素

空间域	组成要素	空间域	组成要素
点	—	四维体	五个三维体
线	两个点	五维体	六个四维体
面	三条线	⋮	⋮
三维体	四个面	n 维体	$(n+1)$ 个 $(n-1)$ 维体

10.1.2　相平衡与空间域

n 元系在成分体内各类平衡相存在的空间域：

单相	$n-1$ 维体
双相平衡	$n-2$ 维体
三相平衡	$n-3$ 维体
⋮	⋮
$n-2$ 相平衡	空间曲面
$n-1$ 相平衡	空间曲线
n 相平衡	空间点

如加上温度条件，相应增加一个空间维数。例如 n 相平衡，各相在空间曲线上变化。增加温度条件的 n 元系至多可有 $n+1$ 个相共存，各相固定在一点上对应平衡。$n+1$ 个相的平衡是进行等温反应的平衡。其等温反应形式为：

$$p_1 \rightleftharpoons p_2 + p_3 + p_4 + \cdots + p_n + p_{n+1}$$

$$p_1 + p_2 \rightleftharpoons p_3 + p_4 + p_5 + \cdots + p_n + p_{n+1}$$

$$p_1 + p_2 + p_3 \rightleftharpoons p_4 + p_5 + p_6 + \cdots + p_n + p_{n+1}$$

$$p_1 + p_2 + p_3 + \cdots + p_m \rightleftharpoons p_{m+1} + p_{m+2} + p_{m+3} + \cdots + p_n + p_{n+1}$$

$$p_1 + p_2 + p_3 + \cdots + p_m + p_{m+1} \rightleftharpoons p_{m+2} + p_{m+3} + p_{m+4} + \cdots + p_n + p_{n+1}$$

$$p_1 + p_2 + p_3 + \cdots + p_{m+1} + p_{m+2} + p_{m+3} \rightleftharpoons p_{m+4} + p_{m+5} + p_{m+6} + \cdots + p_n + p_{n+1}$$

$$\vdots$$

$$p_1 + p_2 + p_3 + \cdots + p_n \rightleftharpoons p_{n+1}$$

平衡相共存的空间域、各平衡相对应平衡的空间域与物系组元数间的关系（等压等温情况下）见表10-2。

若加上温度条件，表内各空间域都相应增加一个维数。

10.1.3　相区交界

多元系的相区交界或简称“相界域”，见表10-3。

10.1.4　多元系相图中所含各级低元系相图数

若组元数为n，其中含有：

二元系相图数　$N_2=\dfrac{n(n-1)}{2!}$

三元系相图数　$N_3=\dfrac{n(n-1)(n-2)}{3!}$

四元系相图数　$N_4=\dfrac{n(n-1)(n-2)(n-3)}{4!}$

⋮　⋮

$N-1$元系相图　$N_{n-1}=\dfrac{n(n-1)(n-2)(n-3)\cdots 2}{(n-1)!}=n$

n元系相图　$N_n=\dfrac{n!}{n!}=1$

10.1.5　*n*元系共晶型相图的某些规律

10.1.5.1　不同凝固形式相区的总数

若为n元系相图，简单共晶型相图的不同凝固形式相区总数是$n!$。

例如，二元系是$2!=2$；三元系是$3!=6$；四元系是$4!=24$；五元系是$5!=120$；六元系是$6!=720$；依次类推。

有限固溶体共晶型相图的各凝固形式相区总数是一个级数的和，

$$N=n+n(n-1)+n(n-1)(n-2)+n(n-1)(n-2)(n-3)+\cdots+n!$$

例如，二元系是$2+2(2-1)=4$；三元系是$3+3(3-1)+3(3-1)(3-2)=15$；四元系是64个；五元系是325个；依次类推。

10.1.5.2　固相总数少于组元数其各级低元系相图的形式规律

由于物系内出现连续固溶体（二元、三元、四元或更多元系产生连续固溶体），就出现固相总数少于组元数的情形。例如多元系中出现一个连续固溶体的二元系。这个物系的固相总数要比组元数少1；出现一个连续固溶体的三元系，或是出现两个连续固溶体的二元系，这个多元系的固相总数要比组元数少2；若出现一个连续固溶体的四元系或出现3个连续固溶体的二元系（共6个不同组元），这个多元系固相总数要比组元数少3。

由于固相数少于组元数，因而组成多元系相图的各级低元系相图形式也不一样，这里仅就固相数比组元数少于1的n元系相图，其各级低元系相图的类型和数目见表10-4。

表 10-2 组元数及其相平衡的空间域

平衡相数	单相		双相		三相		四相		五相		六相		七相		…	*n* 相	
空间域	互不相溶的固相存在域	液熔体或固溶体存在域	相上对应平衡的空间域	共存的空间域	相上对应平衡的空间域	共存的空间域	相上对应平衡的空间域	共存的空间域	相上对应平衡的空间域	共存的空间域	相上对应平衡的空间域	共存的空间域	相上对应平衡的空间域	共存的空间域	…	相上对应平衡的空间域	共存的空间域
组元 二元系	点	线	点	线	—	线	—	—	—	—	—	—	—	—	…	—	—
组元 三元系	点	面	线	面	点	面	—	面	—	—	—	—	—	—	…	—	—
组元 四元系	点	三维体	面	三维体	线	三维体	点	三维体	—	三维体	—	—	—	—	…	—	—
组元 五元系	点	四维体	三维体	四维体	面	四维体	线	四维体	点	四维体	—	四维体	—	—	…	—	—
组元 六元系	点	五维体	四维体	五维体	三维体	五维体	面	五维体	线	五维体	点	五维体	—	五维体	…	—	—
⋮	⋮	⋮	⋮	⋮	⋮	⋮	⋮	⋮	⋮	⋮	⋮	⋮	⋮	⋮		⋮	⋮
组元 *n* 元系	点	$n-1$ 维体	$n-2$ 维体	$n-1$ 维体	$n-3$ 维体	$n-1$ 维体	$n-4$ 维体	$n-1$ 维体	$n-5$ 维体	$n-1$ 维体	$n-6$ 维体	$n-1$ 维体	$n-7$ 维体	$n-1$ 维体	…	点	$n-1$ 维体

表 10-3 相界域

相区间	组元数							相区间	组元数						
	二元系	三元系	四元系	五元系	六元系	…	n 元系		二元系	三元系	四元系	五元系	六元系	…	n 元系
单相之间	线	面	三维体	四维体	五维体	…	$n-1$ 维体								
单相与双相间	点	线	面	三维体	四维体	…	$n-2$ 维体	双相之间	有中间相者 固溶体为线 化合物为点	点	线	面	三维体	…	$n-3$ 维体
单相与三相间	—	点	线	面	三维体	…	$n-3$ 维体	双相与三相间	—	线	面	三维体	四维体	…	$n-2$ 维体
单相与四相间	—	—	点	线	面	…	$n-4$ 维体	双相与四相间	—	—	线	面	三维体	…	$n-3$ 维体
单相与五相间	—	—	—	点	线	…	$n-5$ 维体	双相与五相间	—	—	—	线	面	…	$n-4$ 维体
单相与六相间	—	—	—	—	点	…	$n-6$ 维体	双相与六相间	—	—	—	—	线	…	$n-5$ 维体
⋮	⋮	⋮	⋮	⋮	⋮		⋮	⋮	⋮	⋮	⋮	⋮	⋮		⋮
单相与 n 相间	—	—	—	—	—	…	点	双相与 n 相间	—	—	—	—	—	…	线

续表10-3

相区间	组元数							相区间	组元数						
	二元系	三元系	四元系	五元系	六元系	…	n 元系		二元系	三元系	四元系	五元系	六元系	…	n 元系
三相之间	—	有中间相者{固溶体为面，化合物为线	线	面	三维体	…	$n-3$ 维体								
三相与四相间	—	—	面	三维体	四维体	…	$n-2$ 维体	四相之间	—	—	中间相者{固溶体为体，化合物为面	面	三维体	…	$n-3$ 维体
三相与五相间	—	—	—	面	三维体	…	$n-3$ 维体	四相与五相间	—	—	—	三维体	四维体	…	$n-2$ 维体
三相与六相间	—	—	—	—	面	…	$n-4$ 维体	四相与六相间	—	—	—	—	三维体	…	$n-3$ 维体
⋮	⋮	⋮	⋮	⋮	⋮		⋮	⋮	⋮	⋮	⋮	⋮	⋮		⋮
三相与 n 相间	—	—	—	—	—	…	面	四相与 n 相间	—	—	—	—	—	…	三维体

续表 10-3

相区间	组元数							相区间	组元数						
	二元系	三元系	四元系	五元系	六元系	…	n元系		二元系	三元系	四元系	五元系	六元系	…	n元系
五相之间	—	—	—	中间相者{固溶体为四维体, 化合物为三维体}	三维体	…	$n-3$ 维体								
五相与六相间	—	—	—	—	四维体	…	$n-2$ 维体	六相之间	—	—	—	—	中间相者{固溶体为五维体, 化合物为四维体}	…	$n-3$ 维体
⋮	⋮	⋮	⋮	⋮	⋮		⋮	⋮	⋮	⋮	⋮	⋮	⋮		⋮
五相与n相间	—	—	—	—	—	…	四维体	六相与n相间	—	—	—	—	—	…	五维体

表 10-4 固相总数比组元总数少于一的相图组成关系

组元总数	固相总数	组成相图的诸低元系的数目及其固相总数							
		$n-1$ 元系		$n-2$ 元系		$n-3$ 元系		$n-4$ 元系	
		$n-1$ 元共晶的	$n-2$ 元共晶的	$n-2$ 元共晶的	$n-3$ 元共晶的	$n-3$ 元共晶的	$n-4$ 元共晶的	$n-4$ 元共晶的	$n-5$ 元共晶的
三元系	2	2	(连续固溶体) 1						
四元系	3	2	2	5	(连续固溶体) 1				
五元系	4	2	3	7	3	9	1		
六元系	5	2	4	9	6	16	4	14	1
七元系	6	2	5	11	10	25	10	30	5
八元系	7	2	6	13	15	36	20	55	15
⋮	⋮	⋮	⋮	⋮	⋮	⋮	⋮	⋮	⋮
n 元系	$n-1$	2	$\frac{n-2}{1}$	$1+\frac{2(n-2)}{1}$	$\frac{(n-2)(n-3)}{2!}$	$\frac{n-2}{1}+\frac{2(n-2)(n-3)}{2!}$	$\frac{(n-2)(n-3)(n-4)}{3!}$	$\frac{(n-2)(n-3)}{2!}+\frac{2(n-2)(n-3)(n-4)}{3!}$	$\frac{(n-2)(n-3)(n-4)(n-5)}{4!}$

续表 10-4

组元总数	固相总数	组成相图的诸低元系的数目及其固相数目			
		$n-5$ 元系		$n-6$ 元系	
		$n-5$ 元共晶的	$n-6$ 元共晶的	$n-6$ 元共晶的	$n-7$ 元共晶的
三元系	2				
四元系	3				
五元系	4				
六元系	5				
七元系	6	20	1		
八元系	7	50	6	27	1
⋮	⋮	⋮	⋮	⋮	⋮
n 元系	$n-1$	$\frac{(n-2)(n-3)(n-4)}{3!}+\frac{2(n-2)(n-3)(n-4)(n-5)}{4!}$	$\frac{(n-2)(n-3)(n-4)(n-5)(n-6)}{5!}$	$\frac{(n-2)(n-3)(n-4)(n-5)}{4!}+\frac{2(n-2)(n-3)(n-4)(n-5)(n-6)}{5!}$	$\frac{(n-2)(n-3)(n-4)(n-5)(n-6)(n-7)}{6!}$

续表 10-4

组元总数	固相总数	组成相图的诸低元系的数目及其固相数目					
		…	$n-m$ 元系		…	二元系	
			$n-m$ 元共晶的	$n-m-1$ 元共晶的		二元共晶的	二元连续固溶体的
三元系	2						
四元系	3						
五元系	4						
六元系	5						
七元系	6						
八元系	7						
⋮	⋮	⋮	⋮	⋮		⋮	⋮
n 元系	$n-1$	…	$\frac{(n-2)(n-3)(n-4)\cdots(n-m+1)}{(m-2)!}+\frac{2(n-2)(n-3)(n-4)\cdots(n-m)}{(m-1)!}$	$\frac{(n-2)(n-3)(n-4)\cdots(n-m-1)}{m!}$	…	$\frac{(n-2)(n-3)}{2!}+2(n-2)$	1

10.1.5.3 $n-2$ 级成分—温度纵剖面图的形式规律

最多固相数（n 个固相）的有限固溶体共晶型成分—温度纵剖面图（对称形式）。

图 10-1 所示，是对多元系每级剖取都直接剖过二元共晶线（截线），而且在最后一级剖取时只剖过 $n-3$ 级剖的立体图上的一条二元共晶截线的纵剖面图。相区中所标数字代表相数。

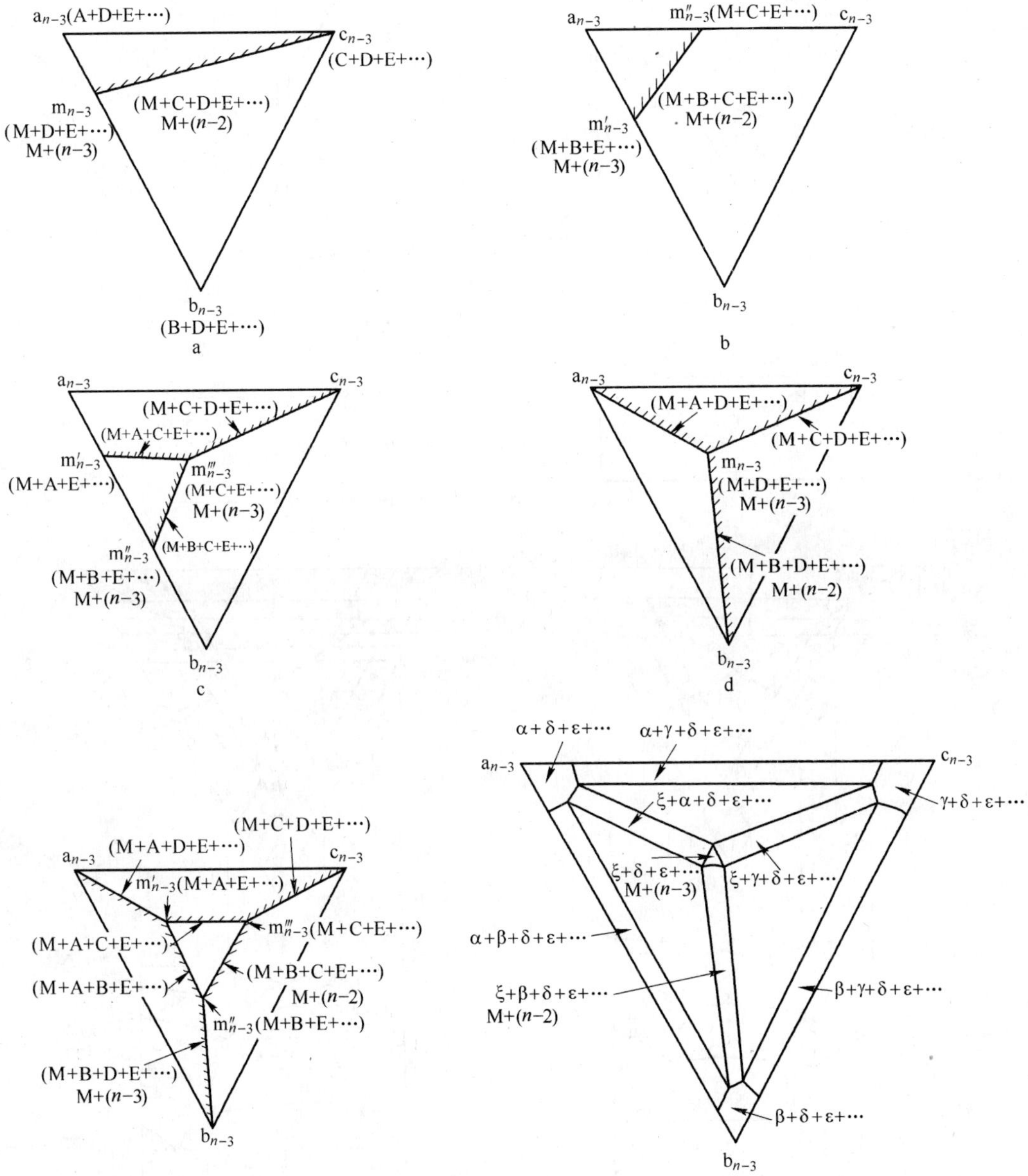

图 10-1 最多固相数（n 个固相）的有限固溶体共晶型成分—温度纵剖面图（对称形式）

a—各级解剖，固定组元低于其在二元中间相的成分；b—各级解剖，固定组元高于其在三元中间相的成分，或不含固定组元的二元中间相；c—各级解剖，固定组元低于其在三元中间相的成分；d—各级解剖，固定组元高于四元以上中间相的成分，或不含固定组元的三元中间相；e—各级解剖低于固定组元在四元以上中间相的成分；f—具有有限固溶体型中间相的 d 图中的形式

图 10-2 所示的情形与图 10-1 的区别是在最后一级剖取时，剖过 $n-3$ 级剖的立体图上的两条二元共晶截线。

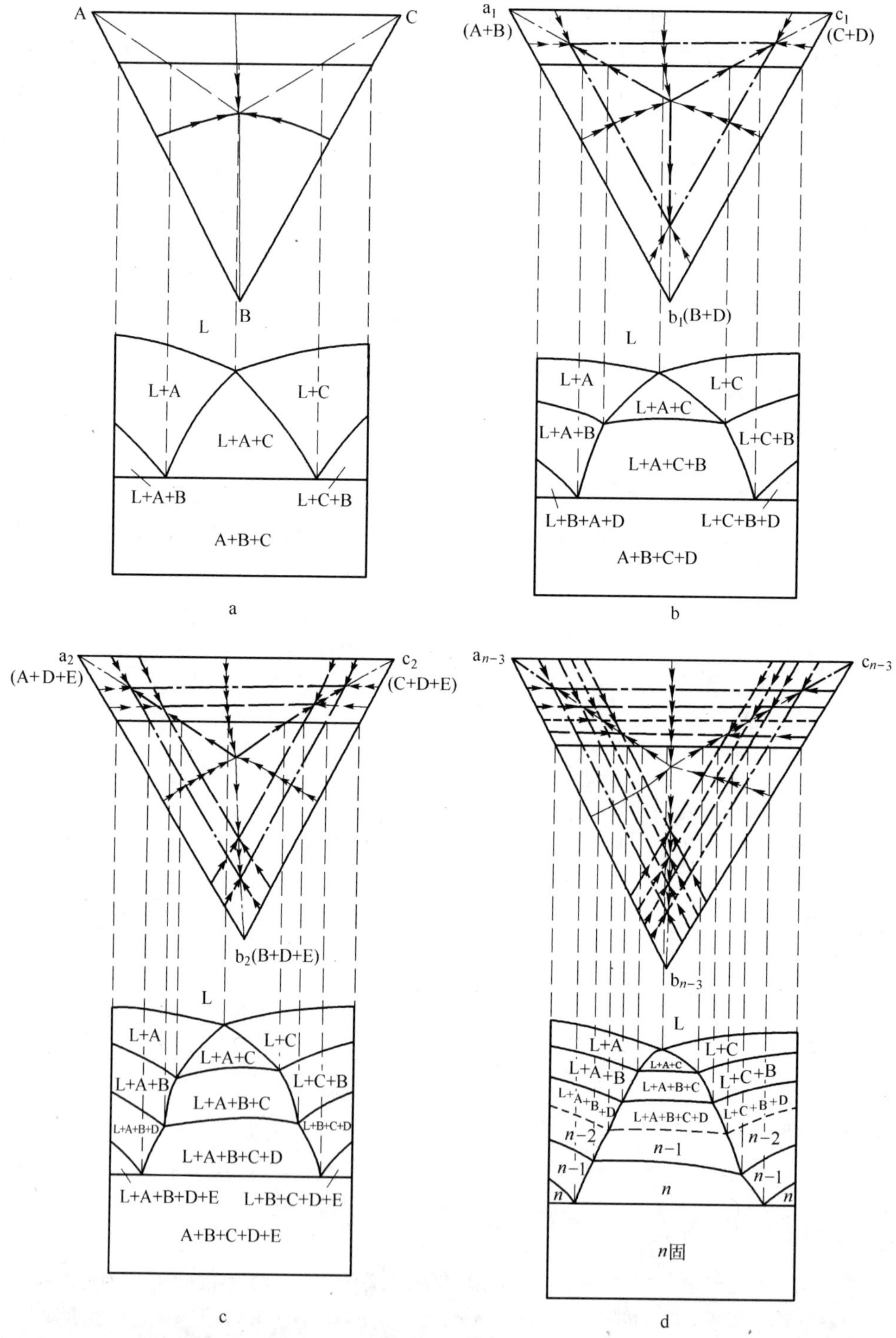

图 10-2 最多固相数（n 个固相）的有限固溶体共晶型成分—温度纵剖面图（对称形式）

a—共晶型三元系平面图及其纵剖面图；b—共晶型四元系第一级剖面 $a_1b_1c_1$ 图及其纵剖面图；c—共晶型五元系第二级剖面 $a_2b_2c_2$ 图及其纵剖面图；d—共晶型 n 元系第 $n-3$ 级剖面 $a_{n-3}b_{n-3}c_{n-3}$ 图及其纵剖面图

图 10-3 的特点是，每级都剖过二元共晶线（截线），而在 $n-3$ 级剖取时，同时剖过三条 $n-4$ 级剖体图中的三元共晶截线，在最后一级剖取时，同时剖过两条二元共晶截线。

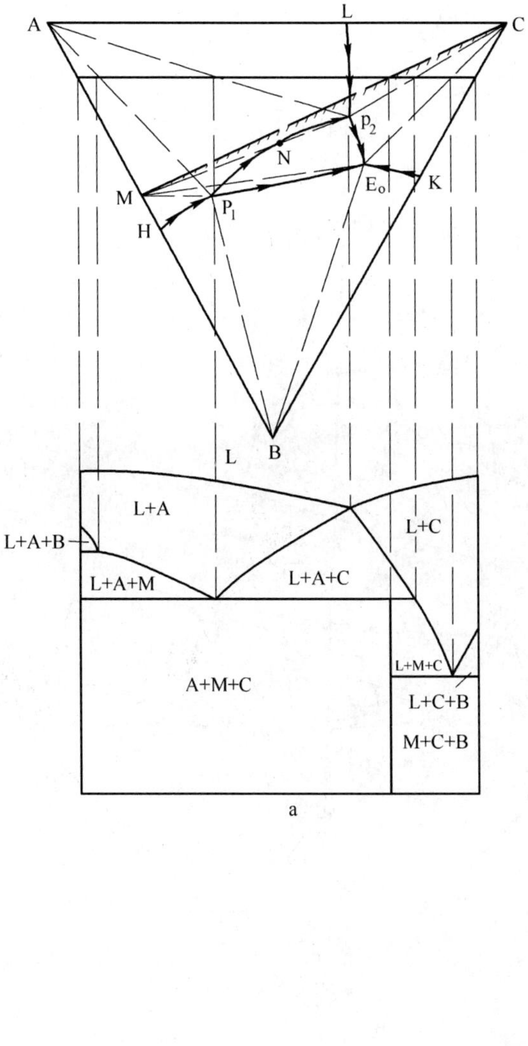

a

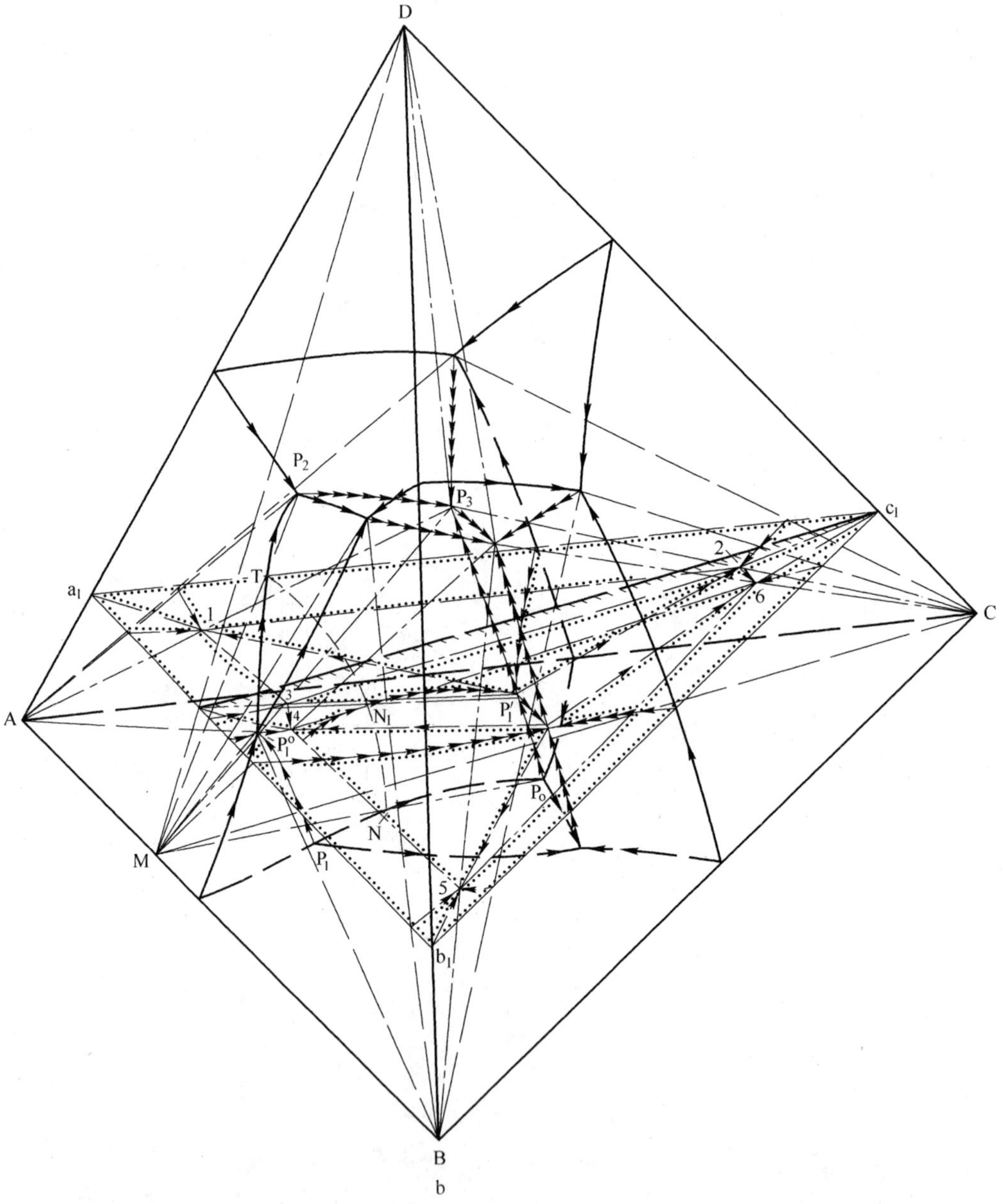
D
P$_2$
P$_3$
c$_1$
a$_1$
T
2
1
6
C
3
A
4
N$_1$
P$_1'$
P$_1^o$
P$_o$
N
M
P$_1$
5
b$_1$
B
b

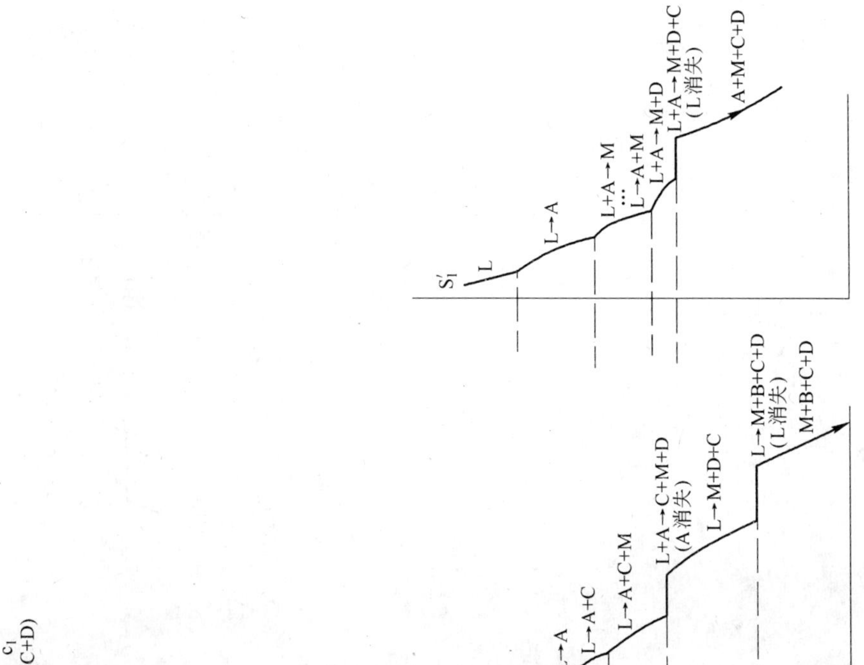
a1 (A+D)
c1 (C+D)
b1(B+D)
m1 (M+D)
P1'
N1
S1
S1'
L
L+A
L+C
L+A+M
L+A+C
L+A+C+M
L+A+M+D
L+C+M
L+C+B
L+C+B+D
L+M+D+C
L+M+B+C
M+B+C+D
M+D+C
A+M+C+D
L→A
L→A+C
L→A+C+M
L+A→C+M+D
(A消失)
L→M+D+C
L→M+B+C+D
(L消失)
M+B+C+D
L+A→M
L→A+M
L+A→M+D
L+A→M+D+C
(L消失)
A+M+C+D

c

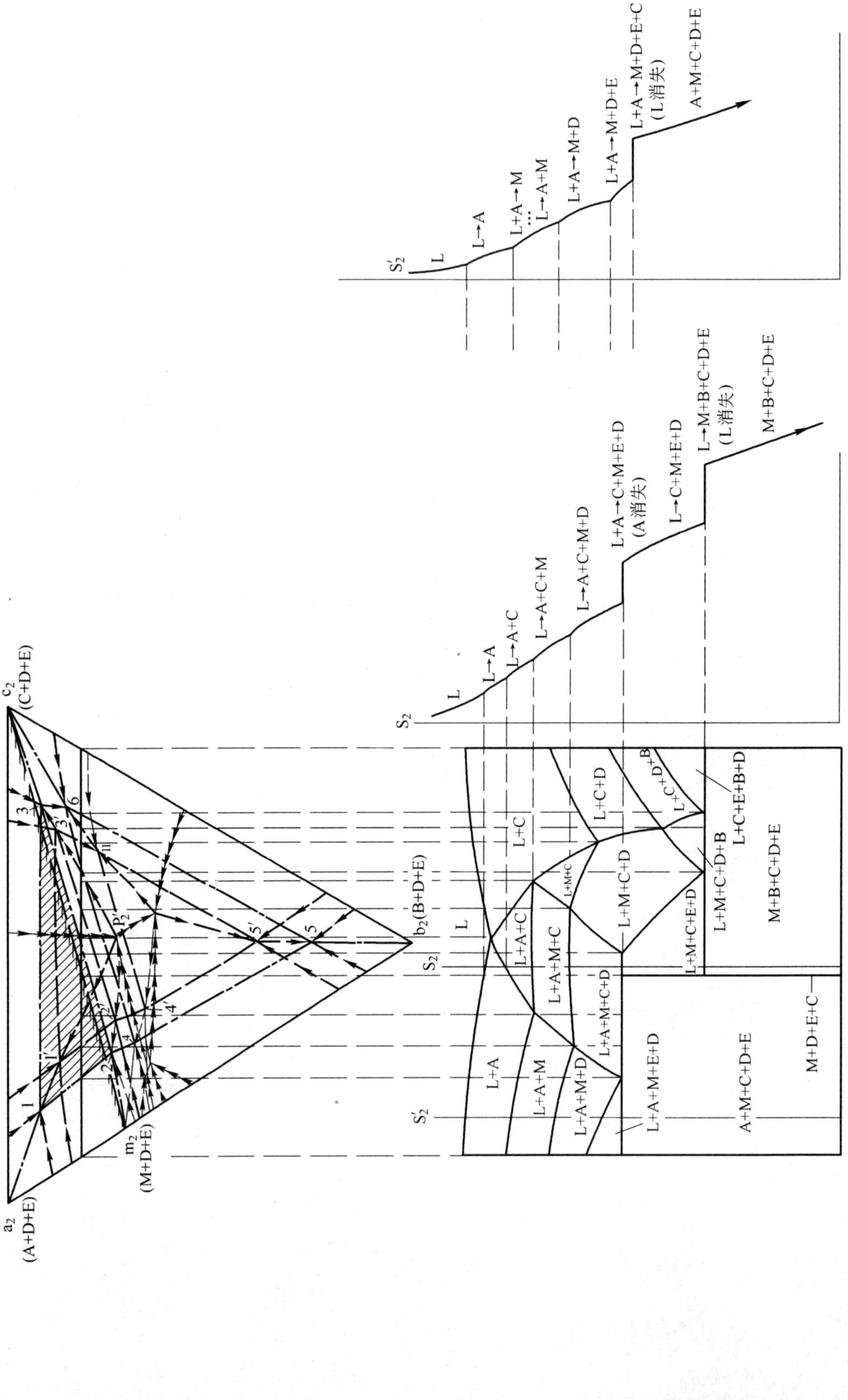
a2
(A+D+E)
c2
(C+D+E)
b2(B+D+E)
m2
(M+D+E)
S2
S′2
L
L+A
L+A+M
L+A+M+D
L+A+M+E+D
L+A+C
L+A+M+C
L+A+M+C+D
L+C
L+M+C
L+C+D
L+M+C+D
L+C+D+B
L+M+C+E+D
L+M+C+D+B
L+C+E+B+D
A+M+C+D+E
M+D+E+C
M+B+C+D+E
L→A
L→A+C
L→A+C+M
L→A+C+M+D
L+A→C+M+E+D
(A消失)
L→C+M+E+D
L→M+B+C+D+E
(L消失)
M+B+C+D+E
L+A→M
L→A+M
L+A→M+D
L+A→M+D+E
L+A→M+D+E+C
(L消失)
A+M+C+D+E

d

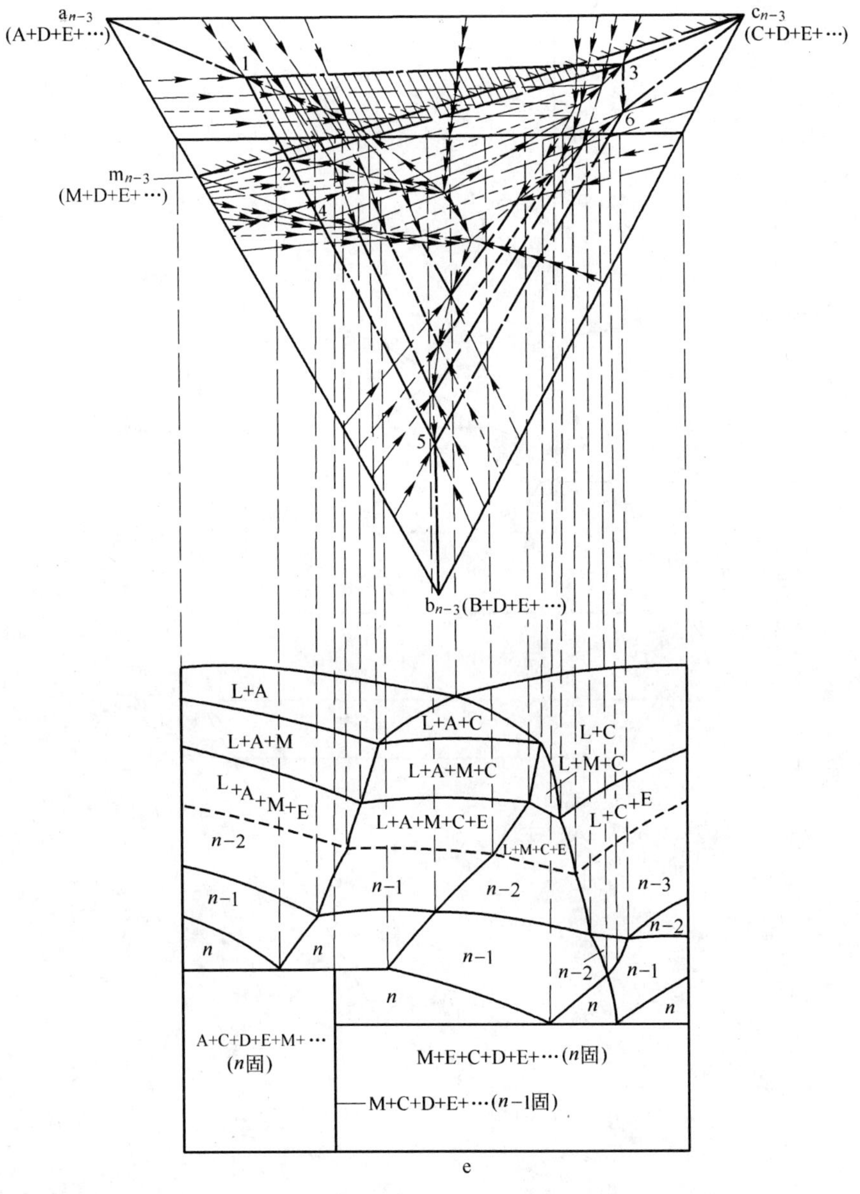

图 10-3 最多固相数（n 个固相）的有限固溶体共晶型成分—温度纵剖面图（对称形式）

a—具有二元中间相 M 的共晶型三元系剖面图及其纵剖面图；b—四元系相图及其剖面图 $a_1b_1c_1$；

c—四元系第一级剖面图 $a_1b_1c_1$ 及其纵剖面图和两条冷却曲线 S_1、S_1'；

d—五元系第二级剖面图 $a_2b_2c_2$ 及其纵剖面图和两条冷却曲线 S_2、S_2'；

e—n 元系第 $n-3$ 级剖面图 $a_{n-3}b_{n-3}c_{n-3}$ 及其纵剖面图

图 10-4 所示，是在最后 m 级剖取时连续剖在共晶线截线的汇交点上的纵剖面图。

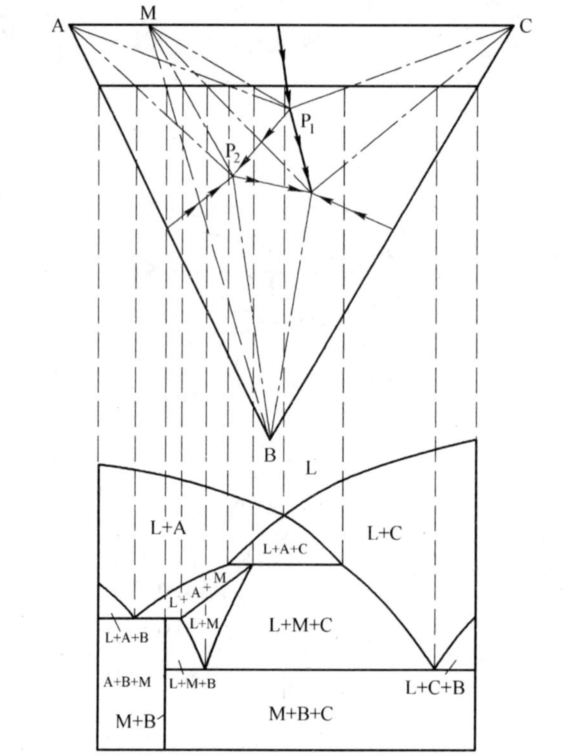
A
M
C
P_1
P_2
B
L
L+A
L+C
L+A+C
L+A+M
L+M
L+M+C
L+A+B
A+B+M
L+M+B
L+C+B
M+B
M+B+C

a

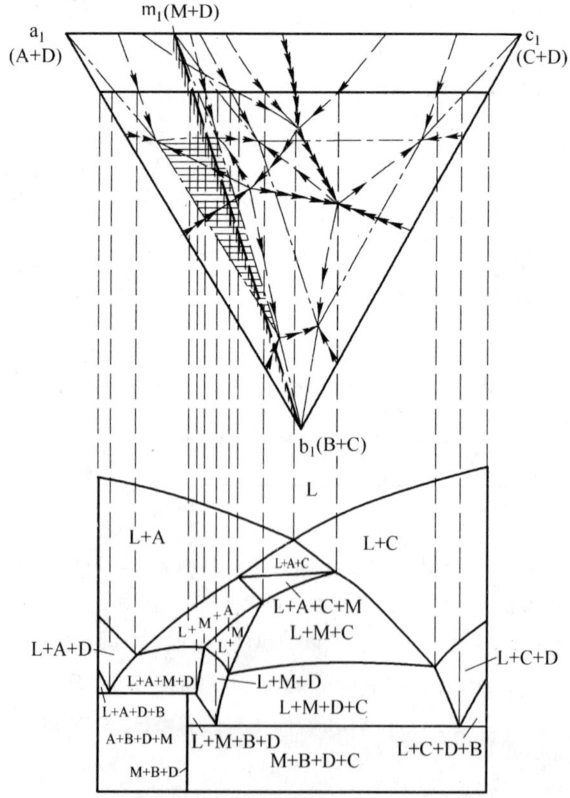
m_1(M+D)
a_1
(A+D)
c_1
(C+D)
b_1(B+C)
L
L+A
L+C
L+A+C
L+A+C+M
L+M+A
L+M
L+M+C
L+A+D
L+C+D
L+A+M+D
L+M+D
L+M+D+C
L+A+D+B
A+B+D+M
L+M+B+D
L+C+D+B
M+B+D
M+B+D+C

b

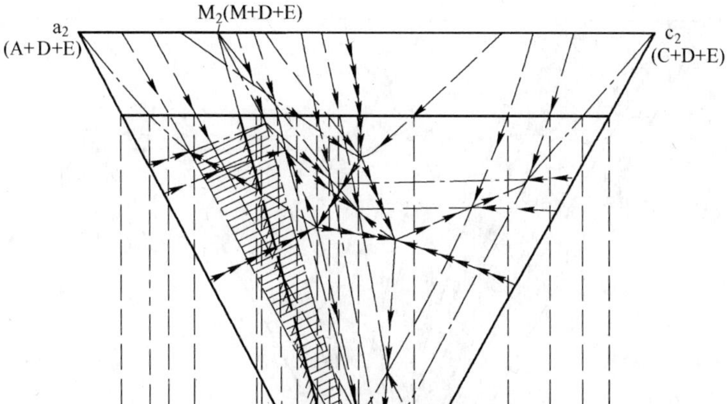
a2
(A+D+E)
M2(M+D+E)
c2
(C+D+E)
b2(B+D+E)
L
L+A
L+C
L+A+C
L+A+C+M
L+A+M
L+M
L+C+M
L+A+E
L+A+M+E
L+A+E+D
L+M+E
L+C+E
L+A+M+D+E
L+C+M+E
L+C+E+D
L+M+D+E+C
L+A+E+D+B
L+M+D+E
A+B+D+E+M
L+M+B+D+E
M+B+D+E
M+B+C+D+E
L+C+E+D+B

c

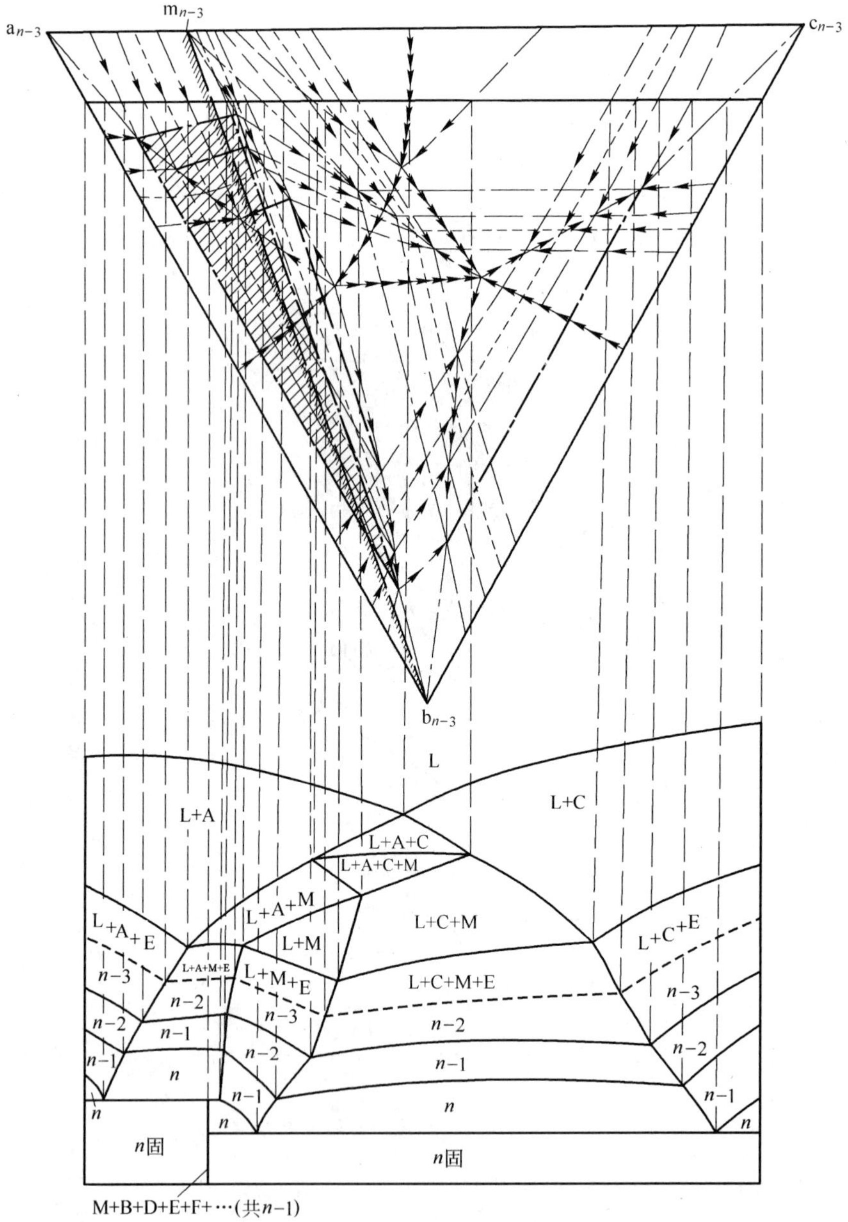

d

图 10-4 最多固相数（n 个固相）的有限固溶体共晶型成分—温度纵剖面图（对称形式）

a—具有中间相 M 的（交会点上的）三元系剖面图及其纵剖面图；b—四元系第一级剖面图及其纵剖面图；c—五元系第二级剖面图 $a_2b_2c_2$ 及其纵剖面图；d—n 元系第 $n-3$ 级剖面图 $a_{n-3}b_{n-3}c_{n-3}$ 及其纵剖面图

图 10-5 的特点是至少在第 m 级没有直接剖过共晶截线上（包括线的汇交点），所以有 m 层相层面覆盖在图的顶端。而在最后一级剖取时只剖过 $n-3$ 级剖的立体图上有 m 层相层面之下的一条共晶线。

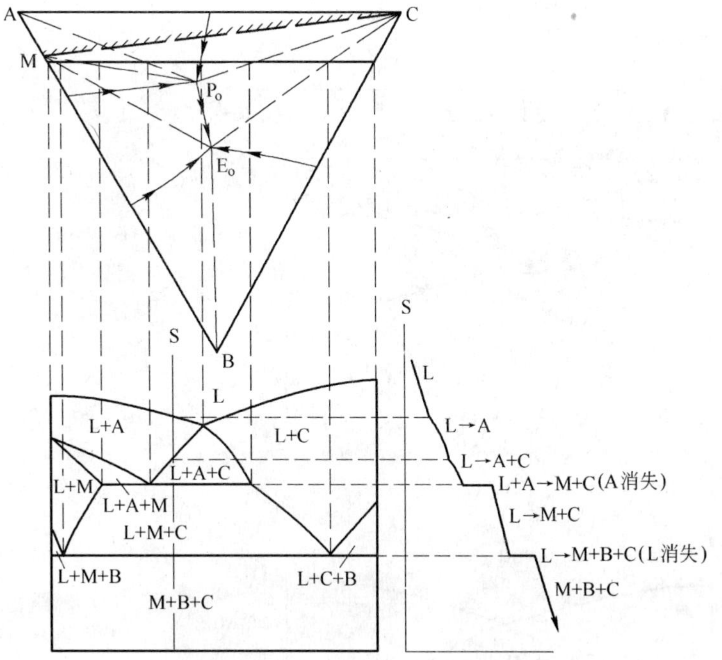

a

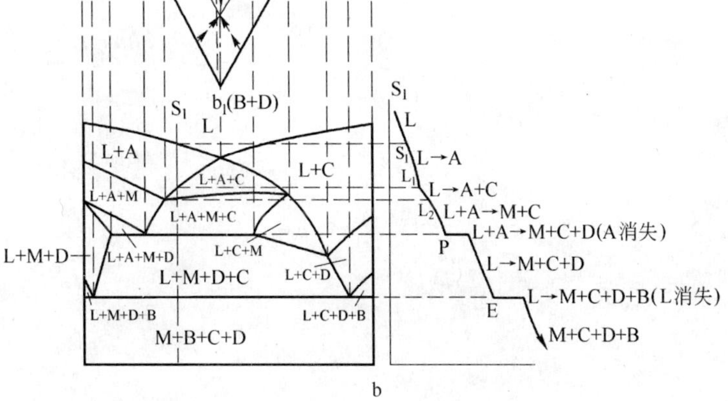

b

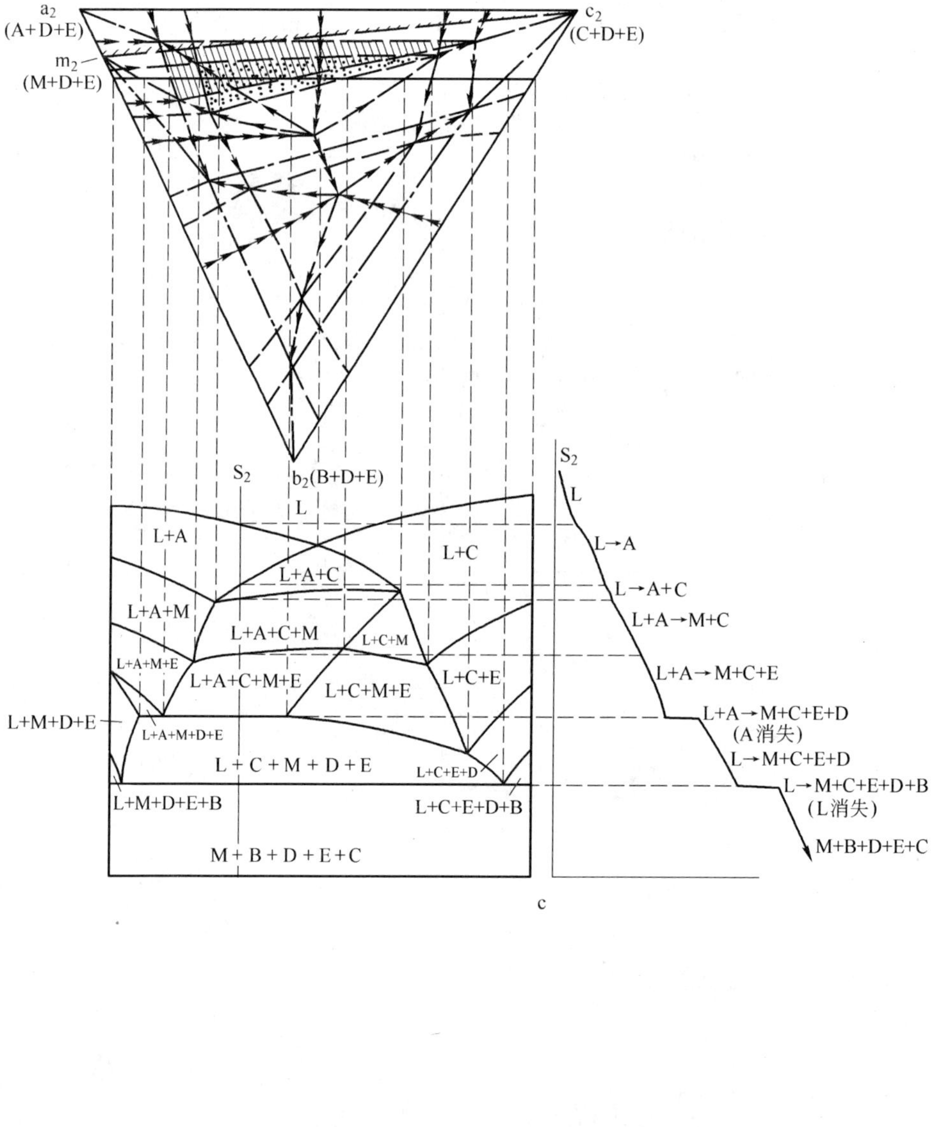

a2
(A+D+E)
m2
(M+D+E)
c2
(C+D+E)
b2(B+D+E)
S2
L
L+A
L+C
L+A+C
L+A+M
L+A+C+M
L+C+M
L+A+M+E
L+A+C+M+E
L+C+M+E
L+C+E
L+M+D+E
L+A+M+D+E
L + C + M + D + E
L+C+E+D
L+M+D+E+B
L+C+E+D+B
M + B + D + E + C
S2
L
L→A
L→A+C
L+A→M+C
L+A→M+C+E
L+A→M+C+E+D
(A消失)
L→M+C+E+D
L→M+C+E+D+B
(L消失)
M+B+D+E+C

c

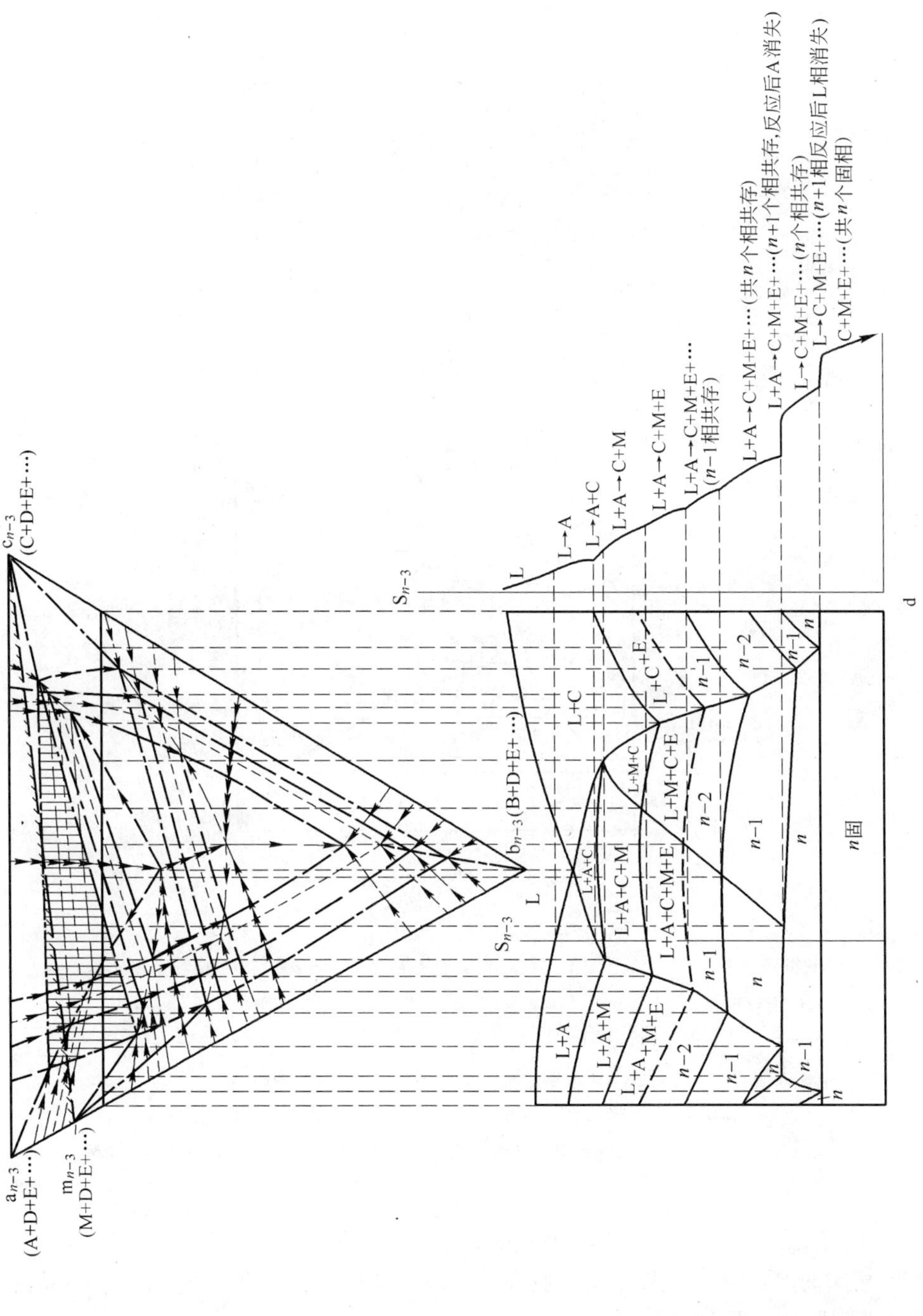

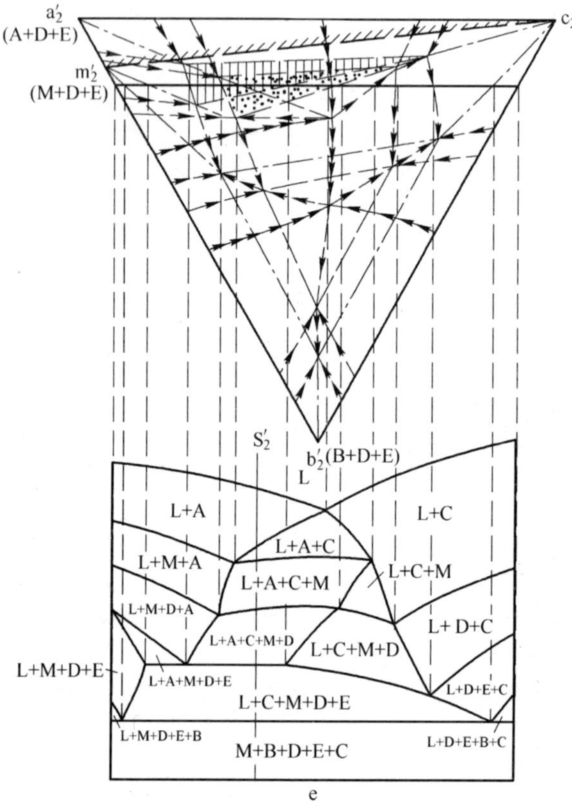

图 10-5 最多固相数（n 个固相）的有限固溶体共晶型成分—温度纵剖面图（对称形式）

a—具有二元中间相 M 的三元系 A－B－C 剖面图及其纵剖面图和冷却曲线 S；

b—四元系第一级剖面图 $a_1b_1c_1$ 及其纵剖面图和冷却曲线 S_1；

c—五元系第二级剖面图 $a_2b_2c_2$ 及其纵剖面图和冷却曲线 S_2；

d—n 元系第 $n-3$ 级剖面图 $a_{n-3}b_{n-3}c_{n-3}$ 及其纵剖面图和冷却曲线 S_{n-3}；

e—五元系第三级剖面图 $a_2'b_2'c_2'$ 及其纵剖面图

图 10-6 的情形与图 10-7 的情形区别在最后一级剖取时，同时剖过 $n-3$ 级剖的立体图上在 m 层相层面之下的两条共晶线。换言之，即至少在第 m 级没有直接剖过共晶截线上，此后的各级剖取都与图 10-2 的情形相同。

图 10-7 的特点是至少在第 m 级没有直接剖过共晶截线。此后的各级剖取符合图 10-3 的情形。

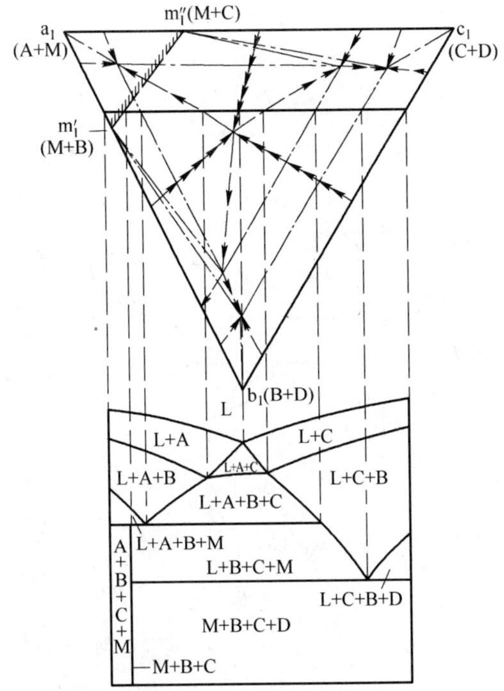
m″1(M+C)
a1
(A+M)
c1
(C+D)
m′1
(M+B)
b1(B+D)
L
L+A
L+C
L+A+C
L+A+B
L+C+B
L+A+B+C
L+A+B+M
A+B+C+M
L+B+C+M
L+C+B+D
M+B+C+D
M+B+C

a

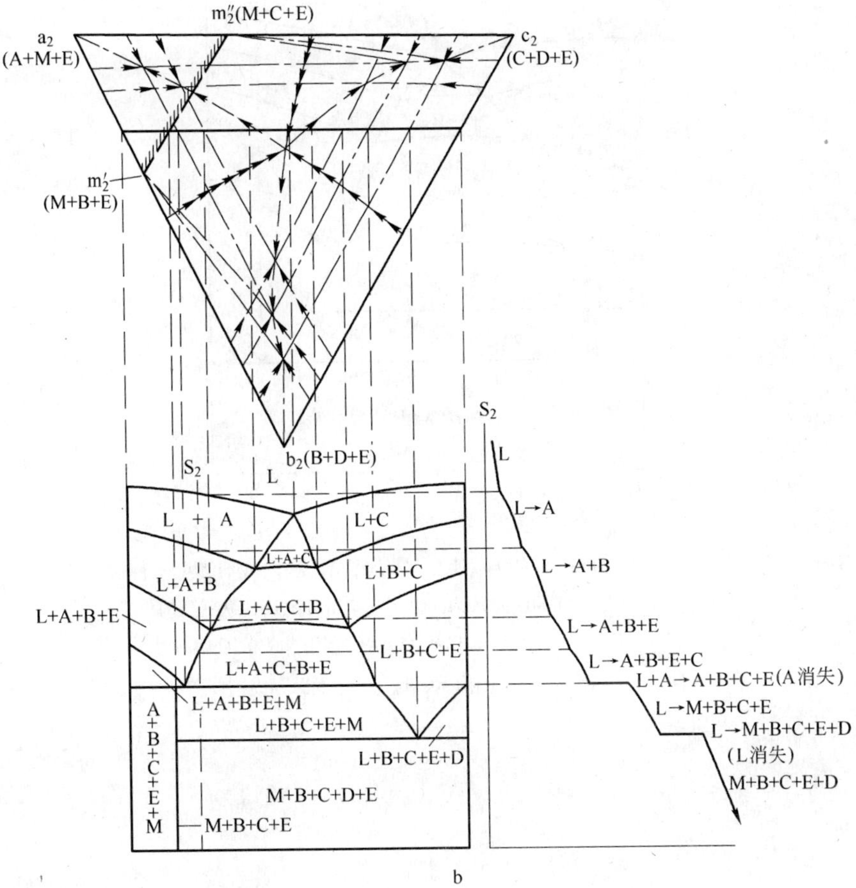
m″2(M+C+E)
a2
(A+M+E)
c2
(C+D+E)
m′2
(M+B+E)
b2(B+D+E)
S2
L
L + A
L+C
L+A+C
L+A+B
L+B+C
L+A+B+E
L+A+C+B
L+B+C+E
L+A+C+B+E
L+A+B+E+M
L+B+C+E+M
L+B+C+E+D
A+B+C+E+M
M+B+C+D+E
M+B+C+E
S2
L
L→A
L→A+B
L→A+B+E
L→A+B+E+C
L+A→A+B+C+E(A消失)
L→M+B+C+E
L→M+B+C+E+D
(L消失)
M+B+C+E+D

b

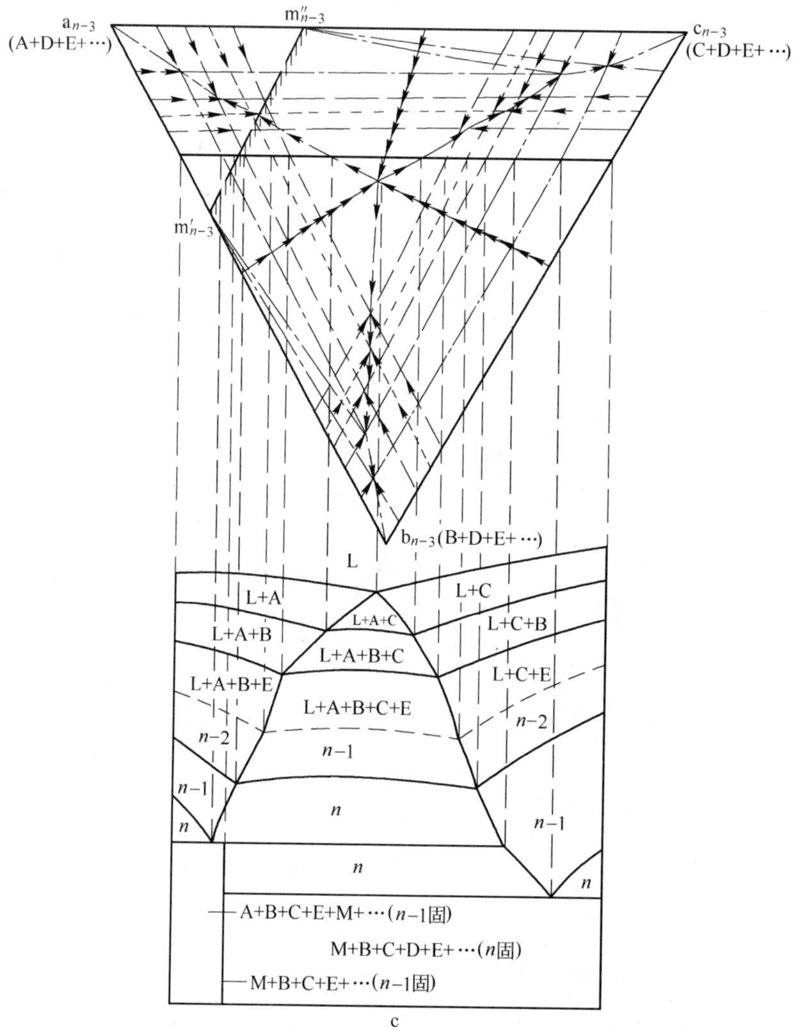

图 10-6　最多固相数（n 个固相）的有限固溶体共晶型成分—温度纵剖面图（对称形式）

a—具有中间相 M 的四元系第一级剖面 $a'_1b'_1c'_1$ 图及其纵剖面图；

b—五元系第二级剖面图 $a_2b_2c_2$ 及其纵剖面图和冷却曲线 S_2；

c—n 元系第 $n-3$ 级剖面 $a_{n-3}b_{n-3}c_{n-3}$ 图及其纵剖面图

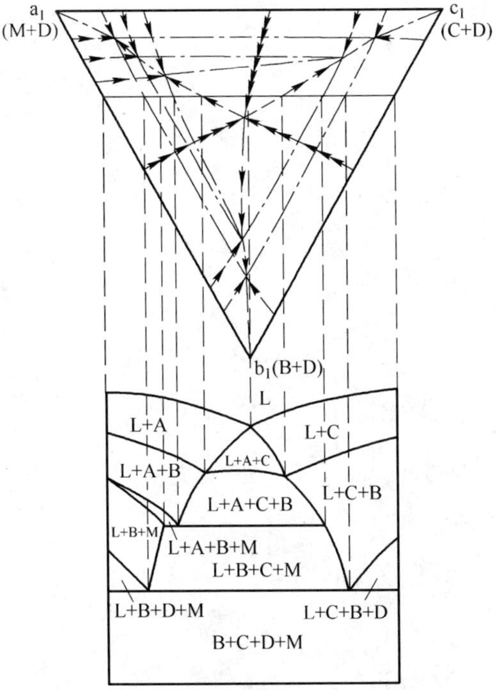
a1
(M+D)
c1
(C+D)
b1(B+D)
L
L+A
L+C
L+A+B
L+A+C
L+A+C+B
L+C+B
L+B+M
L+A+B+M
L+B+C+M
L+B+D+M
L+C+B+D
B+C+D+M

a

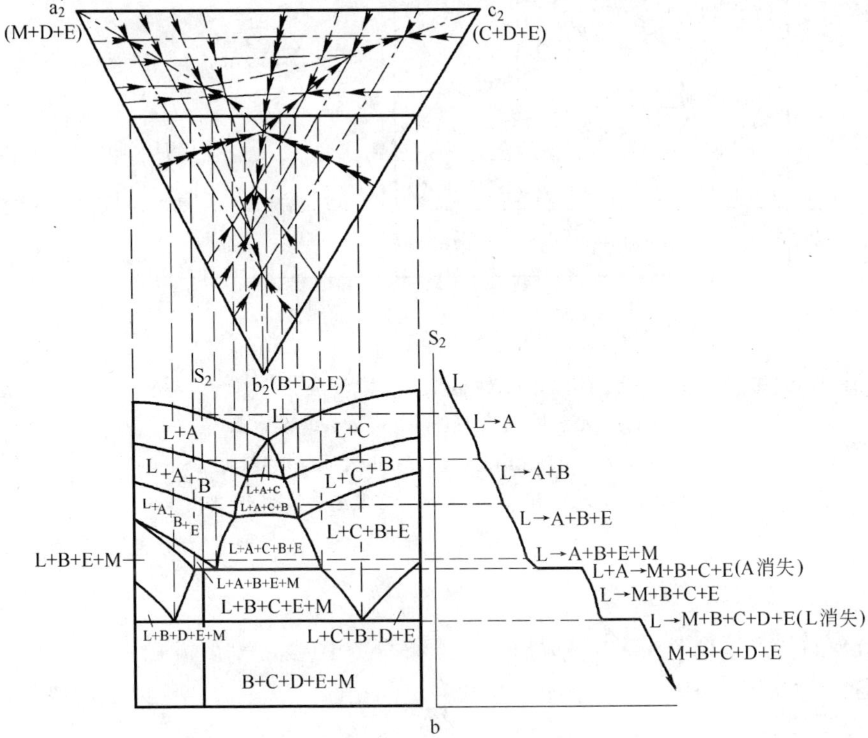
a2
(M+D+E)
c2
(C+D+E)
b2(B+D+E)
S2
L
L+A
L+C
L+A+B
L+C+B
L+A+C
L+A+C+B
L+A+B+E
L+C+B+E
L+A+C+B+E
L+B+E+M
L+A+B+E+M
L+B+C+E+M
L+B+D+E+M
L+C+B+D+E
B+C+D+E+M
L→A
L→A+B
L→A+B+E
L→A+B+E+M
L+A→M+B+C+E(A消失)
L→M+B+C+E
L→M+B+C+D+E(L消失)
M+B+C+D+E

b

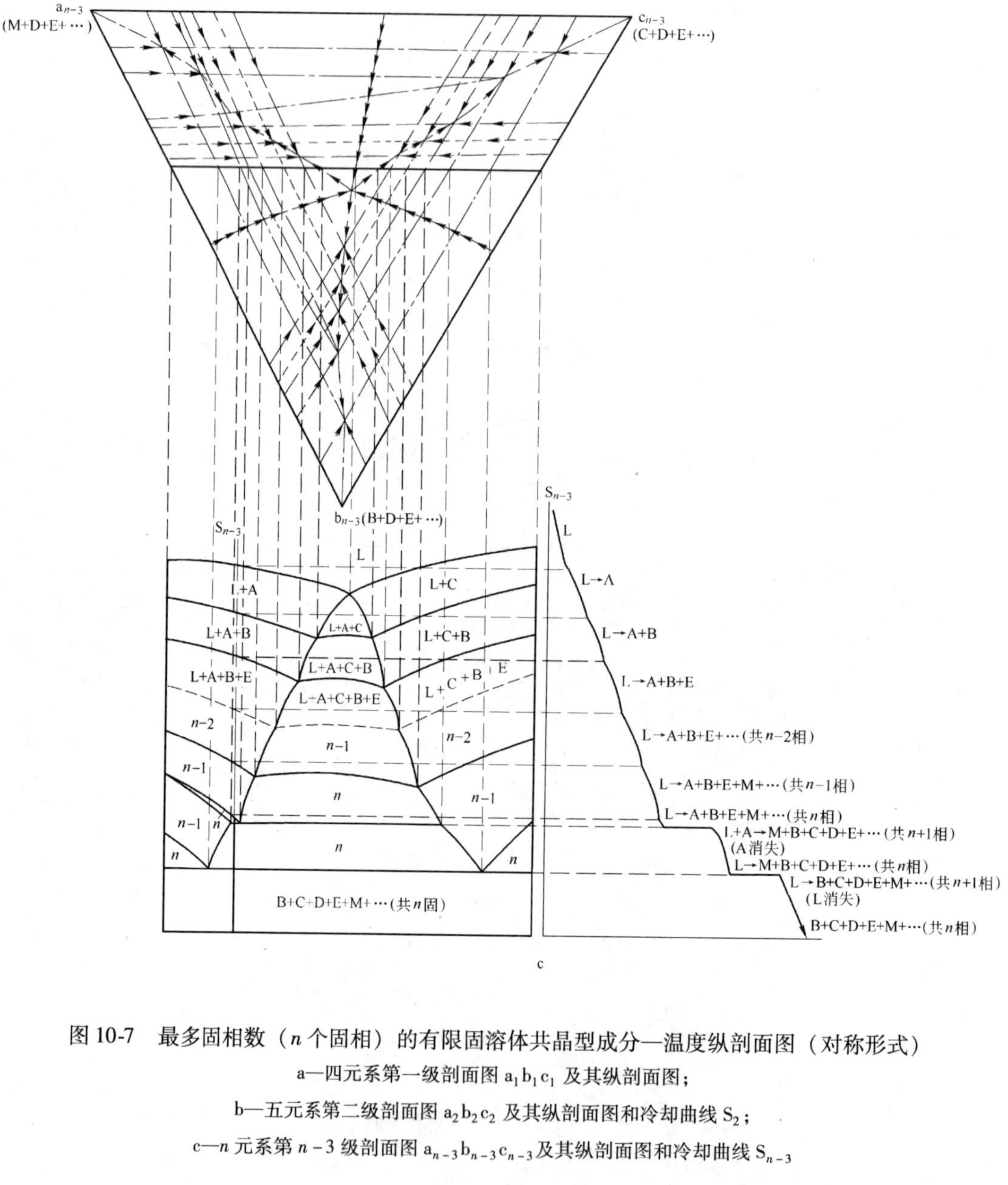

c

图 10-7　最多固相数（n 个固相）的有限固溶体共晶型成分—温度纵剖面图（对称形式）

a—四元系第一级剖面图 $a_1b_1c_1$ 及其纵剖面图；

b—五元系第二级剖面图 $a_2b_2c_2$ 及其纵剖面图和冷却曲线 S_2；

c—n 元系第 $n-3$ 级剖面图 $a_{n-3}b_{n-3}c_{n-3}$ 及其纵剖面图和冷却曲线 S_{n-3}

图 10-8 的特点是自第 $m+1$ 级以后的剖取符合图 10-4 的剖取方式。

各图最下方的左、中、右三个相区，均为全固相区。这三个相区以上的诸相区都有液相存在。

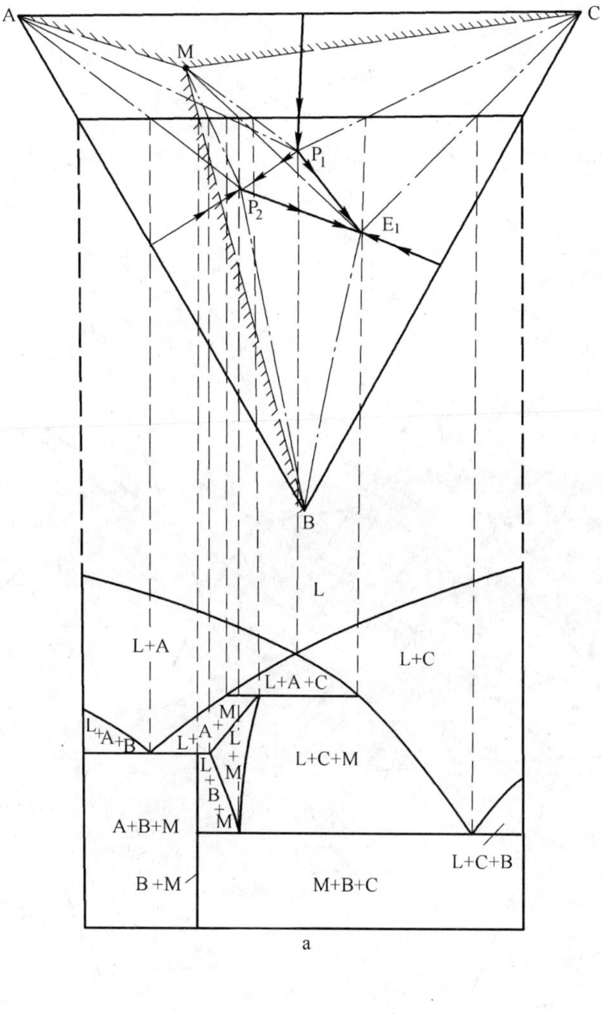

a

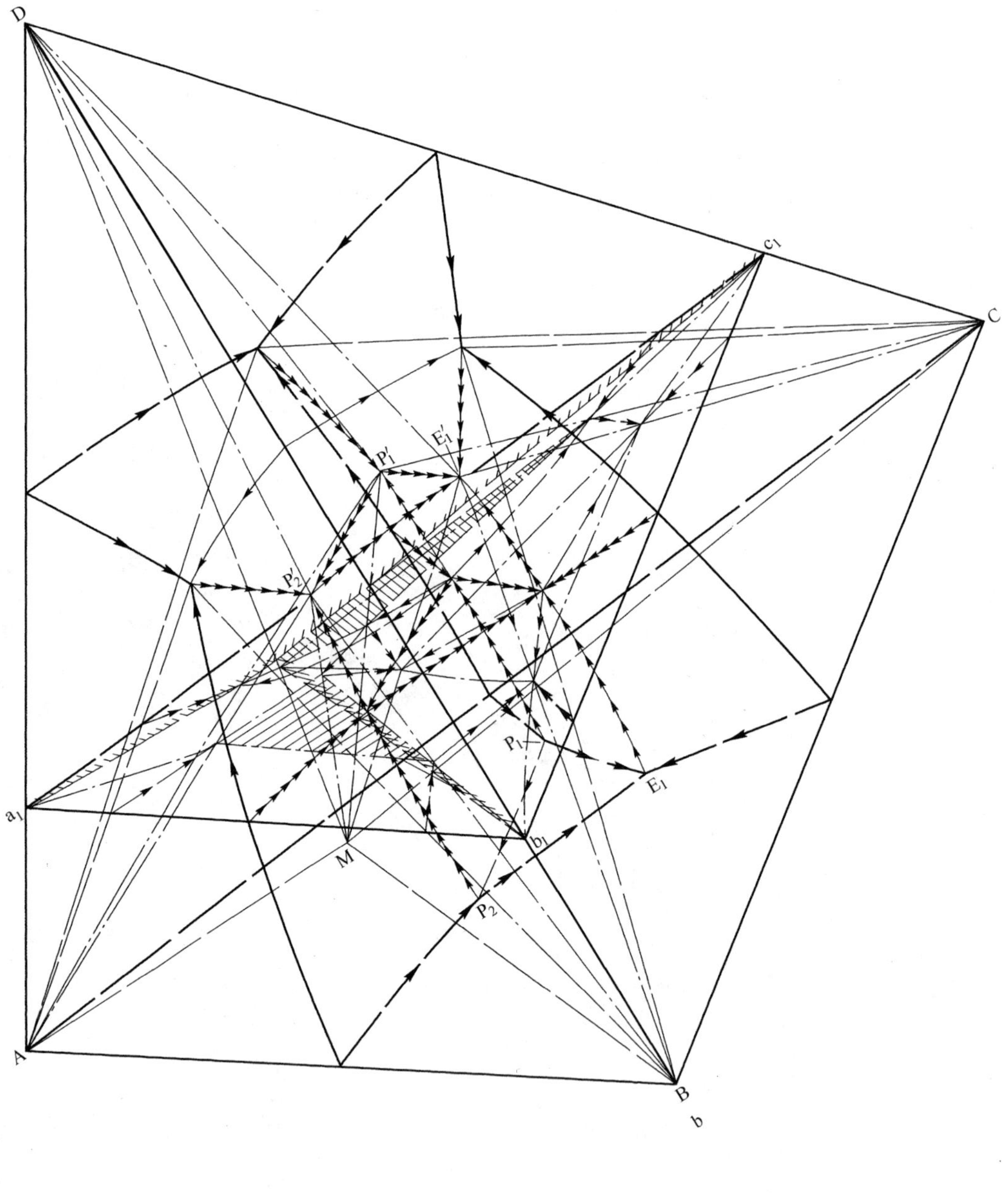
D
C
c1
A
B
b
a1
b1
M
P1
P2
E1
P'1
P'2
E'1

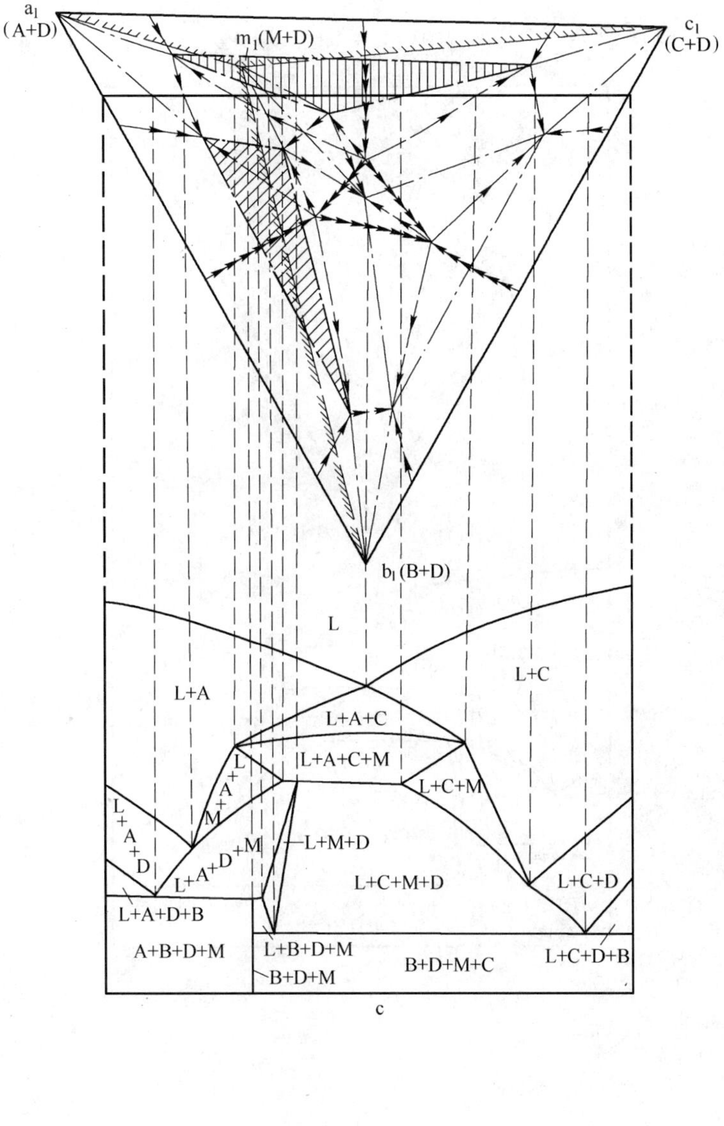
a1
(A+D)
m1(M+D)
c1
(C+D)
b1(B+D)
L
L+A
L+C
L+A+C
L+A+C+M
L+A+M
L+C+M
L+A+D
L+A+D+M
L+M+D
L+C+M+D
L+C+D
L+A+D+B
A+B+D+M
L+B+D+M
B+D+M
B+D+M+C
L+C+D+B
c

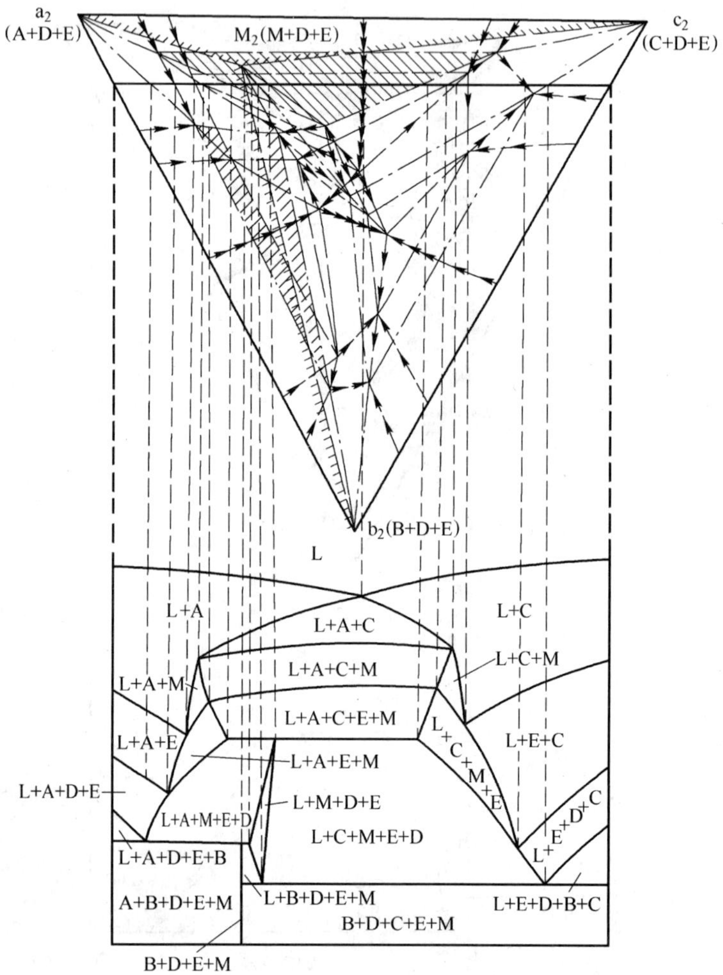
a2
(A+D+E)
M2(M+D+E)
c2
(C+D+E)
b2(B+D+E)
L
L+A
L+A+C
L+C
L+A+C+M
L+C+M
L+A+M
L+A+C+E+M
L+A+E
L+E+C
L+A+E+M
L+C+M+E
L+A+D+E
L+M+D+E
L+A+M+E+D
L+C+M+E+D
L+E+D+C
L+A+D+E+B
A+B+D+E+M
L+B+D+E+M
B+D+C+E+M
L+E+D+B+C
B+D+E+M

d

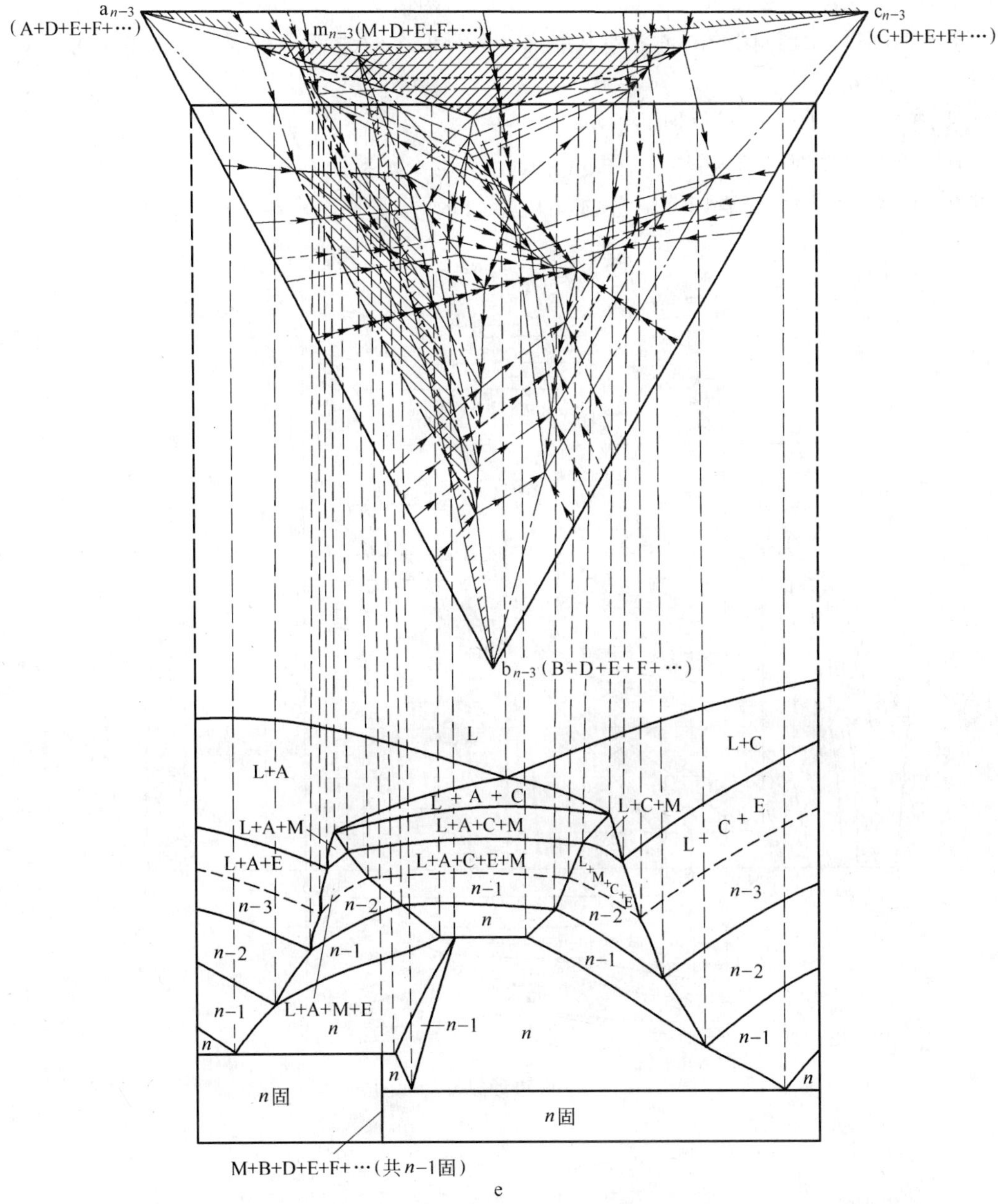

图 10-8 最多固相数（n 个固相）的有限固溶体共晶型成分—温度纵剖面图（对称形式）

a—具有三元中间相 M 的三元系 A－B－C 剖面图及其纵剖面图；

b—四元系 A－B－C－D 相图及其剖面图 $a_1b_1c_1$；c—图 10-8b 中取剖面图 $a_1b_1c_1$ 及其纵剖面图；

d—五元系第二级剖面图及其纵剖面图；e—n 元系第 n－3 级剖面图 $a_{n-3}b_{n-3}c_{n-3}$ 及其纵剖面图

n 元系共晶型相图，若第 $n-4$ 级剖体图是一个四面体，且以前每级都剖过二元共晶线，在第 $n-3$ 级取成分剖面图，并同时剖过两条三元共晶截线，其成分剖面多以四边形形式出现。在四边形成分剖面图上取 $n-2$ 级对称形式纵剖面图，除了能出现上述有关形式外（图 10-1、图 10-2 等），还能剖出一些新的对称形式纵剖面图。

图 10-9 所示，是在第 $n-4$ 级剖体图上所取的四边形成分剖面图的一例。剖面的两个对边各同时剖过四面体图的两个二元共晶面，另外两个对边就没有剖过二元共晶面。在该成分剖面上取 d_1-b_1、d_2-b_2、d_3-b_3、d_4-b_4、d_5-b_5、d_6-b_6 等 6 个典型纵剖面图，便出现图 10-10 ~ 图 10-15 所示的形式。

上述这些典型对称形式纵剖面图，从低元系到 n 元系是有其规律性的。从图表 10-1a 和图表 10-1b 中可清楚地看出，随着物系组元数的增多，而增多相区阶层的规律性。

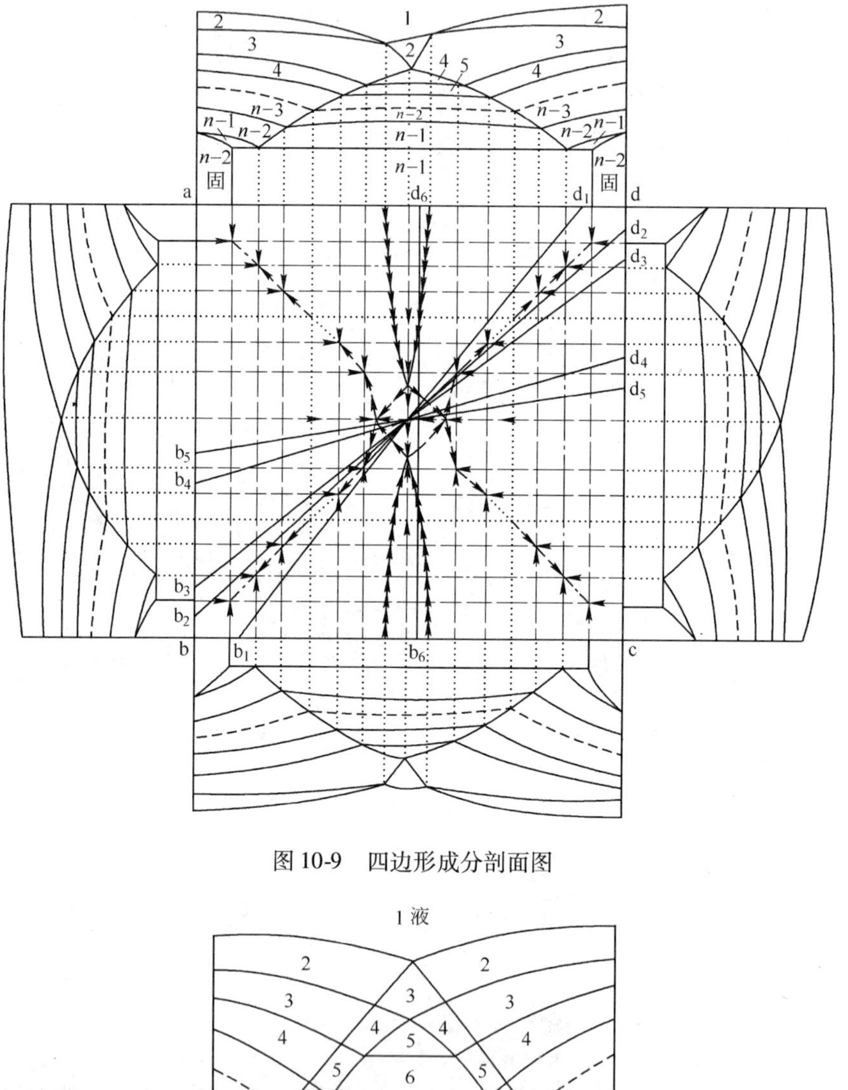

图 10-9 四边形成分剖面图

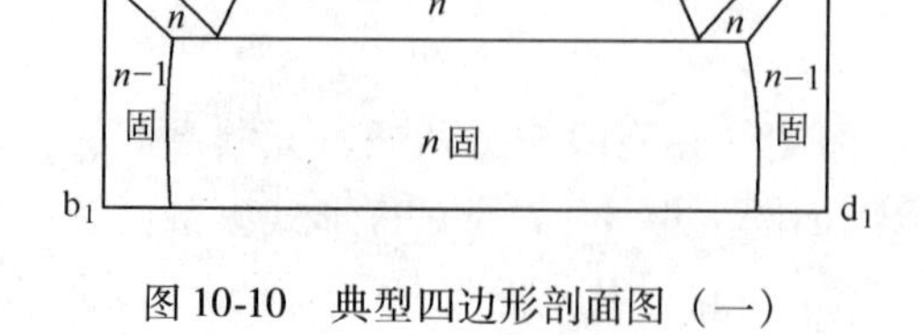

图 10-10 典型四边形剖面图（一）

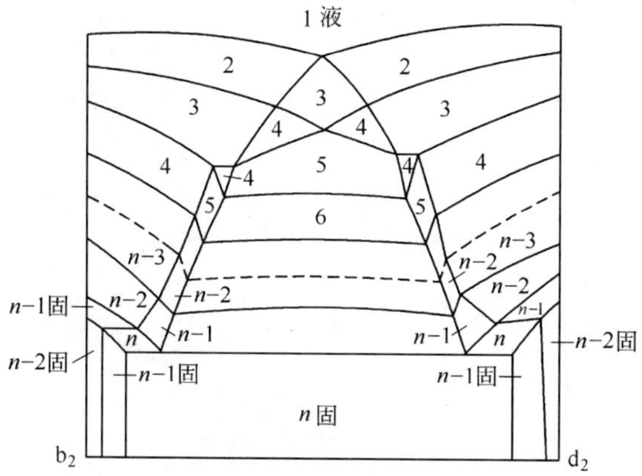

图 10-11 典型四边形剖面图（二）

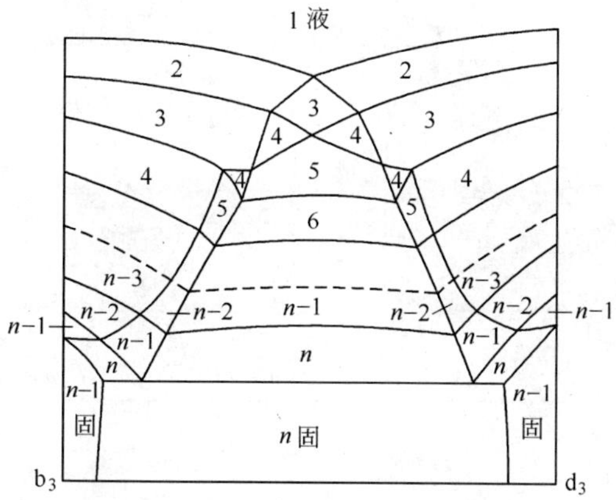

图 10-12 典型四边形剖面图（三）

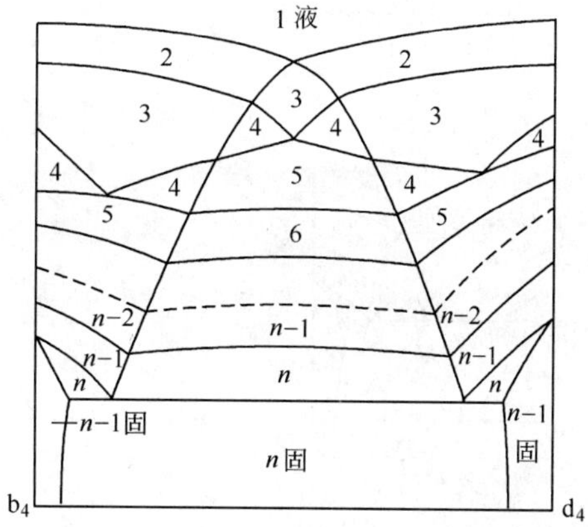

图 10-13 典型四边形剖面图（四）

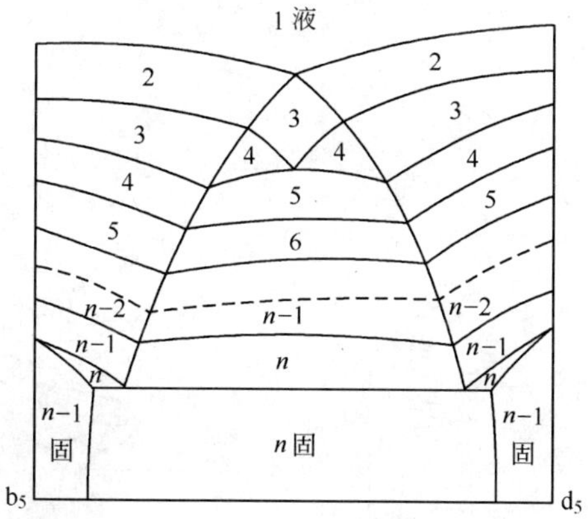

图 10-14 典型四边形剖面图（五）

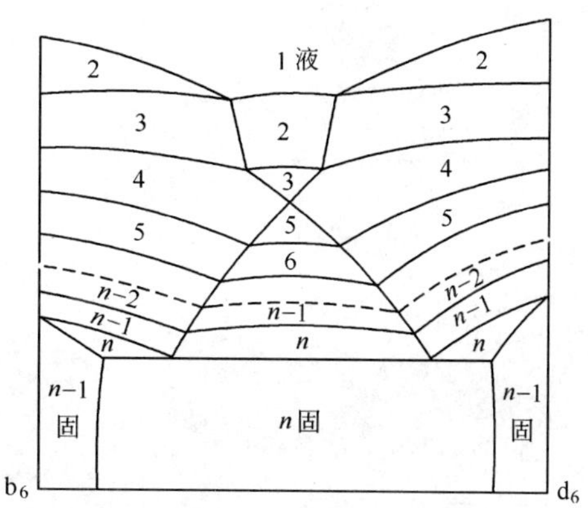

图 10-15 典型四边形剖面图（六）

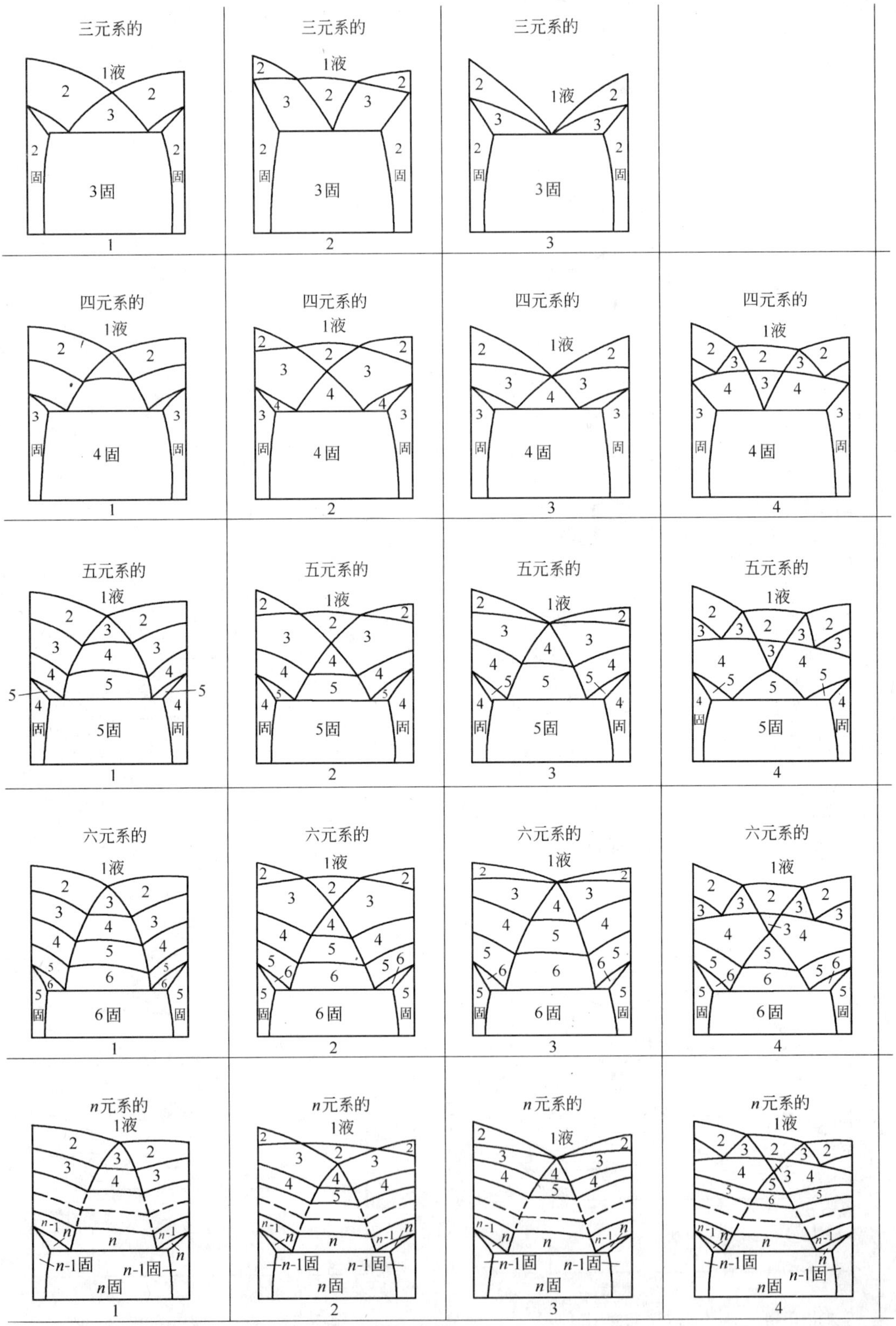
三元系的
1
三元系的
2
三元系的
3
四元系的
1
四元系的
2
四元系的
3
四元系的
4
五元系的
1
五元系的
2
五元系的
3
五元系的
4
六元系的
1
六元系的
2
六元系的
3
六元系的
4
n元系的
1
n元系的
2
n元系的
3
n元系的
4

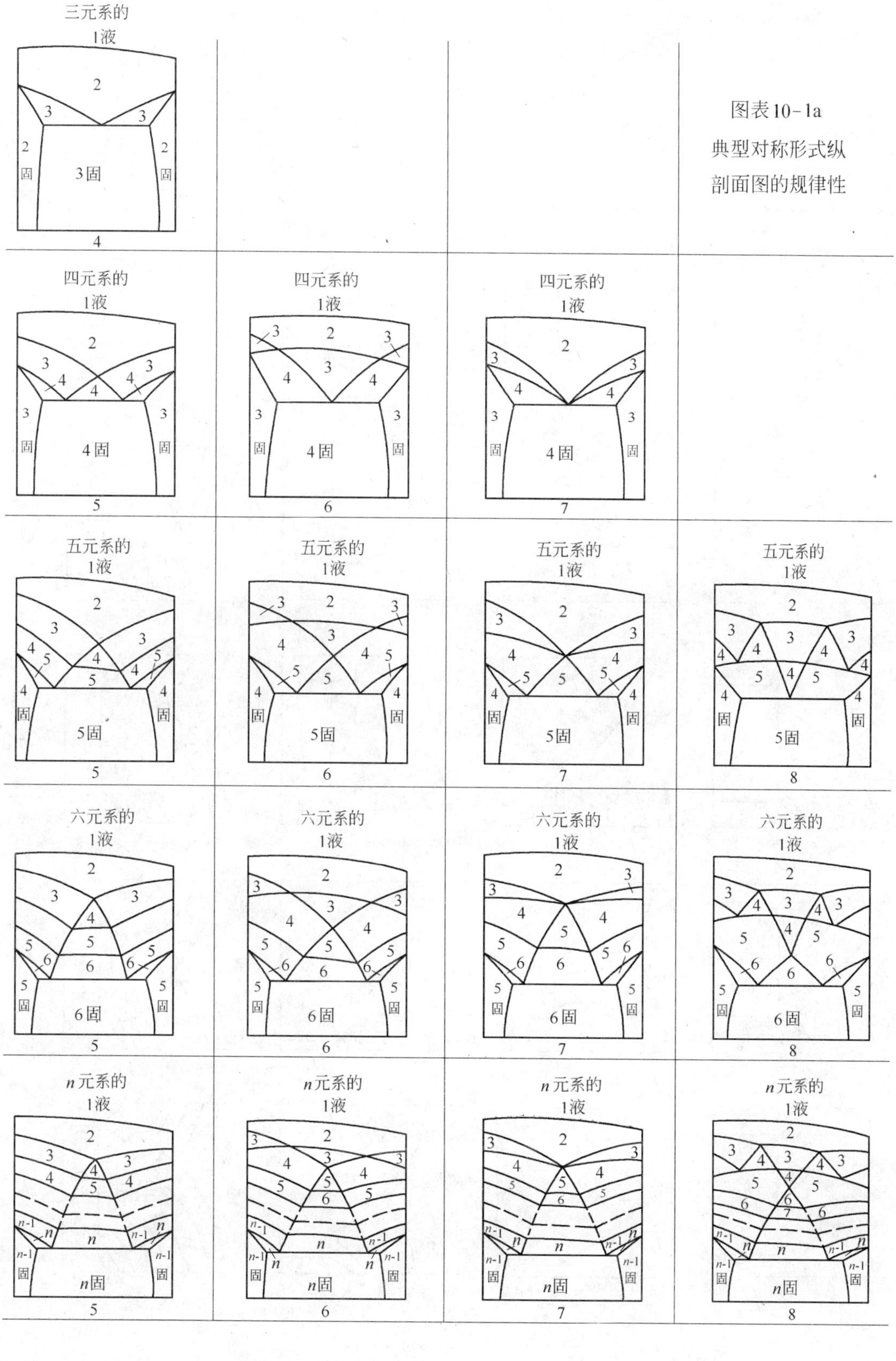

图表10-1a
典型对称形式纵剖面图的规律性

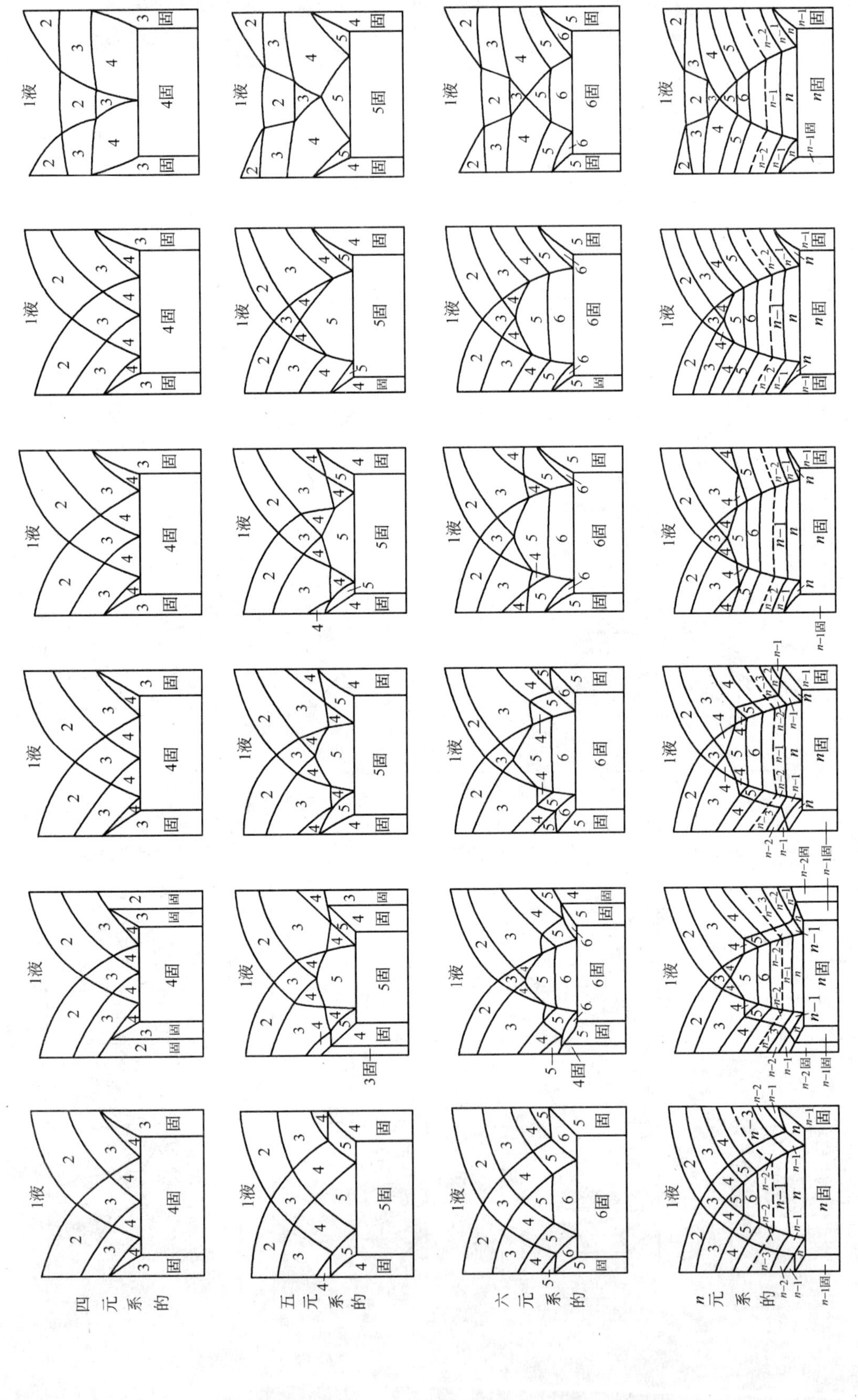

图表 10-1b 典型对称形式纵剖面图的规律性(在四边形成分剖面上所取)

图表 10-1a 的 8 个典型图中，三元系的只能出现 4 个，四元系的只能出现 7 个。图表 10-1b 是在四边形成分剖面上所取，这些形式不在三元系相图纵剖面图中出现。

不但对称形式的纵剖面图及其前一级成分剖面图从低元系到多元系有其规律性，而且非对称形式的成分剖面图及其纵剖面图也存在这种规律性。这种规律性从图表 10-2a、b、c、d 四种情况中就可以清楚地看得出来。

图表 10-2a，是它的前一级成分剖面 abc 只剖过 $n-4$ 级剖体图中的一条三元共晶截线，过 a 点分别取非对称形式的纵剖面图。

图表 10-2b，是 $n-3$ 级成分剖面 abc 同时剖过 $n-4$ 级剖体图中的三条三元共晶截线，过 a 点分别取非对称形式纵剖面图。

图表 10-2c 和图表 10-2d，是 $n-3$ 级成分剖面 abcd 同时剖过 $n-4$ 级剖体图的两条三元共晶截线的两种情况，过 d 点所取的非对称形式纵剖面图。

图表 10-2d 中的成分剖面是它的两个对边各剖过 $n-4$ 级剖体图的一个二元共晶截面，另外两个对边有一个同时剖过两个二元共晶截面，有一个则没有剖到。

关于共晶型多元系，固相总数少于组元总数的相图，其纵剖面图的形式规律见图表 10-3。

对图表 10-3 需要说明的有以下几点：

（1）由于固相数目少于（至少少一个）组元数目，故物系没有等温反应的状态变化。图内也就没有等温水平线。

（2）凡所有相区层都横贯图面的，其剖取的特点是至少在最后一级（$n-2$ 级）剖取时，没有剖到 $n-3$ 级剖的立体图的任何共晶线。

（3）图顶端的横贯相层线的数目相当于没有剖到共晶几何要素的次数（不论在哪些级）或级次。

（4）图内在最高处的相层线汇交点（或称共晶线截点）的数目（或一或二），是在最后一级剖取的 $n-3$ 级剖的立体图上共晶截线的数目（至多能剖到两条）。

（5）共晶线截点顶上没有横贯相层线者，该截点是对前一级立体图上的二元共晶截线的截点，顶上有一条横贯线者，该截点是对三元共晶截线的截点，有两条者，便是对四元共晶截线的截点，依次类推。有 m 条者，便是对 $m+2$ 元共晶截线的截点。

（6）凡是上下两相邻横贯线两端标以 a、b 和 c、d 的，组元数目比固相数目仅仅多一的物系，a 与 b 及 c 与 d 应各合一点。

（7）在图最下方的全固相区，若为一横贯图面相区层者，说明是在最后一级剖取时，没有剖在前一级立体图内的边际固溶体相区上；出现左、中、右三种相区者，是在最后一级剖取时，同时剖到两个边际固溶体相区。边际固溶体相区的相数总比中间的相区数少一。

（8）图内的相层线有上凸形和下凹形两种，这不作严格规定，因为实际物系有的可能出现上凸形，也有的可能出现下凹形。

10.2　多维体相图的解剖法则和规律

对多元系相图如何取剖体图，以及如何在其组成面的基础上确定剖体内部的几何要素和形式，已经在第 8 章中作过详细论述。这里仅就剖体图的某些基本规律、特性和确定剖体图内部几何形式应遵守的法则归纳简述如下。

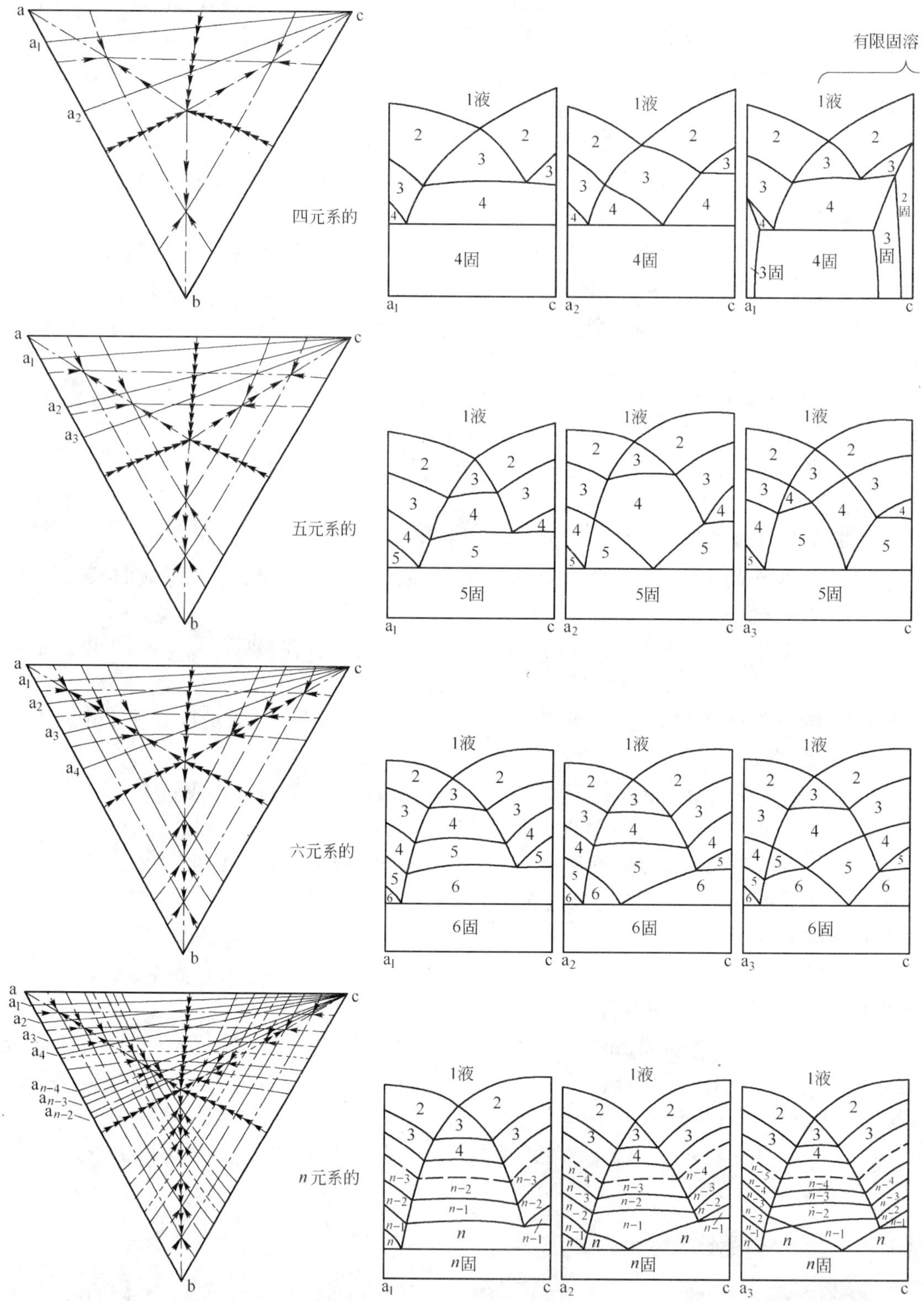

图表10-2a 只剖过 $n-4$ 级三维剖体图的一条三元共晶截线的 $n-3$ 级

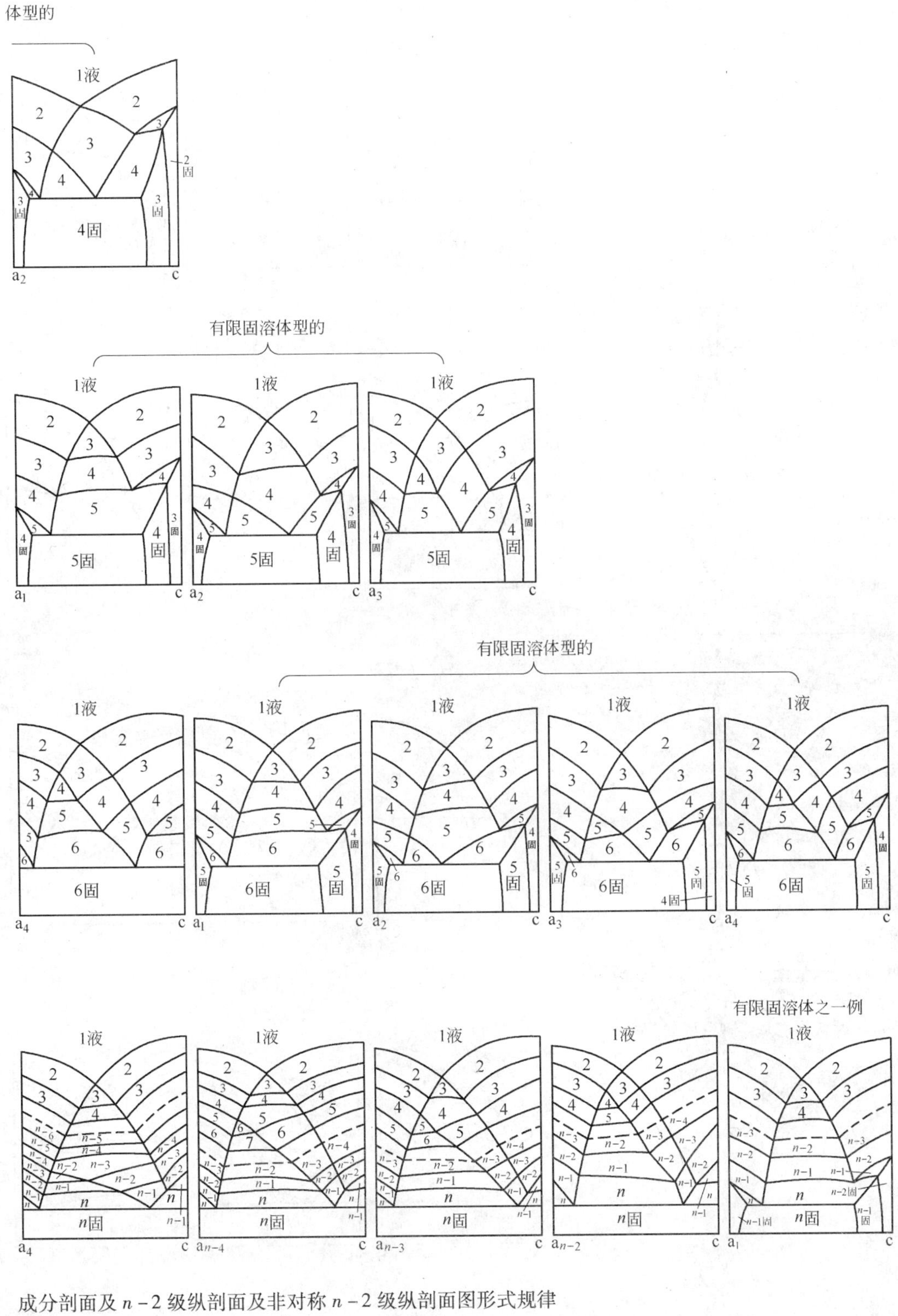

成分剖面及 $n-2$ 级纵剖面及非对称 $n-2$ 级纵剖面图形式规律

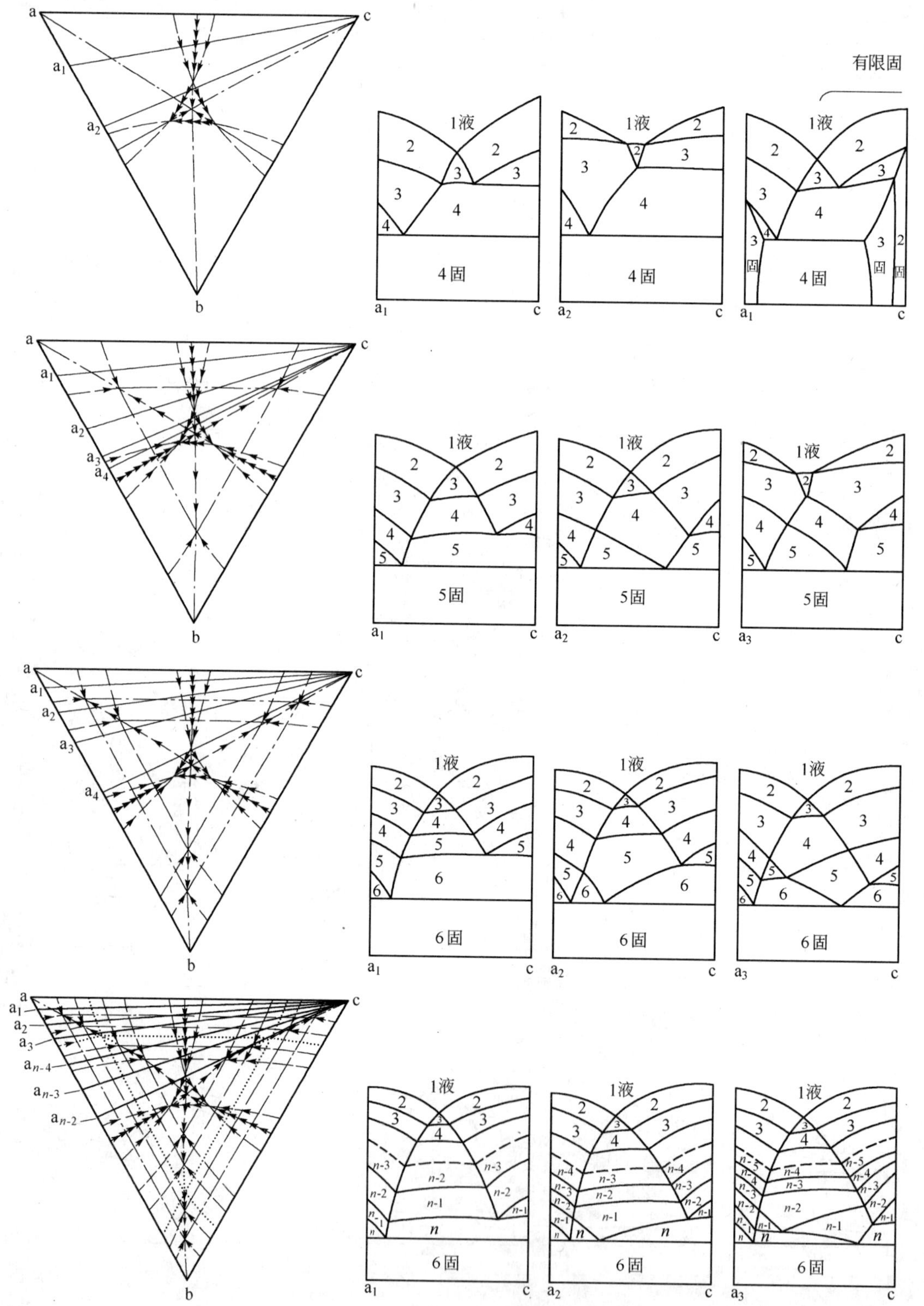

图表 10-2b 同时剖过第 $n-4$ 级三维剖体图的三条三元共晶截线的

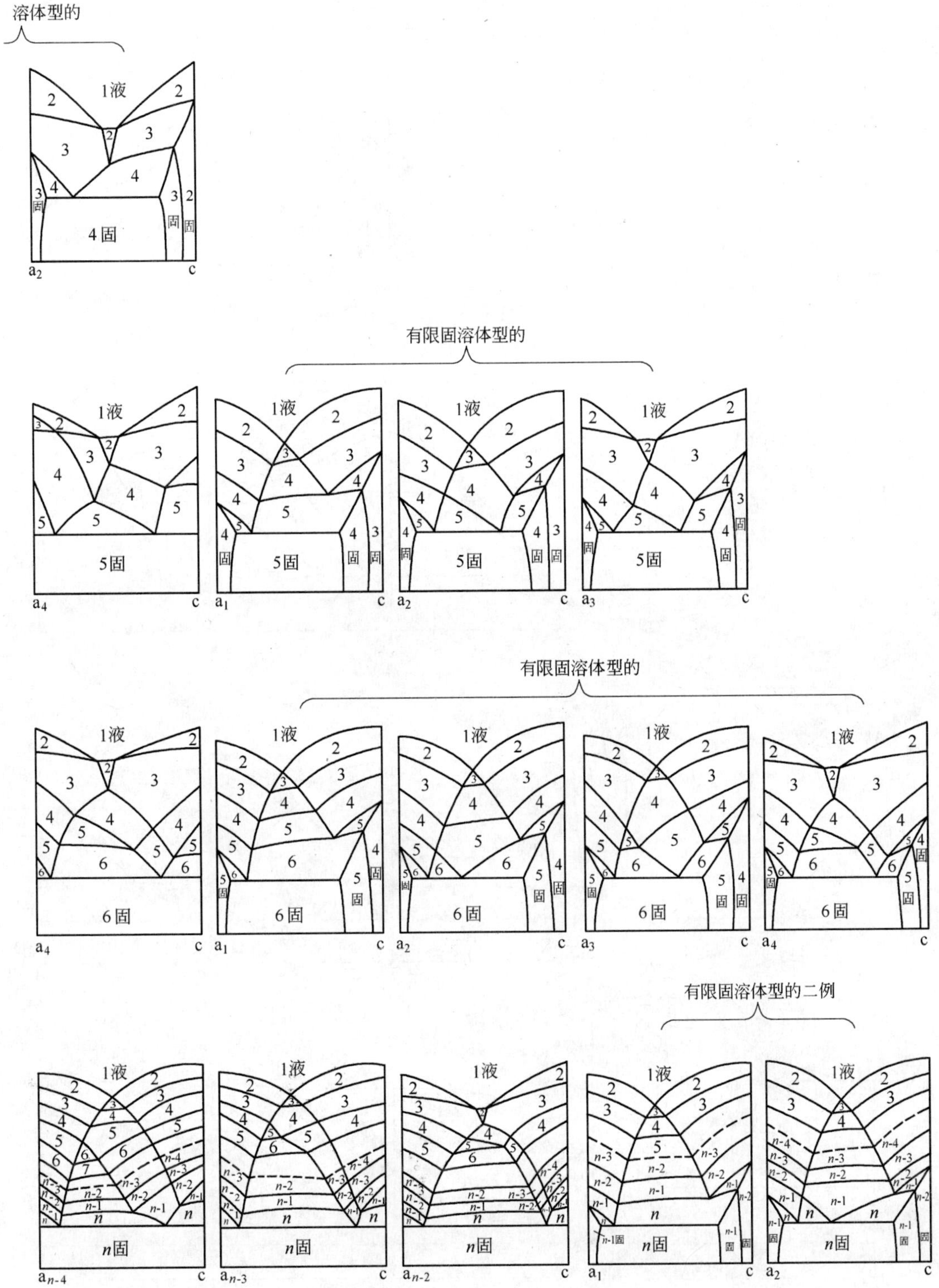

第 $n-3$ 级成分剖面及其非对称 $n-2$ 级纵剖面图形式规律

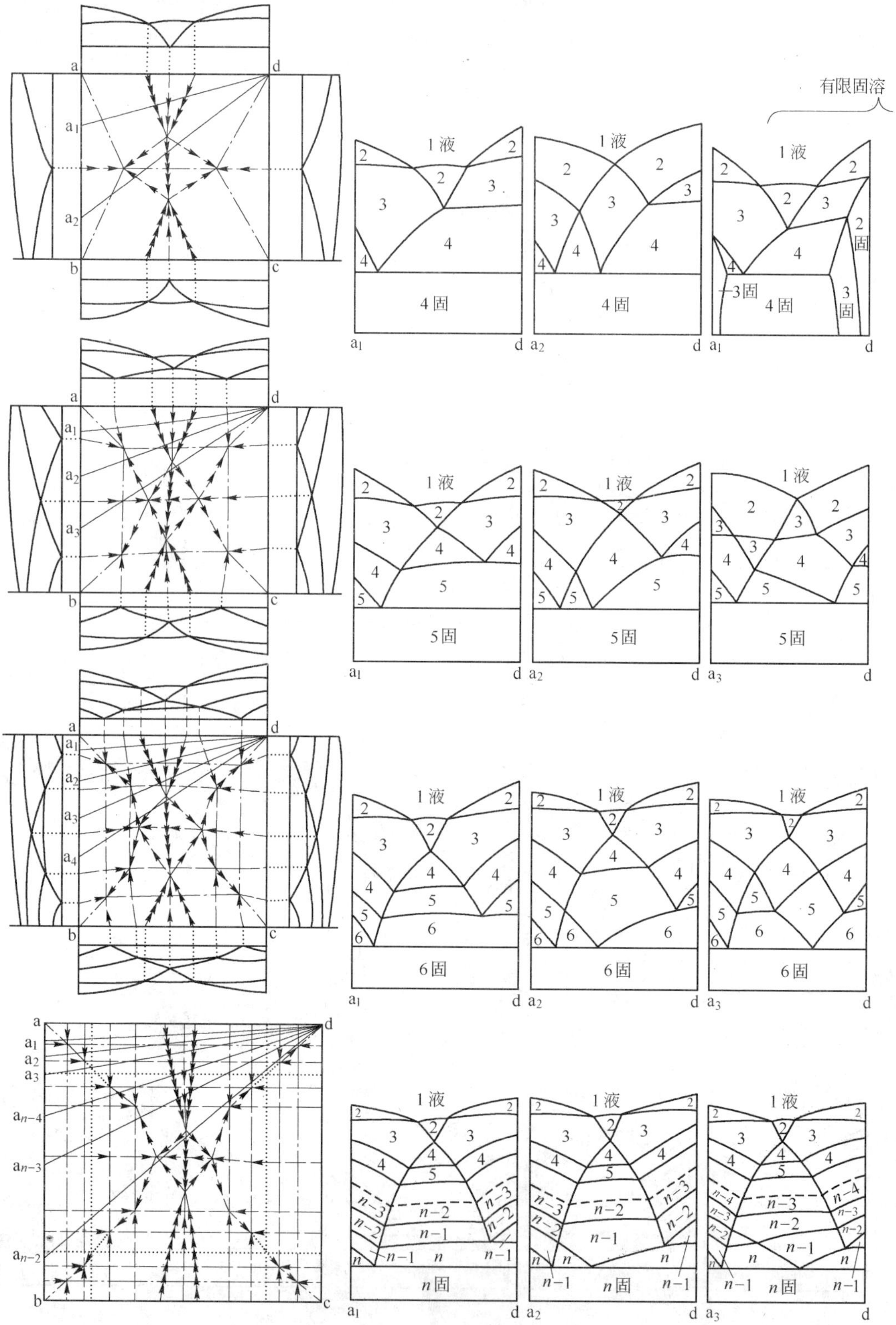

图表 10-2c 同时剖过第 $n-4$ 级三维剖体图的两条三元共晶截线的

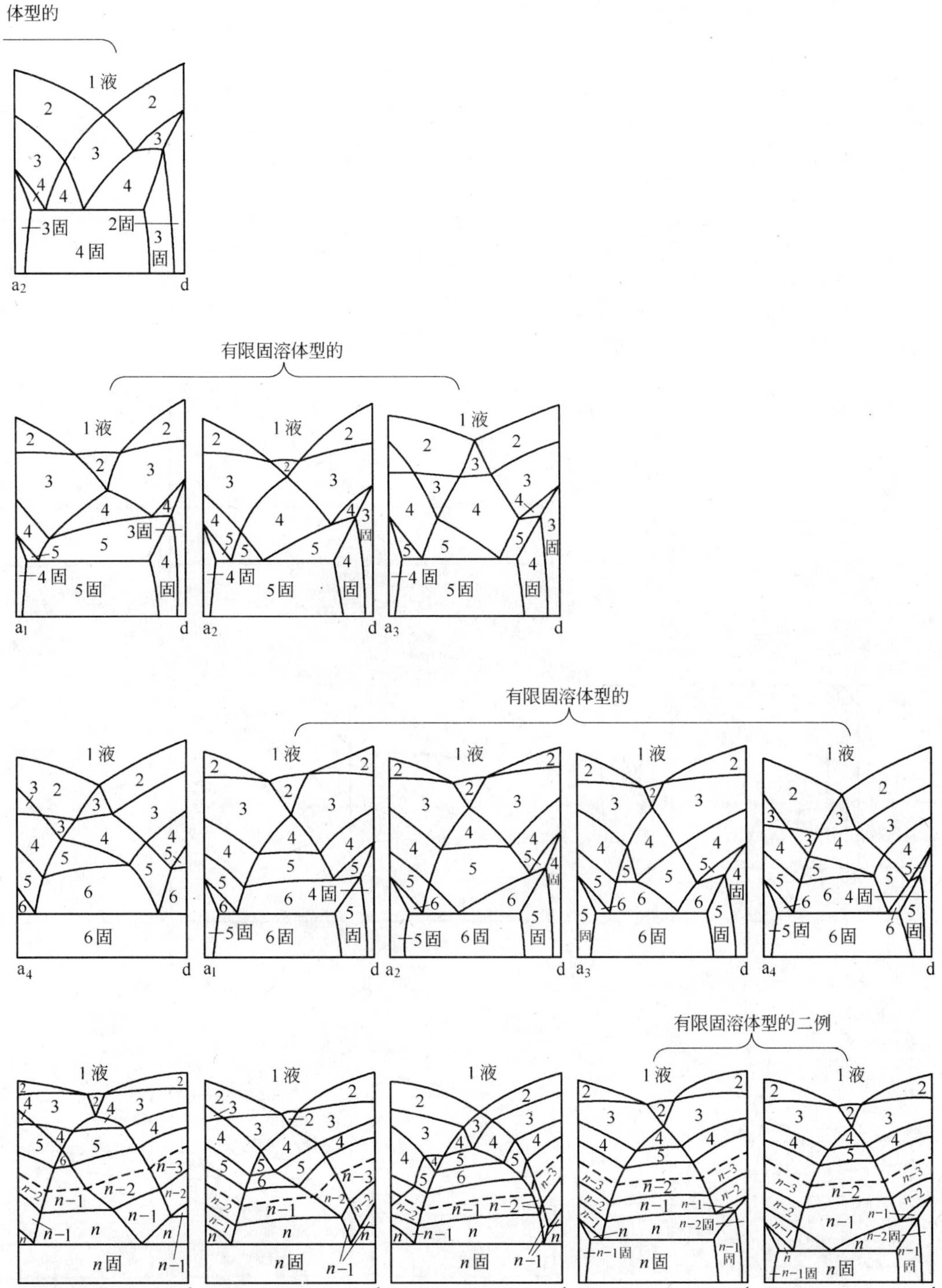

第 $n-3$ 级成分剖面及其非对称的纵剖面图形式规律

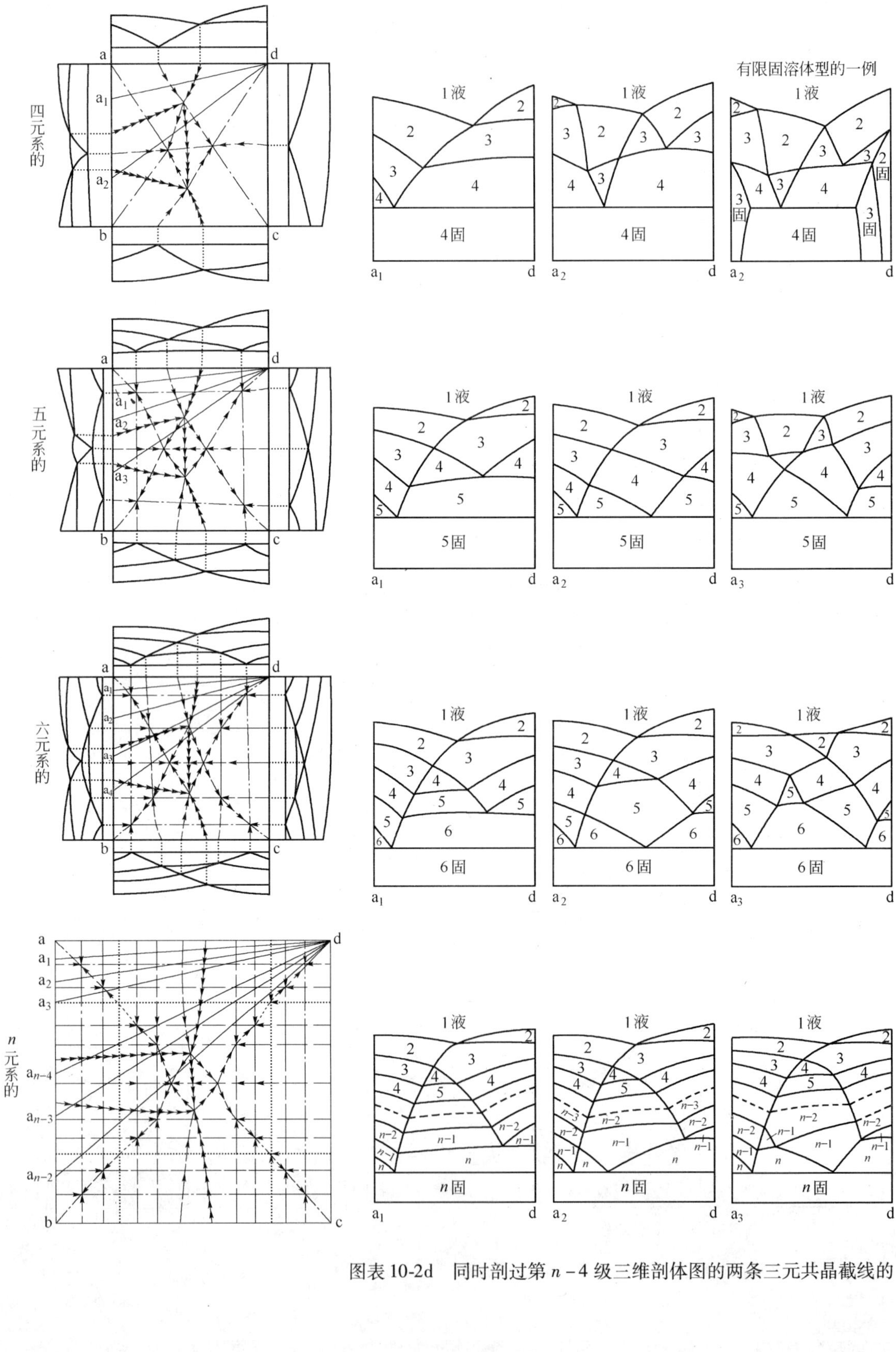

图表 10-2d　同时剖过第 $n-4$ 级三维剖体图的两条三元共晶截线的

有限固溶体型的一例

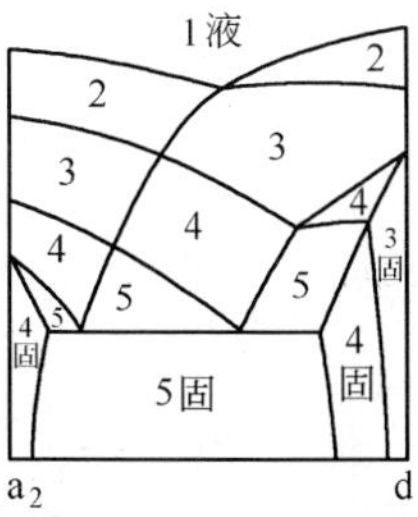

有限固溶体型的一例

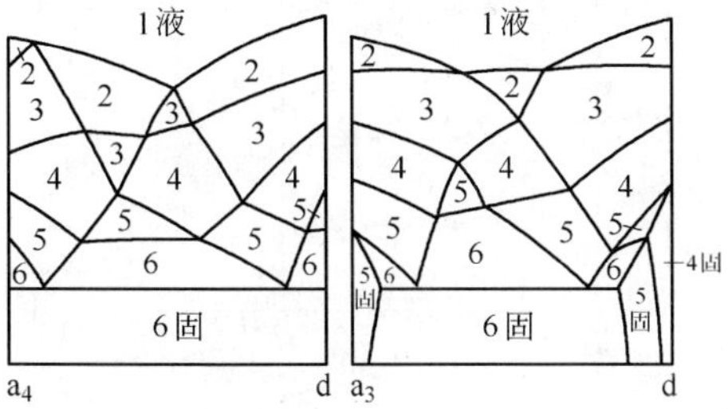

有限固溶体型的一例

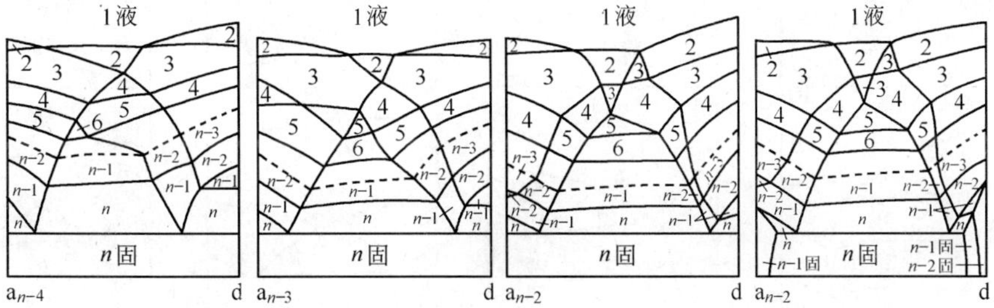

第 $n-3$ 级成分剖面及其非对称 $n-2$ 级纵剖面图形式规律

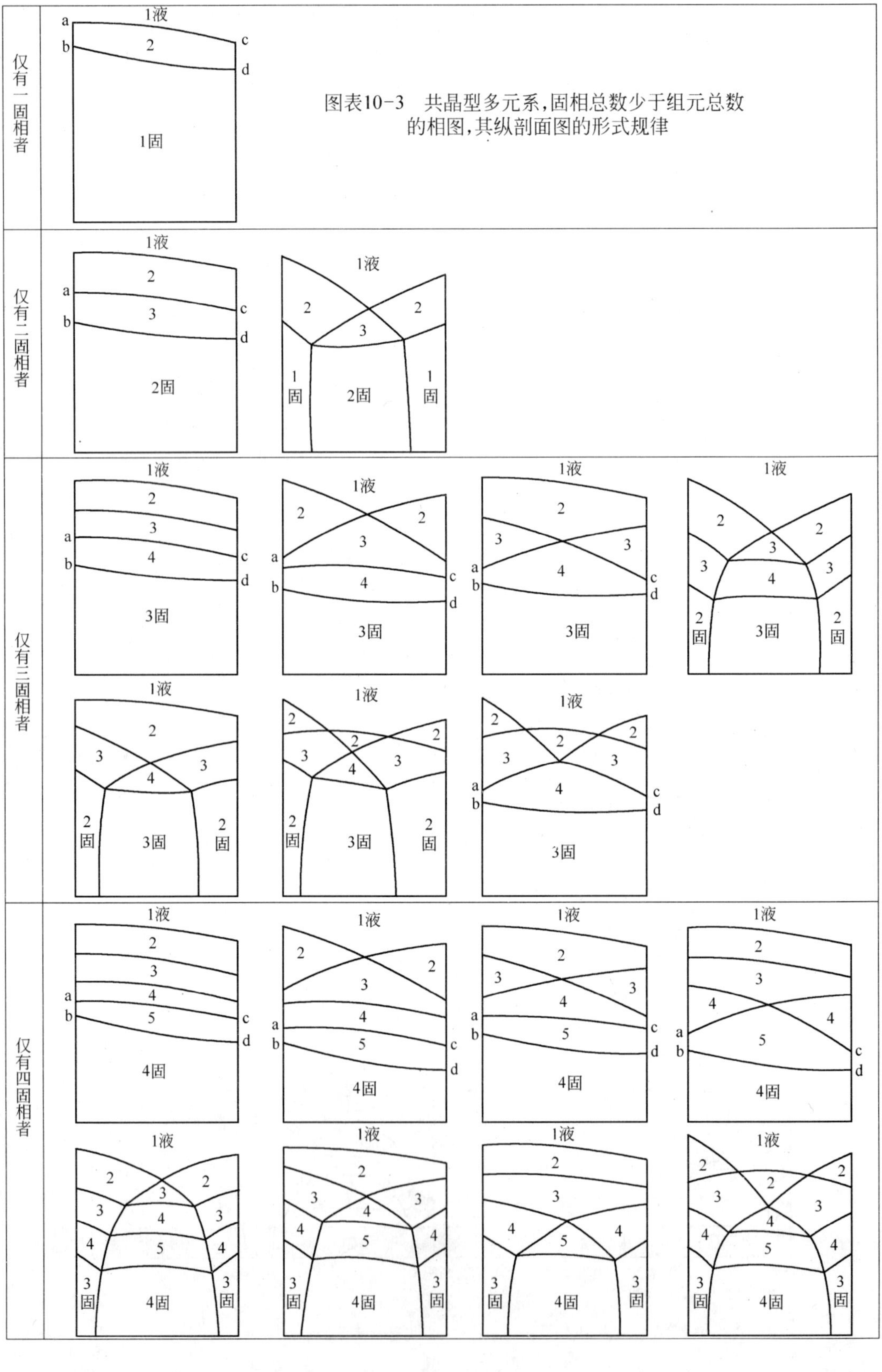

图表10-3 共晶型多元系，固相总数少于组元总数的相图，其纵剖面图的形式规律

续图表10-3

仅有四固相者	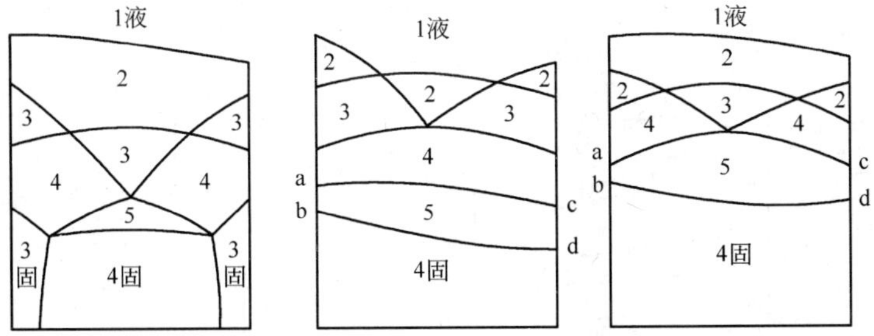
仅有五固相者	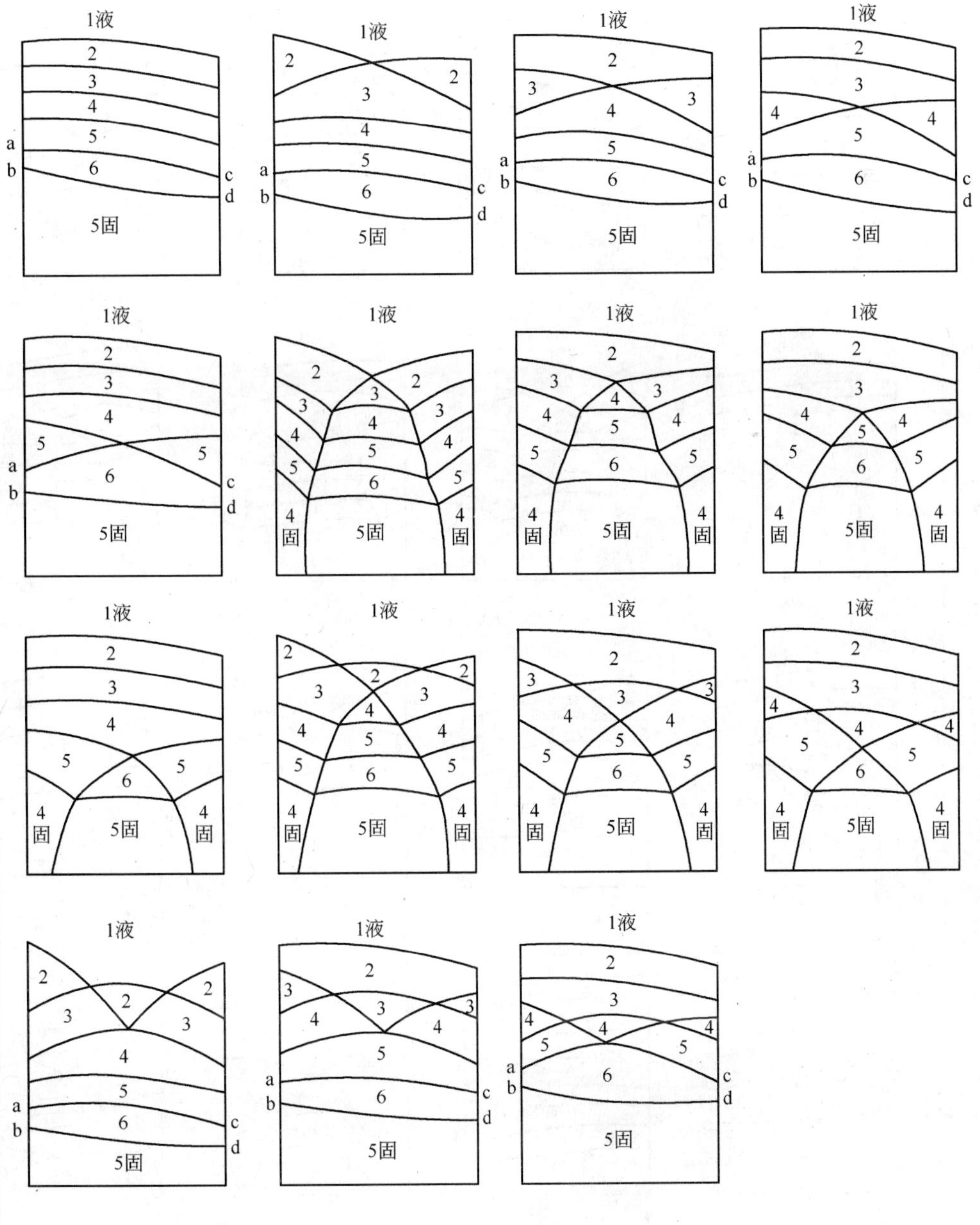

续图表10-3

$n-1$ 固相者

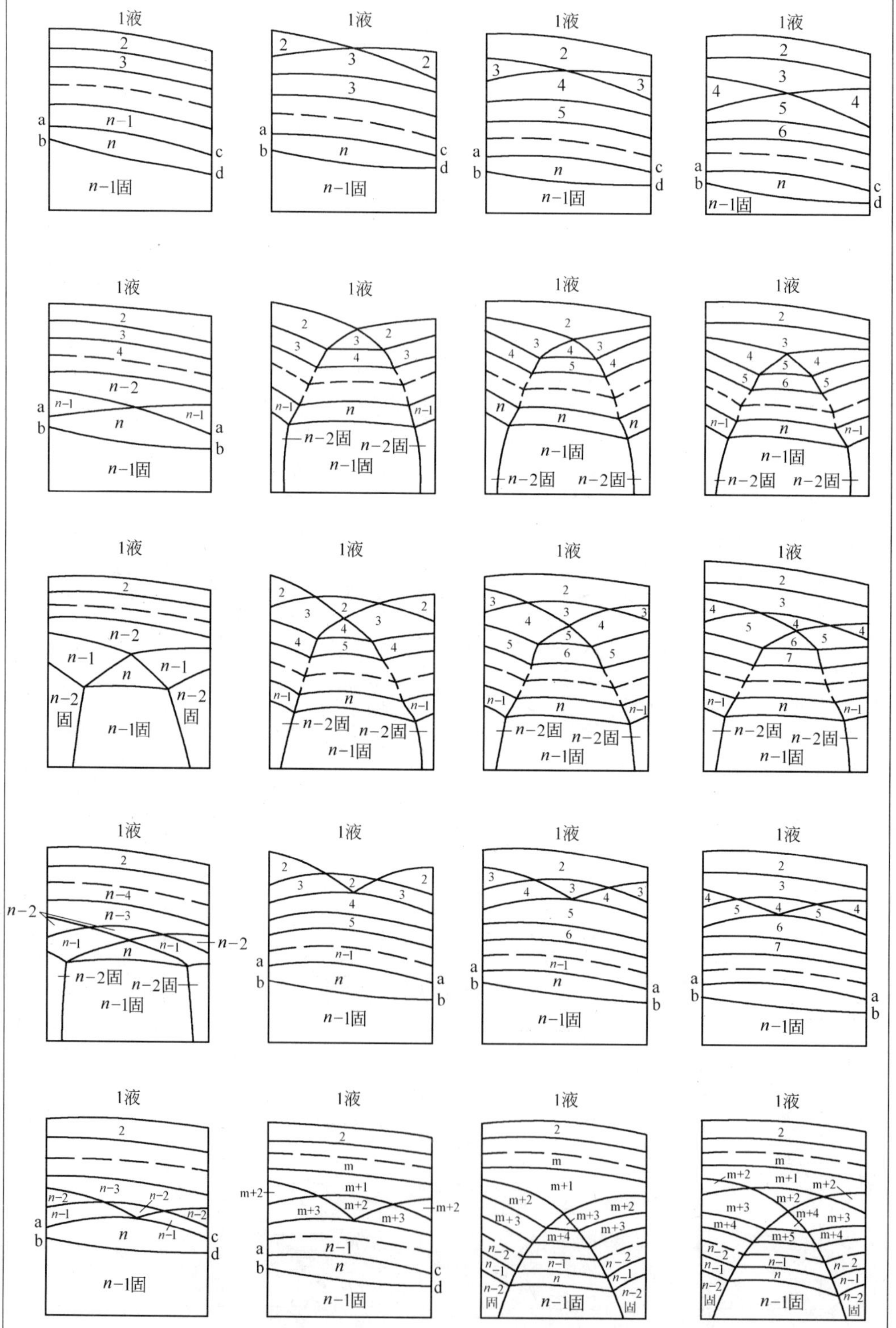

10.2.1 剖体图的基本规律和特性

（1）剖体图内的各几何要素，都相应比原相图内的几何要素减少了空间域，第一级剖体图相应减少一维，第二级剖体相应减少二维，第三级剖体相应减少三维，依此类推。

（2）组元数及固相数剖体（面）的级数愈高，其内部的相区层次愈复杂。

（3）固相数比组元数愈少的相图的剖体图，相区层次愈简单，而且组成剖体的剖面（三维剖体，四维剖体……）之间相区在剖体内的连通性愈明显。例如图 7-13 是五元系只有三固相相图的剖体图，它的二固相和三固相相区在 4 个剖面上与剖体内连通。图 7-23 是五元系有 4 个固相的剖体图，它的 3 个二固相和 3 个三固相相区，各能在 3 个剖面上在体内连通，四固相相区只能在两个剖面上（npq 和 mnp）与体内连通。而有 5 个固溶体的五元系相图剖体图，二固相相区能在 3 个剖面上向体内连通，三固相相区只能在两个剖面上向体内连通，四固相就不能面与面间连通（见图 8-31）。

（4）剖体图内不适合运用杠杆和重心定理计量原相图中各平衡相的数量关系，但在符合剖体图的限制条件下也能计量有关平衡相间的数量关系。例如五元系 A－B－C－D－E 简单共晶型相图，在取组元 E 为常量的剖体图中，可以运用杠杆和重心定理计量除 E 以外的其他 4 个组元间的数量关系。

（5）若在 n 元系固态相图上，平行某 $n-1$ 元系取固态剖体图，它的形式与 $n-1$ 元系固态相图的形式极为相似。例如五元系有限固溶体型固态相图的剖体图的形式与四元系有限固溶体型固态相图相似。而且平行剖体图的某一面取第二级剖面图也与三元系有限固溶体型固态相图成分面相似，依此类推。但是不同之点是其各相区内的相数不同，若五元系第一级剖体图未剖在 4 个单固相相区，则其剖体图内的各相区比四元系固体相图内的对应相区各多一个固相；若第二级剖面图未剖在剖体图的二固相区上，则剖面图上的各相区比三元系固态相图内的对应相区各多两个固相。依此类推。

10.2.2 剖体图内几何要素和形式的确定法则

10.2.2.1 共晶型多维体相图内最多共存相数的几何要素总数

五元系的四维体相图内共有：

点：一个五元共晶点。

线：五条四元共晶曲线；

　　五条五元共晶点与各单固相的连线。

面：10 个三元共晶曲面；

　　10 个五元共晶点与各二固相的连线面。

三维体：10 个二元共晶三维体；

　　10 个五元共晶点与各三固相的连线三维体。

四维体：5 个单相初晶的液相四维体；

　　5 个五元共晶点与各四固相的连线四维体。

六元系的五维体相图内共有：

点：一个六元共晶点。

线：六条五元共晶曲线；

六条六元共晶点与各单固相的连线。

面：15 个四元共晶曲面；

15 个六元共晶点与各二固相的连线面。

三维体：20 个三元共晶三维体；

20 个六元共晶点与各三固相的连线三维体。

四维体：15 个二元共晶四维体；

15 个六元共晶点与各四固相的连线四维体。

五维体：6 个单相初晶的液相五维体；

6 个六元共晶点与各五固相的连线五维体。

七元系六维体相图内共有：

点：一个七元共晶点。

线：七条六元共晶曲线；

七条七元共晶点与各单固相的连线。

面：21 个五元共晶曲面；

21 个七元共晶点与各二固相的连线面。

三维体：35 个四元共晶三维体；

35 个七元共晶点与各三固相的连线三维体。

四维体：35 个三元共晶四维体；

35 个七元共晶点与各四固相的连线四维体。

五维体：21 个二元共晶五维体；

21 个七元共晶点与各五固相的连线五维体。

六维体：7 个单相初晶的液相六维体；

7 个七元共晶点与各六固相的连线六维体。

若为有限固溶体者，五元系四维体图内还有：

5 个单相固溶体四维体；

10 个双相固溶体四维体；

10 个三相固溶体四维体；

5 个四相固溶体四维体；

1 个五相固溶体四维体。

六元系五维体图内还有：

6 个单相固溶体五维体；

15 个双相固溶体五维体；

15 个三相固溶体五维体；

20 个三相固溶体五维体；

15 个四相固溶体五维体；

6 个五相固溶体五维体；

1 个六相固溶体五维体。

七元系六维体图内还有：

7 个单相固溶体六维体；
21 个双相固溶体六维体；
35 个三相固溶体六维体；
35 个四相固溶体六维体；
21 个五相固溶体六维体；
7 个六相固溶体六维体；
1 个七相固溶体六维体。

更多元系相图依此类推。

10.2.2.2 以点、线为基础确定剖体图内的几何要素和形式

在第 8 章中对确定剖体内的几何要素和形式的论述就是根据这一原则进行的，只要以“点”为出发点，以线为连接关系，就可以确定一切几何形式，因为面、体及多维体都由这两个基本要素所构成。

凡是剖体的任何一点，必然是一线的截点，任何一线，必然是一面的截线。如五元系的第一级剖体图，只要根据剖体图在四维体相图上的部位，特别是根据组成剖体图的四元系剖面图可以看出四维体图内的哪些几何要素被剖到。五元系四维体图内的几何要素点、线和面，特别是线和点，它们与组成五元系相图的各较低元系相图紧密相连。例如五元系四维体图内的四元共晶线、五元共晶点与各单固相的连线、三元共晶面、五元共晶点与各二固相的连线面等要素，在剖体图内分别被截成的点和线也直接与被剖的四元系剖面上的有关点线紧密相连。任何多元系相图取剖体图都必须根据这一原则来确定剖体图内的几何要素和形式。对剖体图取剖体图也是同样原则。

10.2.2.3 确定剖体图的“投影”法则

最多共存相数的多元系相图 m 维剖体图内的几何形式是组成剖体图的各个 $m-1$ 维剖体（例如五元系三维剖体图是由二维面组成）图内几何形式向剖体内反映的综合形式。反言之，组成 m 维剖体图的诸 $m-1$ 维剖体图内的几何形式是 m 维剖体图内的对应部分向它的投影。

图 10-16 所示，是一个共晶型六元系第一级四维解剖图 abcde，自三元系纵剖面、四元系剖面到五元系剖体图三级投影预测四维解剖图 abcde 内形式示意图。简单共晶型五元系剖体图 abcd 中四面体 $m_2n_2p_2q_2$ 上的三角形面 $m_2n_2p_2$，它和 abc 面上的三角形 $m_1n_1p_1$ 就是彼此在形式上相似对应的关系。四面体 $m_2n_2p_2q_2$ 的其他 3 个面 $m_2p_2q_2$、$m_2n_2q_2$、$n_2p_2q_2$ 和 3 个面 acd、abd、bcd 上的三角形对应关系也是如此。

同理，图内 $m_3n_3p_3q_3r_3$（简单共晶型六元系的四维剖体图）上的四面体 $m_3n_3p_3q_3$，它和四面体 abcd 内的四面体 $m_2n_2p_2q_2$ 彼此在形式上相似对应。四维体 $m_3n_3p_3q_3r_3$ 的其他 4 个四面体 $m_3n_3p_3r_3$、$m_3n_3q_3r_3$、$n_3p_3q_3r_3$、$m_3p_3q_3r_3$ 也分别与四面体 abce、abde、bcde、acde 中的四面体对应相似。

个别情况下例外，例如五元系的五元共晶点 E_o 正好被剖在剖体图中。如图 10-17 所示，剖体图 abcd 的组成面上的几何要素——各有关点，都向 E_o 点汇交，这样就成为自五元共晶点向各面上的散射投影。

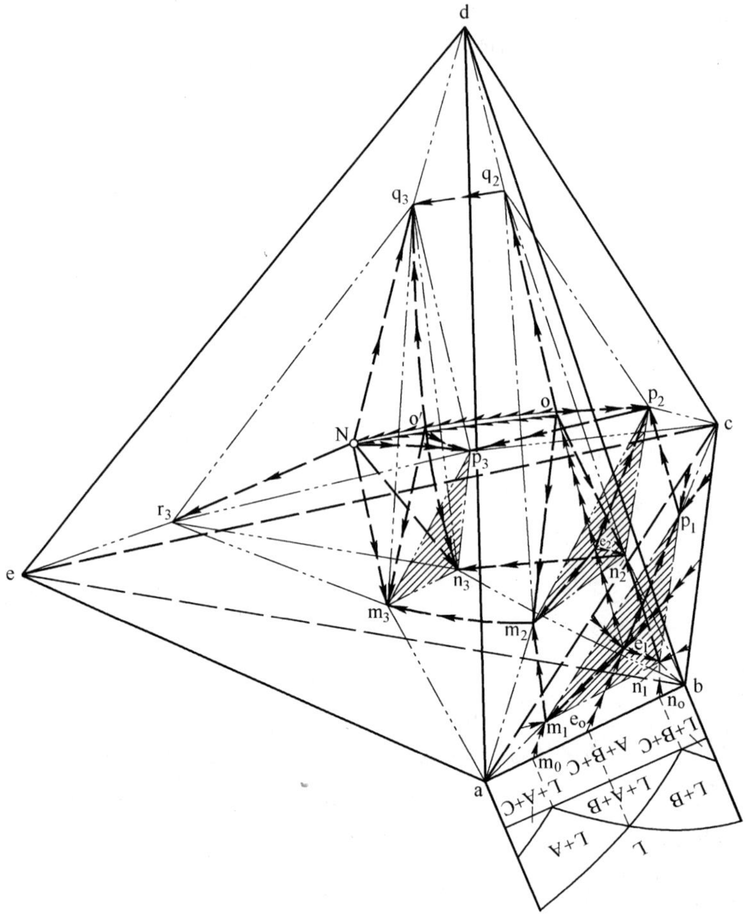

图 10-16　五元系剖体图三级投影预测示意图

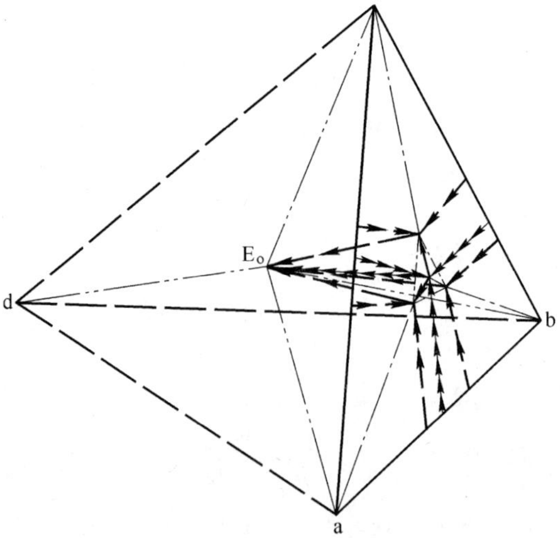

图 10-17　五元共晶点（液相点）E_o 散射投影图

下面是两例 n 元系投影关系图。

图 10-18 所示为剖面 abc 向剖体内的投影（n 元系）。

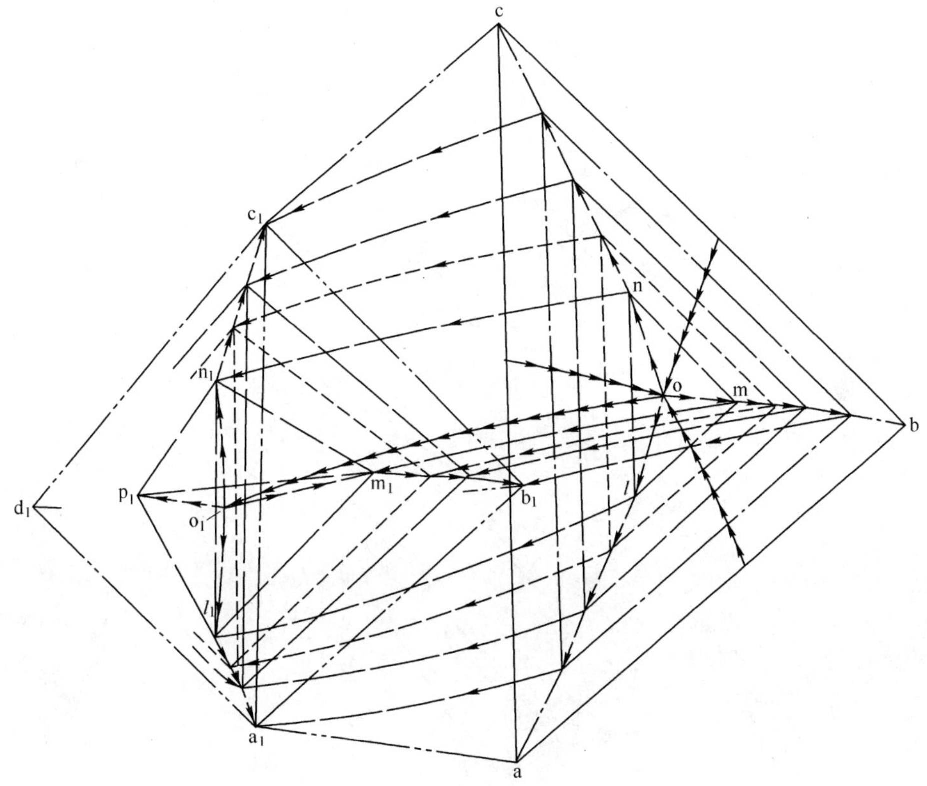

图 10-18　剖面 abc 向剖体内的投影关系（n 元系）

图 10-19 所示为剖面 abc 具有二元中间相包共晶构筑形式向体内的投影关系（n 元系）。

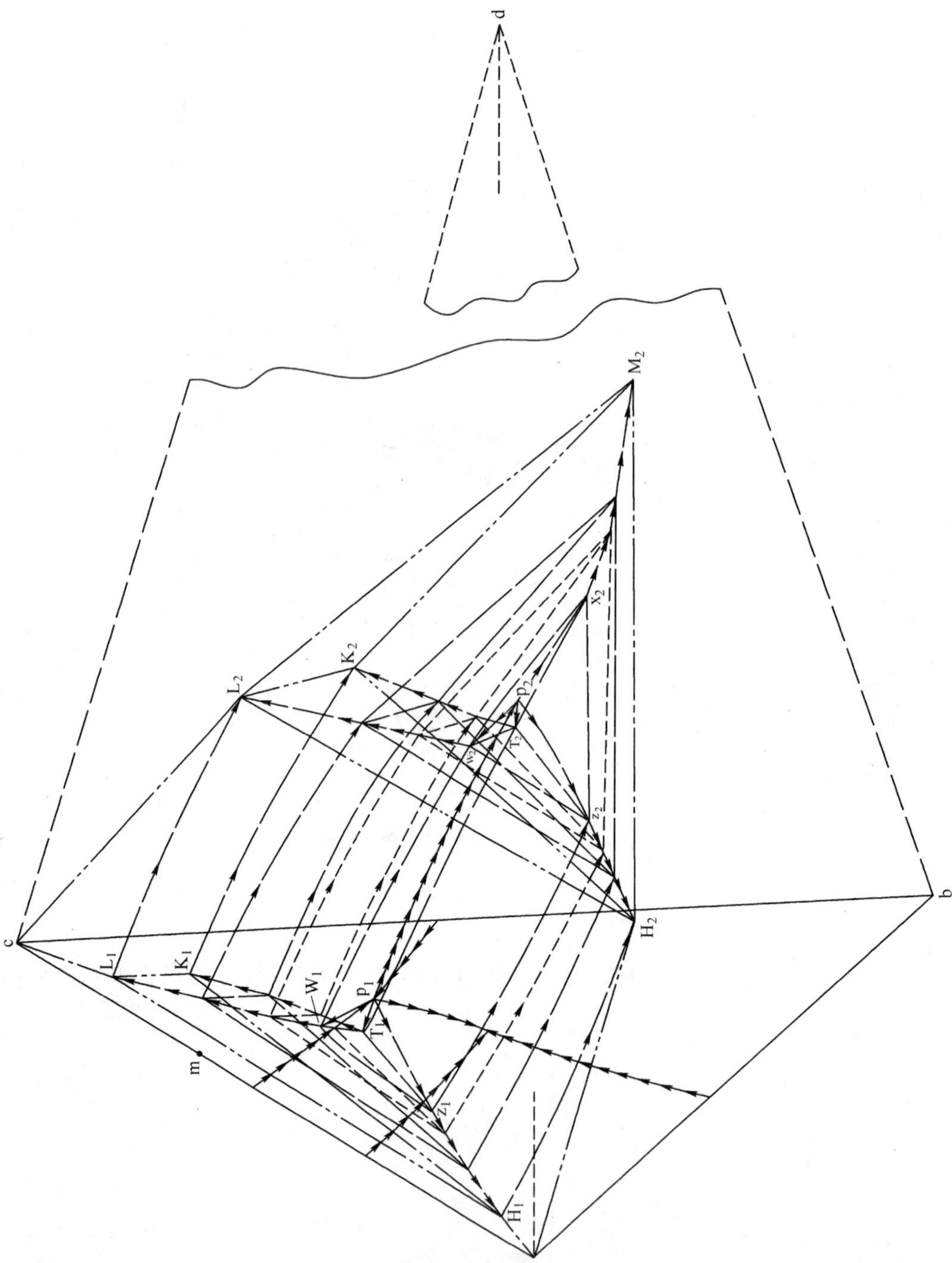

图 10-19　具有 a－c 二元中间相 M 构筑形式向体内的投影关系（n 元系）

后　　记

《多元系相图》是著者，也是我的父亲多年的学术研究成果，由于种种原因，可惜未能在他生前出版问世，出版此书可以说是他未了的心愿，作为父亲的长女，有责任也有义务整理并最终完成该书的出版。让此学术领域的科技人员来分享父亲的学术成果。

父亲一生忠诚党的教育事业，热爱他所从事的金属学热处理专业，曾为国家培养出多名优秀人才。在整理《多元系相图》书稿时，一直和着我的眼泪，它是多么的沉重，我对此除了怀着一种文化传承的责任感外，还有对他老人家的崇高敬仰。父亲白天工作，晚上批改学生作业、背课之后，就开始了他的相图研究，每天直到深夜，我们几个孩子一觉醒来总能见到他在灯下工作的身影，一张张雏形相图经常飘落在地上。对这本书我是那么的熟悉，又是那么的陌生，熟悉的是它伴随着我多年的生活，陌生的是它的严谨和专业性。我必须一字一句的核对，来不得半点含糊，花了近两年的时间总算整理完毕。可见，当年父亲在每每制作出一张相图时用了多少个不眠之夜。父亲敬业，而母亲为一家六口人的生活操劳，积劳成疾使她先父亲20年离去。

最使我难忘的是父亲在他将要离开这个世界的前两个月，他将《多元系相图》和《用预测法制定三元系和四元系相图》书稿拿了出来告诉我说："此书有用"，"前者属纯理论性的论述，后者是一种制定相图的新方法，并用实践进行证实的，后者的现实意义更大"。如今他已经不在了，父亲的心愿终于可以实现了。他的科研成果铭刻着母亲的辛劳，我可以告慰我那为父亲事业做出牺牲又默默无闻的母亲"军功章也有你的一半"。

继《多元系相图》之后，著者又写了《用预测法制定三元系和四元系相图》一书稿，该研究主要是采用预测法来制定多元系相图。实践证明，用传统的炒菜法制定图像，尤其是三元系、四元系，元系愈多愈麻烦愈困难。用几何预测法制定图像能变传统的盲目性和艰巨性工作为预见性和简易性工作。最突出的特点是仅用极少数几个式样就能把一个三元系或四元系相图制定出来。而且元系越多中间相越多形式越复杂相对地越省事。如果更多的科技人员掌握和熟悉运用此法，就能把相图的研制工作从专门的研究机构普及到企业和有关部门的实验室。所以它能直接告诉人们选择材料的合理成分，提高材料的性能以满足生产需要，而且能根据相图制定对材料生产和加工的合理工艺规程。《用预测法制定三元系和四元系相图》一稿我打算整理之后尽快出版，早日与大家见面。

《多元系相图》一书因为父亲完全是手绘，整理书稿中难免有误，希望大家见谅。

相信这本书出版后，会给这个领域的科技人员提供一定的帮助，同时也是对人类和社会的贡献。

贾翔云

2010 年 9 月

冶金工业出版社部分图书推荐

书　　名	作　者	定价(元)
楔横轧零件成型技术与模拟仿真	胡正寰　等著	48.00
轧制工程学（北京市精品教材）	康永林　主编	32.00
加热炉（第3版）（本科教材）	蔡乔方　主编	32.00
塑性加工金属学（本科教材）	王占学　主编	25.00
金属塑性成形力学（本科教材）	王　平　等编	26.00
金属压力加工概论（第2版）（本科教材）	李生智　主编	29.00
材料成形实验技术（本科教材）	胡灶福　等编	16.00
冶金热工基础（本科教材）	朱光俊　主编	30.00
轧制测试技术（本科教材）	宋美娟　主编	28.00
金属压力加工工艺学	柳谋渊　主编	46.00
轧钢机械（第3版）（本科教材）	邹家祥　主编	49.00
冶金技术概论（职业技术学院教材）	王庆义　主编	26.00
金属压力加工理论基础（职业技术学院教材）	段小勇　主编	37.00
参数检测与自动控制（职业技术学院教材）	李登超　主编	39.00
有色金属压力加工（职业技术学院教材）	白星良　主编	33.00
黑色金属压力加工实训（职业技术学院教材）	袁建路　主编	22.00
轧钢车间机械设备（职业技术学院教材）	潘慧勤　主编	32.00
轧钢基础知识（职业技能培训教材）	孟延军　主编	39.00
加热炉基础知识与操作（职业技能培训教材）	戚翠芬　主编	29.00
中型型钢生产（职业技能培训教材）	袁志学　主编	28.00
中厚板生产（职业技能培训教材）	张景进　主编	29.00
高速线材生产（职业技能培训教材）	袁志学　主编	39.00
热连轧带钢生产（职业技能培训教材）	张景进　主编	35.00
板带冷轧生产（职业技能培训教材）	张景进　主编	42.00
轧钢设备维护与检修（职业技能培训教材）	袁建路　主编	28.00
铝合金无缝管生产原理与工艺	邓小民　著	60.00
轧制工艺润滑原理技术与应用	孙建林　著	29.00
轧钢生产实用技术	黄庆学　等编	26.00
板带铸轧理论与技术	孙斌煜　等著	28.00